믿거나 말거나, 과학 (X) 입니다

우리는 왜 터무니없는 것들을 믿게 되는가?

크리스 프렌치

THE SCIENCE OF WEIRD SH*T

Copyright © 2024 CHRISTOPHER FRENCH
All rights reserved.

Korean translation copyright © 2025 by SangSangSquare
Korean translation rights arranged with TRIDENT MEDIA GROUP, LLC
through EYA Co.,Ltd

이 책의 한국어판 저작권은 EYA Co., Ltd를 통해 TRIDENT MEDIA GROUP, LLC 와
독점 계약한 주식회사 상상스퀘어에 있습니다.
저작권법에 의하여 한국 내에서 보호를 받는 저작물이므로 무단 전재 및 복제를 금합니다.

믿거나 말거나, 과학(X)입니다

크리스 프렌치 지음
장혜인 옮김

The Science of Weird Shit

상상스퀘어

루시, 카트, 앨리스에게

목차

리처드 와이즈먼의 서문
09

들어가며
15

1장. 기이한 것들의 과학
39

2장. 뜬눈으로 꾸는 악몽
83

3장. 하늘 저편의 영혼들 1: 유령과의 만남
135

4장. 하늘 저편의 영혼들 2: 죽은 자와 소통하다
195

5장. 외계인을 만난 놀라운 기억
227

6장. 행복하게 되돌아온 사람이 많다고?
281

7장. 진실을 알기 위해 죽다
309

8장. 우연은 없다?
345

9장. 마음의 잔못
375

10장. 회의적 탐구
391

11장. 미래를 보는 꿈
419

12장. 삶 또는 산 사람들을 위한 교훈
443

나가며: 회의주의의 한계
471

감사의 말
497

주석과 참고문헌
503

리처드 와이즈먼의 서문

나는 언제나 회의적이었다. 일곱 살 때는 사실 내가 여덟 살이 아닐까 슬그머니 의심하기도 했다. 십 대 때는 초자연적 현상에 빠지기는 했지만 그게 헛소리라는 걸 밝혀내는 게 더 재미있었다. 그래서 초자연적 현상에 숨은 과학을 파헤치는 책을 읽는 일이 좋았다. 그때는 《UFO의 비밀UFOs Explained》,《노스트라다무스의 거짓말Nostradamus Exposed》,《꿈은 의미가 없다All of Your Dreams Are Meaningless》 같은 책도 읽었다. 20대 때 행동과학 학위를 받고 초자연적 현상의 심리학을 연구하는 박사가 된 다음에는 설명할 수 없을 듯한 현상을 직접 연구하기 시작했다. 언뜻 평범해 보이지 않는 현상도 사실은 지극히 평범하게 설명할 수 있다는 사실을 깨달은 적이 여러 번이다. 그래서 30대 중반에 귀신을 자주 보게 되자 몹시 충격받았다.

귀신은 늘 내가 곤히 잠든 한밤중에 찾아왔다. 나는 눈을 번쩍 뜨고 침대에서 일어났다. 손바닥이 땀으로 축축했다. 그럴 때마다 나는 스플릿풋Mr. Splitfoot(그리스 사티로스처럼 갈라진 발굽을 가진 악마-옮긴이)이 무슨 수를 써서든 침실로 들어와 지금 침대 저편에서 시뻘건 눈을 부릅뜨고 나를 노려본다고 확신했다. 그때 나는 귀신을 믿는 사람이 섬뜩한 경험을 한 다음 근처 퇴마사를 찾아가 주술 의식을 치러 어둠의 왕자로부터 자신을 보호하거나 적어도 너무 놀라 오줌을 지리는 일이 없도록 애쓰는 이유를 잘 알게 되었다. 하지만 평생 귀신을 믿지 않던 나는 밤마다 마주치는 현상을 좀 더 과학적으로 설명할 수 있을지 궁금했다. 몇 시간 인터넷을 뒤져보니 내가 겪는 현상은 조금 이상하기는 하지만 아주 흔한 야경증night terror이라는 수면장애였다. 인터넷에서는 수많은 사람이 저마다 이 현상의 원인을 설명했다. 잠들 때 불안해하거나, 침실이 너무 따뜻하거나, 옷장이 저 세계로 들어가는 문에 너무 가깝다는 이유도 있었다.

크리스 프렌치Chris French도 오랫동안 기이한 현상을 연구했다. 그도 나처럼 점괘판과 탐지봉을 버리고 이 주제에 좀 더 합리적이고 과학적으로 접근했다. 내가 크리스를 알고 지낸 지도 벌써 20년이 넘었다. 독자 여러분을 초자연적 현상이라는 아찔한 세계로 안내할 여행 동반자로 그만한 사람은 없을 것이다. 우리는 런던 시내 한 카페에서 처음 만났다. 둘 다 상대방이 올 줄 몰랐기 때문에 정말 신기한 우연이었다. 나는 크리스가 들어오자마자 그를 알아보았고, 그가 스프링클 뿌린 라지 사이즈 디카페인 라테를 주문하리라 직감했다. 나를 발견한 그는 마치 주님이 손발의 성흔에서 피를 흩뿌리며 승천하듯 펄쩍 뛰었고, 우리는 초자연적 현상 이야기를 나눈 끝에 둘 다 회의주의자라는 데 동의했다.

　더 진지하게 말하자면, 나는 크리스가 초자연적 현상을 믿는 사람이든 회의주의자든 모두와 허물없이 지내고, 전에는 과학자들이 눈길도 주지 않던 분야로 성큼성큼 다가가 그 분야를 즐기는 능력에 늘 감탄했다. 그는 이 책에서 외계인에게 납치된 적이 있다는 주장, 유령, 유체이탈, 환생, 데자뷔déjà vu, 영매, 귀신들림 같은 여러 초자연적 현상을 소개한다. 보통 과학자라면 이처럼 이상하고 기이한 현상을 조사하는 일은 시간 낭비라며 냉소적으로 색안경을 끼고 볼지도 모른다. 하지만 오늘날의 찰스 포트Charles Fort(평생 진기한 현상을 수집해 《저주의 책The Book of the Damned》을 쓴 작가-옮긴이)라 할 만한 크리스는 변칙적인 현상을 연구하고 보통은 다른 사람들이 가지 않는 길을 가며 과학의 주변을 살피면 많은 것을 얻을 수 있다고 설득력 있게 주장한다. 크리스는 미지의 세계를 탐험하며 인간 정신을 과학적으로 깊이 이해하도록 돕고 주의력, 지각, 기억 등의 심리학에 관한 중요한 통찰을 꾸준히 전했다. 하지만 이 분야를 다룬 책을 쓴 다른 많은 사람과 달리 그는 그저 다른 사람의 연구를 바깥에서 보고 전하는 관찰자가 아니다. 그는 이 분야에 직접 뛰어들어 연구했고, 스스로 숟가락을 구부려가며 이를 증명했다.

크리스는 초자연적 세계에서 과학을 넘어선 많은 교훈을 얻었다. 대중은 이상하고 신비롭고 으스스한 것에 매료된다. 그래서 다큐멘터리 제작자나 언론인은 이런 주제를 다루는 텔레비전 프로그램이나 영화를 자주 만든다. 하지만 안타깝게도 이렇게 쏟아지는 결과물은 대체로 기이한 현상을 믿는 사람을 겨냥한다. 회의주의자는 이에 맞서 자신의 목소리를 전하려 애쓴다. 크리스는 이런 프로그램에 자주 등장해 (보통은 외로이) 합리적인 목소리를 내며 계속 선한 싸움을 벌인다. 이 책에서는 스스로 무대 뒤에서 겪은 일을 설명하며 초자연적 현상을 다루는 프로그램을 기획하고 촬영하고 편집할 때 어떤 일이 벌어지는지에 관해 흥미진진하고 놀라운 이야기를 들려준다.

마지막으로 이 책은 과학의 작동 방식에 관해 보기 드문 통찰을 남긴다. 몇 년 전 수전 블랙모어Susan Blackmore(나와 크리스의 사고방식과 연구 경력에 영향을 준 인물)는 훌륭한 자서전에서 자신이 어떻게 초자연적 현상을 믿는 사람이었다가 회의주의자로 바뀌었는지 설명한다. 이 책에서 그는 보통 학술 논문이나 대담에서처럼 밋밋하고 건조하게 설명하지 않고, 과학자가 실제로 어떻게 연구를 설계하고 실시하는지를 생생하게 전한다. 크리스의 책도 이처럼 귀중한 통찰로 가득하다. 심리학자가 실제로 어떻게 연구하는지 알고 싶은 사람에게는 아주 흥미로울 것이다. 크리스는 이 책에서 몇몇 연구가 처음에 어떻게 시작되었는지 가끔 수다스러울 정도로 설명한다(그의 딸이 우연히 발견한 사실에서 어떻게 중요한 논문이 탄생했는지 설명하는 귀여운 일화도 있다). 이 까다로운 분야를 연구하며 시도한 여러 가지 일과 그동안 겪은 어려움도 재미있게 설명한다.

이제 내 오랜 친구이자 믿을 만한 동료인 크리스 프렌치의 이야기를 들어볼 차례다. 초자연적 현상을 굳게 믿는 사람이든, 확고한 회의주의자든, 어느 쪽도 아닌 사람이든, 누구나 이 책을 즐겁게 읽으시리라 믿는다. 진실은 저 너머에 있다고 말하는 사람도 있지만, 나는 진실은 바로 여기에 있다고 생각한다. 이 책을 재미있게 읽으시길 바란다.

리처드 와이즈먼Richard Wiseman
(허트퍼드셔대학교 심리학과 교수)

들어가며

시작

나는 언제나 초자연적 현상에 사로잡혔다. 어렸을 때는 무섭기도 했다. 특히 귀신은 너무 무서웠다. 그래서 사실 열 살인가 열한 살이나 될 때까지도 밤에 불을 켜놓지 않고는 혼자 잠들지도 못했다. 유령이나 귀신 생각만 떠올려도 유치한 상상의 나래가 펼쳐져 무서웠지만, 그러면서도 초자연적인 현상에 빠져 무서운 이야기를 읽거나 으스스한 텔레비전 프로그램을 보곤 했다. 한밤중에 불청객이 찾아오지는 않을까 귀를 쫑긋하며 밤늦게까지 침대에서 뒤척일 때는 몹시 후회하기는 했지만 말이다.

십 대 시절 초자연적 현상에 빠져들며 유령은 그다지 무서워하지 않게 되었다. 초자연적 현상의 다른 면이 더 흥미로웠다. 특히 에리히 폰 데니켄Erich von Däniken의 책에[01] 빠졌다. 그 책에서는 인간보다 진보한 외계인이 과거 여러 번 지구를 찾아왔다는 강력한 증거가 있다고 주장했다. 호기심 많은 괴짜 십 대였던 나는 그의 주장과 그가 내놓은 '증거'에 푹 빠졌다. 순진하게도 책에 적혀 있으니 틀림없이 사실이라 믿었다. 하지만 나처럼 다른 사람들은 그런 생각이 멋지고 놀랍다고 여기지는 않는 것 같아 조금 신기했다. 그래도 그의 책이 수백만 권은 팔린 것으로 보아 나처럼 생각하는 사람이 많았음은 분명하다. 몇 년 뒤 로널드 스토리Ronald Story가 쓴 《우주 신의 계시The Space-Gods Revealed: A Close Look at the

1970년대 유리 겔러가 영국 텔레비전에 등장했을 때 (나를 포함해) 수백만 명의 시청자는 그가 숟가락을 슬슬 문질러 구부리는 등의 진짜 초능력을 지녔다고 확신했다.

Theory of Erich von Däniken》같은 비평을 읽고 나서야 폰 데니켄의 주장이 조잡하고, 그가 증거랍시고 내놓은 것이 사실 가짜였다는 사실을 분명히 알았다.[02]

팔랑귀인 십 대 시절에 기억에 남는 다른 일은 1973년 영국 텔레비전에 유리 겔러Uri Geller라는 사람이 등장한 사건이다.[03] 그는 엄청난 초능력을 지닌 사람 같았다. 상대방의 마음을 읽고, 봉인된 봉투 속 글을 술술 읽고, 염력으로 고장 난 시계를 고쳤다. 무엇보다 놀라운 건 포크나 숟가락 같은 금속 물체를 슬슬 문질러 단번에 구부리는 능력이었다. 그가 등장할 때부터 영국 물리학자 존 테일러John Taylor나 존 해스테드John Hasted 같은 과학자는 유리 겔러가 진짜 초능력자라며 그를 지지했다(나중에 테일러는 생각을 바꿨지만 말이다).[04] 당시 나도 유리 겔러의 능력을 곧이곧대로 믿었다. 그가 진짜였으면 하고 간절히 바랐다.[05]

나는 1974년 맨체스터대학교에 들어가 심리학 학사 학위를 받았다. 하지만 이 책에는 그때 배운 내용은 거의 없다. 1977년 대학을 졸업하고 노스웨일스 뱅거대학교에서 조교로 잠깐 일한 다음 레스터대학교에서 J. 그레이엄 보몬트J. Graham Beaumont 박사의 지도를 받아 대학원에서 연구를 시작했다. 하지만 변칙심리학anomalistic psychology으로 박사 학위를 받지는 않았다. 사실 그때는 변칙심리학이라는 말을 들어본 적도 없었다. 그런 말이 생기기도 전이었으니 말이다. 대신 나는 뇌파electroencephalography, EEG를 이용해 인간 대뇌반구의 기능과 해부학을 연구했지만 그다지 성공하지는 못했다.

전환점

내가 초자연적 현상을 언제부터 믿지 않게 되었는지, 어쩌다 그렇게 되었는지는 꽤 정확히 기억할 수 있다. 대학원 연구를 마친 다음 코번트리 폴리테크닉Coventry Polytechnic(지금의 코번트리대학교)에서 1년간 강사로 일할 때였다. 한 친구가 캐나다 사회심리학자인 제임스 앨콕James Alcock이 당시 막 내놓은 《초심리학, 과학인가 마술인가?Parapsychology: Science or Magic?》라는 책을 추천해주었다.[06] 초심리학을 다룬 상세한 학문적 비평으로는 처음 만난 책이었다. 초자연적으로 보이는 여러 경험을 초자연적이지 않고 이치에 맞게 설명하는 책이었다. 친구의 예상대로 아주 재미있었지만 이 책이 내 인생에서 얼마나 큰 역할을 하게 될지는 전혀 몰랐다. 하지만 이 책은 있는지도 몰랐던 회의주의라는 새로운 세계로 들어가는 문을 내게 열어주었다.

지금도 그렇지만 돌이켜보면 당시에도 초자연적 현상을 회의적으로 바라보기보다 비판이라고는 눈곱만치도 하지 않고 오히려 옹호하는 책, 기사, 텔레비전 및 라디오 프로그램이 훨씬 많았다. 오히려 지금보다 초자연적인 주장에 훨씬 호의적인 분위기였다. 하지만 어딘지만 안다면 저편에는 초자연적 현상을 회의적으로 보는 문헌이 있다는 사실도 알았다. 나는 앨콕의 책에서 〈스켑티컬 인콰이어러Skeptical Inquirer〉라는 잡지를 많이 인용한다는 사실을 발견했다. 당시 어떻게 했는지는 기억나지 않지만, 나는 이 미국 잡지를 영국에 배급하는 마이크 허친슨Mike Hutchinson을 어찌저찌 찾아내 구독을 신청했다. 새 잡지가 도착하면 처음부터 끝까지 샅샅이 읽었다.

초기에 내가 받은 몇 가지 영향

앨콕의 책을 읽으며 제임스 '디 어메이징' 랜디James 'The Amazing' Randi의 작업도 알게 되었다. 지금이야 분명 많은 독자가 이 대단한 인물을 잘 알지만, 솔직히 나는 1980년대 초까지도 그를 잘 몰랐다. 회의주의자에게 수호성인이 허락된다면 (당연히 그럴 리가) 제임스 랜디가 분명 그 자리에 적임자라는 것을 지금은 안다.[07]

랜디는 실제로 무대 예명인 어메이징이라는 말에 걸맞은 삶을 살았다. 오랫동안 카니발 순회공연에서 마술 공연을 했고 그 뒤 여러 나라를 돌며 공연했다. 캐나다 타블로이드 신문에 조란Zo-Ran이라는 필명으로 점성술 칼럼도 썼다(다른 신문에서 점성술 기사를 빌려와 이리저리 짜깁기하는 식이었다). 금고나 감옥에서 탈출하는 묘기를 여러 번 선보였고, 수영장에 빠트린 밀폐 철제관에 104분이나 갇혀 있는 마술도 펼쳤으며, 수많은 라디오와 텔레비전 프로그램의 진행자나 게스트를 맡았다. 앨리스 쿠퍼Alice Cooper의 '빌리언 달러 베이비Billion Dollar Babies' 투어에서는 미친 치과의사 겸 사형 집행인으로 등장했다. 두 발이 묶인 채 나이아가라폭포에 매달린 상태에서 구속복을 벗고 탈출하는 묘기도 선보였다. 이런 경력을 '어메이징'이라고 표현하지 않는 사람에게는 좋은 사전을 진지하게 권한다. 하지만 랜디가 회의주의 세계에서 그토록 명성이 자자한 이유는 이런 업적 때문만은 아니다.

1928년생인 랜디는 60세에 공연 마술사에서 은퇴한 다음에도 자기 기술로 이 분야에서 국제적인 명성을 얻었다. 하지만 이때쯤에는 이미 초자연적 능력이 있다는 주장을 회의적으로 조사하는 사람으로도 알려져 있었다. 그는 1970년대 초 처음으로 이 분야에서 두각을 나타냈다. 유리 겔러가 놀라운 초능력이 있다는 선정적인 주장을 펼치며 전 세계 언론의 주목을 받던 시기다. 랜디는 유리 겔러의 주장에 반박하며 그가 엉터리고 그저 흔한 마술 기법을 이용해 초능력이랍시고 선보이는 사기꾼이라며 비난했다. (잘못된 기억일 수도 있지만) 당시 나는 텔레비전에서 랜디를 본 기억이 어렴풋이 난다. 그는 유리 겔러의 가장 유명한 묘기인 숟가락 구부리기를 직접 선보였다. 숟가락 중간을 슬슬 문지르기만 해도 숟가락 머리 부분이 뚝 떨어져 나갔다. 어떻게 한 건지 밝히지 않았지만 랜디는 그냥 마술이라고 주장했다. 순진했던 나는 랜디의 공연이 가짜라고 생각했다. 그래, 유리 겔러가 한 것과 똑같아 보이는 마술을 할 수 있다고 치자고. 하지만 유리 겔러는 마술을 한 게 아니잖아? 그 사람은 초능력으로 그렇게 한 거라고. 바보 아냐?[08]

지금 내 친구 중에는 전문 마술사가 몇 명 있다. 그들은 유리 겔러가 진짜 초능력을 발휘해 그런 일을 했다면 괜히 어렵게 돌아간 셈이라고 지적했다. 마술로 한 것과 완전히 똑같아 보이는 일을 하지 않았는가![09] 여기서 우리는 유리 겔러가 마술 기법을 이용해 그런 효과를 내지 못하도록 통제한 상황에서는 초능력 묘기에 성공한 적이 한 번도 없다는 사실에 주목해야 한다.

당시에는 몰랐지만, 40여 년 전을 돌이켜 보면 수많은 회의주의자가 내 생각에 영향을 미쳤다는 사실을 지금은 잘 안다. 언제 어디서 그들을 만났는지는 기억나지 않는다. 누굴 먼저 만났는지도 정확하지 않다. 하지만 그들은 각자 나름대로 내게 큰 인상을 남겼다. 그중 가장 중요한 인물은 수전 블랙모어 박사다. 1980년대에 처음 만났을 때 그는 영국 학계에서 가장 인정받고 정보에 정통한 회의주의자였다. 외향적이고 분명한 성격인 그는 종종 텔레비전에 출연해 초자연적으로 보이는 여러 현상을 회의주의 입장에서 설명했다. 한번은 머리카락을 세 가지 색깔로 염색하고 나오기도 했다.

그도 나처럼 오랫동안 초자연적 현상을 굳게 믿었다. 서리대학교에서 초심리학 연구를 시작하기 전까지는 말이다. 1970년 옥스퍼드대학교에 다닐 때 피로와 향정신성 약물 때문에 유체이탈out-of-body, ODB을 심각하게 겪고 초자연적인 현상을 더욱 굳게 믿게 되었다.[10] 그가 서리대학교에서 박사 학위 연구를 시작할 즈음에는 과학계 전반에 회의주의적인 분위기가 널리 퍼져 있었지만, 그는 초감각지각extrasensory perception, ESP이 실제로 있다는 확고한 과학적 증거가 있다고 확신했다. 많은 시간과 노력을 쏟아 연구했지만 결국 그는 몇 년 뒤 회의주의로 돌아섰다. 내가 보기에 초자연 현상 분야를 오랫동안 연구한 그가 회의주의자가 되었다는 사실은 애초에 초감각지각이 없을지도 모른다는 사실에 관한 매우 설득력 있는 증거였다.

리처드 와이즈먼을 만난 것도 이 무렵이다. 그는 수전이나 나와는 달리 초자연적 현상을 믿은 적이 한 번도 없었다. 하지만 언제나 초자연적 주장에 흥미를 느꼈다. 어린 시절 그는 마술에 빠져들었다(그가 항상 초자연적 현상에 회의적인 이유를 설명하는 데 도움이 될 것이다). 그는 지금도 이너매직서클Inner Magic Circle 회원이지만 전문 마술사는 자신에게 맞지 않다고 판단하고 유니버시티칼리지런던에서 심리학을 공부했다. 내 기억이 맞다면 리처드를 만난 건 그가 에든버러대학교 초심리학과 초대 학장이던 고故 로버트 모리스Robert Morris 교수의 지도를 받아 박사 학위를 받은 바로 다음이었던 것 같다.

현재 리처드는 영국에서 유일한 심리학 대중화 분과(허트퍼드셔대학교) 학장이자 명망 있는 심리학자다. 매우 유머러스한 사람이자 재능 있는 과학 커뮤니케이터로 미디어에도 자주 등장한다. 트위터(지금의 X) 팔로워도 13만 명이 넘고(방금 확인했다), 책도 300만 부 넘게 팔렸다. 엘리자베스 로프터스Elizabeth Loftus(전 심리과학협회Association for Psychological Science 회장)는 그를 '세상에서 제일 창의적인 심리학자'라고 했다.[11] 당연히 나는 그를 싫어한다(농담이다. 사실 그와 어울리길 정말 좋아한다).

회의주의 학회에 들락거리기 시작했을 때 운 좋게도 이미 글을 통해 잘 알았던 미국 심리학자 레이 하이먼Ray Hyman 교수를 만났다. 그는 초능력 유무를 두고 싸우는 양측 모두에서 존경받는다. 안타깝게도 흔히 잘못된 정보를 바탕으로 그저 초능력을 무시해 버리는 회의주의자들과 달리, 하이먼은 제임스 앨콕처럼 이 분야에 관한 상세한 지식을 바탕으로 초심리학을 비판하기 때문이다. 솔직히 나는 그를 경외하지만, 사실 그는 모두의 호감을 얻는 다정한 사람이다.

하이먼은 1976년 창립한 '초자연적 현상 과학적 조사 위원회Committee for the Scientific Investigation of Claims of the Paranormal, CSICOP'라는 단체의 창립 회원이다. CSICOP은 보통 '사이캅'이라고 읽는다. 사이psi가 모든 초능력을 아우르는 용어라는 점에서 상당히 적절해 보이는 이름이다. CSICOP은 당시 미국에서 초자연적 현상에 대한 관심이 크게 늘어나는 현상에 맞서기 위해 설립되었다. 폴 커츠Paul Kurtz, 마틴 가드너Martin Gardner, 제임스 랜디, 칼 세이건Carl Sagan, 아이작 아시모프Isaac Asimov도 이 단체의 회원이다. CSICOP은 〈스켑티컬 인콰이어러〉를 발행하고 회의주의 학회를 조직하는 한편, 초자연적 현상에 관한 회의적 논평을 미디어에 자주 게재한다.

CSICOP는 2006년 회의적 조사 위원회Committee for Skeptical Inquiry, CSI로 이름을 바꿨다(같은 이름의 텔레비전 프로그램과 혼동하지 말자). 이렇게 명칭을 바꾼 이유는 초창기부터 '초자연적 현상'이 그들의 관심사 중 일부에 불과하다는 사실을 명확히 드러내기 위해서였다. 〈스켑티컬 인콰이어러〉의 편집자인 켄드릭 프레지어Kendrick Frazier는 이렇게 말했다.

> 초자연적 현상 자체는 우리의 근본적인 관심사가 아니다. 우리가 관심을 두는 분야는 더 전반적인 소재와 주제다. 예컨대 초자연적 현상에 관한 믿음이 어떻게 발생하는지, 마음이 어떻게 우리를 속이는지, 우리가 어떻게 생각하는지, 비판적인 사고 능력을 어떻게 기를지, 풀리지 않는 몇몇 수수께끼에는 어떻게 답할지, 검증되지 않은 주장을 비판 없이 받아들이면 어떤 문제가 발생하는지, 비판적 태도와 과학적 사고를 어떻게 더 잘 교육할지, 어떻게 좋은 과학을 장려하고 나쁜 과학을 폭로할지 등이다.[12]

새로운 출발

코번트리 폴리테크닉과의 계약이 끝난 다음 운 좋게도 레스터대학교로 돌아가 2년간 일했다. 나는 과거 지도교수였던 보몬트

박사의 자동 평가 프로젝트를 맡았다. 그다음에는 해트필드 폴리테크닉(지금의 허트퍼드셔대학교)의 심리측정 연구팀에서 1년간 연구원으로 일했다. 심리검사가 유용하다고는 믿지만, 남은 연구 경력을 심리측정원으로 보낸다는 생각에는 그다지 가슴이 뛰지 않았다.[13] 내게 심리검사는 심리학에서 가장 흥미로운 분야는 아니었다. 그래서 1985년 런던 골드스미스대학교에서 종신 교수직을 제안받았을 때 크게 안도하며 감사히 수락했다.

당시 나는 회의주의를 진지한 연구 주제라기보다는 취미 수준에서 관심을 가졌지만, 이론적 쟁점을 다루는 심리학 고급 학사과정에서 초심리학을 비판적으로 평가하는 2시간짜리 강의를 할 정도는 안다고 자부했다. 학생들은 내 강의를 좋아했고 나는 그 뒤로도 몇 년 동안 해마다 강의를 계속했다. 1990년 스완지에서 열린 영국심리학회British Psychological Society, BPS의 연례 학회에서는 초자연적 믿음과 관련된 인지 편향을 다룬 논문도 발표했다. 2년 뒤에는 같은 학회의 월간 학술지 〈심리학자The Psychologist〉에 그 논문을 실었다.[14] 초자연적 믿음을 경험적으로 다룬 글로는 처음 발표한 논문이었다. 아직 못 읽어보셨는가? 무려 〈호주 심리학저널Australian Journal of Psychology〉에 실렸다.[15] 이렇게 나는 변칙심리학 연구자가 될 첫발을 조심스레 내디뎠다.[16]

1994년이 되자 학부 졸업반 선택 과정 중 하나로 변칙심리학 강좌를 개설할 만큼은 충분히 알았다는 생각이 들었다. 원래는 강좌 제목을 '심리학, 초심리학, 사이비 과학'이라고 붙였다(나중에 강의계획서를 수정해 '변칙심리학'이라고 고쳤다). 강의는 학생들에게 폭발적인 인기를 얻었고 나도 강의가 아주 즐거웠다. 강좌 제목에서 짐작할 수 있듯 여러 강의에서 초자연적 소재를 두루 다루지만 동종 요법homeopathy, 냉융합cold fusion, N-광선N-ray 같은 주제까지도 포함했다.

그 뒤 몇 년에 걸쳐 변칙심리학 논문을 몇 편 더 발표했지만, '기이한 것'에 관한 내 관심을 당시 학과장이 그저 참아줄 뿐 적극 장려하지는 않는다는 사실을 잘 알았다.[17] 초자연적 믿음이나 관련 주제를 다루는 논문을 가끔은 계속 발표해도 좋다는 말은 분명히 들었다. 학문적으로 더 '존경받을 만한' 분야에 주로 논문을 발표한다면 말이다. 나는 얌전히 그 말을 따라 변칙심리학 논문을 쓰면서도 좀 더 전통적인 주제(인지와 감정의 관계나 대뇌반구 기능 같은)를 다루는 논문을 계속 발표했다.[18]

돌이켜보면 그때 좀 더 용기를 내어 내가 가장 흥미를 느끼는 분야에 집중했더라면 좋았을 텐데 하는 생각이 든다. 당시 연구하던 전통적인 주제도 정말 흥미롭고 중요했지만, 초자연적 현상 같은 매력은 없었다. 게다가 주류 주제를 다루는 연구자는 전 세계에 널렸지만 변칙심리학을 적극적으로 다루는 연구자는 얼마 되지 않았다. 바다에 사는 고만고만한 물고기가 아니라 작은 수영장에 살더라도 대장 물고기가 된다는 생각에 훨씬 끌렸다. 당시에도 나는 이미 전통적인 주제보다 변칙심리학 논문을 많이 발표하며 이상한 것을 연구하는 사람으로 더 잘 알려져 있었다. 게다가 수전 블랙모어나 리처드 와이즈먼 같은 사람은 이 분야에서 (어느 정도는) 존경받을 만한 학문적 경력을 쌓을 수 있다는 살아 있는 증거였다.

당시에는 동료 학자들도 흔히 변칙심리학 연구를 시간 낭비로 치부했다. 그들은 이렇게 말했다. 어쨌든 다들 유령 따윈 없다는 거 잘 알잖아? ESP가 없다는 것도, 진짜로 외계인에게 납치된 사람은 없다는 사실도 안다고. 그런데 왜 이런 일에 관심을 갖는 건데?

내가 보기에 이런 생각은 항상 요점을 벗어난다. 1장에서 살펴보겠지만 과학자가 아닌 일반인 대다수는 실제로 초자연적인 현상을 믿고, 직접 초자연적인 경험을 했다고 주장하는 사람도 소수지만 상당하다. 게다가 초자연적 믿음과 경험은 역사 내내 우리가 아는 모든 사회에서 언제나 있었다. 분명 초자연적 믿음은 인간의 일부다. 이런 믿음과 경험이 어디에나 있다는 사실은 초자연적 현상이 정말 있다는 뜻일 수도 있다. 만약 그렇다면 과학계에는 다른 자연 현상을 연구할 때와 같은 방법으로 이 주제를 연구하는 사람이 더 많아져야 한다. 하지만 사실 초능력이 없다 해도, 초자연적이지 않은데도 그렇게 보이게 만드는 요소를 살피면 인간의 심리에 관해 배울 점이 많다.

(적어도) 두 가지 회의주의

사람은 많은 상황에서 복잡성보다 단순성을 선호한다. 사람은 모두 자연스럽게 주변 세상을 선과 악, 옳고 그름, 우리와 그들처럼 단순한 이분법으로 지각하고 생각한다.[19] 그럴 만하다. 이렇게 생각하면 주어진 상황에서 어떤 행동이 옳은지 금방 알 수 있어 의사 결정이 훨씬 쉬워진다. 유일한 문제는 우리를 둘러싼 세상이 복잡 미묘하다는 점이다. 오스카 와일드Oscar Wilde의 희곡 《진지함의 중요성》에 등장하는 앨저넌 몬크리프Algernon Moncrieff는 유명한 말을 남겼다. "진실은 결코 순수하고 단순하지 않다."[20]

처음 회의주의의 즐거움을 발견했을 때 내가 초자연적 현상을 어떻게 생각했는지 돌이켜보면, 나 역시 흑백논리의 희생자였다. 그때의 나라면 다음 모든 진술에 그렇다고 대답했을 것이다.

자신에게 초능력이 있다고 주장하는 사람(점성술사, 타로 점술가, 대체의학 시술자 등)은 (전부는 아니더라도) 대체로 금전적 이득을 얻으려 일부러 고객을 속이는 고의적인 사기꾼이거나 일종의 정신질환을 앓는 사람이다.

직접 초자연 현상을 경험했다고 주장하는 사람은 (전부는 아니더라도) 대체로 어리석거나, 거짓말을 하거나, 일종의 정신질환을 앓는 사람이다.

실험적 초심리학자는 (전부는 아니더라도) 대체로 실험 설계와 통계 분석을 제대로 하지 못하거나 일부러 사기를 친다.

지금은 이런 견해를 지지하지 않는다. 하지만 위 진술은 모두 분명 어느 정도는 사실이다. 심리학 연구 역사를 보면 초능력이 있다고 주장하는 사기꾼이 실제로 많았고, 오늘날에도 주목할 만한 사례가 많다(하지만 이름을 거론할 때는 주의하자. 명예훼손 소송에 걸리면 결국 이기더라도 엄청난 돈이 든다).

피해자가 저주받았고 상당한 돈을 내면 그 저주를 풀 수 있다는 사기꾼이 재판장에 서는 일이 해마다 수없이 일어난다. 하지만 초능력이 있다고 주장하는 사람 대다수는 실제로 자신에게 초능력이 있다고 진심으로 믿는 것 같다. 그들은 다른 사람을 속이는 것 이상은 아니더라도 그만큼은 자신을 속인다.

초자연적 현상을 겪었다고 주장하는 사람이 어리석거나, 거짓말하거나, 미치지 않았다는 증거는 아주 명확하다.[21] 사실 지능 지수IQ와 초자연적 믿음 사이의 상관관계를 조사한 일부 연구에서는 둘 사이에 작지만 유의미한 음(-)의 상관관계가 있다고 보고한다. 하지만 연관이 없다는 연구도 있다. 그래도 초자연적 현상을 겪었다며 일부러 거짓말하는 일이 실제로 있다는 점도 마찬가지로 의심의 여지가 없다. 하지만 이제 변칙심리학을 충분히 이해했으므로, 사람들이 여러 심리적 요인 때문에 초자연적 현상을 실제로 겪었다고 진심으로 믿게 되는 일이 많다는 사실도 분명히 안다. 마지막으로 연구에 따르면 초자연적 믿음과 초자연적 경험 보고 사이에 유의미한 상관관계가 분명 일관되게 나타나지만, 여러 정신병리학적 경향과도 상당한 상관관계가 나타난다는 점을 지적해야겠다. 하지만 그런 상관관계는 크지 않고 초자연적 믿음 수준의 일부 변수만 설명한다. 게다가 우리 사회는 전반적으로 초자연적 믿음 수준이 높은 편(1장 참조)이라는 점을 볼 때 초자연적 믿음을 지녔다고 반드시 정신질환이 있다는 주장은 다소 삐딱해 보인다.

초심리학자는 흔히 무능하다는 믿음은 그들 중 몇몇을 실제로 만나고 알게 된 다음 (그리고 그보다는 적지만 초심리학 학술지에 실린 보고를 실제로 읽은 결과) 뒤집혔다. 초심리학자의 사기에 관해서는 과거 이 분야에서도 몇 가지 주목할 만한 사례가 있다. 하지만 그런 일은 심리학은 물론 다른 모든 과학 분야에서도 일어난다.[22]

내가 초심리학을 부정적으로 보는 견해를 뒤집는 데 영향을 미친 사람 중 한 명은 저명한 초심리학자 고故 로버트 모리스 교수다. 그는 앞서 말했듯 내가 골드스미스대학교에서 일하기 시작하고 몇 달 뒤인 1985년 12월 에든버러대학교의 쾨슬러 초심리학부 Koestler Parapsychology Unit, KPU에서 초대 학장을 맡았다.

기억이 맞다면 나는 1993년 킬대학교에서 열린 제5차 유럽 회의주의 학회European Skeptics Conference에서 모리스 교수를 처음 만나고 깊은 인상을 받았다. 대다수 회의주의자가 초심리학에 적대적인 상황에서 진짜 초심리학 교수가 회의주의 학회에 참석했다는 사실이 놀라웠다. 하지만 로버트는 한발 더 나아갔다. 기조연설자 한 명이 결국 참석할 수 없게 되자 로버트는 그 틈을 비집고 들어와 자신의 초심리학 연구 접근법을 훌륭하게 설명했다. 그는 회의주의자들이 초심리학 연구를 걱정한다는 사실을 잘 알았다. 그래서 그는 사람들의 걱정을 해소하려 최선을 다했다.

오랫동안 이 호감 가는 미국인을 알아갈수록 그의 개방적인 접근법이 더욱 마음에 들었다. 로버트와 쾨슬러 초심리학부 연구팀은 초자연적 주장을 직접 검증하는 데 많은 시간과 공을 들였다. 하지만 사실은 초자연적 현상을 경험한 적이 없는데도 그랬다고 믿게 되는 심리적 요인을 조사하는 데도 같은 시간과 공을 들였다. 다시 말해 그들은 초심리학에는 물론 변칙심리학에도 관심을 가졌다(그리고 지식도 풍부했다).[23] 로버트는 나 같은 회의주의자에게 자기 연구실을 방문해 실험의 방법론에 약점이 있는지 지적해달라고 적극적으로 나섰다. 그러면 약점을 없앨 수 있을 테니 말이다. 나는 그를 만나며 많은 회의주의자가 생각하듯 초심리학자가 그리 무능하지는 않다는 사실을 깨달았다. 이중맹검 방법론의 필요성 같은 몇몇 측면에서는 초심리학자가 오히려 (심리학을 포함한) 주류 과학보다 앞서가기도 한다.

초자연적 현상을 믿는 사람이든 회의주의자든, 그를 아는 사람에게 몹시 충격적인 일이 있었다. 2004년 8월 로버트가 갑작스럽게 세상을 떠난 것이다. 이 비극적인 소식이 전해지기 불과 2주 전만 해도 나는 비엔나에서 열린 한 초심리학 학회에서 로버트와 어울리며 그의 짓궂은 유머에 웃었다. 다행이었는지 그가 살 날이 얼마 남지 않았다는 사실도 모른 채 말이다. 하지만 그의 유산은 계속 이어진다. 로버트는 앞서 언급한 리처드 와이즈먼을 포함해 여러 대학원생을 지도했다. 그중 많은 학생이 학문적으로 성공적인 경력을 이어간다. 현재 쾨슬러 초심리학부 학장인 캐롤라인 와트Caroline Watt 교수도 로버트가 지도한 대학원생이었다. 그도 로버트처럼 초자연적 현상에 열린 마음으로 접근하는 훌륭한 인물이어서 초능력 유무를 두고 논쟁하는 양쪽 모두의 존경을 받는다.

  돌이켜보면 처음 초자연적 믿음을 버렸을 때, 나는 초자연적 현상을 믿는 사람에서 지금 보면 초자연적 현상을 경멸하는 약간 독단적인 회의주의자가 되었다. 부족 중심 사고는 인간에게 자연스러운 현상이다. 회의주의를 발견한 초기에 나는 자칭 심령술사란 모두 사기꾼이고, 초심리학자는 모두 무능하거나 정직하지 못한 사람이며, 초현실을 믿는 사람은 모두 어리석거나 미친 사람이라고 여기며 내심 즐겼다. 나는 내가 속한 부족을 찾았고, 우리 집단은 정직하고 이성적이며 무엇보다 옳고 선한 사람들이었다. 나는 그렇다고 확신했고, 가끔 세상이 좀 더 복잡하다고 믿는 회의주의자를 만나도 그들을 그다지 좋아하지 않았다. 물론 지금 나는 그런 사람 중 한 명이 되었다.[24]

변칙심리학 연구 과정

나는 1997년부터 2000년까지 심리학부 학장을 맡았다. 골드스미스대학교에서는 보통 교직원들이 3년마다 돌아가며 학장을 맡고 다음 희생자에게 임무를 넘긴다. 이 시스템을 '헤드 로테이션head rotation'이라고도 하는데 나는 이 말을 들을 때마다 항상 영화 〈엑소시스트The Exorcist〉의 유명한 장면이 떠오른다.

어느 학장이든 그렇겠지만 학장은 행정 업무에 너무 시간을 많이 빼앗겨 초인이 아니고서는 연구할 짬을 거의 얻지 못한다. 대학은 이 점을 살펴 심리학부 학장에게 3년 동안 연구 조교를 붙여준다. 나는 케이트 홀든Kate Holden을 그 자리에 고용했다. 그와 논의하던 중 골드스미스대학교에 변칙심리학 연구를 전담하는 학과를 설립하자는 아이디어가 떠올랐다. 2000년에는 변칙심리학 연구 과정Anomalistic Psychology Research Unit, APRU을 설립했다.

변칙심리학 연구 과정의 공식 목표 중 하나는 변칙심리학의 학문적 위상을 높이는 일이다. 이 목표를 달성하는 데는 어느 정도 성공했다고 자부할 수 있다. 앞서 언급했듯 내가 이 분야에 처음 관심을 가졌을 때는 동료들조차 변칙심리학을 '학문적으로 존경받는' 분야로 여기지 않았다. 지금도 가끔 이런 태도를 보이는 사람을 만나지만 그때보다는 훨씬 덜하다. 이 목표를 달성하기 위해 시도한 한 가지 방법은 연구 결과를 초심리학 학술지가 아닌 주류 심리학 학술지에 주로 발표하는 것이었다. 초심리학 학술지에 논문을 발표하는 일에 반대하지 않지만, 안타깝게도 주류 과학 저널 리스트는 내용의 질과 상관없이 이런 학술지에는 거의 관심을 기울이지 않는다.

잡지 〈더 스켑틱〉

2000년에는 회의주의를 다루는 정규 잡지가 몇 권 있었다. 앞서 언급한 〈스켑티컬 인콰이어러〉[1976년에 창립된 CSI(옛 CSICOP)가 발간] 외에도 〈스켑틱Skeptic〉(1992년 마이클 셔머Michael Shermer의 회의주의 학회Skeptics Society가 창간)이 있다. 영국에서는 웬디 그로스먼Wendy Grossman이 1987년 〈더 스켑틱The Skeptic〉이라는 잡지를 창간했다. 마침 내가 회의주의라는 즐거움을 처음 발견한 시기였다. 나는 이 잡지의 초창기 구독자였다. 웬디와 내가 언제, 어디서 만났는지는 둘 다 정확히 기억나지 않지만 우리는 관심사가 비슷한 덕에 친구가 될 수밖에 없었다.

웬디는 처음 몇 년 동안 잡지를 편집하다 토비 하워드Toby Howard와 스티브 도널리Steve Donnelly에게 자리를 넘겼다. 이들은 그 뒤 10여 년쯤 잡지 편집을 맡았다. 〈더 스켑틱〉은 언제나 편집자들의 열정과 선의, 출간을 돕는 몇몇 자원봉사자의 도움을 받아 발간되었다. 새로운 호를 내는 데 시간과 품이 많이 들었기 때문에 토비나 스티브 같은 바쁜 사람들은 결국 제 몫을 다 했다고 여기고 다른 사람에게 자리를 넘기려 했다. 웬디는 마지못해 다시 편집자 자리를 수락했다.

2001년 나는 (케이트 홀든과 함께) 설립된 지 얼마 되지 않은 APRU의 연구를 다룬 특별호를 공동 편집했다.[25] 그 뒤 곧이어 나는 웬디의 설득에 굴복해 마침내 편집자를 맡아 학생 공동 편집자들과 함께 잡지를 펴냈다.[26] 그렇게 10여 년이 흘렀다. 나보다 앞서 일했던 사람들처럼 나 역시 그 일을 축복이자 부담으로 여긴다. 이 잡지가 APRU의 위상을 드높이고 우리를 영국 회의주의의 중심에 세워주었다는 점은 긍정적이다. 이 잡지가 내 명성도 약간은 드높여 주었다는 점에도 의심의 여지가 없다. 언론에서 나를 소개할 때는 나를 런던대학교 심리학 교수로만이 아니라 영국에서 가장 장수하는 회의주의 잡지의 편집자로 소개하기 때문이다. 하지만 부정적인 면도 있다. 전업 교수 일도 바빠서 자원봉사자들의 도움을 받아도 새 잡지를 펴낼 시간을 내기가 항상 버거웠다.

새로운 편집자가 오면 흔히 잡지를 새롭게 단장하고 외면을 개선한다. 우리는 창간 21주년을 기념해 여러 인물을 인터뷰하고, 재능 있는 예술가 닐 데이비스Neil Davies가 그린 환상적인 캐리커처로 장식한 올컬러 표지를 내세웠다.

우리는 학자(리처드 도킨스Richard Dawkins, 브라이언 콕스Brian Cox), 작가(사이먼 싱Simon Singh, 벤 래드포드Ben Radford), 코미디언(스티븐 프라이Stephen Fry, 팀 민친Tim Minchin, 로빈 이언스Robin Ince), 마술사(제임스 랜디, 더렌 브라운Derren Brown) 등 가히 현대 회의주의 인명록이라 할 만한 사람들로 편집 자문 위원회를 구성했다. 현실적으로 이 바쁜 사람들이 잡지에 쏟을 시간이 많지 않으리라는 점은 알았지만, 그들이 '이성과 증거로 진실을 추구한다'라는 표어로 요약되는 우리 잡지의 가치를 공유한다는 사실을 보여주기 위해 각 호마다 기꺼이 자신의 이름을 올려준 데 감사했다.

마침내 나도 내 몫을 충분히 했다고 판단하고 데버러 하이드Deborah Hyde에게 편집자 일을 넘겼다. 데버러는 나보다 디자인에 훨씬 재능이 뛰어났고, 2011년 잡지를 맡으며 더 많은 혁신을 도입했다. 잡지 전체를 컬러로 만들었다. 크리스피언 자고Crispian Jago가 그린 '말도 안 되는 벤다이어그램Ven diagram of Irrational Nonsense'이나 '말도 안 되는 주기율표Periodic Table of Irrational Nonsense'처럼 아주 풍자적인 (그러면서도 유익한) 삽화를 잡지 중간에 도판으로 넣기도 했다.

크리스피언은 닐 데이비스와 함께 인기 있는 아동용 카드 게임인 탑 트럼프Top Trumps를 참조해 멋진 회의주의 카드Skeptic Trumps도 만들었다.[27] 각 카드에는 회의주의 세계에서 활동하는 인물의 캐리커처 및 짧은 설명과 함께 그들의 특별한 능력과 선택한 무기, 주요 업적, 숙적이 나열되어 있다. 나는 수많은 영웅 사이에 당당히 한 자리를 차지할 수 있어 당연히 기뻤다. 모든 인물 가운데 내 점수가 가장 낮다는 사실을 깨닫는 데 조금 시간이 걸렸지만 말이다. 예를 들어 내 특별한 능력인 '위대한 과학과 이성의 지팡이로 초자연적 주장 물리치기'는 고작 63점이지만 사이먼 싱은 '머리에 파인애플 그림자 뒤집어쓰기' 같은 기묘한 힘으로 88점이나 얻었다! 어쨌든 나도 카드에 들어가기는 했다.

〈더 스켑틱〉은 현재 온라인에서 무료로 제공되며, '좋은 생각을 하는 사회Good Thinking Society'의 프로젝트 책임자인 마이클 마셜Michael Marshall이 머시사이드 회의주의 협회Merseyside Skeptics Society 편집팀의 도움을 받아 훌륭하게 편집한다.[28] 나도 이 잡지에 계속 기고한다.

1장.
기이한 것들의 과학

이 분야에서 일을 시작할 때 이런 질문을 가끔 받았다. "어떤 분야 심리학자세요?" 보통 내 대답은 이랬다. "제가 관심 있는 분야는 초자연적인 믿음과 초자연적으로 보이는 경험을 다루는 심리학입니다." 요즘은 이런 식으로 말하는 법이 별로 없다. "전 신경심리학자입니다", "전 발달심리학자예요"라고 명확하고 간결하게 대답할 수 있는 동료들이 조금 부럽기까지 했다. 내겐 그렇게 준비된 소개말이 없었다. 그렇다면 방법은? 하나 만드는 거다!

사실 적당한 명칭이 있기는 했다. 1982년 레너드 쥐스너Leonard Zusner와 워런 존스Warren H. Jones는 《변칙심리학Anomalistic Psychology》이라는 획기적인 교과서를 내놓았다.[01] 덕분에 그 뒤로 나는 누군가 "어떤 분야 심리학자세요?"라고 묻는다면 곧바로 간단히 "저는 변칙심리학자입니다"라고 대답할 수 있으리라 생각했다. 하지만 안타깝게도 이 꼼수에는 한 가지 작은 문제가 있었다. 지금도 변칙심리학이라는 말을 들어본 적도 없는 사람이 대부분인데, 하물며 당시에는 그 수가 훨씬 적었다는 점이다. 질문자가 전에 쥐스너와 존스의 훌륭한 책을 읽어본 적이 있다면 다행이지만, 그렇지 않다면 틀림없이 "그게 대체 뭔데요?"라는 질문이 이어진다. 이런 질문에 나는 또 이렇게 대답해야 한다. "초자연적인 믿음과 초자연적으로 보이는 경험을 다루는 심리학입니다." 그래도 우리는 조금씩 나아가고 있고, 이 책을 읽으며 변칙심리학이 무엇인지 알게 되는 사람이 늘어날지도 모른다.

변칙심리학이라는 용어에는 예상치 못한 문제가 또 있다. '변칙심리학' 자체는 사실 상당히 간단하지만 이 말을 제대로 발음하기조차 어려워하는 사람도 많다. 공개 강연에서 '동물animalistic' 심리학자라고 소개된 적도 여러 번이다.

이 글을 쓰는 지금 위키피디아Wikipedia에 실린 심리학의 하위 분야는 90종이 넘지만, 고백하자면 사실 이 가운데 몇몇 분야는 40년 동안 심리학 전문가로 활동한 내게도 낯설다. 몇 가지 주요 하위 분야는 근본적인 수준에서 이론을 분석한다. 몇 가지 예를 들어보자. 신경심리학자는 마음과 행동의 신경 기질을 이해하는 데 중점을 둔다. 행동유전학자는 유전과 환경의 상호작용이 지능, 적성, 성격 등 행동의 갖가지 면에 어떤 영향을 미치는지에 관심이 있다. 사회심리학자는 개인과 타인 또는 집단이 상호작용하며 행동과 사고에 어떤 영향을 미치는지 살핀다. 응용심리학에 가까운 임상심리학, 법심리학, 교육심리학 같은 분야는 이런 분야에서 통찰을 얻어 실제 상황에 적용한다.

위키피디아에서는 변칙심리학을 다음과 같이 정의한다. '변칙심리학이란 초자연적인 것은 없다는 가정하에 흔히 초자연적이라 불리는 현상과 관련된 인간 행동과 경험을 연구하는 학문이다.'[02] 나쁘지 않은 정의다. 여기에서는 변칙심리학을 응용심리학의 하나로 분류하는데 이 또한 타당해 보인다. 변칙심리학자는 흔히 심리학의 여러 하위 분야에서 통찰을 얻어 관심 있는 주제를 어떻게 조망할지를 고심한다. 나도 애너 스톤Anna Stone과 함께 쓴 교과서 《변칙심리학: 초자연적 믿음과 경험 탐구Anomalistic Psychology: Exploring Paranormal Belief and Experience〉에서 이런 접근법을 택했다.[03] 이 장에서는 주로 여러 하위 분야에서 어떤 통찰을 얻을 수 있을지 간단히 살펴보고 이어지는 장에서 이 통찰을 더 자세히 살펴보겠다.

하지만 논의를 이어가기 전에 잠시 되돌아가보자. 아주 중요하지만 여태까지 적절한 정의를 내리지도 않고 계속 써온 단어가 하나 있다. 바로 초자연적paranormal이라는 말이다.

초자연적이란 무슨 뜻일까?

초자연적이라는 말을 들으면 무엇이 떠오르는가? 〈엑스파일The X-Files〉의 오프닝 장면과 으스스한 음악이 떠오르지 않는가? 〈파라노말 액티비티Paranormal Activity〉, 〈미지와의 조우Close Encounters of the Third Kind〉, 〈고스트버스터즈Ghostbusters〉 같은 영화가 떠오를지도 모른다. 이 분야에 관심 있는 독자라면 (그렇지 않다면 이 책을 왜 펼쳐들었겠는가?) 전에 읽었던 비슷한 주제를 다룬 책이나 초자연적 현상을 주로 다루는 〈포티언타임스The Fortean Times〉 같은 잡지가 생각날 수도 있다. 하지만 초자연적이란 말은 정확히 무슨 뜻일까?

독자 여러분이 이 질문을 곰곰이 생각해볼 수 있도록 아래에 여러 주제를 나열했다. 각 항목을 살펴보고 초자연적이라 할 수 있는지 살펴보자. 무엇보다 당신이 초자연적이라 여기는 것을 전부 포함하고 그렇지 않다고 생각하는 것은 모두 제외하는 정의를 내릴 수 있는지 생각해보자. (약간 모호한 몇몇 주제에는 간략한 정의를 달아두었다.)

외계인 납치/천사/점성술/오라aura(모든 생명체를 둘러싼 에너지 장으로 '선택받은 자'에게만 보인다고 함)/버뮤다 삼각지대(비행기나 배가 불가사의하게도 흔적 없이 사라진다는 대서양의 한 지역, 배리 매닐로Barry Manilow의 히트곡 제목이기도 함)/성경 속 기적/빅풋Bigfoot(미국 태평양 연안의 산에서 출몰한다는 원숭이 인간-옮긴이)/신통력(알려진 감각 경로를 이용하지 않고 원격으로 정보를 얻는 능력)/기후변화 부정론/보완의학과 대체의학complementary and alternative medicine, CAM/의식/미스터리 서클/수정구슬/수정의 영적 능력/저주/데자뷔(경험한 적이 없다는 사실을 아는데도 전에 경험한 듯한 느낌)/데자뷔(경험한 적이 없다는 사실을 아는데도 전에 경험한 듯한 느낌)/악마/피부시지각(피부에 있는 감각 수용체로 보는 능력)/탐지(dowsing(수맥찾기라고도 하며 막대나 진자 등의 물체를 들고 그 움직임으로 물이나 석유의 위치를 파악하는 능력)/전자음성현상electronic voice phenomenon, EVP(전자적으로 녹음된 영혼의 목소리)/엑소시즘exorcism(퇴마)/초감각지각ESP(신통력, 예지력, 텔레파시 등)/외계인/요정/달착륙 거짓설/산타클로스/풍수(기 같은 신비한 '에너지' 흐름을 막거나 방해하지 않고 조화롭게 살도록 주변 사물을 배치하는 관행)/지구 평평론/유령과 폴터가이스트/방언(성령의 말씀을 전함)/신/천국(과 지옥)/최면술/최면 회귀(최면술을 사용해 어린 시절, 태아 시절, 전생 같은 과거로 정신이 되돌아감)/주역(고대 중국의 점술서)/

키를리언 사진Kirlian photography(사물이 품은 '생명의 정기'를 드러내는 사진 기법)/리 라인 Ley lines(풍경 전반에 신비한 기운이 흐르는 선)/네스호의 괴물/부적/늑대인간(흔히 늑대 등 야생동물로 변신하는 능력)/영매술(죽은 사람과 대화하고 대답을 얻는 능력)/임사체험near-death experience, NDE/점괘판/유체이탈OBE/손금/빙의/기도/예지력(알려진 감각 경로나 추론을 사용하지 않고도 어떤 일이 발생하기 전에 그 사건에 관해 직접 아는 능력)/심령술/심령요법/염력(신체 부위가 아닌 생각의 힘만으로 외부의 사물에 영향을 미치는 능력)/찻잎점/환생/토리노의 수의Shroud of Turin(십자가에 못 박혀 돌아가신 그리스도의 몸을 감싼 수의로, 신비롭게도 그리스도의 몸 이미지가 새겨져 있다고 함)/영혼/인체자연발화/타로점/텔레파시(마음과 마음이 직접 접촉함)/미확인비행물체unidentified flying object, UFO/불운의 수 13/흡혈귀/부두교 주술/마녀/제우스신/좀비

위 항목 가운데 무엇이 진짜 초자연적 주제이고 무엇은 아닌지에 확실한 '정답'이 있으리라 기대하지는 않으셨길 바란다. 그랬다면 분명 실망하실 테니 말이다. 이 연습에서 핵심은 초자연적이라는 말을 정의할 때 우리가 초자연적이라고 분류해야 마땅하다고 느끼는 개념만 포함하고 다른 개념은 모두 배제하는 정의를 내리기가 실은 매우 어렵다는 사실을 밝히는 것이다.

온라인 《케임브리지 사전Cambridge Dictionary》에서는 초자연적이라는 말을 다음과 같이 정의한다. '알려진 자연적 힘이나 과학으로는 설명할 수 없는 것.'[04] 편리한 정의를 내리려는 꽤 괜찮은 시도이기는 하지만 결코 완벽하지는 않다. 의식을 예로 들어보자. 주관적인 자의식이 뇌라는 물리적 기질에서 어떻게 발생하는지 아

직 과학적으로 충분히 설명하지는 못했지만, 의식이 초자연적 현상이라고 주장하는 사람은 거의 없을 것이다. 다른 사례도 있다. 물리학자는 우주의 85퍼센트가 암흑물질dark matter로 구성되어 있다고 믿는다. 이론천체물리학자는 암흑물질이 없다면 경험적으로 관찰한 중력 효과를 설명할 수 없다고 주장한다. 그래서 우리는 암흑물질이 있다고 믿는다. 이때 유일한 문제는 암흑물질을 실제로 본 사람도, 무엇으로 구성되어 있는지 아는 사람도 없다는 점이다. 하지만 암흑물질을 초자연적 현상이라고 하는 사람도 없을 것이다. 이처럼 '알려진 자연의 힘이나 과학으로 설명할 수 없'지만 초자연 현상은 아닌 비非 초자연적 현상의 사례는 수없이 많다.

앞서 언급했듯 초심리학자는 보통 누구나 초자연적 현상의 중심 주제라 여길 만한 세 가지 영역을 조사하고 추측한다. 첫 번째는 초감각지각ESP이다. 초감각지각에는 세 종류가 있다. 먼저 텔레파시telepathy로, 알려진 감각 경로를 이용하지 않고도 마음끼리 직접 접촉하는 능력이다. 다음은 신통력clairvoyance으로, 이것도 알려진 감각 경로를 이용하지 않고도 원격으로 정보를 얻는 능력이다.[05] 마지막은 예지력precognition으로, 일반적인 추론을 하지 않고도 미래에 일어날 사건에 관한 정보를 얻는 능력이다.

초심리학자가 관심을 갖는 두 번째 주제는 염력psychokinesis, PK이다. 생각하는 힘만으로 바깥 세계에 직접 영향을 미치는 능력이다. 물체를 공중에 띄우는 능력, 정신력으로 질병을 치유하는 능력, 유리 겔러처럼 숟가락을 구부리는 능력이 이에 해당한다. 내

학생들은 잘 알겠지만 나는 강의 시간에 철 지난 아재 개그를 거리낌 없이 늘어놓는다. 그래서 수업 시간에 이런 질문을 던지곤 한다. "염력 믿는 분, 제 손 좀 들어보시겠어요?" 그러면 항상 여기저기서 으으 하는 신음이 들린다.

초심리학자가 관심을 갖는 마지막 주제는 사후세계의 가능성을 보여주는 증거다. 유령, (아마도) 폴터가이스트, 영매술, 환생, 전자음성현상 등 앞서 제시한 여러 주제가 여기에 포함된다.

앞서 살펴본 초심리학 영역에 해당하는 주제가 모두 초자연적이라는 데는 분명히 동의할 수 있다. 하지만 여기에도 문제가 있다.《케임브리지 사전》에서 정의내린 초자연적 현산이란 '알려진 자연적 힘이나 과학으로는 설명할 수 없는 것'만이다. 나 같은 회의주의자가 틀렸고, 지금의 과학으로는 알 수 없는 방법으로 다른 사람의 마음을 직접 읽을 수 있는 사람이 있다고 가정해보자. 적절하게 통제된 조건에서 이런 텔레파시 능력을 확실히 입증할 방법을 찾았고, 그 능력이 실재한다는 데도 의심의 여지가 없다고 치자. 그렇다면 이런 일은 믿기 놀라운 과학적 돌파구가 될 것이고, 이런 업적을 이룬 사람은 그 공로를 인정받아 노벨상 한두 개쯤은 받을 것이 틀림없다(지금으로서는 노벨심리학상도 없고, 당연히 노벨초심리학상도 없지만 말이다!) 그러면 어떻게 될까?

과학자들은 분명 텔레파시의 작동 메커니즘을 밝히는 데 관심을 기울일 것이다. 성공하면 그 다음은? 틀림없이 노벨상을 몇 개쯤 더 받을 것이다. 하지만 그렇게 되면 노벨상 심사위원회는 노벨초심리학상을 도입할지 더 이상 고심할 필요가 없다. 초자연적이라는 말의 정의상, 일단 텔레파시를 과학적으로 설명할 수 있다면 텔레파시는 더 이상 초자연적 현상이 아니기 때문이다. 다른 초자연적 현상에도 같은 논리를 적용할 수 있다. 초심리학은 너무 성공적이면 스스로 사라질 이론적 위험을 지닌 과학 분야다.[06] 그런 소멸이 곧 찾아오리라 주장할 사람은 거의 없을 것이다.

물론 누구나 초자연적이라는 말을 쓰임새를 세 가지 핵심 주제로만 한정하지는 않는다. 앞으로 살펴보겠지만 대중매체나 변칙 심리학자는 초자연적 현상이라는 개념을 훨씬 느슨하게 받아들여 흔히 설명할 수 없어 보이는 거의 모든 '이상하고 놀라운' 현상을 살핀다. 이 책에서 밝히겠지만, 사실 설명할 수 없다고 여겨지는 현상 중 상당수는 경험적으로 뒷받침되는 증거로 이치에 맞게 설명할 수 있다. 하지만 우선 여기까지만 해두자.

신비동물학과 UFO학

좀 더 느슨한 정의를 따르는 이 책에서는 신비동물학과 UFO학도 초자연적 현상이라고 본다. 신비동물학cryptozoology은 빅풋이나 네스호의 괴물처럼 몇몇 사람은 존재한다고 믿지만 주류

네스호의 괴물은 초자연적 현상일까? 1934년 〈데일리메일Daily Mail〉에 처음 실린 이 유명한 사진은 흔히 가짜로 알려져 있다.

과학에서는 그 존재를 인정하지 않는 생물을 조사하는 학문이다. 이른바 이런 신비동물cryptids이 진짜 있다고 입증되면 주류 동물학자는 크게 충격받을 것이 틀림없다. 하지만 오늘날 받아들여지는 과학 이론을 수정하거나 거부할 필요는 없어 보인다.

UFO학ufology은 UFO의 모든 면을 연구하는 학문이다. UFO학자만 그런 것은 아니지만 보통 이들은 이른바 외계인 가설extra-terrestrial hypothesis을 선호한다. 다시 말해 적어도 일부 증거는 다른 행성에 사는 외계인이 지구를 방문했다고 가정해야 설명된다는 것이다. 만약 외계인이 정말 지구를 찾아온다는 사실이 입증된다면 주류 과학자는 조금 놀라겠지만, 그렇게 되면 이 말 역시 오늘날의 과학적 지식 범주에 포함된다.[07] 주류 과학이 신비동물학과 UFO학의 주장을 거부하는 주된 이유는 그저 그 주장을 뒷받침할 설득력 있는 증거가 없기 때문이다. 엄밀히 말해 그들 말대로 증거가 있다면 초자연적 현상의 사전적 정의에 따라 이런 일을 초자연적 현상이라고 할 수 없다.

종교적 현상

다른 여러 주제도 도마 위에 오른다. 예를 들어 종교적 현상은 초자연적 현상의 사전적 정의에 상당히 잘 맞지만, 대다수는 이런 현상을 초자연적이라 하지 않는다. 적어도 신비한 종교적 현상을 믿는 사람은 천사, 악마, 기도, 방언, 빙의, 엑소시즘 등이 과학적 이해 너머에 있다고 본다. 신은 분명 그렇다. 하지만 우리는 흔히 종교적 개념과 초자연적 개념을 구분한다. 신의 조화supernatural라는 개념이 이 두 영역을 잇는 개념적 다리가 될까?

종교 문헌에는 초자연적 현상이라는 개념에 딱 들어맞는 기적적인 사례가 많이 등장한다. 예를 들어 성경에는 선지자의 꿈 이야기가 몇 가지 나온다. 예지력이 작동한 놀라운 사례라고 한다. 깜짝 놀랄 만한 염력을 발휘한 사례도 있다. 모세는 홍해를 갈랐다고 한다. 예수는 죽은 자를 살리고 오병이어로 5000명을 먹였다고 한다. 내가 제일 좋아하는 이야기는 물을 포도주로 바꿨다는 일화다. 이런 이야기는 끝이 없다. 예수가 정말 물을 포도주로 바꿨을까? 정말 그랬다면 분명 염력이 발휘된 사례이겠지만, 대다수는 이런 종교적 신비를 초자연적 현상으로 여기지는 않는다.

임사체험 같은 현상을 보면 종교적 경험과 초자연적 경험을 구분하기가 더욱 모호해진다. 흔히 임사체험은 초자연적 현상으로 여겨지지만 본질적으로 영혼, 천사, 예수, 심지어 신이 등장하는 종교적 현상일 때가 더 많다. 임사체험은 7장에서 더 자세히 살펴보자.

요정, 흡혈귀, 좀비

요정, 흡혈귀, 좀비 같은 주제는 완전히 허구이므로 초자연적 현상은 아니라고 여길 수도 있다. 이런 관점은 전형적인 21세기 서구인의 관점으로, 시공간을 넘어 보편적으로 받아들여지는 관점은 아니다. 과거 오랫동안, 심지어 일부 지역에서는 오늘날에도 이런 생명체나 그밖에 수많은 존재가 물리적으로 실재한다고 믿는 사람이 많다. 변칙심리학자라면 우리 시대 우리 사회에서 널리 통용되는 믿음만 살피는 오류를 범해서는 안 된다.

내가 수업 초반에 학생들에게 자주 묻는 말이 있다. "여러분 중에 요정 믿는 사람 있나요?" 보통은 아무도 손을 들지 않고, 있다 해도 한 명 정도다. 그런 학생도 진짜 요정을 믿는 게 아니라 그저 친구들을 웃기려는 것이 분명하다. 우리 사회에서 요정이나 산타클로스, 부활절 토끼를 진심으로 믿는 사람은 아이들밖에 없지 않은가? 누구나 사춘기에 접어들면 그런 유치한 믿음을 버린다.

하지만 한 세기 전만 해도 유럽 전역에서는 흔히 교육을 잘 받은 성인도 요정이 진짜 있다고 믿었다.[08] 이런 '작은 사람' 이야기는 수 세기에 걸쳐 대다수 문화권의 민속 설화에 공통으로 등장한다. 분명 어떤 근거가 있다는 뜻은 아닐까? 그뿐만 아니라 실제로 요정을 목격한 사례도 많았다. 보통은 술을 마시거나 향정신성 약물을 복용하지 않은 정신 온전하고 지적인 성인이 본 사례다. 심지어 증거 사진도 있었다.

그중에는 유명한 (보는 사람에 따라서는 나쁜 쪽으로 유명한) 사진도 있다. 1917년 7월에서 8월, 당시 열여섯 살이던 엘시 라이트Elsie Wright와 열 살이던 사촌 프랜시스 그리피스Frances Griffith는 코팅리라는 작은 개울가에서 요정 사진을 여러 장 찍었다. 사진 전문가들은 그 사진이 진짜라고 인정했다. 코팅리 요정 사진은 다름 아닌 역사상 가장 유명한 소설 속 탐정인 셜록 홈스Sherlock Holmes를 창조한 아서 코난 도일Arthur Conan Doyle 경의 관심을 끌었다.[09] 아서 경은 《요정강림》에서 이 사진이 요정이 실재한다는 확실한 증거라고 언급했다.

당연히 처음부터 이 사례를 의심하는 사람이 많았다. 하지만 1970년대 중반까지도 이 사진이 진짜라며 옹호하는 사람도 있었다. 그러다 이 사례는 힘을 잃기 시작했다. 사진을 컴퓨터로 확대해보니 요정 하나를 매단 끈이 보였다. 요정이 그저 종이 인형이라는 분명한 암시였다. 더 깊이 파고들자 《메리 공주의 선물Princess Mary's Gift Book》이라는 책에 똑같은 삽화가 들어 있다는 사실이 발견되며 이 사례는 완전히 힘을 잃었다. 결국 엘시와 프랜시스는 이 사진이 그냥 장난이었다고 고백했다.

코팅리 요정 이야기는 매력적이고 여전히 마법 같지만, 지금 보기에 가장 중요한 부분은 백 년 전 요정을 믿었던 사람 중 상당수가 근거가 충분하다고 여겼다는 점이다. 믿을 만한 출처에서 나온 목격담도 있었다. 심지어 전문가가 진짜라고 인정한 사진도 있었다. 지금 보면 이런 증거는 요즘 비행접시를 믿는 사람들이 내놓는 증거와 놀랍도록 비슷하다.

전통적인 미신과 개인적 미신

부적과 불운의 숫자 13은 전통적으로 흔한 미신이지만 미신은 그 외에도 수없이 많다.[10] 사다리 밑을 지나가거나 거울을 깨뜨리면 정말 불운이 닥칠까? 검지와 중지를 꼬면 행운이 오거나 적어도 불운을 막을 수 있을까? 내 앞을 지나가는 검은 고양이는 행운(영국이나 일본에 산다면)을 가져다줄까, 아니면 불운(유럽 다른 지역에 산다면)을 가져다줄까?[11] 다른 곳으로 휴가 갔다면 어떻게 될까? 1906년 무렵 행운과 관련된 여러 상징을 나타낸 어떤 프랑스 엽서에는 놀랍게도 불운을 상징하는 숫자 13이 들어 있다. 제1차 세계대전 이전 프랑스에서 숫자 13은 실제로 행운의 상징이었다.

누구나 잘 아는 수많은 전통적인 미신 외에도 자신만의 개인적이고 독특한 미신을 믿는 사람도 많다. 이런 믿음은 마음속에서 특정 대상과 특별히 좋은 결과가 연결될 때 발생한다. 예를 들어 학생이 어떤 펜으로 시험을 쳤을 때 특히 성적이 좋았다면 앞으로 모든 시험을 칠 때 그 '행운의 펜'을 사용하겠다고 고집할 수 있다. 테니스 선수가 어떤 신발을 신고 경기에 나갔을 때 특히 좋은 성적을 얻었다면 앞으로 중요한 경기에서는 그 신발만 신겠다고 고집할 것이다.[12]

운동선수는 미신을 믿기로 유명하다. 경기에 나가기 전 아주 정교한 의식을 치러야 한다고 강박적으로 믿는다. 좀 더 넓게 보면 행위자 스스로 성공이나 실패를 전적으로 통제할 수 없는 직업군에 미신적 믿음과 관행이 널리 퍼져 있다. 운동선수, 군인, 선원, 배우, 도박사는 흔히 미신을 믿지만, 회계사가 일을 시작하기 전에 복잡한 의식을 치르는 일은 없다.

이 책을 읽는 독자 대다수는 미신을 그다지 믿지 않거나 미신적 사고에 바탕을 둔 주장을 거부할 것이다. 물론 미신을 믿으면 간접적인 영향을 준다는 점은 인정할 수 있다. 꼭 치러야 한다고 믿는 의식을 치르지 못하면 긴장해서 실제로 좋은 성과를 거두지 못할 수 있다. 이와 반대로 의식을 치르면 집중력이 높아지고 '완전히 몰입해서' 좋은 성과를 내는 데 도움이 되기도 한다. 하지만 부적을 지니고 다니거나 의식을 치르기만 해도 믿든 아니든 직접적인 영향을 미친다는 생각은 유치하고 어리석다.[13]

여기서 우리가 던져야 할 중요한 질문은 미신을 믿는 이런 생각을 초자연적 믿음으로 보아야 하는지이다. 개인적으로 그런 것을 믿지 않는다는 사실은 중요하지 않다. 만약 미신이 실제로 효과 있었다면 과학적으로 알려지지 않은 방법으로 효과를 발휘한 것이고, 따라서 그 미신을 초자연적 현상으로 보아야 마땅하다. 하지만 아마 대다수는 종교적 주장과 마찬가지로 이런 현상도 당연히 초자연적 현상으로 보지는 않을 것이다.

점술

수 세기 동안 갖가지 점술이 등장했고 그 중 상당수는 지금도 여전히 인기를 끈다. 앞서 점성술, 수정구슬, 주역, 손금, 찻잎 읽기, 타로점 등을 언급했다. 모두 오래전부터 이어온 기술로 지금도 인기 있다. 과거에는 연기, 날아가는 새, 제물로 바쳐진 동물의 내장 등의 패턴을 보고 운세를 점치기도 했다. 이런 방법도 점성술처럼 유효했겠지만 훨씬 혼란스럽다.

이런 방법은 전혀 타당하지 않겠지만, 만약 효과가 있다고 해도 그 방법을 과학적으로 설명할 수 없으므로 분명 초자연적 현상으로 볼 수 있다. 하지만 이런 점술도 초심리학의 세 가지 핵심 주제에 속하지 않는다는 사실은 분명하다. 어떤 점술 기법도 초자연적 능력을 발휘한 것으로 보이지는 않는다. 하지만 의미 있을 패턴을 해독해 지침을 주는 수단이기는 하다. 이런 해독 체계를 컴퓨터화하면 자동으로 리딩reading(심령술사가 상대의 마음을 읽거나 과거를 알아내고 미래를 예견하는 일 또는 그 결과. 점괘 또는 판독이라고도 함-옮긴이)을 생성할 수 있고, 실제로 그런 프로그램도 있다. 이런 리딩이 실제로 맞아떨어진다면 초자연적 현상을 믿는 사람은 이론적으로 신통력과 예지력이 발휘되었기 때문이라고 주장할 것이다. 하지만 이렇게 생각하는 사람은 거의 없고 오히려 이런 주장은 전혀 타당하지 않다는 것이 진실이다.

보완의학과 대체의학

뉴에이지 운동New Age movement의 한 가지 중요한 면은 보완의학과 대체의학을 믿는다는 점이다.[14] 보완의학과 대체의학에 해당하는 수많은 치료법이 모두 초자연적 힘에 의지해 효과를 발휘한다고 주장하지는 않지만 그런 사례도 있다. 가장 분명한 사례는 심령요법이다. 심령요법을 시행할 때는 치료사가 환자 몸 위에서 손을 이리저리 움직이거나 가볍게 갖다대거나 그냥 환부 근처에서 손을 움직이기도 한다. 어떤 심령치료사는 멀리서도 그런 효과를 낸다고 주장한다. 이를 원거리 요법distance healing이라고 한다. 심령요법을 믿는 사람은 과학적으로 알려지지 않은 방법으로 '섬세한 에너지 균형을 다시 맞추어' 건강한 몸으로 되돌릴 수 있다고 주장한다. 일부 보완의학 및 대체의학 치료사는 환자의 오라를 검사해 건강 문제를 진단할 수 있다고도 한다. 오라란 모든 생명체를 둘러싸고 있다는 에너지장이다. 어떤 치료사는 수정을 이용해 신체 건강을 개선할 뿐만 아니라 ESP 같은 초능력도 얻을 수 있다고도 한다. 모든 보완의학과 대체의학에는 다음과 같은 공통점이 있다. 바로 효과 있다고 입증된 적도, 효과 없다고 입증된 적도 없다는 점이다. 코미디언 팀 민친의 말을 빌려보자. "그 사람들이 대체의학이라고 하는 것 중에 효과가 입증된 것을 뭐라고 하는지 아시나요? 바로 의학이죠."

음모론에 관한 믿음

보완의학과 대체의학을 지지하는 사람 중에는 대형 제약회사가 거대한 음모를 꾸민다고 믿는 사람이 많다. 그들이 안전하고 효과적이라고 생각하는 치료법을 대형 제약회사가 금지하면서 제약회사는 안전하지도 않은 재래식 치료제를 제조하고 판매해 막대한 이익을 얻는다고 한다. 어떤 사람은 더 나아가 과학자들이 고의로 치명적인 질병을 퍼트려 해당 질병을 치료하는 약을 판다고까지 주장한다. 제약회사가 미덕의 본보기는 아니고 전통 의학도 결코 완벽하지는 않지만, 이런 주장은 대체로 근거가 없다.[15]

대형 제약회사가 전 세계 의료 과학자와 짜고 거대한 음모를 꾸민다는 생각은 전혀 이해할 수 없다. 전 세계 기후과학자 공동체가 비슷한 사기를 꾸미고 있으며, 기후변화는 사실이 아니거나 사실이라 해도 화석연료 탓은 아니라는 생각이나 마찬가지다. 이런 음모론에는 초자연적인 면이 거의 없지만, 초자연적인 다른 음모론도 분명 있다. 예를 들어 UFO학자는 외계인이 지구에 찾아와 인간을 납치한다는 사실을 전 세계 정부와 정보기관이 다 안다고 믿는다. 외계인이 인간과 텔레파시로 소통한다는 말도 종종 들린다.

흥미롭게도 음모론 믿음은 초자연적 믿음과 분명 연관 있으며, 음모론을 일으키는 여러 심리적 요인은 초자연적 믿음을 일으키는 심리적 요인과 관계 있다. 게다가 더 기괴한 음모론(인간으로 변신한 파충류들이 세상을 지배한다는 데이비드 아이크David Icke의 주장 같은) 중 상당수가 이상하고 놀랍다는 데는 의심의 여지가 없다. 이런 이유로 음모론에 관한 믿음은 흔히 변칙심리학자는 물론 전 세계 많은 이들의 관심사다.[16]

초심리학과 변칙심리학의 관계

온라인 《케임브리지 사전》은 초심리학을 이렇게 정의한다. "미래를 아는 능력이나 텔레파시처럼 자연법칙이나 과학 법칙에 어긋나거나 그 너머에 있는 듯한 정신적 능력을 연구하는 일."[17]

다른 책에서 나는 변칙심리학을 이렇게 설명했다.

> 변칙심리학은 초자연적인 것과 이와 관련된 믿음, 초현실적으로 보이는 경험을 알려진 (또는 알 수 있는) 심리적·물리적 요인으로 설명한다. 초자연적 현상이 개입되지 않았다는 가정에 따라 많은 사람이 겪는 기이한 경험을 이해하려 한다. 심리학이나 신경학 또는 다른 과학 분야에도 인간이 겪는 여러 경험을 설명하려는 모형이 많지만, 이런 모형을 적용해 기이하거나 독특한 경험을 설명하려는 시도는 드물다.[18]

초심리학과 변칙심리학이라는 하위 분야에는 분명 많은 공통점이 있지만 한 가지 중요한 차이점이 있다. 흔히 초심리학자보다는 변칙심리학자가 더 광범위한 주제, 말하자면 이상하다고 여겨지는 모든 현상에 관심을 가진다는 것이다. 초심리학이라는 엄격한 테두리 안에 있는 여러 주제에 관한 근본적인 심리학적 설명은 보통 그 테두리 너머의 다른 주제에도 적용할 수 있기 때문이다.

예컨대 영매술은 분명 초심리학의 엄격한 정의에 들어맞는다. 영매는 죽은 사람의 영혼과 소통할 수 있다고 주장한다. 만약 그들에게 정말 그런 능력이 있다면, 사후세계가 있다는 반박할 수 없는 증거가 될 것이다. 흔히 영매의 리딩에는 죽은 사람이 내담자에게 보내는 개인적 메시지뿐만 아니라, 내담자의 현재와 미래 삶과 관련된 일반적인 정보나 조언도 담겨 있다. 사실 영매의 리딩은 점성술사나 손금 점술가, 타로 점술가의 리딩과 상당히 비슷하다. 하지만 앞서 언급했듯 점술은 초자연적인 것의 핵심 개념과 명백한 관련은 없기 때문에 초심리학의 엄격한 정의에는 들어맞지 않는다. 하지만 변칙심리학자가 보기에는 영매의 리딩이든 다른 점술가의 리딩이든 모두 같은 심리적 과정에서 나왔을 가능성이 크다(더 자세한 내용은 4장을 참조하자). 따라서 영매의 리딩에만 관심을 기울이고 다른 점술가의 리딩은 무시하는 것은 이치에 맞지 않는다.

때로 사후세계의 증거로 제시되는 또 다른 현상은 전생 기억이다. 최면 회귀 hypnotic regression 동안 또는 그 결과로 나오는 기억이다(더 자세한 내용은 6장을 참조하자). 강력한 경험적 증거로 볼 때 이런 기억 대부분은 사실 거짓이다. 객관적인 현실에서 실제로 일어난 사건의 기억이 아니라는 뜻이다. 5장에서 외계인에게 납치되었다는 많은 보고가 거짓 기억에서 나왔다는 증거를 제시할 것이다. 다시 말하지만 사람들이 전생 기억이라 주장하는 현상은 초심리학의 엄격한 정의에 맞기는 하지만, 초심리학적이지 않은 다른 현상을 일으킬 때와 같은 심리적 과정에서 나오기도 한다. 분명 두 현상을 조사할 때는 거짓 기억 연구라는 더 넓은 맥락에서 살펴야 한다.

보통 변칙심리학자는 관심 있는 주제를 다룰 때 초자연적 힘이 존재하지 않는다는 연구 가설을 바탕으로 접근한다. 실험이나 조사를 설계할 때도 가능하면 경험적인 검증 결과를 비초자연적으로 설명하려 애쓴다. 초심리학자는 보통 초자연적 주장을 비초자연적으로 설명하기보다 초자연적 주장을 직접 검증하는 데 주력하지만, 변칙심리학자는 초자연적 주장에 좀 더 회의적으로 접근한다. 하지만 변칙심리학이 초심리학의 반대편에 있다고 보는 것은 잘못이다. 오히려 두 학문은 서로 보완한다. 초심리학자가 초자연적 현상이 재현 가능하고 견고하며 오늘날 통용되는 과학 이론으로는 설명할 수 없다고 과학계 전반을 설득할 수 있다면, 변칙심리학자는 이들에게 진짜 초자연적인 현상과 그저 초자연적으로 보이는 현상을 구분할 유용한 도구를 준 셈이다.

게다가 이론상 초자연적 현상으로 보이는 일부 사례가 논리적으로는 진짜 초자연적일 수도 있지만, 비슷해 보이는 다른 사례는 비초자연적으로 설명할 수 있다는 사실을 명심해야 한다. 두 접근법은 상호 배타적이지 않다. 사실 초심리학자는 흔히 더 회의적인 변칙심리학자보다 수사학적 면에서 한 가지 큰 이점을 지닌다. 초심리학자는 초자연적으로 보이는 모든 현상이 진짜 초자연적이지는 않더라도 일부는 분명 그렇다고 주장할 수 있다. 초자연적으로 보이는 모든 현상을 비초자연적으로 설명할 수 있다는 변칙심리학자의 회의적인 입장보다 합리적으로 보인다. 하지만 과학계 전반으로 보면 모든 초자연적인 주장을 거부하는 편이 타당하다. 최근까지도 초자연적으로 보이는 현상을 비초자연적으로 설명하고 그 설명을 검증하려고 시도하려는 사람은 거의 없었다. 이런 접근법이 얼마나 성공적일지는 시간이 지나야 알 수 있을 것이다.

부정은 증명할 수 없다는 주장도 있다. 하지만 이는 사실이 아니다(그리고 바로 이 문장은 내가 다음 문장에서 증명하려는 바를 부정적으로 진술한 사례다). 부정 진술 중에도 증명하기 쉬운 것이 있다. 예를 들어 내가 우리집 욕조에 엄청 커다란 진짜 호랑이가 산다고 주장한다면, 내 말이 사실이 아니라는 것을 금방 증명할 수 있다. 우리 집에 와서 슬쩍 보기만 하면 된다(하지만 조심하시길, 예를 들면 그렇다는 거다!). 하지만 덜 극단적인 부정 진술 중에는 사실이라고 증명할 수 없는 것도 있다. 초능력은 없다는 주장이 그렇다.[19] 아무리 많은 초자연적 주장을 확실히 반증했고, 설득력 있는 증거를 근거로 비초자연적인 설명을 아무리 많이 내놓았어도, 초능력이 있다는 증거가 어딘가에 있을지도 모른다고 언제든 반박할 수 있다. 하지만 한 세기 넘게 체계적으로 연구했는데도 초능력이 있다는 주장을 뒷받침할 설득력 있는 증거가 나오지 않은 상황에서, 초자연적 현상을 비초자연적으로 설명할 타당한 증거가 늘면 초능력이 존재하지 않을 가능성이 늘어날 것은 분명하다.

왜 변칙심리학을 연구할까

앞서 언급했듯 내가 처음 기이한 것의 심리학에 진지하게 관심을 갖기 시작했을 때는 이 연구의 가치를 이해하지 못하는 사람을 흔히 만났다. 초자연적 현상을 믿지 않는 그들은 기이한 것을 연구하는 일이 시간 낭비이자 노력 낭비라고 한다. 초자연적 주장은 전혀 근거가 없다고 100퍼센트 확신하는 사람이 왜 초능력을 파헤치려는 시도에 그런 입장을 보이는지는 충분히 이해할 만하다(그 100퍼센트 확신이라는 것이 과학적으로 이치에 맞는 방어책은 아니란 것을 알지만 말이다). 하지만 변칙심리학자가 밝히려는 주된 연구 주제는 이것이 아니다. 그보다 우리는 초자연적인 믿음과 경험의 심리학을 이해하는 일에 주목한다.

여러 여론조사에 따르면 실제로 초자연적인 현상을 믿는 사람이 많다. 예를 들어 2017년 BMG 리서치BMG Research가 영국인 1347명을 표본으로 실시한 여론조사에서는 "당신은 유령, 귀신, 영혼, 기타 초자연적 현상을 믿습니까?"라는 질문에 응답자의 3분의 1이 그렇다고 답했다.[20] 46퍼센트는 그렇지 않다고 답했고, 21퍼센트는 잘 모르겠다고 답했다. 2019년 유고브YouGov가 미국 성인 1293명을 대상으로 실시한 여론조사에서 유령이 확실히 또는 아마도 존재한다고 믿는 사람은 45퍼센트였고, 악마나 '다른 초자연적 존재'를 믿는 사람도 비슷하게 나왔다(흡혈귀를 믿는 사람은 13퍼센트에 불과했다).[21] 질문에 사용된 구체적인 표현이나 당시 대중매체의 유행 등에 따라 약간 차이는 있지만, 유럽과 미국 여론조사에서는 이런 수치가 상당히 전형적으로 나타난다. 문화에 따라서도 크게 다르다. 예를 들어 라틴아메리카에는 심령요법을 믿거나 죽은 사람과 소통할 수 있다고 믿는 사람이 유럽보다 상당히 많다.[22]

개인적인 경험이 초자연적 믿음에 큰 영향을 미친다는 사실은 당연하다. 초자연적인 경험을 했는데 초자연적인 것을 믿지 않는다면 뭔가 이상하지 않은가? 몇몇 연구에 따르면 실제로 개인적인 경험이 초자연적인 현상을 믿게 되는 가장 큰 이유지만, 믿을 만한 사람의 증언 같은 요인도 이런 믿음에 한몫한다.[23]

역사적으로나 지리적으로 초자연적인 현상을 믿지 않거나 초자연적 경험을 보고하지 않는 사회는 없다. 그런 믿음과 경험은 분명 인간의 본질에서 중요한 부분이다. 생각해보면 이런 믿음이 널리 퍼져 있다는 사실은 초능력이 실제로 있다는 강력한 증거로 보인다. 하지만 이런 믿음을 뒷받침하는 설득력 있는 과학적 증거는 여전히 부족하다. 그렇다면 이런 현상이 널리 퍼진 이유는 인간의 뇌가 문화와 관계없이 상당히 비슷해서, 실은 초자연적 현상이 아닌데도 초자연적 경험을 했다고 믿는 비슷한 함정에 빠지기 때문은 아닐까? 만약 그렇다면 이런 경험을 진지하게 살펴 인간 심리에 관해 많은 것을 알 수 있을지도 모른다.

왜 기이한 것이 중요한가

독자 여러분은 전에는 그렇게 믿지 않았을지도 모르지만 지금쯤이면 인간 조건을 완전히 이해하려면 초자연적 믿음과 경험의 심리적 근원을 반드시 따져보아야 한다고 확신하게 되셨으리라 믿는다. 변칙심리학이 조금 추상적이기는 하지만 근본적이라는 점 이외에도, 기이한 것을 진지하게 받아들여야 하는 실질적으로 중요한 이유도 있다. 회의주의는 때로 타인의 악의 없는 즐거움을 망치며 흥을 깨는 불쾌한 것으로 여겨지기도 한다. 친한 친구가 별자리로 성격을 알 수 있다고 믿는 것이 정말 문제가 될까? 이웃이 달 착륙은 가짜라고 확신한다고 해서 그것이 그렇게 중요할까? 친척이 관절염에는 의학적으로 승인된 진통제보다 동종요법 치료가 훨씬 낫다고 주장한다면 어떨까?

슬쩍 보면 모두 그리 걱정할 문제는 아니다. 하지만 곰곰이 따져보면 걱정할 만한 진짜 이유가 있다. 점성술을 믿는다면 기업에서 지원자를 선발할 때 별자리를 따져도 그럴 만하다고 생각할지도 모른다. 실제로 그런 일이 가끔 있다. 제대로 설계한 실험으로 점성술이 타당하지 않다는 사실이 수없이 입증되었으므로 이런 생각은 부당한 차별이다.[24] 달 착륙은 가짜라는 믿음 자체는 해롭지 않다. 하지만 연구에 따르면 어떤 음모론을 믿는 사람은 대체로 다른 음모론에도 솔깃하기 마련이다. 백신 반대 운동처럼 이런 믿음이 심각한 피해를 입히기도 한다. 친척이 관절염을 치료한다며 동종요법 치료를 고집한다면, 써볼 수 있는 가장 효과적인 치료법의 혜택은 분명 얻지 못할 것이다. 무엇보다 그 친척이 암처럼 다른 위험한 질병에 걸렸을 때도 비슷한 행동을 취한다면 결과는 훨씬 심각해질 수 있다.

여기서 짚고 넘어가야 할 요점은 이 세 가지 주장에 모두 비판적 사고가 빠져 있다는 점이다. 훌륭한 경험적 증거와 타당한 추론에 바탕을 둔 주장이라면 받아들여도 좋다. 하지만 증거가 약하거나 (또는 증거가 전혀 없거나) 몹시 빈약한 추론에서 나온 믿음도 많다. 그런데도 사람들은 그런 믿음을 바탕으로 중요한 결정을 내린다. 이 책 전반에서 비슷한 사례를 많이 다루겠지만 더 포괄적으로 여러 사례를 살펴보려면 팀 팔리Tim Farley의 훌륭한 웹사이트

〈무엇이 해악인가?What's the Harm?〉를 방문하기 바란다.[25]

팀의 웹사이트에는 비판적 사고를 하지 못해 당황하거나, 경제적 손실을 보거나, 심지어 사망하는 등 안타까운 결말을 맞이한 흥미롭지만 약간 우울한 사례가 여럿 있다. 이 사례를 보면 초자연적인 것이나 사이비 과학에 관한 믿음은 무해해 보이지만 그런 믿음에 빠지면 더 위험한 믿음도 쉽게 받아들이게 된다는 사실을 알 수 있다. 모든 믿음은 비판적으로 점검해야 한다. 변칙심리학은 지각, 기억, 해석, 추론 같은 인간의 인지 체계에 한계가 있다고 알려주며 비판적 사고를 가르치는 훌륭한 도구다. 스스로는 잘 몰라도 우리는 누구나 수많은 인지 편향에 취약하다.

물론 비판적으로 사고하지 못해 발생한 피해를 정확히 집계하기는 어렵다. 팀 팔리는 자신의 웹사이트에 나열된 사례를 바탕으로 최소 다음과 같은 수치를 제시했다. "사망한 사람은 36만 8379명, 다친 사람은 30만 6096명, 경제적 손실은 28억 1593만 1000달러가 넘는다."[26] 이 수치는 그의 웹사이트에 기록된 사례만으로 계산되었으므로 최소 수치다. 기록되지 않은 사례는 분명 이보다 훨씬 많을 것이다. 따라서 이런 주장을 '해롭지 않다'라고 일축해서는 안 된다.

이 책의 상당 부분은 전 세계가 코로나19 팬데믹을 겪는 동안 (지금도 겪고 있다) 썼다. 지금까지 약 700만 명이 목숨을 잃었고 이 사태가 종식될 때까지 훨씬 더 많은 사망자가 나오리라 예상된다. 코로나19 팬데믹에 관한 잘못된 정보와 가짜 정보가 넘쳐난다. 코로나바이러스와 관련된 거칠고 근거 없는 음모론도 많다. 효과적인 백신이 개발되고 배포되었지만 이런 음모론 때문에 상당수가 백신 접종을 거부했고, 그 결과 사태가 길어져 불필요한 고통과 사망자가 더 늘었다는 데는 의심의 여지가 없다.

여기에 소비자 보호와 관련된 문제가 있다. '초자연 산업'의 총 가치를 따지기는 어렵다. 무엇을 이 산업에 포함할지에 따라 수치가 달라지기 때문이다. 하지만 몇 가지 추정치는 있다. 2018년 IBIS월드IBISWorld의 보고에 따르면 미국인은 점성술, 오라 독법, 손금 읽기, 타로점, 영매술 같은 '심령 서비스'에 해마다 22억 달러를 쓴다.[27] 미국 국립보건통계센터National Center for Health Statistics의 보고에 따르면 미국인은 2012년 보완의학과 대체의학에 무려 302억 달러를 지출했다고 한다.[28] 사이비 과학 같은 주장 투성이인 글로벌 '웰니스 산업'은 2019년 4.9조 달러라는 놀라운 규모의 시장으로 성장했다.[29] 여러 사례에서처럼 이런 서비스가 실제로 위약 이상의 효과가 없다면 대중은 그 사실을 알 권리가 있다.

초자연적 믿음 측정하기

 이 책의 핵심 주제 중 하나는 우리가 지닌 사전 믿음이 주변에서 일어나는 사건을 지각하고 이해하고 떠올리는 방법에 큰 영향을 미친다는 점이다. 앞으로 각 장에서 설명할 여러 연구에서는 사전 믿음이라는 요인을 통제한 상황에서 초자연적 현상을 믿는 사람과 회의주의자를 비교한다. 따라서 초자연적 믿음을 정확히 어떻게 측정하는지 따져보아야 한다.
 한 가지 방법은 이미 설명했다. 특히 핼러윈을 앞두고 신문이나 잡지에는 초자연적 믿음을 살핀 여론조사 결과가 자주 실린다. 제대로 조사하면 실제로 유용한 정보를 주겠지만 보통은 약간 조잡하다. 흔히 응답자에게 이런저런 초자연적 현상을 믿는지 묻고 예, 아니오, 잘 모름 중에서 선택하게 한다. 제대로 조사하려면 연령, 사회경제적 계층, 성별, 정치적 선호 같은 인구통계학적 요인을 대표하는 대규모 모집단 표본을 설정해 여기에서 데이터를 수집해야 한다. 연구자는 이런 데이터를 이용해 인구통계학적 집단 사이의 믿음 수준을 서로 비교할 수 있고, 몇 가지 흥미로운 가설을 시험하거나 새로운 가설을 세울 수도 있다.
 예를 들어 앞서 언급한 2019년 유고브의 조사에서는 미국 성인을 대상으로 공화당 지지자가 민주당 지지자보다 초자연적인 존재를 믿을 가능성이 더 높다고 밝혔다.[30] 이런 차이는 악마를 믿는지 아닌지에서 가장 두드러졌다. 공화당 지지자의 54퍼센트가 악마를 믿는다고 응답했지만, 민주당 지지자 가운데 그렇다고 응답한 사람은 37퍼센트에 그쳤다. 민주당 지지자보다 공화당 지지자가 기독교 근본주의를 더욱 따른다는 점과 일치하는 결과지만, 추후 연구에서 이런 설명을 경험적으로 검증할 수도 있을 것이다.

여러 인구통계학적 집단이 보이는 초자연적 믿음 수준의 차이를 설명하는 한 가지 흥미로운 가설은 사회 주변인 가설social marginality hypothesis이다. 사회에서 비교적 영향력이나 권력을 적게 쥔 사람이 초자연적 믿음을 받아들일 가능성이 더 높다는 생각에서 나온 가설이다. 이 가설은 마술적 사고로 일종의 심리적 보상을 얻을 수 있다는 가정에서 온다. 따라서 흔히 사회경제적 계층이 낮은 사람, 여성, 소수민족, 청년, 실업자일수록 초자연적 현상을 더 많이 믿으리라 예상할 수 있다. 하지만 사실 이 가설은 경험적 데이터와는 그다지 잘 맞지 않는다. 예외적으로 여성이 남성보다 초자연적 현상을 더 많이 믿는 경향은 일관되게 나타난다(반대로 외계인과 신비동물은 남성이 더 많이 믿는다). 하지만 이런 결과도 달리 설명할 수 있다. '아이디어는 좋지만 데이터가 아쉽네'라고 말할 만한 사례다.[31]

눈 밝은 독자라면 지금까지 거론한 초자연적 믿음에 관한 논의에서 지나치게 단순화된 부분을 발견했을 것이다. 초자연적 믿음은 결코 일차원적이지 않다. 사실 아주 복잡하고 다차원적이다. 예를 들어 유령을 믿지 않지만 텔레파시는 믿을 수 있다. 보통 심리학자는 표준 설문지를 이용해 믿음 등의 심리적 차원을 측정한다. 그렇게 하면 서로 다른 연구에서 나온 결과를 쉽게 비교할 수 있기 때문이다. 게다가 이런 척도는 신뢰성이나 타당성 같은 여러 심리측정 요소도 반영한다. 고정된 특성을 검사하는 믿을 만한 검사라면 언제 검사해도 비슷한 결과가 나올 것이다. 유효한 척도를 이용하면 측정하려는 것을 제대로 측정할 수 있다고 확신할 수 있다.

이 분야에서 가장 널리 사용되는 두 가지 척도는 앞서 살펴본 대로 초자연적인 것을 정의하는 서로 다른 개념에서 나왔다. 한 가지 척도는 탤번의 호주인 양-염소 척도The Australian Sheep-Goat Scale, ASGS다. 아래 박스 1을 참고하자. 여기에서는 초심리학자가 관심을 두는 세 가지 핵심 개념인 ESP, 염력, 사후세계에 관한 믿음과 경험만 측정한다. 상당히 다루기 쉽고 점수화하기도 쉬운 척도다. 이 설문을 직접 해보려면 각 항목을 보고 거짓이라고 생각한다면 0점, 잘 모르겠다면 1점, 참이라고 생각한다면 2점을 매긴다. 아주 회의적인 사람이라면 총점이 0점일 것이고 초현실적인 생각을 모두 믿는 사람이라면 총점이 36점일 것이다. 마이클 탤번 Michael Thalbourne이 검사한 심리학과 학생 247명은 평균 14.90점(표준편차=7.61)을 받았다.[32] 당신은 몇 점인가? 비교적 잘 믿는 사람인가, 회의적인 사람인가?

이 척도에 왜 이런 특이한 이름이 붙었는지 궁금할 것이다. 초심리학에서는 초자연적 현상을 잘 믿는 사람을 양, 회의주의자는 염소라 한다(성경에서 나온 표현이다).

탤번의 척도는 엄격한 초자연적 현상 정의에서 나왔지만, 흔히 사용되는 또다른 척도는 훨씬 느슨한 정의에서 나왔다. 제롬 토바치크Jerome J. Tobacyk의 초자연적 믿음 척도 개정판Refined Paranormal Belief Scale, RPBS이다. 박스 2를 참고하자. 이 척도의 항목은 ASGS보다 훨씬 광범위하다. 게다가 전반적인 초자연적 믿음 점수는 물론 여러 하위 범주의 점수도 알 수 있다. 이 설문지를 작성했다면 토바치크가 검사한 대학생 217명의 점수와 비교해보자. 평균 점수(괄호 안은 표준편차)는 다음과 같다. 전통적인 종교적 믿음: 6.3점(1.2), 초능력: 3.1점(1.5), 마녀: 3.4점(1.7), 미신: 1.6점(1.2), 유심론: 2.8점(1.4), 특별한 생명체: 3.3점(1.3), 예지력: 3.0점(1.3). 학생들의 전반적인 점수는 평균 89.1점이었다(표준편차=21.9점, 전반적인 점수는 모든 항목 점수를 합산한 총 점수다).

이 척도를 이용하면 전반적인 점수는 물론 개인별 초자연적 믿음의 특성도 알 수 있다. 따라서 전반적인 점수가 같은 사람이라도 그 성격은 상당히 다를 수 있다. 초자연적 믿음은 다차원적이라는 사실을 강조하는 부분이다. RPBS는 여러 비판을 받았지만 지금도 널리 사용된다는 점에 주목하자.[33] 이 분야에서 유용한 도구로 입증된 척도이기 때문이다. 초자연적 믿음은 다차원적이다. 유령을 믿게 되는 심리적 요인과 텔레파시를 믿게 되는 심리적 요인이 크게 다른 것과 같은 이치다.

호주인 양-염소 척도

다음 척도를 사용해 각 항목에서 당신의 태도를 표시하세요.

0점=거짓, 1점=잘 모름, 2점=참

- 나는 ESP가 있다고 믿는다.
- 직접 ESP를 경험한 적이 있다.
- 나는 내가 초능력자라고 믿는다.
- 미래에 어떤 사건이 일어나기 전에 합리적인 예측이나 정상적인 감각 경로를 이용하지 않고도 미래에 관한 정보를 알 수 있다.
- 나는 느낌이 들어맞았던 적이 한 번 이상 있고 그저 우연이 아니었다(라고 믿는다).
- 나는 예감이 들어맞았던 적이 한 번 이상 있고 그저 우연이 아니었다(라고 믿는다).
- 나는 꿈이 들어맞았던 적이 한 번 이상 있고 그저 우연이 아니었다(라고 믿는다).
- 나는 환영을 본 적이 한 번 이상 있지만 환각은 아니었고, 그 환영을 통해 그 시간과 장소에서 달리 얻을 수 없는 정보를 얻었다.
- 나는 사후세계를 믿는다.
- 죽은 사람의 영혼과 만날 수 있는 사람이 있다.
- 합리적인 예측이나 정상적인 감각 경로를 이용하지 않고도 다른 사람의 생각, 느낌, 상황에 관한 정보를 얻을 수 있다.
- 다른 사람에게 '정신적 메시지'를 보내거나, 정상적인 의사소통 경로 이외의 수단으로 멀리 있는 사람에게 어떤 식으로든 영향을 미칠 수 있다.
- 다른 사람과 나 사이에 텔레파시를 경험한 적이 한 번 이상 있다.
- 알려진 물리적 에너지라는 매개 없이도 정신이 신체에 직접 영향을 미치는 염력이 실제로 있다.
- 직접 염력을 발휘해 본 적이 한 번 이상 있다.

- 나는 내가 염력이 뛰어나다고 믿는다.
- 설명할 수 없는 (반복되지는 않는) 염력이 발휘된 물리적 사건이 내게 일어난 적이 한 번 이상 있다.
- 설명할 수 없는 신체 방해(예컨대 폴터가이스트) 등 염력이 발휘된 것으로 보이는 사건이 과거 어느 시점에 내게 일어났다.
- 마이클 탤번, 초자연적 믿음 측정과 상관도 추가 연구Further Study of the Measurement and Correlates of Belief in the Paranormal, 미국심리연구학회지Journal of the American Society for Psychical Research 89, no. 3 (1995): 233-247.

초자연적 믿음 척도 개정판

다음 척도를 사용해 각 항목에 당신이 얼마나 동의하거나 동의하지 않는지 표시하세요.
다음 숫자를 사용하세요. 정답이나 오답은 없습니다.
이는 그저 당신의 신념과 태도를 나타내는 표본일 뿐입니다. 감사합니다.
1=매우 동의하지 않음, 2=대체로 동의하지 않음, 3=약간 동의하지 않음,
4=잘 모름, 5=약간 동의함, 6=대체로 동의함, 7=매우 동의함

- 육신이 죽어도 영혼은 계속 존재한다.
- 정신적 힘을 이용해 사물을 들어올릴(띄울) 수 있는 사람이 있다.
- 흑마술은 있다.
- 검은 고양이는 불운을 가져온다.
- 정신이나 영혼이 몸을 떠나 여행할 수 있다(영적 투사).
- 티베트에는 이상한 눈사람이 산다.
- 점성술로 미래를 정확하게 예측할 수 있다.
- 악마는 있다.
- 정신적 힘으로 사물을 움직이는 염력은 실제로 있다.
- 마녀는 있다.

- 거울을 깨뜨리면 불운이 찾아온다.
- 잠이나 무아지경 같은 다른 상태에 빠지면 영혼이 몸을 떠날 수 있다.
- 스코틀랜드에는 네스호의 괴물이 산다.
- 별자리로 사람의 미래를 정확하게 알 수 있다.
- 나는 신을 믿는다.
- 사람의 생각으로 물리적 사물의 움직임에 영향을 미칠 수 있다.
- 주술과 주문으로 사람에게 마법을 걸 수 있다.
- '13'이라는 숫자는 불운을 가져온다.
- 환생은 실제로 일어난다.
- 다른 행성에도 생명체가 있다.
- 미래를 정확하게 예측할 수 있는 심령술사가 있다.
- 천국과 지옥은 있다.
- 마음 읽기는 불가능하다.
- 마법이 실제로 일어날 때도 있다.
- 죽은 사람과 소통할 수 있다.
- 설명할 수 없는 능력으로 미래를 예측하는 사람이 있다.

참고. 항목 23은 반대로 점수를 매겨야 한다.

전통적인 종교적 믿음=항목 1, 8, 15, 22의 평균,

초능력 믿음=항목 2, 9, 16, 23의 평균,

마녀 믿음=항목 3, 10, 17, 24의 평균, 미신 믿음=항목 4, 11, 18의 평균,

유심론 믿음=항목 5, 12, 19, 25의 평균,

특별한 생명체 믿음=항목 6, 13, 20의 평균,

예지력 믿음=항목 7, 14, 21, 26의 평균.

제롬 토바치크, 초자연적 믿음 척도 개정판,
국제초개인연구지 International Journal of Transpersonal Studies 23, 1 (2004년 1월): 94-98.

심리학에서 얻은 통찰

흔히 심리학을 '마음과 행동을 연구하는 학문'으로 정의한다. 앞서 살펴보았듯 심리학은 여러 하위 분야로 나뉘며, 각 분야는 보통 입문 교과서에 별도의 장으로 구분된다. 하지만 대체로 이는 그저 설명의 편의를 위함이다. 실제로 하나의 하위 분야에서만 다루는 심리학 주제는 거의 없다. 예를 들어 기억 연구자는 정보가 어떻게 암호화되고 저장되며 우리가 이 정보에 어떻게 접근했다가 이를 잃어버리는지(인지심리학), 이와 관련된 기본적인 신경 작용은 무엇인지(신경심리학), 생애 전반에 걸쳐 기억이 어떻게 달라지는지(발달심리학), 주변 사람은 기억 작동에 어떤 영향을 미치는지(사회심리학)에 관심을 둔다.

이 장의 나머지 부분에서는 변칙심리학이 심리학의 여러 하위 분야에서 어떻게 통찰을 얻는지를 전반적으로 설명한다. 이 중 일부는 이미 살펴보았다. 예를 들어 사람들의 믿음 수준이 왜 다른지 살필 때는 인구통계학적 요인과 성격 요인에서 드러나는 개인차를 고려한다. 앞서 살펴보았듯 사회 주변인 가설은 직관적으로 와닿지만 경험적 증거를 잘 설명하지는 못한다. 환상을 믿는 경향, 몰입absorption, 해리dissociativity, 최면 감수성hypnotic susceptibility 같은 여러 성격 변수도 초자연적 믿음이나 초자연적으로 보이는 경험을 했다고 보고하는 경향과 분명히 관련 있다.

초자연적 믿음과 많지는 않지만 상당한 상관관계가 있는 사이코패스 성향을 측정하는 방법도 여럿 있다는 사실도 앞서 살펴보았다. 게다가 특정 조현병처럼 심각한 정신질환은 때로 초자연적 믿음과 관련된 망상(다른 사람의 마음을 읽을 수 있다거나 자기 생각을 다른 사람에게 전할 수 있다는 등)을 일으킨다는 사실도 널리 알려져 있다. 하지만 사이코패스 성향과 일반인이 보이는 초현실적 믿음 또는 경험은 전혀 관계가 없으므로, 초자연적 경험을 했다는 사람이 모두 심각한 정신질환자라는 단순한 주장을 정당화할 수는 없다. 하지만 초자연적 믿음을 포괄적으로 설명할 때는 분명 이런 주장도 고려해야 한다. 이때 임상심리학은 중요한 통찰을 준다. 나중에 살펴보겠지만 성격이나 사이코패스 성향과 초자연적 경험의 상관관계는 초자연적 경험을 설명하는 단서가 되기도 한다.

　심리학에서 정신생물학적(또는 신경심리학적) 관점은 주로 마음과 행동의 바탕이 되는 신경 기질에 주목한다. 과학적으로 사고하는 심리학자 대다수는 모든 심리 현상을 신경 기질 수준에서 분석해 설명할 수 있다고 생각한다. 심리 현상을 이 수준에서 상세하고 포괄적으로 설명하는 일은 드물지만, 신경심리학적 통찰은 수면마비(2장), 유체이탈과 임사체험(7장) 같은 현상을 개략적으로 이해하는 데 분명 도움이 된다.

　8장과 9장에서는 인지심리학이 변칙적인 경험과 믿음을 이해하는 데 통찰을 줄 수 있는지 살핀다. 인지cognitive라는 용어는 지각, 기억, 추론, 언어 등 정보처리의 모든 면을 포함한다. 인간의 인지 체계는 몹시 놀랍다. 우리는 깨어있는 모든 순간 여러 고차원적 인지과정을 동시에 수행한다. 이 글을 쓰는 지금 세상에서 가장 강력하고 정교한 컴퓨터조차도 따라갈 수 없는 능력이다(시간문제일 뿐일지도 모르지만 말이다). 하지만 인지심리학자는 우리가 특정 상황에서 어떤 사건을 잘못 지각하거나 기억하지 못하거나 잘못 해석하게 만드는 여러 인지 편향을 밝혀냈다. 앞으로 살펴보겠지만 우리는 일부 인지 편향 때문에 실제로 초자연적이지 않은데도 그런 경험을 했다고 단정하기도 한다.

어떤 이들은 진화적 압력에 따라 주변 세상을 정확히 나타내는 정신적 표상을 오차 없이 생성하는 인지 체계를 선호하게 되므로 이런 편향은 제거되지 않을까 생각할 수도 있다. 하지만 진화심리학자는 왜 그렇지 않은지 합리적으로 설명한다. 본질적으로 다음과 같다. 진화적 관점에서 보면 조금 더 정확하지만 느린 인지체계보다 그보다는 덜하지만 대체로 정확하고 빠른 인지 체계를 택하는 것이 합리적이다. 9장에서 이와 비슷한 주장과 관점을 뒷받침하는 증거를 더 자세히 살펴보자.

사회심리학자는 우리가 다른 사람과 상호작용하며 어떤 영향을 받는지에 관심을 둔다. 많은 사람이 초자연적 현상을 믿게 되는 이유는 직접 초자연적 현상을 경험해서가 아니라 친구나 가족같은 믿을 만한 주변인에게 그런 경험을 했다는 말을 들었기 때문이다. 초자연적 현상을 겪었다는 주장을 적극적으로 홍보하는 미디어의 역할도 사회심리학자에게 흥미로운 주제다. 설득의 기술도 사회심리학의 영역에 속한다. 4장에서 이런 특별한 사례 중 하나인 콜드리딩cold reading(상대에 관한 정보가 없는 상태에서 그들의 마음을 읽거나 미래를 알아맞히는 기법-옮긴이)을 더 자세히 살펴볼 것이다. 전혀 알지 못하는 상대방에 관해 전부 안다고 믿게 만드는 기법이다. 내게 초능력이 있다고 남을 설득하려 한다면 상당히 유용한 기술일 것이다.

발달심리학자는 인간이 태어나서 노년에 이르는 동안 정신적 삶과 행동에서 일어나는 변화나 변하지 않는 일관성에 주목한다.³⁴ 적어도 주관적으로 볼 때 성인보다 아이들이 마술에 더 빠져든다는 견해가 일반적이다. 저명한 스위스 심리학자 장 피아제 Jean Piaget(1896~1980년)의 견해도 분명 같았다. 그는 아이들이 열두 살 정도는 되어야 현실과 마법을 분명히 구별할 수 있다고 주장했다. 이와 반대로 성인은 마법을 믿는 어릴 적 사고방식에서 벗어나 주변 세상을 합리적으로 바라본다고 여겼다. 적어도 과거에는 이렇게 믿었다.

실제로 아이들이 종종 마법적 사고를 한다는 증거는 충분하다. 아이들은 보통 산타클로스, 부활절 토끼, 이빨 요정 같은 환상적인 존재는 말할 것도 없고 유령, 괴물, 마녀 같은 무서운 존재를 믿는다. 생일 케이크 촛불을 끌 때 소원을 빌면 이루어진다고도 믿는다. 보도블록 틈을 밟지 않거나 저녁에 처음 보이는 별에 소원을 빌면 이루어진다는 미신도 아주 진지하게 믿는다.

오스틴 텍사스대학교의 심리학자 재클린 울리Jacqueline Woolley

연구진은 아이들이 지닌 마법적 사고와 관련된 증거를 검토하고, 환상적인 존재(산타클로스나 부활절 토끼 등)나 소원(및 기도)의 힘 등에 관한 믿음을 다루는 연구를 많이 했다.[35] 방대한 경험적 증거를 요약하면, 마법에 관한 믿음은 3~8세 사이에 흔하며 5~6세에 정점을 찍는다. 이 시기에 아이들은 가상 역할놀이에 가장 많이 빠져 상상 속 놀이 친구나 다른 환상적인 존재를 믿을 가능성이 가장 높다.

그렇다면 아이들이 현실과 환상을 구별하지 못한다고 본 피아제가 옳았을까? 상황은 조금 더 복잡하다. 아주 어린아이들도 실제로 현실과 환상이 다르다는 사실을 이해한다. 하지만 특정 개념의 현실성 면에서 아이들이 잘못된 결론을 내리게 만드는 요인도 있다. 게다가 아이들은 주변 세상에 관한 지식과 직접적인 경험이 부족하고, 대부분 성인, 특히 부모는 아이들에게 마법이 진짜라고 믿게 만드는 깜찍한 음모를 꾸미기도 한다. 아동용 영화, 책, 연극 대부분에는 말하는 동물, 환상적인 생명체, 초인적인 힘 같은 마법이 등장한다. 어른들이 산타클로스, 부활절 토끼, 이빨 요정이 있다는 물리적 증거를 들이밀기도 한다. 아이들이 부모나 보호자의 말을 믿는 것은 당연하다. 어른들이 그런 식으로 아이들에게 해를 끼칠 리는 없으니 말이다. 하지만 이는 아이들이 어른들의 뻔한 거짓말에 속아 넘어갈 가능성이 높다는 뜻이기도 하다.

그렇지만 아주 어린 아이들도 실제 사물과 장난감, 상상, 그림을 대조하며 사물의 실제 상태를 파악하기 위해 최선을 다한다.

아이들은 실제 사물과 가상 사물의 속성이 다르다는 점을 알고 그에 맞춰 행동한다. 아이들은 선생님, 초콜릿, 자동차처럼 직접 경험한 것은 실제로 존재한다고 잘 판단한다. 하지만 공룡, 기사, 세균처럼 직접 경험하지 못한 사물을 두고는 정확한 판단을 내리지 못한다. 그래서 때로 이런 것이 진짜라는 구체적인 정보가 없다며 실제로 있는 것도 가짜라고 여기기도 한다. 아이들은 너무 회의주의자일지도 모른다!

오히려 어른들은 실제로 확인된 것보다 아이들이 마술적 사고를 더 많이 한다고 오해한다. 내 큰딸 루시는 어렸을 때 이런 사례를 잘 보여주었다. 약 65퍼센트의 아이들이 대체로 그렇듯 루시도 상상 놀이 친구가 있었다. 나와 아내는 둘 다 심리학자여서 이런 일이 지극히 정상이고 전혀 걱정할 필요가 없다는 사실을 잘 알았다. 루시는 상상 속 친구를 군다라고 했다. 우리는 군다가 그날 무슨 일을 했고 무슨 말을 했는지 루시가 조잘거리며 알려주는 데 아주 익숙했다.[36] 당시 루시는 외동딸이었고 군다는 우리 가족이나 다름없었다. 보이지도 않고 성별도 알 수 없었지만 말이다. 여섯 살쯤이던 어느 날 루시가 내게 정확히 기억나진 않지만 무슨 말인가를 했다. 하지만 이것만은 확실히 기억난다. 내가 농담으로 "아빠도 벌써 알아, 군다가 말해줬어"라고 대답하자 루시는 내가 미쳤다는 듯 빤히 나를 쳐다보며 이렇게 말했다. "군다는 진짜가 아니야, 아빠도 알잖아!"

아이들이 현실과 환상을 구별하지 못한다는 피아제의 주장은 오늘날에는 약간 과장되었다고 여겨진다. 그렇다면 성인은 보통 이성적인 사고의 세계에 살며 마법적인 사고는 거의 하지 않는다는 주장은 사실일까? 안타깝게도 이런 관점 역시 틀렸다는 사실이 밝혀졌다. 성인은 보통 이성적인 사고를 하지만 이 책을 보면 성인도 마술적 사고를 하는 일이 많다는 사실을 알 수 있다. 오스틴 텍사스대학교의 크리스틴 레게어Christine Legare 연구진은 아이가 성인이 되면서 어떤 사건을 초자연적으로 설명하는 일이 실제로 점차 늘기도 한다는 설득력 있는 증거를 제시했다.[37]

레게어 연구진은 한 발 더 나아가 한 가지 사건을 설명할 때 자연적 설명과 초자연적 설명을 함께 사용하기도 한다는 점을 지적했다. 예를 들어 중앙아프리카 아잔데Azande 족은 더울 때 곡물 저장고 그늘에서 태양의 열기를 피한다. 가끔 저장고가 무너져 불운하게도 그 아래에서 쉬던 사람이 사망하는 일도 생긴다. 아잔데인은 흔히 흰개미가 저장고를 갉아먹어 물리적으로 손상된 탓에 저장고가 붕괴했다고 설명한다. 하지만 그러면서도 저장고가 딱 그 순간 무너져 바로 그 사람이 죽은 이유를 주술에 걸렸기 때문이라고 설명하기도 한다. 이와 비슷하게 남아프리카공화국 일부 공동체에서는 에이즈에 걸리는 이유에 관한 과학적 설명(에이즈는 바이러스 때문에 발생한다)을 전반적으로 받아들이지만, 마녀의 주술에 걸려 성적 상대를 현명하게 선택하지 못했기 때문이라는 설명도 믿는다.

지금까지 변칙심리학의 본질을 개괄적으로 살펴보았으니 앞으로 우리가 관심을 갖는 각 주제를 더 자세히 살펴보겠다. 먼저 다음 장에서는 흔히 두려워하는 수면마비를 살펴본다.

2장.
뜬눈으로 꾸는 악몽

젠틀맨이 방문하다

내 친구 사라 콕스Sarah Elizabeth Cox가 겪은 이상한 일 이야기를 들어보자. 당시 사라는 대학 언론 담당자로 일하며 야간 대학원에 다니고 있었다. 서른두 살 때였다.

제 기억으로 이런 일은 2019년에 딱 한 번 겪었어요. 캐트퍼드에 있는 아파트에서 혼자 자고 있었죠. 위층에서 나는 소음 때문에 너무 스트레스 받았어요. 거기서 6개월 정도 사는 동안 윗집 남자가 밤마다 바닥을 두드리고 몇 시간이나 큰 소리로 전화 통화를 하는 등 엄청나게 시끄러웠어요. 그래서 잘 때는 보통 두툼한 귀마개를 꼈죠. 그 정도로 심했어요. 자기 전에 취할 만큼은 아니지만 저녁에 와인을 석 잔쯤 마신 터라 분명 술기운이 있었을 거예요. 그때는 평소보다 술을 조금 많이 마시곤 했죠. 좀 이상한 꿈도 종종 꾸기는 했지만 특별히 음침하거나 불안한 꿈은 아니었어요.
꿈에서 우리 집 문이 활짝 열려 있던 게 기억나요(실제로는 열려 있지 않습니다. 분명 닫았고 잘 때는 항상 문을 이중으로 잠갔으니까요. 하지만 복도로 향하는 문이 열려 있는 게 진짜 같았어요). 문을 지나면 바로 거실을 지나 침실로 쭉 이어져요.
모자 달린 길고 검은 망토를 두른 키 크고 등이 굽은 한 남자가 들어왔습니다. 얼굴이 없고 얼굴이 있어야 할 자리는 텅 비어서 어두운 초록색 빛이 났어요. 키가 한 200에서 250센티미터쯤은 되려나, 진짜 사람보다 더 커 보였지만 구부정했어요. 얼굴은 안 보였지만 분명 얼굴이 있을 것 같았습니다.

열세 살이던 1999년 방영된 드라마 〈버피Buffy〉의 한 회차에 나오는 등장인물을 닮았어요. 그 이야기가 너무 무서워서 (특히 유령들이 떠다니는 모습이요) 십대 초반에 꿈에 자주 나왔죠.

텔레비전 시리즈 〈버피 더 뱀파이어 슬레이어Buffy the Vampire Slayer〉를 잘 모른다고 고백하자 사라는 친절하게도 그 회차의 유튜브 동영상 링크를 보내주었다.[01] 이 인기 시리즈물의 4시즌 10회차인 〈허쉬Hush〉에 이른바 '젠틀맨The Gentlemen'이 등장한다. 이 시리즈의 팬들이 최고로 꼽는 회차다. 나는 그 이유를 알 수 있었다. '젠틀맨'은 너무 소름 끼쳤다! 벗겨진 머리에 움푹 들어간 눈, 금니를 드러내며 악마 같은 미소를 씨익 짓는 허여멀건한 침묵의 유령이라니. 젠틀맨들은 걷지 않고 다리를 움직이지 않은 채 땅 위로 약 30센티미터 정도 떠서 미끄러지듯 움직였다. 검은색 정장을 쫙 빼입고 메스(공포에 질린 희생자의 심장을 따는 도구)가 든 가방을 들고 있었다. 그들은 정중하고 우아한 몸짓으로 서로 소통했다. 이 자들이 내 침실에 들어오는 일은 절대 원치 않을 것이다. 사라의 이야기는 이렇게 이어진다.

그 남자가 침대 옆에 멈춰 섰어요. 침대가 낮아서 (아마 '젠틀맨'처럼 떠다니고 있었을) 그가 제 쪽으로 몸을 기울여 으으 하며 신음 같은 섬뜩한 소리를 냈어요. 한 번에 30초쯤이나 좀 더 길었으려나요. 뱃속 깊은 곳에서 끌어올리는 소리 같았어요. 그 꿈이 머릿속에서 떠나지 않았고 그 뒤로 며칠이나 그 소리가 울렸죠. 지금 그 소리를 따라 할 수 있을지는 모르겠지만 다시 들으면 분명 알 수 있어요.

몸을 돌려 일어나 비명을 지르거나 얼굴이 있어야 할 공간에 주먹을 날리고 싶었지만 몸을 일으킬 수조차 없었죠. 그래서 벽 쪽으로 몸을 웅크리고 누워 오른팔로 귀를 덮어 영원히 끝나지 않을 것 같은 그 소리를 막아 보려 했어요. 억지로 몸을 뒤집으려니 몸이 부들부들 떨리고 그자가 내 귀에 칼을 꽂아넣을까 봐 너무 무서웠어요.

그가 진짜 사람이어서 우리집에 침입해 나를 공격하려는 게 아닐까 하는 생각이 들었습니다. 그러자 갑자기 소리가 멈췄고 그가 돌아서서 들어왔던 쪽으로 천천히 방을 빠져나간 기억이 나요.

재미있게도 그때 무슨 일이 일어났는지 정확하게 기억납니다. 아주 메타적이고 독특한 경험이었죠. 이런 생각이 들었어요. '이거 너무 무서운데, 나 공격받을 거 같아.' 하지만 동시에 이런 생각도 들었죠. '와, 이게 수면마비인가? 크리스랑 앨리스한테 다 들었지! 신기하게도 전에는 이런 적이 한 번도 없었는데 처음이네.' 이쯤 되니 전에 아주 흥미롭다고 생각했던 일이 일어난다는 걸 알 수 있었죠(사실 다음 날 아침에야 재미있다고 생각했지, 그 순간에는 전혀 아니었어요).

무엇보다 그 섬뜩한 소리가 아주 선명하게 기억나요.

그 일이 일어날 때 사라가 실제로 자신에게 무슨 일이 일어나는지 깨달은 이유는 전에 친구이자 동료인 골드스미스대학교 교수 앨리스 그레고리 Alice Gregory 및 나와 수면마비 이야기를 나눈 적이 있기 때문이다. 앨리스는 수면 전반에 관한 전문가이며, 수면마비 분야의 세계적인 전문가인 브라이언 샤프리스Brian Sharpless 박사, 댄 데니스Dan Denis 박사 및 나와 함께 수면마비를 연구한 적도 있다. 하지만 사라가 자신에게 그런 현상이 일어날 때 그게 무슨 일인지 인식한 경험을 독특하다고 여긴 것은 그만의 착각이었다. 사실 이런 일은 꽤 흔하다. 심지어 나는 전에 사람들이 비슷한 경험을 할 때 '와, 이거 크리스 프렌치에게 얘기해줘야지!'라고 생각했다는 말을 들은 적도 있다.

나는 이 장을 쓰기 바로 전에 트위터에 비슷한 경험을 알려 달라는 요청을 올렸고, 사라는 그 요청에 답해 자기 이야기를 보내주었다. 나는 그런 직접적인 묘사가 실제로 수면마비라는 주제에 생명을 불어넣는다는 사실을 잘 안다. 경험상 수면마비를 겪는 사람, 특히 앞서 본 사례처럼 생생하게 겪은 사람은 보통 자기 경험을 주저 없이 말하고 싶어한다. 아마 그 충격적인 경험이 진짜 무엇인지 알고 싶은 사람은 다름 아닌 본인일 것이다. 일례로 나는 2009년 〈가디언Guardian〉 과학면에 수면마비를 다룬 칼럼을 쓴 적이 있는데, 자기 이야기를 나누려는 독자들의 댓글이 쇄도해 당황스러울 정도였다.[02]

모든 수면마비 증상이 사라의 경험만큼 무섭지는 않다. 실제로 수면마비는 수면과 각성 사이에 몇 초 정도 이어지는 일시적인 마비 증상일 경우가 훨씬 많다. 조금 당황스러울 수는 있지만 가볍다면 별일 아니라며 금세 잊게 된다(그리고 그래야 마땅하다). 하지만 앞으로 살펴보듯 수면마비는 때로 훨씬 무섭고, 드물지만 삶의 질을 크게 떨어뜨리기도 한다.

밤에 찾아오는 공포

이 장의 제목은 민속학자 데이비드 허포드David J. Hufford가 수면마비를 다룬 고전적인 책인 《밤에 찾아오는 공포, 가위눌림》에서 따왔다. 이 책의 부제는 '초자연적인 폭행 전통에 관한 경험 중심 연구An Experience-Centered Study of Supernatural Assault Traditions'다.[03] 셸리 아들러Shelley R. Adler와 브라이언 샤프리스, 칼 도그람지Karl Doghramji가 쓴 훌륭한 책과 더불어 수면마비에 진지한 관심이 있는 사람이라면 누구나 읽어야 하는 필독서다.[04] 수면마비의 과학을 좀 더 깊이 파고들기 전에 먼저 몇 가지 직접적인 사례를 살펴보자. 이런 사례는 아주 흥미롭다. 게다가 놀랍게도 여기서 우리가 다루는 사례는 독특하고 기이한 요소가 겹쳐 있지만 사실 일반적인 경험의 핵심을 담고 있다. 이런 사례를 볼 때는 우리가 어떻게 해석하든 실제 경험이라는 사실을 잊지 말아야 한다.

앞서 언급했듯 가벼운 수면마비는 잠이 들거나 잠에서 깰 때 일시적으로 발생하는 마비 상태다. 하지만 이때도 다른 증상이 함께 나타나 수면마비가 몹시 두려워질 수 있다. 첫 번째는 누가 있다고 느껴지는 압도적인 존재감이다. 뭔가 위협적인 것이 내는 소리가 들리거나 보이지는 않지만 누군가 또는 뭔가가 분명히 있다는 확신이 든다. 게다가 그게 누구 또는 무엇이든 나약한 피해자에게 매우 악의적이다. 이언 가디너Ian Gardiner가 보내준 사례는 이런 현상을 잘 보여준다.

30대 초반이던 26년 전 몇 달 동안 특이한 경험을 했습니다. 전 항상 왼쪽을 보고 누워 잤고 아침 일찍 일어났어요. 침대 옆 라디오 시계를 보고 시간을 확인하며 제가 깨어있다는 사실은 알았습니다. 하지만 움직일 수 없었고, 잠에서 깨자마자 끔찍한 두려움에 휩싸였습니다. 시간이 지날수록 두려움은 더욱 커졌고요.

제 침실는 침실 벽에 붙어 있고 문은 (침대 쪽에서 보면) 반대편 벽 왼쪽 끝에 있었어요. 그래서 눈을 떠도 문이 바로 보이지는 않았지만, 누군가 또는 무언가가 문간에 서서 저를 지켜보고 있다는 느낌이 강하게 들었습니다. 몇 해가 지난 지금도 그 끔찍한 느낌이 떠올라요. 전 소리를 질러 아내에게 알리려고 했지만 목소리가 나오지 않았어요. 뭔가 무시무시한 일이 닥치거나 누군가 '널 데리러 왔다'라고 할 것 같아 무서웠어요. 서서히 마비가 풀리고 다시 움직일 수 있게 되었습니다. 가장 먼저 한 일은 방문 쪽을 살펴보는 것이었죠. 아무것도 없었습니다.

그 뒤로는 비슷한 일이 일어나지 않아서 왜 그런 일이 시작되었다가 멈췄는지는 정확히 알 수 없네요. 기억하기로는 그런 일이 한 번 일어나면 1~2분 정도 이어졌던 것 같아요. 26년 전 일이지만, 그 기억은 지금도 생생합니다.

다음으로 무언가가 있다는 느낌이 주요 특징인 다른 사례를 보자. 매트 샐러스버리Matt Salusbury가 보내준 이 사례에는 수면마비 상황에서 흔히 나타나는 두 번째 특징인 가슴 짓눌리는 느낌이 묘사되어 있다.

1986년에 그 경험을 했습니다. 당시 열여덟 살이었고요. 여름에 미국을 여행하면서 미시간주 앤아버 미시간주립대학교에 다니는 먼 일본인 친척들과 함께 지내고 있었어요. 전 소파에서 잤는데, 그게 그 뒤에 일어난 일과 관련 있을지도 모르겠네요. 어느 날 밤 잠에서 깼는데 제가 잠자던 주방 겸 거실에 불이 켜져 있던 게 기억나요. 깨어나자마자 처음 느낀 감각은 움직일 수 없다는 것이었습니다. 누군가 엄청난 힘과 압력으로 절 소파에 꽉 누르는 것 같았어요.
얼마 지나지 않아 제 시야 바깥 뒤통수 아주 가까이에 몹시 사악한 무언가가 서 있다는 느낌이 들었습니다. 실제로 시야 주변으로 뭔가를 본 건 아닌 것 같았고, 직접 눈에 보이지는 않았지만 어떻게든 사악한 실체를 감지한 건지는 기억나지 않습니다. 악마나 악한 무언가가 가슴을 짓눌러 전혀 움직일 수 없었고 그렇게 만든 건 바로 그 실체인 것 같았어요.
뭔가 해골 같은 키 큰 것이었습니다. H. R. 기거H. R. Giger가 디자인한 영화 〈에일리언The Alien〉 속 외계인이나 〈드레드 판사Judge Dredd〉에 나오는 헬멧 쓴 '죽음의 판사Judge Death' 비슷했습니다. 뼈 사이, 특히 이빨과 턱 근처에

연골과 근육 같은 게 들러붙어 있었지만 얼굴은 안 보였어요. 어떤 색이었는지는 기억나지 않습니다. 얼굴 피부와 입술이 벗겨져 나간 듯 허연 이빨과 잇몸 살점이 드러난 것만 빼고요.

그것이 저를 봤는지, 제가 깨어있는 걸 알아챘는지 알 수 없었고 그게 절 볼 수 있다는 사실을 부정하고 있었는지도 모르겠네요. 전 눈을 꼭 감고 잠든 척하려고 애썼어요. 제가 깨어있다는 사실을 모르면 그것이 반응하지 않고 절 내버려둘지도 모른다고 생각하면서요. 너무 한심하고 절망적인 계획이라고 생각했지만 어떻게든 잠든 척하려고 필사적으로 애쓴 기억이 납니다. 그게 아주 중요하다고 느꼈던 것 같아요. 전 완전히 겁먹었어요. 살면서 가장 무서웠던 순간이었을 겁니다.

처음엔 소리를 지르려고 했지만 소리가 안 나왔어요.

어찌저찌 잠에 들었고 다음 날 일어났습니다. 햇살이 쏟아져 들어왔고, 전날 밤 그런 일이 있었다니 말도 안 되는 것 같았죠. 사실 있을 법하지 않은 일이라 친척들에게 입도 뻥긋하지 않았고요. 하지만 뭔가 완벽하게 논리적으로 설명할 수 있지 않을까 은근히 의문이 들었습니다.

그 일이 얼마나 이어졌는지는 기억나지 않아요. 공포에 질려서 눈을 꼭 감고 끔찍할 정도로 긴 시간, 어쩌면 몇 시간이나 그렇게 누워 있다가 결국 지쳐서 잠들었던 것으로 기억합니다.

매트는 수면마비에서 매우 흔한 세 번째 특징인 극심한 공포를 언급한다. 지금 여러분은 극심한 공포란 무서운 경험을 겪을 때 당연히 나올 반응이지 않은가 생각할지도 모른다. 그런 생각

수면마비 삽화를 겪는 사람은 끔찍하게도 악몽 같은 환각을 진짜라고 느낀다.

을 부정하지는 않겠다. 하지만 캐나다 워털루대학교의 J. 앨런 체인J. Allan Cheyne 연구진에 따르면 공포의 강도는 위협을 지각하고 싸움-도피 반응을 개시하는 뇌 편도체amygdalae가 활성화된 직접적인 결과로 나타난다.[05] 체인의 이론은 이 장의 뒷부분에서 더 자세히 살펴볼 것이다.

흥미로운 점은 사라와 매트가 불청객이 실제로 보이지 않는데도 그들의 모습을 설명할 수 있다고 느꼈다는 점이다. 이런 '보지 않고 보기seeing without seeing'는 수면마비 삽화에서 자주 등장한다. 하지만 위 그림처럼 생생한 시각적 환각을 보는 사람도 있다. 개럿 셴리Garrett Shanley는 어린 시절 겪은 두 번의 수면마비 삽화를 소개했다. 첫 번째는 이런 삽화를 겪을 때 흔히 찾아오는 밤의 불청객 '늙은 마녀old hag'다.

일곱 살 때까지 늙은 마녀가 자주 찾아왔어요. 《오즈의 마법사》에 나오는 마녀나 당시 방영되었던 아일랜드 어린이 텔레비전 프로그램에 나오는 마녀를 닮았고요. 검고 뽀족한 모자를 썼어요. 방구석에 마녀가 서 있는 게 보였고 곧 마녀가 제게 천천히 다가왔습니다. 마비된 걸 느끼느니 차라리 움직이지 않기로 했던 게 기억나요. 제가 깨어있다는 사실을 마녀가 눈치채지 못하도록 절대 움직이지 않고 가끔 눈만 흘깃 돌려 얼마나 가까이 왔는지 보려고 했죠. 마녀가 가까이 다가왔을 때 전 눈을 꽉 감았지만 마녀가 제 다리 위에 앉는 무게가 느껴졌어요. 마녀가 말을 걸었을 때 제가 깨어있다는 사실을 눈치채게 하고 싶지 않았습니다. 점차 공포가 사그라들고 전 결국 지쳐서 잠들었어요. 어머니나 형제들이 그건 꿈이라고 했지만 믿기지 않았어요(다른 꿈이나 악몽과는 전혀 달랐거든요). 침대와 벽 사이에 책을 몇 권 세워서 침대 쪽으로 오려면 책을 넘어뜨려야 하도록 둔 적도 있어요. 아침이 되어 보니 책이 다 쓰러져 있더라고요. 책이 저절로 쓰러진 게 아닐까 싶었지만 밤에 책이 천천히 하나하나 쓰러지는 소리를 들었어요.

어릴 때 겪은 가장 고통스러운 수면마비는 어느 날 밤 침대 맞은편에 걸린 거울에 얼굴들이 나타난 일입니다. 평소 자던 방은 아니었어요. 일그러진 괴물 얼굴이 씨익 웃으며 연달아 나타났고 점점 끔찍해졌습니다. 전 거울을 노려보았어요. 얼굴들이 마치 대꾸하듯 소리를 질러대더군요. 얼굴들이 너무 끔찍해져서 계속 보다가는 결국 미쳐버릴 것 같았죠. 전 비명을 질렀고 어머니가 방으로 오셨습니다.

개럿은 그 뒤로 수면마비를 겪지 않았지만 20대가 되자 다시 수면마비 삽화가 나타나기 시작했다. (지금까지) 마지막 에피소드는 30대 후반에 일어났다.

수면마비를 겪을 때 시각적 환각만 나타나는 것은 아니다. 사라와 개럿의 사례처럼 청각적 환각도 일어난다. 실제로 수면마비 삽화 동안에는 모든 감각 양식에서 환각이 일어난다. 런던의 한 부동산 회사에서 비서로 일하는 43세인 앤절라 쾨흐Angela Keogh의 이야기를 들어보자. 그는 평생 수면마비를 겪었다고 한다. 생생한 촉각적 환각뿐만 아니라 수면마비 삽화와 흔히 함께 나타나지만 제대로 설명하기 어려운 이상한 신체 감각도 있다.

올해 1월에도 평소와 다름없이 그 일이 일어났어요. 뭔가 가슴 속으로 파고 들어 와 똬리를 트는 것 같더군요. 뭔가 가슴 속을 지나가는 느낌이었어요…. 아, 죄송해요. 적절한 말이 생각나진 않는데 뭔가가 계속 쌓이는 것 같더군요. 쓰러지거나 수면마비에 더 깊이 빠질 것 같았고 전혀 움직일 수는 없지만 어쨌든 전 사투를 벌였습니다. 하지만 이번에는 침대 끝에 손톱이 보였어요. 막대기나 나무로 만든 것 같은 온통 갈색인 손에 핏줄이 잔뜩 서 있고 기다란 손가락 끝에는 날카로운 손톱이 박혀 있었어요. 그게 제 발을 움켜쥐는 게 진짜로 느껴져서 발에 찌르는 듯한 감각이 들었습니다. 그제야 전 말 그대로 침대에서 펄쩍 뛰어내려 곧바로 침대 밑을 들여다보았죠. 그 뒤에도 그런 일이 한두 번 더 있었어요. 그래서 전 침대 끝에서 멀찌감치 발을 떼고 자기 시작했습니다.

넬 오브리Nell Aubrey가 보내준 다음 사례에는 청각적·시각적·촉각적인 면이 모두 들어있다.

전체가 선명하게 기억나는 첫 삽화는 여덟 살인가 아홉 살쯤 겪은 일입니다. 오래된 대저택에 사는 친구와 함께 지냈죠. 전에도 여러 번 그 집에서 잔 적이 있지만 그때는 마침 이복동생이 와 있던 참이라 손님방에서 자야 했어요. 그 방엔 모서리에 기둥 네 개가 달리고 커튼이 드리워진 침대가 있었어요. 사실 전 그 집과 친구 가족을 정말 좋아했어요. 정말 마법 같고 행복한 곳이었거든요. 가능한 한 많은 시간을 그 집에서 보냈어요. 허락해주셨다면 아예 우리집에 돌아가지 않고 그 집에서 같이 살고 싶을 정도로요!
그 집에는 정말 무서운 공간이 몇 군데 있었지만 그 침대는 아니었어요. 사실 예전부터 그 침대에서 자 보고 싶었어요. 제가 이 말을 하는 이유는 얼마나 무서웠으면 그 침대에서 자 볼 기회를 포기했겠냐는 걸 강조하기 위해서예요! 그 침대에서 잘 수 있게 되어 뛸 듯이 기뻤던 기억이 납니다. 하지만 어둠 속에 혼자 남겨지자 상당히 두렵고 불안해졌습니다. 잠을 이루기 어려웠어요. 드문 일은 아니었지만요. 누가 제 이름을 부르는 것 같아 잠에서 깼죠. 최면 환각을 여러 번 겪은 적이 있고 지금도 그렇지만 당시에는 그게 뭔지 몰라서 아주 괴로웠어요.
처음에는 고양이가 들어온 건가 생각했어요. 이불에 뭔가 풀썩 떨어지는 느낌이 나서 고양이가 침대에 뛰어들어온 줄 알았죠. 일어나 앉을 수 없어서 그때부터 정말 무서워지기 시작했습니다. 뭔가 배를 누르는 느낌이 들어 고통스럽고 숨 쉴 수가 없었어요. 그러다 침대 발치에 드리워진 커튼 쪽에 뭔가가 보였습니다. 가늘고 긴 사람 형태였는데 그게 제 쪽으로 팔을 뻗었고 그러자 고통이 더욱 심해졌어요. 제대로 숨쉬기 힘들어 고통스러운 거라고 생각했는데 확실하진 않아요. 그런 느낌이 꽤 오래 이어지다 점차 줄어들었습니다. 마침내 움직일 수 있게 되자 때 저는 침대에서 뛰쳐나와 옆방 바닥에서 잠이 들었습니다.

처음에는 반려동물이 침대로 뛰어오른 줄 알았다는 삽화를 여러 번 들었다. 사실 나도 몇 년 전에 그런 수면마비를 겪었다. 고양이가 이불 위에 풀썩 올라온 것 같은 익숙한 무게가 천천히 느껴졌다. 잠에서 완전히 깨어 우리집 고양이가 2년 전에 죽었다는 사실을 깨닫기 전까지는 말이다. 그리 무섭지는 않았다. 그때도 수면마비의 본질을 잘 알았기 때문이다. 영화 제작자이자 친구인 카를라 맥키넌Carla MacKinnon도 비슷한 경험을 털어놓았다.

침대에서 자고 있는데 고양이가 침대 위로 풀썩 뛰어오르는 것 같은 느낌에 잠에서 깼어요. 고양이가 창문을 통해 뛰어들어온 게 틀림없다고 생각했습니다. 우리집은 3층이고 창문은 닫혀 있었는데 말이죠. 눈을 뜨고 볼 수 없었지만 검은 고양이였어요. 그게 침대에 늘어져 있었지만 불쾌하지는 않았고요. 하지만 몹시 불안했습니다. 침대에서 일어나 앉아 어찌 해보려 했지만 움직일 수가 없더군요. 돌아누울 수가 없었어요. 몸이 납덩이처럼 무거웠죠. 이번에는 이게 무슨 일인지 알았습니다. 수면마비가 뭔지, 그것이 어떻게 나타나는지 책에서 읽었거든요. 전 긴장을 풀고 최대한 침착하게 몸에서 나타나는 감정을 살폈습니다. 그러자 그런 느낌은 곧 사라졌어요.

하지만 이는 카를라가 겪은 삽화 중 덜 무서운 축에 속하는 것이었다는 점을 말해두어야겠다. 수면마비의 본질을 잘 알기 전에 겪은 경험은 훨씬 무서웠다. 예를 들면 다음과 같은 경험이다.

침대에 남자 친구 옆에 누워 있다가 잠에서 깼어요. 방은 아주 어두웠고요. 방 한쪽 구석에 남자 둘이 있더군요. 보이진 않았지만 거기 있었고 어떻게 생겼는지도 알 수 있었어요. 말소리도 들렸고요. 살인 이야기를 하더군요. 전 움직일 수 없었고 몸은 완전히 얼어붙었지만 감각은 아주 예민했습니다. 남자 한 명이 다가와 저를 굽어보았습니다. 전 눈을 감고 있었지만 그가 모자를 쓰고 있다는 걸 알 수 있었습니다. 그가 침을 뱉자 그 침이 꽉 감은 제 눈두덩이에 떨어졌어요. 그 축축하고 끈적끈적한 게 떨어지는 느낌이 들었죠.[06]

이런 경험에는 흔히 강렬한 성적인 면이 포함된다. 더비셔에 사는 윌리엄의 사례에서처럼 기분 좋은 감정을 느끼기도 한다.

제기 침대에 누워있다는 게 느껴졌고 침실에 있다는 것도 알았습니다. 눈을 뜨면 보이리라 예상되는 침실 일부가 보였어요. 침대 한쪽, 창문, 옷장 같은 것이요. 하지만 여전히 눈을 감고 있다는 것도 느낄 수 있었죠. 게다가 당연히 보이리라 예상되는 것 말고도 침대 발치에 젊은 여자가 서 있는 게 보이더군요. 갈색 줄무늬가 있는 옅은 황갈색 스웨터와 갈색 치마를 입고 있었어요. 길고 숱 많은 갈색 머리카락이 얼굴까지 늘어져 있었지만 얼굴이 있어야 할 자리는 어둡고 텅 비었더군요. 전에 수면마비를 겪었던 일이 떠올랐습니다. 마지막으로 그런 일을 겪었을 때 눈을 뜨자마자 모든 것이 멈췄다는 사실이 기억났어요. 전 이번에는 즐거운 경험이 될 수도 있겠다고 생각하며 그 경험이 이어지도록 일부러 눈을 꽉 감았습니다. 여자는 침대 곁(제 머리 쪽)으로 걸어왔어요. 전 원하는 것을 입 밖으로 내뱉지는 않고 그저 그 여자가 다가와 제 위에 올라타면 좋겠다고 생각했습니다. 놀랐지만 기쁘게도 그 여자가 제 위에 올라탔어요. 그래서 '침입자'가 뭔가를 했으면 좋겠다고 생각하면 그런 경험을 어느 정도 통제할 수 있다는 걸 알았죠. 여자가 무릎을 꿇고 앉았을 때 전 그 여자를 안으려고 팔을 뻗으려 했어요. 하지만 실망스럽게도 팔을 1밀리미터도 움직일 수 없더군요. 마비된 상태였어요. 그래서 그런 생각을 포기해야 했습니다. 그러다 여자가 몸을 숙였고 머리카락이 제 얼굴에 닿았습니다. 진짜 사람 머리카락과 똑같은 느낌이었어요. 그 느낌 때문에 사정했습니다. 물론 눈을 떴을 땐 아무도 없었고요.

안타깝게도 그런 일이 일어날 때 느껴지는 성적인 측면이 전혀 긍정적이지 않을 때도 있다. 익명의 한 여성이 오랫동안 겪었다는 다음의 생생한 사례를 보자.

성적인 면은 이렇게 시작되었습니다. 여기서 간단히 말해 두자면 기본적으로 수면마비가 올 때 '강간'을 당했다는 거예요. 제 말은, 분명 진짜는 아니었지만 그런 일이 일어난다고 느꼈어요. 성적인 면에서 가장 이상한 부분은 제가 강간당할 때(말하자면 그렇다는 거예요. 으아, 너무 끔찍하지 않나요?) 환각 때문에 조금 이상하게 느껴졌다는 점입니다. 전 거꾸로 매달려 있었어요. 물구나무선 것처럼요. 머리카락이 아래로 늘어지고 피가 머리로 쏠리는 느낌이 들었어요. 하지만 실제로 아랫도리로 뭔가 들어오는 게 느껴졌어요. 진짜 뭔가 들어온 게 느껴졌다니까요. 너무 이상했어요! 그런 일이 얼마나 이어졌는지는 기억나지 않아요. 하지만 적어도 지난 6년 동안은 그런 일이 일어나지 않았으니 다행이죠.

이 사례를 보고 수면마비의 기이하고 초현실적인 특성을 어느 정도 이해하셨길 바란다. 하지만 운 좋게도 이 흥미로운 현상을 생생하게 경험한 적이 없는 분이라면 카를라 맥키넌의 단편 수상작 〈방 안의 악마Devil in the Room〉를 보시길 권한다.[07] 애니메이터이자 오랫동안 수면마비를 겪었던 카를라는 웰컴 트러스트Wellcome Trust의 지원을 받아 자기 경험을 일부 반영해 영화를 만들었다. 처음 내게 협업을 제안했을 때 그는 '반은 과학다큐, 반은 공포영화'를 만드는 것이 목표라고 말했다. 이 목표는 100퍼센트 달성한 것 같다.

용기가 있다면 로드니 애셔Rodney Ascher가 감독하고 2015년 개봉한 수면마비 다큐멘터리 영화 〈악몽The Nightmare〉을 보시는 것도 좋겠다. 수면마비를 겪는 여덟 명과 직접 대화하며 그들의 경험을 생생하게 재구성한 이 영화는 수면마비의 불안한 특성을 잘 포착한다. 유일한 아쉬움은 다큐멘터리 마지막 부분에서 모든 출연자에게 자신이 겪은 일을 실제로 어떻게 생각하는지 말해달라고 요청한 부분이다. 한 명만 빼고 모두가 수면마비를 과학적으로 설명하지 않고 정도는 다르지만 초자연적으로 해석했다. 물론 감독이 그런 관점에 책임은 없다. 출연자들이 그렇게 말했다면 그런 것이다. 하지만 이 장면이 당혹스러운 수면마비를 겪는 다른 사람에게 내놓을 만한 유익한 메시지는 아니라고 생각한다. 나는 수면마비가 몹시 무서울 수는 있지만 본질적으로 해롭지 않다는 사실을 알려주고 싶다. 이 장 후반부에서 다룰 한 가지 중요한 예외를 제외하면 말이다.

수면마비가 과학적·의학적으로 알려진 현상이라는 사실을 모르면 실제로 이런 삽화를 겪을 때 몹시 두렵고 당혹스럽다. 삽화의 성격에 따라 다르지만, 이런 일을 딱 한 번 겪었다면 전에 겪었던 다른 악몽과는 아주 다르더라도 그저 '이상한 악몽'으로 치부할 수도 있다. 하지만 이런 삽화를 여러 번 겪으면 무시하기 힘들다. 그렇게 되면 두 가지 가능성을 떠올리게 된다. 자신이 '미쳐가고' 있거나 실제로 뭔가가 일어난다고 여긴다. 때로 실제로 뭔가가 일어난다고 생각하는 편이 자신이 미쳐간다고 생각하는 것보다는 나아 보일 수 있다.

수면마비를 겪는 사람은 흔히 자신이 겪은 일을 다른 사람에게 말하길 꺼린다. 어떻게 정의하느냐에 따라 사람들이 자신을 정말 '미쳤다'라고 생각할까 봐 두렵고, 그런 꼬리표에 흔히 부당하게 따라오는 낙인을 견뎌야 하기 때문이다. 내가 여러 차례 공개 강연을 할 때 강의가 끝나고 사람들이 다가와 자신도 똑같은 경험을 했지만 다른 사람에게는 한 번도 말해본 적이 없다고 털어놓은 적이 많다. 자신이 경험한 일을 과학적으로 설명할 수 있다는 사실을 처음 알게 된 사람이 느끼는 안도감을 몹시 생생하게 느낄 수 있었다.

앞서 언급한 동료 앨리스 그레고리는 훌륭한 책 《깜빡 졸기 Nodding Off》에서 비슷한 사례를 제시한다.[08] 나는 70세인 싱클레어 부인이 수면마비 경험을 상담하러 내게 연락했을 때 앨리스와 연결해주었다. 외딴 시골에 홀로 살던 싱클레어 부인은 그런 일을 겪다 결국 300년 된 자기 별장에 귀신 들린 것이 틀림없다고 확신했다. 그런 현상을 겪던 초기에는 누군가 자신을 목 졸라 죽이려 한다는 느낌 때문에 잠에서 깬 적도 있다. 눈을 떴을 때 강도가 보이리라 예상했지만, 아이 얼굴을 한 괴물이 자신을 보며 씨익 웃는 모습을 보고 너무 놀랐다고 한다. 다음은 앨리스의 책에 묘사된 부인의 이야기다.

> 그 괴물이 부인 옆으로 밀고 들어오며 침대 시트로 부인을 말기 시작했다. "거의 다 죽일 수 있었는데, 이제 널 말아 버리겠어." 괴물은 60년 전쯤 어릴 적 부인을 못살게 굴던 못된 아이들처럼 그를 괴롭혔다. 싱클레어 부인은 몸을 움직이려 했지만 마비되어 '침대에 묶여 옴짝달싹 못 한 채' 눈을 깜빡이는 것 말고는 아무것도 할 수 없었다. 겁에 질린 부인은 종교가 없는데도 마

음속으로 주기도문을 외기 시작했다.[09]

나와 상담하기 전 싱클레어 부인은 비슷하게 고통스러운 삽화를 여러 번 겪은 다음 집이 귀신 들린 게 아니라 사실 수면마비를 겪은 것이라는 사실을 이미 알고 있었다. 인터넷에서 믿을 만한 출처의 정보를 찾아보아 더 많은 사실도 알았다. 부인은 낮에 텔레비전을 보다 내가 수면마비 현상에 관해 이야기하는 것을 보고, 자신의 경험에 관심 있으리라 여겨 내게 연락했다. 그는 자신이 성가신 폴터가이스트에게 시달린 것도 아니고 미치지도 않았다는 사실에 매우 안도했다는 이야기를 들려주었다!

부인은 당연히 의사를 찾아가서 어떻게 하면 수면마비 삽화를 덜 겪을지 조언을 얻기로 했다. 자신이 겪은 이상한 경험을 누군가에게 털어놓는다는 생각에 여전히 불안해했지만 용기를 내어 의사에게 그 경험을 설명했다. 이제 그것이 수면마비라는 사실을 분명히 알았기 때문이었다. 하지만 의사는 수면마비 따위는 들어본 적도 없다며 거만하게도 부인을 무시했다. 그 이야기를 들었을 때 나는 몹시 화가 났다. 인터넷에서 30초만 검색해보아도 허세 넘치는 이 작자는 수면마비가 실제로 과학적·의학적으로 존재하는 현상이라는 사실을 분명히 알았을 텐데 말이다.

나는 싱클레어 부인에게 수면마비에 관한 논문을 보내며 다음에 의사를 만나러 가면 그 논문으로 의사 머리를 한 대 치라고 농담했다. 일반인뿐만 아니라 의료인 중에도 수면마비에 관해 들어본 적이 없는 사람이 많다는 사실을 알려주는 대목이다.

수면마비가 아닌 것

수면마비를 정의하는 특징을 알아보기 전에 수면과 관련해 흔하지만 때로 약간 혼란스러운 몇 가지 변칙적인 경험을 간단히 살펴보자. 첫 번째이자 가장 분명한 것은 악몽, 적어도 오늘날에는 이런 말로 널리 이해되는 현상이다. 과거 악몽이란 그냥 '나쁜 꿈'이 아니라 오늘날 우리가 수면마비라고 하는 경험을 가리켰다. 지금도 이 말은 그저 약간 부정적인 느낌을 주는 꿈이 아니라 진짜 공포를 유발하는 꿈에만 적용해야 한다. 슈퍼마켓에 벌거벗은 채 서 있거나 25번 고속도로에서 끝없는 교통 체증에 갇힌 꿈을 악몽이라 보기는 힘들다.

진짜 악몽이라면 자신이나 사랑하는 사람의 생존을 실제로 위협하는 느낌이 들어야 한다. 악몽은 뇌리에 박히고 악몽에서 깨어나도 극도의 각성 상태가 이어진다. 수면마비 삽화에서도 비슷하다. 그렇다면 수면마비와 악몽은 어떻게 다를까? 첫째, 수면마비를 겪는 사람은 실제 주변 환경을 인지하지만 악몽을 꾸는 사람은 그렇지 않다. 둘째, 수면마비에서는 마비가 일어나는 것이 결정적인 특징이지만, 악몽을 꿀 때는 위협에서 벗어나는 데 어려움을 느낄지언정 마비가 결정적으로 일어나지는 않는다. 마지막으로, 악몽을 꾸다 잠에서 깨면 그저 악몽을 꾼 것일 뿐 실제로 일어난 일은 아니라는 사실을 금방 깨닫는다. 하지만 수면마비를 겪은 사람은 자신이 겪은 일이 진짜가 아니라는 사실을 믿지 못한다.

극심한 공포, 심장 두근거림, 땀, ('죽을 것 같아' 등의) 끔찍한 생각 등 공황발작을 겪을 때 일어나는 여러 증상도 수면마비 증상과 비슷하다. 게다가 수면마비에 취약한 사람은 공황발작에도 취약하다. 공황발작도 잠에서 깰 때 일어나기도 하므로 둘을 혼동하기가 쉽다. 물론 공황발작 때는 마비가 일어나지 않으며 환각이나 무언가 있다는 느낌도 없다는 큰 차이가 있다. 마지막으로, 공황발작 때 느끼는 공포는 예상치 못하게 갑자기 찾아오지만, 수면마비 때 느끼는 공포는 흔히 더 천천히 찾아온다. 공황은 종종 수면마비 때 일어나는 다른 증상에 대한 반응으로 여겨지기도 한다.

수면마비와 구별해야 할 또 다른 수면 관련 현상은 야경증pavor nocturnis이다. 자세히 살펴보면 야경증은 수면마비와 전혀 다르다. 사실 공통점은 공포뿐인 것 같다. 야경증을 겪는 사람은 보통 비명을 지르고 침대에서 뛰어내리며 뭐라 말할 수 없는 공포에서 벗어나기 위해 온 힘을 다해 도망친다. 야경증과 수면마비의 첫 번째이자 가장 명백한 차이점은 야경증을 겪을 때는 마비되지 않는다는 점이다. 둘째, 보통 야경증을 겪는 사람은 사건을 거의 기억하지 못하지만, 수면마비를 겪는 사람은 경험한 환각을 모두 기억한다. 마지막으로 누군가가 야경증을 겪을 때는 근처에 있던 사람이 좋은 의도로 그 사람을 깨워도 정상적인 각성 상태로 되돌리기가 상당히 어렵지만, 수면마비를 겪는 사람은 그렇게 해서 쉽게 고통에서 벗어나며 대개 자신을 구해준 사람에게 매우 고마워한다.

마지막으로 수면과 관련된 변칙적인 경험은 폭발성 머리 증후군exploding head syndrome, EHS이라는 알쏭달쏭한 이름을 지닌 현상이다.[10] 폭발성 머리 증후군은 잠들 때나 잠에서 깰 때 겪는 짧은 환각을 말한다. 흔히 폭발, 폭죽, 총성, 비명, 심벌즈 치는 소리 같은 큰 소음이 들리지만, 10퍼센트 정도는 시각적 감각(번쩍이는 빛 등)도 느낀다. 폭발성 머리 증후군과 수면마비에는 몇 가지 특징적인 차이점이 있다. 첫째, 폭발성 머리 증후군 환자는 거슬리는 감각 때문에 잠에서 깨지만, 수면마비를 겪는 사람은 그런 괴로움을 겪을 때 깨어 있었다고 확신한다. 둘째, 폭발성 머리 증후군을 겪을 때는 짧고 날카로운 충격이 기껏해야 몇 초 이어지지만 수면마비 삽화는 몇 분이나 이어진다. 셋째, 폭발성 머리 증후군을 겪을 때 느끼는 감각은 뚜렷하지 않지만, 수면마비를 겪을 때 지각은 정교하고 세밀하다.

문제 정의하기

수면마비는 기면증narcolepsy의 네 가지 흔한 증상 가운데 하나다. 이 네 가지 증상을 통틀어 4대 기면증 증상narcoleptic tetrad이라고 한다. 나머지 세 가지는 탈력발작cataplexy(흔히 강한 감정 때문에 일어나는 갑작스러운 근육 긴장 저하), 과다 주간 졸림증, 생생한 입면환각hypnagogic hallucination(잠들 때 겪는 생생한 환각)이다. 수면마비는 급성 중독이나 특정 약물을 끊을 때의 부작용으로도 일어난다. 하지만 아무런 의학적 질환이나 다른 수면장애가 없어도 일어난다. 이런 수면마비는 엄밀히 말해 단독성 수면마비isolated sleep paralysis(여러 번 일어난다면 반복적인 단독성 수면마비recurrent isolated sleep paralysis)라 한다. 브라이언 샤프리스는 임상적으로 단독성 수면마비로 심각한 고통이나 공포를 겪는 사람과 그렇지 않은 사람을 구별해야 한다고 주장했다. 심각한 고통이나 공포를 겪는다면 공포스러운 단독성 수면마비fearful isolated sleep paralysis(여러 번 일어난다면 공포스럽고 반복적인 단독성 수면마비recurrent fearful isolated sleep paralysis)라 불러야 한다.[11] 이 장에서 설명한 사례는 전부는 아니지만 대체로 이에 속한다.

앞서 언급했듯 일반인 대다수는 수면마비라는 말을 들어본 적도 없다. 그래서 끔찍한 경험을 해도 보통은 어떻게 이해해야 할지 잘 모른다. 이와 마찬가지로 친구나 가족이 그런 경험을 했다고 털어놓아도 어떤 설명이나 조언도 주지 못한다. 더 심각한 문제는 앞서 살펴보았듯 일반인에게 수면마비가 상당히 흔한데도 많은 의료 전문가조차 수면마비를 들어본 적이 없는 일이 많다는 점이다.

수면장애 전문가는 이 질환을 잘 안다. 《국제 수면장애 분류International Classification of Sleep Disorders》 제3판에는 반복적인 단독성 수면마비 진단 기준이 나와 있다.[12]

> A. 입면 또는 출면시 몸통과 사지를 움직이지 못하는 증상이 반복된다.
> B. 각 삽화가 몇 초에서 몇 분 동안 지속된다.
> C. 이 삽화는 수면 불안이나 수면 공포 등 임상적으로 심각한 고통을 일으킨다.
> D. 다른 수면장애(특히 기면증), 정신장애, 정신질환, 약물 또는 물질 사용으로 이 문제를 더 잘 설명할 수는 없다.

이와 달리 《정신장애 진단 및 통계 편람Diagnostic and Statistical Manual of Mental Disorders》 제5판에서는 수면마비를 전혀 언급하지 않는다.[13] 그래서 때로 정신과의사나 임상심리학자가 이 질환을 오진해 부적절한 치료(항정신성 약물 처방 등)를 권하기도 한다.

수면마비는 얼마나 많이 발생하는가?

앞서 살펴보았듯 살면서 수면마비를 겪었다고 보고하는 비율은 어느 나라에서 연구를 진행했는지에 따라 상당히 다르게 나타난다.[14] 예를 들어 미국 성인 359명을 조사한 연구에서는 발생률이 5퍼센트였다.[15] 하지만 캐나다 뉴펀들랜드에 거주하는 성인 69명 중 살면서 적어도 한 번은 수면마비를 경험한 적이 있다고 보고한 사람은 62퍼센트나 된다.[16] 브라이언 샤프리스와 자크 바버Jacques Barber는 35건의 연구 자료를 종합해 평생 수면마비를 겪는 비율을 평가했다.[17] 총 표본 3만 6533명을 분석한 결과 인구의 7.6퍼센트가 평생 한 번은 수면마비를 겪는다고 추정했다. 특히 두 하위 집단에서 발생률이 높았다. 학생 집단에서 발생률은 28.3퍼센트, 정신과 환자 집단에서 발생률은 31.9퍼센트였다. 근본적으로 수면마비에 취약한데 수면 패턴까지 불규칙해지면 실제로 수면마비를 겪을 가능성이 높다는 사실을 나타내는 결과다. 이유는 다르지만 학생과 정신과 환자는 수면 패턴이 불규칙할 가능성이 높다.

연구마다 수면마비 발생률이 다르게 나타나는 이유는 분명하지 않다. 각 나라에서 응답자 집단마다 실제로 수면마비 발생률이 다를 수도 있지만, 설문조사나 면담 항목 문구 때문에 다르게 나타날 수도 있다. 후쿠다 가즈히코Kazuhiko Fukuda는 일본 대학생 593명을 대상으로 이런 가능성을 직접 조사했다.[18] 일시적인 마비

transient paralysis를 겪은 적이 있는지 물었을 때는 발생률이 가장 낮았다(26.4퍼센트). 하지만 일본 민속 설화에서 수면마비를 뜻하는 용어인 카나시바리金縛り를 겪은 적이 있는지 질문했을 때는 발생률이 더 높게 나타났다(39.3퍼센트). 질병을 암시하지 않는 질문지에는 더 긍정적으로 답할 가능성이 있다. 중립적인 용어를 사용해 이런 상태condition를 겪은 적이 있는지 질문하자 그렇다고 답한 비율은 둘의 중간 정도인 31퍼센트였다. 일본이나 뉴펀들랜드처럼 대체로 수면마비를 질병으로 보지 않는 문화권에서는 발생률이 더 높게 보고되는 경향이 흔하다는 주장도 있다.

수면마비의 과학

앞으로 이 당혹스러운 현상을 더 많이 연구해야겠지만, 지금도 과학을 이용해 설득력 있게 설명할 수 있다. 수면마비를 겪을 때 대체 무슨 일이 일어나는지 이해하려면 먼저 정상적인 수면의 신경생리학을 알아야 한다. 정상적인 밤 수면이 시작될 때는 보통 1단계, 2단계, 3단계를 거친다.[19] 한 단계에서 다음 단계로 넘어가면서 심장 박동, 호흡률, 뇌파 등에서 명확하게 알아볼 수 있는 여러 생리적 변화가 일어난다. 가장 깊은 수면 단계에서 좀더 얕은 수면 단계로 다시 이동했다가 결국 렘수면REM sleep으로 나아간다. 여기서 렘은 급속한 안구 운동rapid eye movement을 말한다. 렘수면 단계에 있는 사람을 보면 감은 눈꺼풀 아래에서 실제로 안구가 빠르게 움직인다. 이 단계에서 깨우면 생생한 꿈을 꾸었다고 말할 가능성이 가장 높다. 렘수면 단계에서는 실제로 몸 근육도 마비된다. 잠자는 사람이 꿈에서 하는 행동을 실제로 하지 못하게 막기 위해서일 것이다. 렘수면이 어느 정도 진행된 다음에는 전체 주기가 다시 시작된다.

한 번의 수면 주기는 보통 90분 정도 이어지며 밤새 여러 번 반복된다. 비렘수면non-REM sleep 대비 렘수면의 상대적인 양은 밤새 점점 늘어난다. 수면마비 삽화란 간단히 말해 이 정상적인 수면 주기에 결함이 생겨 정신은 깨었는데 몸은 깨지 않은 상태다. 그래서 잠자던 사람은 눈을 뜨고 자신이 침실에 있다는 것을 분명히 볼 수 있지만 움직일 수는 없다.[20] 게다가 변형된 의식 상태라는 독특한 상태도 경험한다. 꿈 이미지가 깨어있는 정상적인 의식의 내용과 뒤섞여 나타나는 상태다.

앞서 설명했듯 정상적으로 잠자는 사람은 보통 렘수면 단계에 들어가기 전 어느 정도 비렘수면 단계를 거친다. 그렇다면 왜 수면마비 삽화는 잠들 때 흔히 발생할까? 수면마비 삽화는 정상적으로 단계를 거치지 않고 잠에 들자마자 곧바로 렘수면 단계로 진입할 때 발생할 가능성이 높다. 수면 연구자는 이런 현상을 입면기 렘수면sleep-onset REM period, SOREMP이라고 한다. 수면마비를 겪는 기면증 환자는 입면기 렘수면에 빠지기 쉽다고 한다.[21] 수면마비에 빠지기 쉬운 기면증 환자를 입면기 렘수면에서 깨우면 흔히 수면마비 삽화를 보고한다. 하지만 비렘수면 동안이나 비렘수면에 다음에 이어진 렘수면 동안 깨우면 수면마비 삽화를 겪었다고 보고하지 않는다. 마이클 테르자기Michele Terzaghi 연구진이 실시한 연구 결과는 수면마비가 렘수면 상태의 의식과 정상적인 각성 상태의 의식이 결합한 독특하고 변형된 의식 상태라는 주장을 강력하게 뒷받침한다.[22] 이들은 59세 기면증 환자를 대상으로 각성 상태와 여러 수면 단계에서 뇌파를 분석했다. 수면마비 삽화 동안 나타난 패턴은 각성 상태에서 눈을 감았을 때 나타난 패턴에 렘수면 단계에서 나타난 패턴을 결합한 패턴과 상당히 일치했다.

캐나다 워털루대학교 명예교수인 J. 앨런 체인은 수면마비 연구의 세계적인 권위자다. 1999년 체인 연구진은 수면마비의 신경심리학을 다룬 영향력 있는 모형을 발표했다. 약간 추측이 섞여 있지만 수면마비 삽화의 현상학을 이치에 맞게 설명하는 모형이다.[23] 이 모형은 학생 표본 하나와 온라인 표본 두 집단에서 수집한 설문조사 결과에서 나왔다. 연구진은 요인 분석factor analysis이라는 통계 기법을 이용해 데이터를 분석했다. 흔히 함께 나타나는 여러 반응을 한데 묶어 분석하는 방법이다. 분석 결과 수면마비 삽화 동안 나타나는 여러 감각을 세 가지 주요 요인으로 묶을 수 있었다. 연구진은 이들을 각각 침입자Intruder, 인큐버스Incubus(여러 신화나 전설에 등장하는 악마로 잠든 사람을 덮쳐 성행위를 한다고 여겨진다-옮긴이), 독특한 신체 경험Unusual Bodily Experiences이라고 이름 붙이고 각 요인의 신경생리학적 기초를 추측했다.

우리 뇌는 주변에 있을지도 모를 잠재적인 위협을 경고하도록 진화했다. 의식이 각성 상태일 때는 의식적으로 깨닫지 못해도 있을지도 모를 위협을 찾기 위해 끊임없이 주변을 살핀다. 위협을 감지하면 하던 일에서 잠재적인 위협으로 주의를 돌려 제대로 위협을 평가해 적절히 접근하거나 필요하다면 회피 행동을 개시한다. 이런 긴급 상황에 대처하는 데 중요한 영역은 편도체다. 편도체는 아몬드 모양의 작은 핵 다발 두 개로 이루어진 뇌 구조로 양쪽 대뇌반구 깊숙이 하나씩 있으며 적절한 싸움-도피 행동을 개시한다. 보통 잠재적인 위협을 감지하고 식별하고 평가해 적절한 행동을 개시하는 과정이 일어나는 데는 1초도 걸리지 않는다. 체인 연구진은 연구에서 찾아낸 첫 번째 요인인 '침입자'를 편도체 활성 증가로 설명할 수 있다고 주장한다. 다른 신경영상 연구에서 렘수면 동안 편도체가 상당히 활성화된다는 결과도 이런 가능성을 뒷받침한다.[24]

첫 번째 요인인 침입자는 무언가가 있다는 존재감, 극도의 공포, 시청각적 환각으로 이루어진다. 체인 연구진은 잠들거나 잠에서 깰 때 편도체가 더욱 활성화되면 각성 상태일 때보다 경계 불안 상태가 훨씬 오래 이어진다고 주장한다. 주변을 아무리 살펴도 잠재적인 위협을 찾아낼 수 없기 때문이다. 잠재적 위험을 식별하고 적절히 평가할 수 없으므로 주변에 무언가 위험한 것이 있다는 모호한 느낌이 몇 초에서 몇 분 동안 이어진다. 그래서 수면마비 삽화의 흔한 특징인, 무언가 있다는 압도적인 존재감이 느껴진다. 연구진은 외부 정보(그림자, 주변 소리 등)나 내부에서 생성한 이미지(꿈 같은 침입자)를 바탕으로 위협을 확인하려는 노력이 계속 이어진다고 주장한다. 그 결과 무서운 괴물이나 악마 같은 무시무시한 시청각적 환각이 흔히 일어난다.[25]

체인 연구진이 발견한 두 번째 요인은 가슴 압박, 호흡 곤란, 통증으로 이루어지며 흔히 침입자 요인과 함께 나타나는 인큐버스 요인이다. 인큐버스는 민속설화나 신화에서 잠든 여성 위에 올라타 성행위를 하는 남성 악마다. 사실 사람은 굳이 자발적으로 호흡을 조절하지 않아도 되지만 정상적인 상황이라면 스스로 호흡을 조절할 수는 있다. 인큐버스 요인을 설명할 때는 이런 사실에 주목한다. 우리는 대체로 호흡을 의식하지 않아도 계속 숨 쉴 수 있다. 불수의근이 제 일을 아주 잘하기 때문이다. 하지만 수면마비 삽화를 겪을 때는 문득 스스로 호흡을 통제할 수 없다고 느끼고 질식하거나 목 졸린다고 느낀다. 사실 몸에서는 불수의근이 잘 작동하므로 실제로 그럴 위험은 없지만, 그렇게 생각하면 충분히 공황이 일어날 수 있다. 심호흡하려고 애쓰다가 고통스러운 경련이 일어나기도 한다.

침입자 요인과 인큐버스 요인에서는 모두 생존을 위협하는 다른 존재를 느낀다. 이 장의 뒷부분에서 살펴보겠지만 수면마비 삽화가 잠든 사람을 공격하는 악령 또는 다른 영적 존재가 있다는 믿음을 일으킨다는 주장도 무리는 아니다.

세 번째 요인인 독특한 신체 경험은 날거나 떠다니는 감각, 유체이탈, 황홀감 등이다. 체인 연구진은 이렇게 설명한다.

> 응답자들이 '떠다닌다'라고 표현하는 이런 경험은 약간 수동적인 감각이 아니라, 흔히 날거나 속력이 붙거나 심지어 몸에서 '사람'이 빠져나가는 듯한 격렬한 감각이다. 떠다니는 감각이 구체적으로 어떤 것인지 질문하자, 응답자들은 떠오르거나 올라가거나 떨어지거나 날거나 회전하거나 소용돌이치는 느낌, 엘리베이터나 에스컬레이터를 타고 올라가거나 내려가는 느낌, 터널에 빨려들거나 빠르게 가속 또는 감속하는 느낌처럼 관성력을 받는 여러 느낌을 자연스럽게 보고했다. … 어떤 사람은 이마나 발을 통해 몸이 강제로 끌어당겨지거나 빨려나가는 느낌을 받았다고 보고했고, 어떤 사람은 몸 '바깥으로 떨어지는' 느낌을 받았다고 말했다.[26]

7장에서 유체이탈의 심리학을 더 자세히 살펴볼 것이다. 하지만 여기에서는 체인 연구진의 설명이 수면마비든 다른 상황에서든 이런 경험을 설명하는 최근의 이론에 잘 들어맞는다는 점만 알아두자. 의식이 각성 상태일 때 전정계vestibular system는 머리 및 눈의 움직임과 기타 고유수용성proprioceptive 피드백을 조정해 균형감과 공간정위spatial orientation 감각을 만든다. 수면-각성 주기를 조절하는 뇌 영역은 뇌줄기brainstem의 전정핵vestibular nuclei과 밀접한 관련이 있다. 체인 연구진은 시각 입력이 없고 머리가 움직이지 않는 상태에서 전정핵이 활성화되면 떠다니거나 날아다니는 느낌이 든다고 주장했다. 침대에 꼼짝없이 누워 있으면서도 침대 위를 떠다니거나 날아다니는 것 같은 이 상반된 느낌은 현상학적 자아와 신체적인 몸이 분리되는 유체이탈이다. 움직이지 않고 누워 있는 자기 모습을 보았다는 사람도 있는데, 이를 자기상 환시autoscopy라고 한다. 흥미롭게도 수면마비 삽화를 두려워하며 스트레스받는 사람이 많지만 독특한 신체 경험을 겪으며 기분 좋고 황홀하다고 보고하는 일도 많다.

박사후과정 연구원 댄 데니스가 이끌고 앞서 언급한 앨리스 그레고리와 내가 함께 실시한 연구에서는 수면마비와 관련된 여러 변수를 체계적으로 검토했다.[27] 우리가 발견한 사실 가운데 중요한 점은 스트레스와 트라우마는 외상 후 스트레스 장애PTSD 및 그보다는 덜하지만 공황장애처럼 수면마비와 밀접한 관련이 있다는 점이다. 이런 요인이 수면마비 삽화 발생 빈도에 직접 영향을 미치는지, 아니면 수면의 질에 부정적인 영향을 주어 수면마비 발생 빈도에 간접적으로 영향을 미치는지는 분명하지 않다. 몇몇 연구에서는 주관적으로 느끼는 수면의 질 저하가 수면마비와 관련 있다고 한다. 이 관계를 좀 더 자세히 살펴보면 수면 잠복기(수면에 도달하는 데 걸리는 시간)과 주간 기능장애(과도한 주간 졸림증 등)로도 수면마비를 예측할 수 있다.[28] 같은 연구팀이 밝힌 결과에 따르면 우리가 오랫동안 생각해 왔듯 수면마비 취약성에는 유전적 영향도 어느 정도 있다.[29]

수면마비에 관한 비교문화적 해석

 수면마비의 과학에 관해 아직 밝혀지지 않은 사실이 많지만, 앞서 설명한 일반적인 설명은 경험적 증거로 충분히 뒷받침할 수 있다. 하지만 수면의 과학 자체는 인류 역사에서 비교적 최근에 발전한 분야다. 그전에는 이런 기이한 현상을 영혼이 활동한 결과라고 자연스럽게 설명했다. 지금도 이런 설명은 전 세계 많은 지역의 사람, 심지어는 종교적 믿음이 확고한 현대 서구인에게서도 발견된다.
 과거 사람들은 수면마비 삽화를 흔히 악몽으로 설명했지만, 앞서 살펴보았듯 과거 수 세기 동안 악몽이라는 말의 의미는 분명 지금보다 훨씬 구체적이었다. 오늘날에는 모든 무서운 꿈을 지칭할 때 악몽이라고 표현하지만, 과거에는 움직일 수 없거나 극심한 공포를 느끼는 등 수면마비 삽화를 지칭할 때만 악몽이라는 말을 사용했다.
 수면마비 삽화로 영혼을 믿는 인간의 믿음을 모두 설명할 수 있다는 주장은 지나칠지 모르지만, 그런 믿음이 발생하고 계속되는 데 수면마비가 영향을 주었으리라는 생각은 합리적이다. 수면마비 삽화의 특징인 강력한 존재감은 보통 수면마비를 겪는 사람에게 분명한 악의를 지닌 지각 있는 존재가 있다는 느낌이다. 대체로 이런 이상한 존재를 그저 느낄 뿐만 아니라 실제로 보고, 듣고,

느끼고, 심지어는 냄새까지 맡을 수 있다. 게다가 이런 존재는 물리적 흔적을 전혀 남기지 않고 나타났다 사라진다. 다른 세계에서 온 이런 존재의 본질을 밝히는 데 더욱 강력한 증거가 필요할까?

일부 수면마비 삽화를 겪을 때는 초자연적 존재를 만났다고 쉽게 해석할 수 있다. 그뿐만 아니라 수면마비는 앞서 설명했듯 본격적인 유체이탈 경험으로 바뀌기도 한다. 이런 경험을 한 사람은 자신이 더 이상 물리적인 몸에 머무르지 않고 자유롭게 떠다니는 영혼이 되었다고 느낀다. 벽을 통과해 순식간에 먼 거리를 이동할 수 있다고도 느낀다. 유체이탈 경험의 특성을 비초자연적으로 해석하는 다른 설명은 7장에서 더 살펴보자.

수면마비를 심령적으로 설명하는 이런 해석은 과거에도 계속 있었지만, 좀더 자연주의적인 설명을 내놓는 논평가들도 언제나 있었다. 예를 들어 새머드 골저리Samad Golzari 연구진은 10세기 페르시아 학자 아카웨이니 보카리Akhawayni Bokhari가 쓴 필사본을 살폈다. 이 문헌은 수면마비가 '위장에서 뇌로 올라오는 증기 때문에 발생한다'라고 주장한다.[30]

비교문화 관점에서 보면 수면마비의 공통적인 핵심 특성이 과거부터 꾸준히 전 세계에서 보고된다는 사실을 알 수 있다. 하지만 수면마비를 어떻게 해석하고 어떻게 지칭하는지는 상당히 다르다. 브라이언 샤프리스와 칼 도그람지는 전 세계에 수면마비를 지칭하는 용어가 118개 이상 있다고 주장한다.[31] 이런 기이한 경험을 하면 당연히 그 사람이 속한 주류 믿음 체계에 따라 해석할 수밖에 없다. 하지만 믿음 체계는 환각 이미지의 실제 내용 자체에도 영향을 미친다. 2005년 〈초문화 정신의학Transcultural Psychiatry〉 특별호에 실린 글에는 이런 내용이 잘 나와 있다. 편집자들은 이렇게 지적했다. "수면마비는 정신병리학에서 문화와 생물학이 상호작용하는 방식을 연구할 때 살펴볼 모범적인 사례. 수면마비는 생물학적 패턴을 나타내는 이 현상이 일어나기 전, 일어나는 도중, 일어난 다음 어떤 문화적 정교화가 일어나는지 잘 보여준다."[32]

오언 데이비스Owen Davies는 근대 초기 마녀재판과 주술 기록에서 주술 혐의를 뒷받침한다는 증언은 오늘날 보면 수면마비 삽화에 해당한다고 설득력 있게 주장한다.[33] 예를 들어 살렘 마녀재판에서 나온 다음 증언을 보자.

로버트 다우너Robert Downer는 마녀라고 고발당한 수전 마틴Susan Martin이 "악녀가 곧 너를 데려갈 것"이라 말한 다음 그 일을 겪었다고 주장했다. 그날 밤 "자리에 누웠을 때 창가에 고양이 같은 것이 나타나 그를 덮치고 드러눕혀 잽싸게 목을 움켜쥐고는 꽤 오랫동안 그러고 있는 바람에 거의 죽을 뻔했다". 버나드 피치Bernard peach도 비슷한 증언을 했다. 어느 날 밤 "창가에서 무언가 바스락거리는 소리가 들렸고, 수전 마틴이 들어와 바닥으로 펄쩍 뛰어내리는 걸 보았다. 수전은 내 발을 잡고 거꾸로 들어 올렸고 거의 두 시간이나 내게 올라타 있었다. 그동안 한마디도 할 수 없고 몸을 움직이지도 못했다". 마침내 마비가 풀리기 시작하자 그는 수전의 손가락을 깨물었고 마녀는 "방에서 나가 계단을 통해 문밖으로 나갔다". 브리지트 비숍Bridget Bishop 도 비슷한 이유로 고발당했다. 리처드 코먼Richard Coman은 8년 전 침대에 누워 있을 때 브리지트가 "자신을 짓눌러서 몸을 뒤척이지도, 다른 사람을 깨우지도 못했고 그 뒤에도 계속 같은 식으로 폭행당했다고 말했다". 존 루더 John Louder도 어느 날 밤 비숍과 말다툼한 다음 이런 일을 겪었다고 증언했다. "달빛에 잠에서 깨니 비숍이 나를 꽉 누르고 있는 모습이 분명히 보였다. 비숍이 나를 그런 끔찍한 상태로 눌러서 거의 동이 틀 때까지 어찌 할 도리가 없었다."

중세 시대에는 때로 성행위에 미친 악마가 나타나 잠든 희생자를 괴롭힌다는 믿음도 널리 퍼져 있었다. 앞서 언급했듯 남성 악마는 인큐버스('올라타다'라는 뜻의 라틴어 incubare에서 옴), 여성 악마는 서큐버스succubus('창녀'라는 뜻의 라틴어)라 했다. 악마는 여성에서 남성으로, 그 반대로도 다시 바뀔 수 있다고도 믿었다. 서큐버스가 잠든 남성에게서 정자를 빼앗아 인큐버스가 되고, 그 정자로 사악하게도 여성 희생자를 임신시킨다고 믿기도 했다. 앞서 살펴보았듯 수면마비 삽화에서는 남성이든 여성이든 강력한 성적 요소를 느끼는 일이 많다. 때로 이런 감각이 너무 강렬해서 여성 피해자는 마치 한밤중에 강간당한 것 같은 느낌이었다고 설명하기도 한다.

오늘날 많은 현대 사회에서도 수면마비 삽화를 심령적으로 해석한다. 데이비드 허포드는 놀라운 책《밤에 찾아오는 공포, 가위눌림》에서 뉴펀들랜드에 널리 퍼진 믿음을 소개한다. 늙은 마녀가 찾아와 잠자는 사람의 가슴에 올라타면 수면마비 삽화가 발생한다는 것이다. 불쌍한 희생자는 꼼짝할 수 없고 목이 졸리는 것 같다고 진술했다. 그들은 '마녀가 올라탔다hag-rid(해그리드)'라고 했다(《해리 포터》 팬이라면 특히 흥미를 느낄 수도 있겠다).

일본에서는 수면마비 삽화를 카나시바리라 한다(문자 그대로 '쇠사슬숲에 묶이다縛り'라는 뜻이다).[34] 오늘날 많은 서구 사회에서와 달리 일본 미디어에서는 이 현상을 영화, 텔레비전 프로그램, 책, 심지어는 컴퓨터 게임 등의 형태로 폭넓게 다루고 논의한다. 애너 시요골레프Anna Schegoleva는 10~12세 일본 아동을 대상으로 카나시바리 지식과 경험을 조사했다.[35] 조사 결과 대다수 아동이 이 말을 잘 알았고 이 이야기를 꺼내면 아주 좋아했다. 공포영화나 귀신 이야기를 좋아하는 일본인이 많다는 점을 보면 그리 놀랍지 않다. 아동의 3분의 1은 자신도 카나시바리를 겪은 적이 있다고 응답했다. 예상대로 이런 삽화에는 언제나 마비, 호흡 곤란, 가슴을 짓누르는 느낌이 함께 등장하지만 아이들이 겪은 환각의 세부 내용은 다양했다. 시요골레프의 글을 보자.

> 흔히 보이는 환영에는 사다코Sadako(영화 등장인물), 유령(도깨비), 낯선 사람 등이 있었다. 영혼 사진, 자살, 좀비, 강도, 텔레비전에서 본 무서운 장면 같은 것도 등장한다. 한 열 살 소녀는 천장에서 수면제가 쏟아지는 모습을 보았는데 너무 많아서 그 무게를 이기기 힘들 정도였다고 한다. 가장 인상적인 환영은 영화 〈링Ringu〉에 등장하는 사다코다. 소복을 입고 긴 머리카락을 늘어뜨려

| 얼굴을 가린 여자가 절뚝거리며 잠든 사람에게 다가온다….

사다코가 여러 사례에 등장한다는 점은 주목할 만하다. 이 장 초반에 언급한 '젠틀맨'의 등장도 떠오른다. 허구를 창조하는 작가가 상상력을 발휘해 만든 섬뜩한 창조물이 생명력을 지닐 수 있는 것이 분명하다. 공포 소설이 인기 있다는 사실로 볼 때 까무러칠 정도로 무섭지만 그 공포를 즐기는 사람이 많은 것 같다. 사실 시요골레프가 아이들에게 그런 일을 막으려면 어떻게 해야 하는지 묻자 아이들은 상당히 놀라운 답을 내놓았다. 아이들이 제시한 방법은 카나시바리를 막는 것과는 거리가 멀었다. 오히려 아이들은 카나시바리를 일으키려 갖은 방법을 썼다.

하지만 이는 같은 핵심 경험이라도 여러 시공간과 문화에 따라 달리 해석된다는 사실을 보여주는 일부 사례에 불과하다. 샤프리스와 도그람지가 주장했듯 이런 사례는 수없이 많다. 예를 들어 중국에서는 수면마비를 귀신들림ghost oppression라 한다.[36] 독일에서는 알프드뤼크alpdrück(가위눌림) 또는 헥센드뤼켄hexendrücken(마녀의 압박)이라고 한다.[37] 멕시코 사람들은 se me subio el muerto(시신이 내 위로 기어오르다)라고 말한다.[38] 노르웨이에서는 스바르탈파Svartalfar(화살을 쏘아 희생자를 마비시키고 가슴에 올라타 끔찍한 이야기를 속삭이는 흑마술사)에 시달린다고 한다.[39] 카탈루냐 사람은 페산타pesanta(집에 들어와 잠든 사람의 가슴에 앉는 거대한 고양이나 개) 이야기를 잘 안다.[40] 너무 오싹해서 내가 개인적으로 좋아하는 이야기는 서인도

제도 일부 지역에서 코크마kokma라고 하는 수면마비 해석이다. 코크마는 세례받지 않은 아이 귀신이 잠든 사람의 가슴 위로 기어올라 목을 졸라 생긴다고 한다.

5장에서 더 자세히 다루겠지만 수면마비 삽화가 외계인에게 납치되어 일어난다고 추정하는 사례도 많다. 수면마비 삽화 중 외계인을 보는 일은 드물다. 하지만 이유는 나중에 살펴보겠지만 이렇게 주장하는 사람은 수면마비가 바로 외계인이 진짜로 인간을 납치해 나중에 세부 기억을 지운 증거라고 주장한다. 하지만 외계인 자체의 생생한 이미지를 포함해 이런 세부 사항은 최면 회귀를 실시할 때만 다시 떠오른다는 점에서 실제 일어난 사건이라기보다는 거짓 기억에서 온 것이 분명하다.

나는 몇 년 전 수면마비 삽화 도중 흔히 경험하는 강력한 악의 존재감을 설명하는 몹시 재미있는 해석을 들었다. 수면마비를 다루는 라디오 프로그램에 출연한 다음 집에 가던 길이었다. 택시 기사는 내게 그 프로그램에서 무슨 이야기를 다뤘는지 물었다. 나는 그에게 수면마비 현상의 주요 특징을 간략히 말해주었다. 그러자 그는 이렇게 대답했다. "저도 그런 적 있어요." 1970년대 영국 코미디언들이 애용했던 여성 혐오적 고정관념에 영향받아 정치적으로 약간 올바르지 않다는 혐의를 쓸 위험을 무릅쓰고 말하자면, 기사가 그 일을 겪을 때 그 사악한 존재를 자기 장모라고 생각했다고 진지하게 말했을 때 나는 웃지 않을 수 없었다.

하지만 좀 더 자세히 살펴보면 이는 문화와 생리학의 상호작용에서 나온 멋진 해석이다. 택시 기사가 분명히 밝혔듯 그 현상을 겪을 때 사악한 의도를 품고 그를 노려보던 강력한 악의 존재는 당시 장모가 아니라 장모가 될 사람이었다. 그 일을 겪을 때 그는 미래의 장인장모가 휴가를 떠난 틈을 타 아내가 될 사람과 나란히 장인장모의 침대에 누워 있었다. 게다가 그는 혼전 성관계를 절대 금하는 대가족에 둘러싸여 살던 키프로스 사람이었다. 그래서 새벽에 눈을 뜬 그는 겁에 질린 채 몸을 돌려 그 존재를 쳐다볼 수도 없었지만, 그 존재가 잔뜩 화난 예비 장모라고 확신했다.

수면마비는 언제나 해가 없을까?

이 말을 꼭 널리 알리고 싶다. 수면마비는 아주 끔찍하지만 보통 해롭지는 않다. 수면마비를 겪는 사람이 이 현상의 진짜 본질을 알지 못한 채 자신이 미쳐간다거나 기이한 초자연적 존재의 공격을 받는다고 믿을 때 발생하는 실제 스트레스를 과소평가하려는 것은 아니다. 내 경험상 수면마비 현상을 겪는 사람은 과학적·의학적으로 인정되는 다른 설명을 내놓을 수 있다는 사실을 알기만 해도 크게 안도한다. 때로 이런 사실을 알기만 해도 수면 불안이 줄어들고 수면 패턴도 더 규칙적으로 바뀌어 수면마비 발생 빈도도 줄어든다. 그래서 여기에서 아주 드물기는 하지만 특정 상황에서는 수면마비가 죽음으로 이어질 수 있다는 주장도 있다는 점을 밝히기가 다소 망설여진다.

셸리 아들러는 야간 돌연사 증후군sudden unexpected nocturnal death syndrome, SUNDS을 설명하며 이 같은 가능성을 언급했다.[41] 1970년대 말에서 1990년대 초 사이에 미국에서는 100명도 넘은 동남아시아인이 별다른 이유 없이 잠자다 사망하는 일이 발생했다. 사망자는 주로 미국에 도착한 지 2년도 되지 않는 남성 몽족 난민이었다. 독성학, 유전학, 대사, 영양 등 몇 가지 가능한 원인을 조사했지만 그 중 어느 것으로도 이 수수께끼를 해결하지 못했다. 사망자의 심전도가 조금 이상하기는 했지만 이것만으로 이들이 미국에 온 다음 사망한 이유를 설명하지는 못했다.

아들러는 여러 구체적인 요인을 결합해 설명할 수 있다고 주장했다. 그중 하나는 수면마비. 몽족은 잠잘 때 다초dab tsog라는 귀신의 공격을 받을 위험이 있다고 믿는다. 미신에 따르면 다초는 밤에 사람을 짓누르는 귀신이다. 따라서 다초의 공격은 수면마비 삽화로 나타난다. 한두 번 공격받으면 살아남을 수 있지만 여러 번 반복해서 공격받으면 피해자가 약해져서 결국 죽게 된다. 몽족의 고향에는 이런 공격에 대처할 전통적인 치료법이 있었다. 무당을 만나 동물을 제물로 바치는 등 의식을 치르면 악마를 물리칠 수 있다. 제의를 제대로 치르면 조상의 영혼이 자신을 귀신으로부터 보호해주리라 믿었다. 제의의 효과를 믿으면 불안이 줄고 수면의 질이 높아져 결국 바람직한 효과가 일어난다.

하지만 미국으로 건너온 난민은 이런 전통적인 치료법을 쓸 수 없었다. 자신을 보호해주던 조상의 영혼은 미국까지 따라올 수 없지만 다초는 어떻게든 그들의 새로운 보금자리까지 따라온 것 같았다. 집안의 가장인 남성이 특히 SUNDS에 취약한 데는 다른 요인도 함께 작용했다. 그들의 고향 사회는 가부장적이었고, 가족을 영적으로 보호하는 일도 남성 가장의 책무였다. 낯설고 새로운 사회에서 나이 든 몽족 남자는 전통적인 역할을 수행할 수 없었다. 이들은 보통 직업이 없었고 영어를 배우는 데도 어려움을 겪었지만, 아이들은 훨씬 빨리 적응했다. 이런 상황에서 발생하는 스트레스 때문에 잠을 제대로 이루지 못해 수면마비 삽화가 발생했을 가능성이 크다. 아들러는 결국 문화적으로 특수한 믿음 체계, 스트레스 많은 낯선 환경, 기저 심장 질환, 수면마비 취약성이 치명적인 조합을 이루어 SUNDS를 일으켰다고 보았다.

SUNDS를 설명한 아들러의 말이 옳았다 해도, 대체로 수면마비 삽화는 무섭지만 본질적으로 해롭지 않다는 점은 아무리 강조해도 지나치지 않다. 앞서 설명한 요인들이 비극적이고도 예상치 못하게 결합되어 특정 몽족 난민에게 치명적인 결과를 일으켰을 수는 있다. 독자 여러분에게는 이런 조합이 적용되지 않기를 진심으로 바란다.

예술적 영감으로 이어지는 수면마비

생생하고 악몽 같은 이미지가 수면마비의 흔한 특징이라는 점을 보면 여러 예술가가 수면마비 증상에서 영감을 얻는 것도 당연하다. 수면마비를 표현한 가장 유명한 그림은 당연히 헨리 푸젤리Henry fuseli의 〈악몽The Nightmare〉이다. 1781년 작품 〈악몽〉은 대중에게 큰 인기를 끌었고, 푸젤리는 이에 영향받아 같은 장면을 최소 세 가지 버전으로 그렸다. 그림에서는 잠든 여성이 침대 발치에 머리와 팔을 늘어뜨리고 누워 있다. 괴기스러운 악마가 여성의 가슴 위에 앉아 온몸으로 여성을 짓누른다. 배경에는 기괴한 말이

헨리 푸젤리의 그림 〈악몽〉. 1781년에 그린 첫 버전으로 악몽 같은 이미지, 누군가 지켜보는 느낌, 가슴 압박 등 수면마비의 여러 면을 인상적으로 포착했다.

눈동자 없는 눈으로 그 모습을 바라본다. 악몽이 일으키는 무시무시하고 숨 막히는 분위기를 제대로 불러일으키는 그림이다. 흥미롭게도 수면마비에 취약한 사람은 실제로 똑바로 누워서 위를 보고 자면 수면마비 삽화를 겪을 가능성이 더 커진다(하지만 이 그림처럼 약간 극단적인 자세로 자는 행동은 그저 문제를 자초할 것 같다).

수면마비를 시각적으로 나타낸 사람은 푸젤리만이 아니다. 평소 사용하는 검색 엔진에 '수면마비 이미지'를 입력하면 무서운 그림이 끝없이 나올 것이다. 사진작가 니컬러스 브루노Nicolas Bruno의 작품은 특히 충격적이다.[42] 르네 마그리트René Magritte가 떠오르는 브루노의 초현실적인 작품은 아름답고 불안하고 매혹적이다. 자신의 수면마비 경험에서 직접 영향받았음이 분명하다. 비현실감, 위협이 다가온다는 느낌, 움직일 수 없음, 호흡 곤란 등 수면마비의 주요 특징이 잘 드러나 있다.

당연히 영화감독들도 이 주제에 빠져들었다. 카를라 맥키넌과 로드니 애셔의 다큐멘터리도 앞서 언급했지만, 수면마비는 〈컨저링The Conjuring〉, 〈돈 슬립Dead Awake〉, 〈어둠 속에서Between the Darkness〉, 〈미아 모스 구하기The Haunting of Mia Moss〉, 〈죽음의 그림자The Shadow People〉, 〈마라Mara〉, 〈슬럼버Slumber〉 같은 수많은 공포영화와 텔레비전 프로그램에도 영향을 미쳤다. 〈엑스파일〉은 말할 것도 없다. 큰 성공을 거둔 웨스 크레이븐Wes Craven의 1984년 공포영화 〈나이트메어A Nightmare on Elm Street〉는 당시 SUNDS를 다룬 기사에서 직접 영향받았다고 알려져 있다. 역설적으로 코린 퍼틸Corinne Purtill이 〈퀴츠뉴스Quartz News〉에 쓴 기사에 따르면 요즘은 전 세계적으로 수면마비 삽화에 '모자를 쓴' 무서운 남자가 흔하게 등장한다고 한다. 작가의 상상에서 나온 허구의 창조물(여기에서는 악명높은 살인마 프레디 크루거Freddy Krueger)이 악몽에 스며든 또다른 사례다!⁴³

틀림없이 수면마비가 아주 강하게 발현된 기이한 사례 중 하나는 2016년 모스크바에서 한 여성에게 일어난 일이다. 매슈 톰킨스Matthew Tompkins의 설명을 보자.⁴⁴ 이 여성은 잠들기 전 스마트폰으로 포켓몬고Pokémon Go 게임을 했다. 나중에 눈을 뜨자 그는 포켓몬 캐릭터에게 성폭행당하고 있었다고 한다. 짓누르는 압박감에 시달리며 비명을 질러 옆에서 자던 남자 친구를 깨우려 했지만 소리가 나오지 않았다. 결국 몸을 어찌저찌 일으켰지만 포켓몬은 사라졌고 어디에도 보이지 않았다. 그는 모스크바 경찰에 전화를 걸어 공격받았다고 신고했다.

유명한 문학 작품에도 수면마비가 등장한다. 허버트 멜빌Herbert Melville의 1851년 고전《모비딕》, 토머스 하디Thomas Hardy의 1888년 소설《시든 팔》, F. 스콧 피츠제럴드F. Scott Fitzgerald의 1922년 소설《아름답고도 저주받은 사람들》, 어네스트 헤밍웨이Ernest Hemingway의 1938년 단편《킬리만자로의 눈》등이다. 문학 사례를 하나 소개하겠다. 기 드 모파상Guy de Maupassant의 1887년 소설《롤라》에서 발췌했다.

나는 오래 잠들었다. 아마 두세 시간 정도였을까, 그러다 꿈을 꾸었다. 아니, 악몽에 사로잡혔다. 침대에 누워 잠든 것 같았다. 그걸 느끼고 안다. 그러다 누군가 다가와 나를 보고, 만지고, 침대로 올라오는 느낌이 든다. 내 가슴 위에 무릎을 꿇고 올라타 손으로 내 목을 움켜쥐고 온 힘을 다해 나를 목 졸라 죽이려는 듯 쥐어짠다.

그러다 갑자기 잠에서 깬다. 몸이 덜덜 떨리고 땀에 흠뻑 젖었다. 촛불을 켜자 아무도 없다. 그 위기 뒤로 매일 밤 그 일이 일어났다. 나는 마침내 잠이 들고 아침까지 죽은 듯 잔다.[45]

모파상이 밤에 찾아오는 공포를 너무나 잘 알았다는 사실은 의심할 수 없다.

예방과 대처 전략

대다수는 수면마비를 전혀 겪지 않는다. 설령 겪는다 해도 대체로 마비가 몇 초 정도 이어지다 자연히 사라지는 가벼운 형태다. 이런 삽화를 겪으면 약간 놀라겠지만 금세 어깨를 으쓱하고 잊을 수 있다. 악의 존재를 강하게 느끼거나 환각을 보거나 호흡 곤란 또는 극심한 공포 같은 생생한 수면마비를 겪는 사람은 드물다.

당연히 이런 삽화를 겪으면 단기적으로 상당한 스트레스와 불안을 느낀다. 하지만 이런 삽화를 겪는다 해도 그 빈도는 대체로 살면서 한두 번 정도다. 그렇다면 그 경험이 계속 떠오르기는 해도 장기적으로 삶의 질에 심각한 영향을 미치지는 않을 것이다. 마지막으로 브라이언 샤프리스가 공포스럽고 반복적인 단독성 수면마비라고 한 일을 겪는 사람은 극소수다. 이런 사람은 안타깝게도 생생한 수면마비를 규칙적으로, 아마도 밤마다 겪는다. 밤에 찾아오는 공포 때문에 삶의 질이 크게 저하될 가능성이 크다. 그들을 어떻게 도울 수 있을까?

슬픈 사실은 수면마비 삽화 발생 빈도를 줄이거나 아예 없애거나, 그런 일이 발생했을 때 대처할 최선의 전략을 다룬 체계적인 연구가 거의 없다는 점이다. 다만 과거 연구를 바탕으로 몇 가지 일반적인 조언은 드릴 수 있다. 스스로 효과적이라고 생각하는 여러 전략을 일화적으로 설명하는 웹사이트도 많다. 브라이언 샤프리스와 제시카 그롬Jessica Grom이 실시한 연구는 스스로 보고한 전략의 효과를 분석한 몇 안 되는 연구 중 하나다.[46] 이들은 단독성 수면마비를 경험한 학부생 156명을 대상으로 임상 인터뷰를 진행해 데이터를 수집했다. 표본의 약 4분의 3은 이런 삽화를 겪을 때 공포를 느꼈고, 약 15퍼센트는 임상적으로 큰 고통을 겪었다고 보고했다. 약 20퍼센트는 이런 공격을 예방하려 시도했다고 보고했고, 이 중 약 80퍼센트는 어느 정도 성공했다고 주장했다. 수면마비 삽화를 적극적으로 예방하려 했다는 응답이 비교적 적다는 점을 볼 때 응답자 대부분은 이런 일을 자주 겪지는 않은 것 같다. 이보다 훨씬 많은 약 70퍼센트는 이런 삽화가 발생했을 때 적극적으로 막으려 했지만 그들이 보고한 성공률은 54퍼센트에 불과했다.

근본적으로 수면마비에 취약한데 수면 패턴까지 불규칙하다면 수면마비 삽화를 겪을 가능성이 더 커진다는 사실은 잘 알려져 있다. 따라서 수면 위생을 제대로 실천하도록 권한다. 나이, 생활습관, 건강 상태에 맞게 규칙적인 수면 패턴을 따르는 것 이외에도, 미국 국립수면재단National Sleep Foundation이 전하는 일반적인 수면 위생 조언을 살펴보자.[47]

- ✓ 낮잠 시간을 30분으로 제한한다.
- ✓ 잠들기 직전에는 카페인이나 니코틴 같은 각성제를 피한다.
- ✓ 양질의 수면을 촉진하기 위해 운동한다.
- ✓ 잠들기 직전에는 수면에 방해가 될 만한 음식을 먹지 않는다.
- ✓ 자연광을 적당히 쬔다.
- ✓ 규칙적이고 편안한 수면 시간을 정한다.
- ✓ 수면 환경을 쾌적하게 만든다.

앞서 살펴보았듯 스트레스, 불안, 우울은 모두 수면의 질에 좋지 않은 영향을 미친다. 그러므로 수면마비를 겪는 사람이 정신건강 개선에 효과적인 치료를 받으면 수면마비 삽화 발생 빈도도 줄어드는 간접적인 효과도 얻을 수 있다. 예를 들어 한 연구에서는 공황장애와 반복적인 단독성 수면마비를 겪는 환자 11명을 대상으로 인지행동치료cognitive-behavioral therapy로 공황장애 치료만 했는데도 그중 다섯 명은 수면마비 증상도 개선되었다고 밝혔다.[48] 수면마비 삽화가 진짜로 유령의 공격 때문에 일어난다고 굳게 믿는 사람에게는 전통적인 치료법도 효과 있다. 이런 해석을 지지하려는 것이 아니라, 그런 치료법을 믿으면 불안이 줄고 수면의 질이 향상되어 공격 발생 빈도가 줄어들 수도 있다는 사실을 인정하려는 것이다. 일화적인 증거와 증례 기록을 보면 일부 항우울제가 치료에 도움이 되기도 하지만, 지금까지 입증된 사례를 볼 때 단독성 수면마비를 치료하는 정신약리학적 방법은 없다.

덧붙여 수면마비에 취약한 사람은 천장을 보고 똑바로 누워 자지 말아야 한다. 이런 자세로 자면 다른 자세로 잘 때보다 수면마비 삽화가 더 많이 발생한다는 사실이 알려져 있다. 극단적으로 어떤 사람은 앉아서 자거나 잠옷 등 쪽에 호두나 테니스공을 꿰매 넣어서 수평 자세로 자기 어렵게 만들기도 한다.

수면마비로 고통을 겪는 사람은 흔히 수면마비 삽화를 예방하기보다 실제로 일어날 때 대처할 전략을 세운다. 가장 널리 알려진 방법은 어떻게든 의지력을 발휘해 손가락이나 발가락을 꼼지락거리는 것이다. 이 방법이 성공하면 주술에서 벗어날 수 있다. 폐를 쥐어짜 비명을 지르려고 시도하는 것도 흔히 보고되는 방법이다. 하지만 그럴 때 나타나는 유일한 결과는 보통 약한 웅얼거림이나 신음뿐이다. 그래도 때로 반려자가 이런 확실한 징후를 알아차리고 잠든 사람을 깨워 고통에서 구해줄 수 있다.

수면마비 공격을 받을 때 자신이 수면마비 발작을 겪고 있다는 사실을 깨닫고 정신이완 기법을 시도하기도 한다. 성공 여부는 사람마다 다르다. 한 걸음 더 나아가 자신이 수면마비를 겪고 있다는 사실을 깨닫고 그 경험을 막으려고는 전혀 시도하지 않고 그저 내버려두어 마치 흥미진진한 공포영화를 보듯 즐기는 사람도 있다. 하지만 이런 방법이 누구에게나 효과 있지는 않다. 이런 방법을 시도한 사람 일부는 자신이 겪는 현상이 진짜가 아니라는 것을 잘 아는데도 압도적인 공포를 통제하기 위해 스스로 할 수 있는 일이 전혀 없다고도 말한다.

브라이언 샤프리스와 칼 도그람지는 '반복적인 단독성 수면마비 치료를 위한 인지 행동 매뉴얼A Cognitive Behavioral Treatment Manual for Recurrent Isolated Sleep Paralysis: CBT-ISP'을 만들어 그들의 저서 《수면마비의 역사, 심리학, 의학적 관점Sleep Paralysis: Historical, Psychological, and Medical Perspective》에 부록으로 넣었다. 수면마비를 다룰 때 현재 이용할 만한 가장 포괄적이고 체계적인 치료 프로그램이다. 여기에서는 자기 모니터링, 정신 교육, 수면 위생, 방해 기술, 비극적인 생각과 환각에 대처하는 방법 등을 다룬다. 이 책을 쓰는 지금까지 이 프로그램의 성공률을 평가한 연구는 없지만, 이 프로그램은 올바른 방향으로 가는 유망한 첫걸음을 제시한다.[49] 만약 끔찍하고 무서운 수면마비를 겪는다면 그 발생 빈도를 줄이거나 아예 없애는 전략을 이 프로그램에서 찾을 수 있을 것이다. 적어도 그 현상을 안고 살아가는 방법은 배울 수 있으리라 기대한다.

연구에 따르면 대다수는 수면마비 삽화를 초자연적으로 해석하려 하지 않는다. 그 경험이 비교적 흔하기 때문이다. 하지만 유령, 악마, 영혼을 만났다는 다른 주장은 초자연적으로 그럴듯하게 설명하는 일이 많다는 점은 분명하다. 그렇지만 다음 장에서 살펴보듯 사람들이 유령을 만났다고 믿게 되는 데는 다른 이유도 많다.

3장.
하늘 저편의 영혼들 1:
유령과의 만남

유령을 믿는 일은 역사상 여러 사회에서 흔하게 나타나지만, 전통적인 과학자들은 육체가 죽어도 영혼, 영, 의식 등 무엇이라 하든 사람의 본질 일부가 살아남는다는 개념을 계속 거부해 왔다. 유령이 없다면 1장에서 살펴보았듯 현대 서구 사회에서도 유령을 만났다고 주장하는 사람이 소수지만 상당히 있다는 사실과 그런 믿음을 달리 어떻게 설명할 수 있을까? 2장에서 살펴보았듯 수면 마비로 이런 사례의 많은 부분을 타당하게 설명할 수는 있다. 이 장에서는 죽음 저편의 영혼을 만났다고 믿게 되는 다른 여러 요인을 살펴본다.

만약 유령이 진짜 죽은 사람의 영혼이라면, 이는 의식의 본질을 이해할 충분한 의미가 된다. 사실 사후에도 어떤 형태로든 삶이 있다는 사실을 뒷받침한다는 증거는 모두 필연적으로 의식을 이원론dualism으로 바라보는 관점이 철학적으로 올바르다고 암시한다. 이원론자들은 우주가 근본적으로 서로 다른 두 종류의 물질, 즉 물질과 정신으로 구성되어 있다고 주장하는 위대한 프랑스 철학자이자 수학자 르네 데카르트René Descartes를 따른다. 의자, 케이크, 뇌 같은 물질은 질량, 위치, 크기 같은 속성을 지니지만 정신은 그렇지 않다. 생각, 꿈, 욕망은 물질처럼 공간에서 어떤 위치에 놓이거나 측정할 수 없다.

이원론이라는 개념에 매력을 느끼는 사람이 많다. 인간의 경험과 일치하는 듯 보이기 때문이다. 직관적으로 우리의 정신적 삶은 사실 우주 '저편'을 이루는 원자나 분자에 작용하는 과정과는 전혀 다르게 느껴진다. 문제는 비물질적인 영혼이 물질적인 뇌와 어떻게 상호작용하는지를 이치에 맞게 설명한 사람이 아무도 없다는 사실이다. 마음을 다루는 일부 철학자는 이 문제를 해결하기 위해 사실 우주에는 근본적으로 두 가지가 아니라 딱 한 가지 물질만 존재할 가능성을 고려했다. 이런 일원론적 관점은 모든 것이 정신이거나 모든 것이 물질이라는 두 가지 형태로 나타난다. 이런 관점을 자세히 설명하지는 않겠다. 하지만 최근 수십 년 동안 큰 진전이 이루어졌음에도 지금까지 철학자도, 과학자도 의식의 본질을 제대로 설명하지는 못했다고 말할 수 있겠다.[01]

하지만 오늘날 신경과학자 대다수는 의식이 살아 있는 뇌 속 뉴런의 활동에 전적으로 의존하며, 그 바탕이 되는 신경 기질과 분리될 수 없다고 주장한다. 약물 효과, 뇌 손상, 직접적인 전자기적 뇌 자극, 뇌 활성 기록에서 나온 엄청난 증거가 이런 관점을 뒷받침한다. 현대 신경과학이 의식의 본질을 포괄적으로 설명할 수 있다고 주장한다면 성급하겠지만, 이원론적 관점을 뒷받침하는 증거는 거의 없는 것 같다. 하지만 사후 생존이 가능하다는 그럴듯한 증거는 분명 이원론의 관점을 뒷받침한다(7장에서 살펴볼 유체이탈 경험에 관한 일부 해석도 마찬가지다).

이 장에서 살펴보겠지만 유령과 귀신들림haunting에 관한 전통적인 해석을 의심해야 할 이유는 많다. 무엇보다 유령의 존재를 뒷받침한다는 증거는 대체로 저절로 일어난 사건에 불과하다. 스코틀랜드 철학자 데이비드 흄David Hume은 1748년 발표한 유명한 논문 〈기적에 관하여Of Miracles〉에서 이런 소문에 불과한 증거를 신중하게 다루어야 하는 이유를 설명했다.[02] 그는 다른 증거가 없는 상황에서 기적을 봤다는 주장을 무작정 받아들이는 일이 합리적인지에 의문을 제기했다. 흄은 기적이 자연법칙에 어긋나는 사건이라고 정의했다. 따라서 여기에는 초자연적 사건도 포함된다. "증언이 입증하려 하는 사실보다 그 증언의 거짓됨이 더 기적적이지 않은 한, 어떤 증언도 기적을 입증하기에 충분하지 않다."[03] 흄은 한발 더 나아가 본질적으로 자연법칙을 위반하는 증거는 거의 없고 존재할 가능성도 없지만, 사람들이 흔히 거짓말하거나 오류를 범한다는 증거는 넘쳐난다고 주장한다. 따라서 현실에서는 기적이 일어났다는 말을 곧이곧대로 받아들이기보다 의심하는 편이 언제나 더 합리적이다.

역사학자 R. C. 피누케인R. C. Finucane이 언급했듯, 유령이 출몰하거나 돌아다니는 모습을 봤다는 보고는 여러 사회에서 다양하게 나타난다는 점에도 주목해야 한다.[04] 고대 그리스 유령을 설명한 부분을 살펴보자.

> 호메로스 시대에 난도질 된 채 트로이 평원에 버려진 전사들의 유령은 정신 나간 박쥐처럼 끽끽대며 하데스로 내려갔다. 거기서 그들은 공허한 목소리로 서로에게 웅얼웅얼 말을 건네며 영원히 조용하게 그곳을 지키고 서 있었다. 유령들이 나누는 지루한 대화는 신참 유령에 관한 소문, 가문 혈통 논쟁, 유명한 전투에 대한 장황한 묘사로 이어졌다.

고대 그리스의 유령은 분명 요즘 사람들이 말하는 유령과는 상당히 달랐다. 피누케인이 묘사했듯 초기 기독교 시대나 종교개혁 시대, 빅토리아 시대 유령들은 저마다 독특한 모습과 행동을 보였다. 이런 문화적 차이를 가장 잘 설명하는 개념은 유령이 어떤 객관적인 실체를 지닌 것이 아니라 특정 시공간의 주류 믿음 체계에서 나온 산물이라는 주장이다.

오늘날 서구 독자가 유령ghost이라는 말을 들으면 벽을 통과해 걸어들어오는 투명한 귀신 이미지를 떠올릴 것이다.[05] 소설에 흔

서구인 대부분은 유령이라는 말을 들으면 이 그림에 등장하는 것과 비슷하게 완전한 형태를 띤 귀신을 떠올릴 것이다. 하지만 유령을 만났다는 주장 대부분은 훨씬 덜 극적인 감각에서 나온다.

히 등장하는 묘사다. 하지만 사실 이런 유령을 만났다는 보고는 비교적 드물다. 유령이 있다는 느낌, 등골이 오싹해지는 느낌, 주변 온도가 갑자기 떨어지는 느낌, 어지러움, 설명할 수 없는 냄새, 소리, 물체의 움직임처럼 훨씬 덜 극적인 증거를 바탕으로 주변에 유령이 있다고 믿는 일이 훨씬 많다.

사기

유령을 봤다는 주장은 전부 거짓말쟁이나 그런 말에 속아 넘어간 피해자가 내놓은 거짓일까? 그럴 것 같지는 않다. 하지만 아주 소수이기는 해도 일부 사례는 실제로 고의적인 속임수라는 사실을 명심해야 한다.

이런 맥락에서 이른바 폴터가이스트 활동은 세 가지로 설명할 수 있다. 폴터가이스트는 말 그대로 시끄러운 영혼이다. 이런 현상이 파괴를 일삼는 유령의 활동 때문에 일어났다고 보는 전통적인 해석에 걸맞은 이름이다. 폴터가이스트는 시끄러운 소리를 내고, 물체를 공중에 띄우거나 (흔히 박살 내고) 불을 지르고 홍수를 일으키고 전자기기를 방해하는 등 갖가지 공작을 펼친다고 알려져 있다. 사람을 직접 공격한다는 주장도 있다.

프랑스 시드빌 사제관에서 일어난 폴터가이스트 사건을 그린 1851년 그림.

일부 초심리학자는 죽은 사람의 영혼이 폴터가이스트 활동을 일으킨다는 전통적인 개념을 받아들이지만, 이런 설명을 거부하며 다른 초자연적 설명을 내놓는 사람도 있다. 흔히 그런 사람은 폴터가이스트의 파괴적인 활동이 특정 사람 주변에서만 일어난다는 점에 주목한다. 초심리학자는 이런 사람을 활동 초점focus이라 한다. 활동 초점은 폴터가이스트 활동이 일어나기 전에 심각한 정신 건강 문제를 겪은 일이 많다. 이들은 심리적인 내적 혼란이 외적인 염력 에너지로 나타나 폴터가이스트 현상을 일으킨다고 주장한다. 따라서 이런 관점에서 보면 파괴적인 활동은 진짜 초자연적 효과이기는 하지만 죽은 사람의 영혼이 아니라 살아 있는 사람의 문제 있는 정신 때문에 일어나는 것이다.

나 같은 따분한 늙은 회의주의자도 이런 사례에서는 살아 있는 사람이 파괴적인 행동의 원인이라는 데 동의한다. 하지만 뭔가 초자연적인 것이 얽혀 있다는 생각에는 동의하지 않는다. 그게 아니라 활동 초점이라는 사람이 관심을 끌려고 일부러 파괴적인 활동을 일으켰기 때문이다. 즉, 사기라는 말이다. 모든 폴터가이스트 사례가 사기로 입증되었다는 주장은 지나칠지도 모른다. 사실 비초자연적인 설명을 캐묻는 회의주의자는 그다지 환영받지 못한다. 사기를 폭로하는 것보다 '진짜' 유령 이야기가 훨씬 재미있기 때문이다. 하지만 이런 사례 중에는 사기라고 설명해도 무방한 것이 수십 가지는 된다. 여기에서는 유명한 사례 딱 두 가지만 설명하겠다.[06]

첫 번째 사례는 1984년 국제적인 주목을 받은 콜럼버스 폴터가이스트Columbus Poltergeist 사건이다. 티나 레시Tina Resch 가족은 14세인 입양아 티나가 〈폴터가이스트Poltergeist〉라는 영화를 본 바로 다음부터 집 안에서 온갖 사물이 날아다니기 시작했다고 보고했다. 티나는 정서적으로 약간 불안했다. 〈콜럼버스 디스패치Columbus Dispatch〉의 기자 마이크 하든Mike Harden은 티나를 인터뷰했고, 동행한 사진작가 프레드 섀넌Fred Shannon은 초자연적 활동을 카메라에 담으려 했다. 그 결과 작성된 기사에는 정확하게 이런 현상을 보여주는 극적인 사진이 몇 점 실렸다. 한 유명한 사진에서는 안락의자에 앉아 있는 티나 앞에 전화기가 공중에 떠 있다. 티나는 분명 공포에 질려 비명을 지르는 것처럼 보인다. 초심리학자 윌리엄 롤William Roll은 레시네 집에 머물며 이 사건을 조사한 끝에 진짜 염력이 저절로 계속 일어난다고 결론내렸다. 하지만 그는 실제로 물체가 공중에서 날아가는 모습을 직접 본 적은 없다.

모두가 이 사실을 믿지는 않았다. 제임스 랜디는 이 사건을 직접 조사하러 콜럼버스에 갔지만 그들의 집 가까이에 가지도 못했다. 랜디는 사진작가 프레드 섀넌이 찍은 사진을 살펴보고 티나가 이 현상을 조작했다는 확실한 증거를 제시했다.[07] 섀넌은 자신이 직접 보고 있을 때는 물체가 날아간 적이 없다고 밝혔다. 그래서 그는 그 현상이 일어날 법한 위치로 카메라를 맞춰 놓고 시선을 돌려 물체의 움직임이 감지되면 곁눈질로 셔터를 눌러 사진을 찍었다고 했다. 랜디의 설명에 따르면, 그렇게 찍은 사진 속 티나는 아무도 보지 않을 때까지 기다렸다가 물건을 던진 다음 물건이 날아가는 모습을 보고 깜짝 놀라 겁에 질린 척 연기하는 게 아닐까 하는 생각에 딱 들어맞았다.

이어 랜디는 비록 우연이지만 이 사진이 가짜라는 더 확실한 증거가 있다고 주장했다. 이 현상을 찍으러 여기저기서 기자들과 텔레비전 촬영팀이 몰려들며 이 사건은 시청자를 노린 재미있는 취재거리가 되었다. 한번은 신시내티 WTVN-TV 팀이 촬영을 마치고 장비를 챙기던 중 카메라맨이 무심코 카메라를 계속 돌려놓았다. 녹화된 영상에는 티나가 주위를 두리번거리는 모습이 선명하게 나와 있다. 아무도 자신을 보지 않는다고 생각한 티나는 탁자 위 램프를 자기 쪽으로 당기며 공포에 질린 척 비명을 지른다. 이 부정할 수 없는 증거를 마주한 티나는 이번에는 카메라맨이 빨리 떠나주길 바라며 그냥 장난쳤을 뿐이라고 주장했다.

여기에는 비극적인 뒷이야기가 있다. 티나는 분명 행복하게 살지 못했다. 존 레시와 조앤 레시 부부는 입양딸 티나를 신체적으로 학대했다. 티나는 언론의 주목이 사그라든 다음 두 번 결혼하고 이혼했다. 그다음에는 크리스티나 보이어Christina Boyer로 개명했다. 1992년 티나의 세 살 난 딸 앰버가 구타를 당해 사망했다. 크리스티나와 남자 친구는 살인 혐의로 기소되었고 크리스티나는 종신형에 20년을 더한 형을 선고받았다.

이보다 더 유명한 사례는 아미티빌 호러Amityville Horror다. 이 사건은 제이 앤슨Jay Anson이 1977년 발표해 전 세계 베스트셀러가 된 《아미티빌 호러The Amityville Horror: A True Story》의 소재가 되었다. 제이 앤슨의 책은 1975년 12월 아미티빌 오션 애비뉴 112번지로 이사한 루츠 가족을 괴롭힌 일련의 끔찍하고 초자연적인 사건을 담았다. 조지 루츠George Lutz와 캐시 루츠Kathy Lutz 부부 및 세 자녀는 이사한 지 한 달도 안 되어 공포에 질려 그 집을 떠났다. 이 책을 바탕으로 한 영화가 1979년 개봉했고 그 뒤 여러 시리즈로 이어졌다.

루츠 가족이 이 집을 사들이기 전 이곳에는 분명 끔찍한 과거가 있었다. 1974년 11월 로널드 드페오 주니어Ronald DeFeo Jr.가 이 집에서 자기 가족 여섯 명을 총으로 쏴 죽였다. 그는 나중에 무언가가 자신에게 그렇게 하라고 명령하는 목소리를 들었다고 주장했다. 1년 뒤 정신이상을 호소했지만 여섯 번 연달아 종신형을 선고받았다.[08] 그 뒤 얼마 지나지 않아 루츠 가족이 오션 애비뉴 112번지 집을 샀다. 루츠 가족은 이 집의 비극적인 과거를 알았기 때문에 소설에서 프랭크 맨쿠소Frank Mancuso라는 이름으로 등장하는 친구이자 신부(본명은 랠프 페카라로Ralph J. Pecararo)에게 전화를 걸어 예방 삼아 집을 축복해달라고 부탁했다. 신부는 의식을 치를 때 '나가!'라고 소리치는 남자 목소리를 들었다고 주장했다.

이 책을 검토한 로버트 모리스Robert Morris는 루츠 가족이 이 집에 머물던 짧은 기간 일어났다는 일련의 기이한 사건을 이렇게 요약했다.

그중에는 물리적인 사건도 있었다. 무거운 문이 떨어져 경첩 한쪽에만 덜렁 매달려 있었고, 한겨울인데도 방에 파리 수백 마리가 들끓었다. 전화기가 특별한 일 없이 고장 났는데, 특히 루츠 가족과 맨쿠소 신부가 통화할 때 이런 일이 자주 일어났다. 높이가 1미터도 넘는 사자 조각상이 집안을 어슬렁거렸다. 창문과 문이 저절로 열리고 유리가 깨지고 창문 걸쇠가 틀어졌다. 부인이 잠들었을 때 몸이 둥실 떠올랐고 온몸 여기저기에 상처와 멍이 생겼다. 복도 천장에서는 이상한 초록색 점액이 흘러내렸다. 몸으로 느낄 수 있는 현상도 있었다. 루츠 부인은 보이지 않는 존재가 자신을 끌어안고 쓰다듬는 느낌을 받았고, 루츠 씨는 집안 온도를 높여도 계속 한기를 느꼈다. 딸들은 돼지를 닮은 놀이 친구를 만났다. 돼지나 악마 같은 유령도 보였다. 아이들은 너무 과하게 행동했고, 반려견은 계속 잠만 잤으며 어떤 방에는 얼씬도 하지 않았다. 행진곡이 들렸다. 이런 일이 수없이 일어났다.[09]

앤슨은 "우리가 확인할 수 있는 한, 모든 사실과 사건은 아주 정확했다"라고 단언했다. 하지만 분명한 증거를 보면 이 사건은 고의적인 사기에 지나지 않는다. 모리스의 말에 따르면 앤슨은 루츠 가족의 주장을 확인하려는 시도조차 거의 하지 않았다. 그는 루츠 가족의 집을 찾아간 적도 없고 주요 증인을 직접 만나 대화하지도 않았으며, 그 대신 루츠 가족의 진술을 녹음한 기록만 듣고 설명을 내놓았다.

모리스는 앤슨의 설명이 정확하지 않다고 의심할 만한 여러 요인을 조사했다. 모두 초자연적 현상을 겪었다는 주장의 근거라는 일화적 증거를 평가하는 데 사용하는 요인이다. 이 요인은 귀신들림의 심리학을 다루는 다음 단락에서 다시 살펴보겠다. 여기서 중요한 점은 루츠 가족의 이야기 대부분이 실은 순전히 그들이 조작한 것에 지나지 않는다는 명백한 증거가 있다는 점이다. 루츠 가족이 설명한 특정 날짜의 날씨가 실제 그날의 날씨와 전혀 맞지 않는 사례도 몇 가지 있다. 예를 들어 루츠 가족은 1월 13일에 폭우가 쏟아져 집을 나설 수 없었고 그곳에서 하룻밤을 더 지내야 했다고 주장했다. 하지만 기록을 보면 그날 폭우는 내리지 않았다. 게다가 재판에서 로널드 드페오 주니어를 변호한 윌리엄 웨버 William Weber는 이렇게 말했다. "이 책은 사기다. 우리는 와인을 여러 병 비우며 이 무서운 이야기를 지어냈다."[10] 이런 사건을 일으킨 동기는 관심을 끌려는 것이 아니라 그저 탐욕이었다. 나중에 이 집을 구매한 사람 중 초자연적인 활동을 겪었다는 사람은 아무도 없었다는 점에 주목해야 한다.

이제 프렌치의 제1 법칙을 소개할 때가 된 것 같다. '유령을 만났다는 주장이 화려할수록 고의적인 사기일 가능성이 크다.'

자연 현상을 오해하다

유령을 만났다는 주장을 평가할 때는 특히 그 만남이 더욱 충격적일수록 고의적인 속임수일 가능성을 항상 고려해야 한다. 하지만 그런 주장 대부분이 의도적인 사기는 아니라는 점은 분명하다. 이런 주장에는 심리적인 요인이 여럿 깔려 있다.[11]

다른 식으로는 설명할 수 없는 일을 많이 겪으면 집이 귀신 들렸다고 믿을 수 있다. 물론 어떤 현상을 설명할 수 없다고 해서 자연스럽고 비초자연적인 설명을 내놓을 수 없다는 뜻은 아니다. 하지만 이와 마찬가지로 원래 유령을 믿던 사람이라면 그런 현상을 초자연적으로 설명할 가능성이 있다는 생각은 완전히 비합리적이지는 않다.

설명할 수 없을 듯한 경험 자체는 본질적으로 순전히 심리적일 수 있다. 2장에서 살펴본 끔찍한 수면마비 삽화가 그런 사례다. 하지만 때로 이런 당혹스러운 경험은 물리적인 바깥 세계에서 일어나는 사건과 관련 있기도 하다. 고故 빅 탠디Vic Tandy와 토니 로런스Tony Lawrence는 예상치 못한 물리적 효과 때문에 집에 귀신이 산다고 의심하게 되는 모호하지만 일상적인 현상을 여럿 나열한다. "예를 들어 파이프나 라디에이터에서 물이 똑똑 떨어지는 소리(소음), 전기적 결함(화재, 전화, 영상 문제), 구조적 결함(습기, 차가운 부분, 축축한 부분, 소음), 지진(물체의 움직임 또는 파괴, 소음), … 낯선 유기체가 일으키는 현상(쥐가 긁는 소리, 딱정벌레 딱딱거리는 소리) 등이 있다."[12]

2019년 3월 영국 언론에서는 이상하게도 사물이 움직인다는 약간 귀여운 사례를 소개한다.[13] 사우스글로스터셔 서번비치에 사는 일흔두 살 남성 스티븐 맥키어스Stephen Mckears는 정원 창고가 밤새 알 수 없는 방법으로 정리되어 있는 모습을 보고 어리둥절했다. 그는 착한 유령이 도와준 것일지도 모른다고 생각했다. 전통적인 폴터가이스트와 정반대로 혼란을 정리하는 착한 폴터가이스트인 셈이다. 몇 달 뒤 스티븐은 친한 이웃의 도움을 받아 창고에 비디오카메라를 설치해 자신이 창고를 떠난 다음 무슨 일이 일어나는지 알아내기로 했다. 밝혀진 사실은 꽤 놀라웠다. 유령이 아니었다. 스티븐이 일부러 여기저기 흩어놓은 금속 물체를 집 꾸미기에 열심인 꼬마 생쥐가 몇 시간이나 정리했다. 단단히 마음먹은 쥐는 너트, 볼트, 나사뿐만 아니라 작은 금속 도구들까지 분주하게 정리했다. 디즈니 영화 〈신데렐라Cinderella〉의 한 장면이 떠오르는 이 비디오카메라 영상이 없었다면, 사물이 이상하게 이동한 이유를 아무도 이런 식으로 설명하지는 못했으리라. 당연히 이 영상은 입소문을 타고 전 세계 시청자를 사로잡았다.

물론 처음에는 이해하기 어려웠던 사건도 그 원인을 알아내면 더 이상 걱정하지 않게 된다(하지만 수면마비에서는 대개 이런 방법이 적용되지 않는다). 하지만 만족스러운 비초자연적인 설명이 떠오르지 않으면 집에 귀신이 들렸다고 생각할 수 있고, 그렇게 생각하면 평범한 사건도 그런 맥락에서 해석하게 된다. 아침에 열쇠가 보이지 않는가? 아, 귀신이 열쇠를 옮겨 놓은 게 틀림없어. 텔레비전이 고장 났는가? 젠장, 그 귀신이 또 문제를 일으켰네! 내가 유령에 관해 강의할 때 불이 깜빡이면 나는 갑자기 어리둥절한 표정으로 "으으 무서워라!"라고 중얼거린다. 그러면 분명 청중들로부터 신경질적인 웃음이 터져 나온다. 하지만 통계학 강의에서는 똑같은 행동을 해도 같은 반응이 나오지 않을 것이다. 맥락은 대단히 중요하다.

맥락과 사전 믿음

사실 유령을 만났다는 주장에서 가장 중요한 심리적 요인은 맥락과 유령에 관한 사전 믿음이다. 일화적 수준에서 보자. 독자 여러분은 대저택이나 성, 술집 같은 오래된 건물에 들어갈 때 "여기 귀신 나온대"라는 말을 들으면 어떤 효과가 나는지 잘 알 것이다. 그런 말을 듣지 않았다면 지나쳤을 자극에도 금세 예민하게 반응하게 된다. 마룻바닥이 삐그덕대는 소리나 찬바람 같은 외부 자극, 등줄기가 서늘해지는 느낌이나 누군가 지켜보고 있다는 내부 자극도 이런 자극에 포함된다.

렌스 랭Rense Lange과 제임스 후런James Houran은 이런 효과를 경험적으로 입증했다.[14] 두 사람은 실험 참가자에게 폐관된 영화관 내부를 돌아다니며 어떤 인지적·생리적·정서적·심령적·영적 반응이 일어나는지 살펴보라고 했다. 참가자 절반에게는 극장이 개보수 중이라고만 했고, 나머지 절반에게는 여기서 초자연 활동이 일어난다는 소문이 있다고 말했다. 예상대로 그곳에서 초자연적 현상이 일어난다는 말을 들은 참가자는 그냥 개보수 중이라는 말을 들은 참가자보다 신체적·정서적·심령적·영적 경험을 더 많이 겪었다고 보고했다.

리처드 와이즈먼 연구진은 비슷한 연구를 진행해 사전 믿음이 유령 체험에 어떤 역할을 하는지 입증했다.[15] 연구진은 참가자 678

명에게 영국에서 귀신 들린 장소로 잘 알려진 장소 중 하나인 햄프턴 코트 궁전Hampton Court Palace을 돌아다니게 하고 데이터를 수집했다. 이 역사적인 건물에서는 지금도 캐서린 하워드Catherine Howard의 유령이 나온다고 한다. 헨리 8세의 다섯 번째 아내였던 캐서린은 1540년 헨리 8세와 결혼한 지 15개월 만에 간통죄로 사형 선고를 받았다. 사형 선고 소식을 들은 캐서린은 헨리에게 달려가 살려달라고 애걸하려 했지만 경비원들이 길을 막고 발길질하고 소리를 지르며 지금은 '귀신 들린 갤러리The Haunted Gallery'로 알려진 곳으로 캐서린을 끌고 갔다고 한다. 그 뒤로 이곳에서는 뭐라 설명할 수 없는 비명이 들리거나 흰옷을 입은 수수께끼의 여성이 나타난다는 소문이 있다. 이곳과 궁전의 다른 곳에서 어지러움, 강력한 존재감, 갑작스러운 한기 같은 여러 변칙적인 경험을 했다는 주장도 있다. 리처드의 연구에서는 예상대로 유령을 믿는 참가자는 그렇지 않은 사람보다 궁전을 돌아다닐 때 특이한 경험을 더 많이 했다고 보고했고, 이런 경험이 유령 때문이라고 여길 가능성도 더 높았다.

실제로 존재하지 않는 것을 보는 일

유령을 봤다는 주장에 회의주의자가 내는 반응 중 유령을 믿는 사람에게 가장 분노와 짜증을 유발하는 반응은 "그냥 뭔가 본 거 겠죠."이다. 여기서 분명히 암시하지만 명시적으로 언급하지 않는 부분은 실제로는 존재하지 않는 뭔가를 보았을지도 모른다는 점이다. 이런 설명은 방어적인 반응을 일으킨다. 대다수는 환각을 보았을지도 모른다는 말을 들으면 그 사람이 '미쳤다'라는 말과 비슷하다고 생각하기 때문이다. 사실 환각은 임상적 질병이 없는 집단에서 생각보다 상당히 자주 일어난다.[16] 2장에서는 특이한 환각 경험인 수면마비를 다루었지만, 환각은 반드시 심각한 정신질환이 있을 때만이 아니라 다른 맥락에서도 일어난다. 게다가 환각은 '무언가를 보는 것'만이 아니라 모든 감각 양식에서 일어난다.

최근에는 정신질환을 다룰 때 정신질환이 있거나 없다는 식으로 이분법으로 가르지 않고 환각 경향을 비롯한 여러 정신질환 증상이 연속선상에서 나타난다고 여긴다. 살면서 증상이 전혀 없는 사람도 있다. 증상을 자주 겪는 사람도 있고, 때로 몹시 고통스러워서 정신과 의사나 임상심리학자의 전문적 도움이 필요한 사람도 있다. 하지만 이 양극단 사이의 넓은 범위에 있는 대다수는 임상적인 정신질환 기준을 만족하지 않는데도 때로 정신질환 증상을 겪을 수 있다. 사실 이런 증상을 살면서 일어나는 긍정적인 현

상으로 보기도 한다.[17]

환각을 겪을 때만 실제로 존재하지 않는 것을 지각하는 것은 아니다. 로버트 캐럴Robert Todd Carroll은 파레이돌리아pareidolia(변상증) 현상을 '모호하고 불분명한 자극을 분명하고 뚜렷한 무언가로 인식하는 일종의 환상이나 오해'라고 정의한다.[18] 구름, 나뭇결, 바닥의 얼룩 같은 불특정한 시각적 자극에서 얼굴이나 형태를 발견하기도 한다. 레오나르도 다빈치Leonardo da Vinci는 추종자들에게 상상력과 예술적 표현을 개발하는 방법을 다음과 같이 조언했다.

> 얼룩으로 뒤덮이거나 다채로운 색깔의 돌로 이루어진 벽을 보며 어떤 장면을 상상해보면 그 장면이 산, 강, 바위, 숲, 평원, 너른 계곡, 온갖 언덕으로 이루어진 풍경과 비슷하다는 사실을 깨닫게 된다. 여기에서 생생한 몸짓, 이상한 얼굴이나 옷, 수많은 사물이 뒤얽힌 형체를 보기도 한다.[19]

흔히 파레이돌리아로 우리가 지각하는 형상 중 하나는 얼굴이다. 일상적인 만남에서 얼굴이 정보의 원천으로 얼마나 중요한지 생각해보면 그다지 놀랍지는 않다. 진화적 관점에서 저 사람이 낯선 사람인지 아는 사람인지 재빨리 알아차리는 일은 아주 중요하다. 위협적인 사람일까 아닐까? 저 사람의 감정 상태나 의도는 무엇일까? 저 사람이 다음에 어떤 행동을 할까? 뇌는 우리가 누군가를 알아볼 수 있는지, 알아본다면 그 사람이 누군지, 그 사람에 관해 무엇을 아는지, 그 사람의 현재 감정 상태는 어떤지 재빨리 판단하도록 진화했다. 얼굴을 인식하는 이런 다양한 요소에는 여러 뇌 영역이 관여한다. 기능적 자기공명영상functional magnetic resonance imaging, fMRI과 자기뇌파검사magneticoencephalography, MEG 같은 비침습적 신경 영상 기법을 이용한 연구에 따르면[20] 뇌는 허구의 얼굴을 볼 때 첫 0.25초 동안은 실제 얼굴을 볼 때처럼 처리하다가 그다음에야 얼굴이 아닌 사물을 볼 때처럼 처리한다.[21] 나중에 얼굴이 아니라고 판단하더라도 인간의 인지 체계가 얼굴일 수 있는 것은 무엇이든 재빨리 감지하게 되어 있다는 생각에 들어맞는 결과다. 따라서 파레이돌리아가 자극을 인지적으로 느리게 재해석한 결과라는 주장은 사실이 아니다.

대다수는 주변 무생물에서 얼굴을 알아보는 일을 그저 재미있다고 여기지만, 더 큰 의미가 있다고 보는 사람도 있다.[22] 예수나 성모마리아 같은 종교적 인물 이미지가 상당히 자주 등장한다는 점은 주목할 만하다. 예를 들어 위키피디아Wikipedia에 따르면 예수 이미지는 "클라우드 사진, 큰 냄비, 인도식 밀가루빵, 그림자, 치토스 과자, 토르티야, 나무, 치과 엑스레이 사진, 요리 도구, 창문, 바위나 돌, 페인트나 회반죽 칠한 벽, 개의 하반신 같은 여러 매체에서 보인다고 보고된다".[23] 신앙심 깊은 신자라면 그런 이미지가 신이 만드신 형상이라고 결론 내릴 가능성이 크다(마지막 사례는 예외이겠지만 말이다).

사람이 모호하고 질 낮은 시각 정보에서 의미있는 형태나 인물을 발견한다는 점을 볼 때, 유령을 보았다는 일부 사례도 파레이돌리아 때문일 수 있다는 주장은 타당하다. 초자연적 현상을 믿는 사람은 그렇지 않은 사람보다 파레이돌리아에 더 민감하다는 증거가 있다. 피터 브루거Peter Brugger 연구진은 참가자에게 무작위로 만든 점 패턴을 잠깐 보여주었다.[24] 참가자에게는 이 실험이 잠재적 지각을 조사하는 실험이며 몇몇 패턴에는 '의미있는 정보'가 들어 있다고 알려준 다음, '뭔가 의미있는 것'을 보면 지적해 달라고 요청했다. 사실 화면에 나타난 점 패턴은 모두 완전히 무작위적이었다. 그런데도 초자연적 현상을 믿는 사람은 회의주의자보다 무언가 의미있는 것을 보았다고 말하는 일이 훨씬 많았다.

'뭔가 의미 있는 것'을 찾아내는 일반적인 경향이 아니라 실제로는 존재하지 않는 얼굴을 보는 특정 경향이 있다는 사실을 고려할 때, 초자연적 현상을 믿는 사람은 실제로 얼굴 비슷한 부분이 있거나 없는 풍경 이미지를 볼 때도 가짜 얼굴을 더 잘 찾아낸다는 사실도 밝혀졌다.[25] 초자연적 현상을 믿는 사람은 실제로 얼굴 비슷한 부분이 있는 이미지를 볼 때 얼굴 부분을 잘 지적했지만, 얼굴 비슷한 부분이 없을 때도 얼굴을 봤다고 주장하는 일이 많았다. 다시 말해 이들은 얼굴이 없는데도 있다는 반응 편향response bias을 보였다. 흥미롭게도 참가자들을 종교적 믿음을 바탕으로 구분해도 같은 양상이 나타났다. 하지만 이 연구에서 초자연적 믿음과 종교적 믿음이 강력한 상관관계가 있었음은 지적해 두어야겠다.

실제로 존재하는 것을 보지 못하는 일

유령을 만났다는 주장을 설명할 때와 같은 맥락에서 실제로 존재하지 않는 것을 보았다고 주장하는 사람은 그 반대인 경우, 즉 실제로 존재하는 무언가를 보지 못했다고 주장하는 사람보다 당연히 더 큰 관심을 받는다. 하지만 실제로 존재하는 것을 보지 못하는 현상은 특히 최근에 상당히 광범위한 심리학 연구의 주제가 되었다. 심리학자는 우리가 다른 일에 몰두할 때 바로 눈앞에 있는 자극을 알아보지 못하는 현상을 무주의 맹시inattentional blindness라고 한다.

무주의 맹시를 다룬 가장 유명한 연구는 1999년 대니얼 사이먼스Daniel Simons와 크리스토퍼 차브리스Christopher Chabris가 실시한 연구다.[26] 이 연구에서는 참가자에게 한 영상을 보여주었다. 영상에서는 흰옷을 입은 사람들과 검은 옷을 입은 사람들이 공을 주고받는다. 참가자에게는 검은 옷을 입은 사람끼리 공을 주고받는 횟수는 무시하고 흰옷을 입은 사람끼리 공을 주고받는 횟수를 세어보라고 했다. 연구진은 이 간단한 과제가 끝난 뒤 참가자에게 정답을 말해 준 다음 영상에서 뭔가 다른 특이한 점이 있었는지 질문했다. 사실 영상 중간쯤에는 고릴라 복장을 한 사람이 중간쯤으로 걸어와 몇 초 동안 고릴라처럼 가슴을 두드리며 서 있다가 빠져나온다. 놀랍게도 참가자 중 절반 정도는 아무것도 보지 못했다고 답했다. 직관적으로 이해할 수 없는 결과다. 대다수는 이 실험 결과를 듣기 전까지는 그렇게 이상하고 예상치 못한 무언가가 나타나면 금방 알아볼 수 있으리라 확신한다.

이 실험을 보면 몇 년 전 나와 아내 앤 리처즈Anne Richards가 이사할 집을 알아볼 때 겪은 사건이 하나 떠오른다. 우리는 런던 블랙히스에 있는 부동산 중개인을 방문했다. 앤은 그 동네에서 매매할 수 있는 집을 알아보는 데 집중하느라 정신이 없었다. 솔직히 고백하자면 나는 이 중요한 과제에 아내보다는 훨씬 덜 집중했다. 부동산 사무실에서 나왔을 때 나는 아내에게 이렇게 말했다. "좀 이상하네, 우리 심리학 실험 참가자 된 거 아냐?" 아내는 어리둥절한 표정으로 이렇게 대답했다. "그게 무슨 말이야?" 나는 이렇게 되물었다. "거기서 뭐 이상한 거 못 봤어?" 아내는 대답했다. "못 봤는데." 나는 아내에게 사무실 창문에 붙어 있는 부동산 광고를 유심히 보는 척하면서 방금 우리가 30분이나 앉아 있던 사무실 안을 좀 들여다보라고 했다. 사무실 안을 들여다본 아내는 깜짝 놀랐다. 농담이 아니라 사무실 한가운데에 실물 크기의 들소 인형이 놓여 있었던 것이다. 새 집을 알아보는 중요한 과제에 집중한 아내는 이렇게 크고 어울리지도 않는 사물을 전혀 알아보지 못했다.

심리학자들은 무주의 맹시의 중요성을 금세 알아보았다. 많은 심각한 사고는 바로 눈앞에 있는 자극을 알아차리지 못해 일어난다. 이 현상을 조사하는 실험이 말 그대로 수백 가지쯤 이루어졌고, 실제로 런던대학교 버크벡칼리지 심리학과에서 연구하는 앤은 이 주제에 집중했다. 아내는 자신이 이 주제에 관심을 쏟는 것은 자신이 부동산 사무실에서 들소 인형을 발견하지 못한 일과는 아무런 관련이 없다고 단언했다!

몇 년 뒤 앤은 내게 전화를 걸어 몰입이라는 성격 변수를 측정할 척도 사본이 있는지 물었다. 몰입 척도 점수가 높은 사람이라면 책을 읽거나, 영화를 보거나, 십자말풀이를 할 때 그 활동에서 주의를 돌리기가 상당히 어렵다. 다시 말해 지금 주의를 쏟는 것에 완전히 몰두한다. 당시 무주의 맹시 연구자는 보통 무주의 맹시 현상에 취약한 성향과 특정 성격 변수가 관련 없다고 여겼지만, 나와 아내는 둘 다 몰입이 연관 있겠다고 생각했다. 게다가 나는 여러 문헌을 읽고 몰입이 초자연적인 믿음과 분명 관련 있으며, 초자연적 경험을 겪었다고 보고하는 경향과도 관련 있다는 사실을 알았기 때문에 더욱 흥미를 느꼈다.

그렇다면 분명 다음 단계로는 무주의 맹시, 몰입, 초자연적 믿음 및 경험이라는 세 가지 변수 사이에 상관관계가 있다면 그것을 조사하는 연구를 실시해야 했다.[27] 우리는 고릴라 영상 대신 개념적으로 비슷한 과제를 이용했다. 참가자들에게 흑백 글자가 떠다니는 컴퓨터 화면을 보여주고 글자가 가끔 화면 가장자리로 '튀어나오도록' 했다. 참가자에게는 검은색 글자는 무시하고 흰색 글자가 화면 바깥으로 튀어나가는 횟수를 세어보게 했다. 실험 중간쯤 빨간 십자가가 화면 한쪽에서 반대쪽으로 천천히 움직인다. 과제가 끝나고 우리는 참가자에게 흰색 글자가 화면 가장자리로 튀어나간 횟수를 물었고, 이어 과제를 수행하는 동안 특이한 점이 있었는지도 질문했다. 예상대로 참가자 절반 정도는 빨간 십자가를 보지 못했다고 답했다. 이렇게 무주의 맹시를 보인 참가자는 몰입 척도와 초자연적 믿음 및 경험 척도에서도 상당히 높은 점수를 받았다. 다시 실험한 결과도 마찬가지였다.

초자연적 사건을 겪었다는 보고와 무주의 맹시는 어떤 관련이 있을까? 한 가지 가능성이 있다. 유령을 보았다는 보고 중 (전부는 아니지만) 일부는 일상적이고 비초자연적으로 설명할 수 있다. 당시 관련 정보 일부를 받아들이지 못해 놓쳤을 수 있기 때문이다. 근처에 아무도 없는데 책이 이쪽에서 저쪽으로 옮겨졌다고 주장하는 사람이 있다고 치자. 근처에서 누군가 책을 옮겼는데 그 사람을 못 본 것이라고 말한다면 근처에 누군가 있는데도 알아차리지 못했을 리 없다면 화를 낼 것이다. 하지만 과연 그럴까? 고릴라가 바로 앞에서 가슴을 두드리는데도 보지 못한 사람이 그렇게 많지 않은가.

무주의 맹시라는 말은 1990년대 말까지는 문헌에 등장하지 않았다. 하지만 사실 이는 40여 년 전 초심리학자 토니 코넬Tony Cornell이 두 가지 기발한 연구를 통해 우연히 입증한 현상이다.[28] 코넬은 죽은 사람의 영혼이 살아 있는 사람에게도 실제로 가끔 나타난다는 생각을 받아들였다. 그는 사람들이 유령 출몰에 어떻게 반응하는지 연구하려 했다. 그는 머리부터 발끝까지 모슬린 천으로 몸을 가린 채 여러 조건에서 무방비한 사람들 앞에 나타났다. 첫 번째 실험에서는 소 방목지에 있는 작은 둔덕 뒤에서 나와 다음 둔덕까지 걸어갔다가 갑자기 뒤로 사라졌다. 안타깝게도 지나가는 사람 80여 명 중 그를 봤다는 사람은 아무도 없었다(하지만 소들은 그를 흥미롭게 보았다). 코넬은 두 번째 실험 조건에서 더 나은 결과를 얻기를 기대했다. 바로 교회 묘지였다. 안타깝지만 이번 결과도 실망스러웠다. 그의 '실험적 유령Experimental Apparition'을 목격했을 법한 140명도 넘는 사람 가운데 특이한 점을 알아차린 사람은 네 명뿐이었다. 매슈 톰킨스는 목격자들의 반응을 이렇게 설명했다.

질문을 받은 사람 중 조금이라도 초자연적인 것을 봤다고 생각한 사람은 아무도 없었다. 첫 번째 목격자는 그 형체가 '여자 옷을 입은 남자인데 완전히 미친 듯'하다고 설명했고, 두 번째 목격자는 '모슬린 천을 뒤집어쓴 채 돌아다니는 미술과 학생'이라고 생각했다. 다른 두 명의 목격자에게 함께 질문을 던지자 그들은 실험적 유령이 초자연적 사건을 따라 하려 의도했다는 사실을 알았지만 '그 사람 다리와 발이 보여서 그냥 흰 천을 뒤집어쓴 사람이라는 걸 알게 되자' 그런 효과가 사라졌다고 말했다.[29]

코넬은 이에 굴하지 않고 원하는 데이터를 얻기 위해 마지막으로 한 번 더 시도했다. 이번에는 X등급 (성인) 영화가 상영되는 극장의 관객 앞에서 유령 분장을 하고 스크린 한쪽에서 다른 쪽으로 50초 동안 왔다 갔다 했다. 이런 맥락을 선택한 이유는 목격자의 주의를 올바른 방향으로 돌릴 수 있겠다고 생각해서이기도 하지만, 이런 경험 때문에 아이들이 정신적 충격을 받지 않도록 하기 위해서였다. 하지만 쓸데없는 걱정이었다. 톰킨스는 이렇게 설명했다.

관객 중 조금이라도 초자연적인 것을 보았다고 말한 사람은 아무도 없었다. 특이한 것을 전혀 보지 못했다고 말한 사람이 대부분으로, 응답자 중 46퍼센트는 코넬이 처음 스크린 앞을 지나갔을 때 실험적 유령을 알아차리지 못했고, 32퍼센트는 그 사실을 전혀 몰랐다고 응답했다. 상영 때 특이한 점을 알아채는 것이 직업인 영사기사조차 유령을 전혀 못 봤다고 대답했다. '무언가'를 목격한 사람의 묘사도 정확하지 않았다. 어떤 사람은 코트를 입은 여자를 보았다고 응답했고, 다른 사람은 북극곰을 봤다고 생각했다. 영사기에 뭔가 묻었다고 생각한 사람도 있었다. 흰 천을 뒤집어쓰고 유령 분장을 한 남자였다고 정확하게 묘사한 사람은 한 명뿐이었다.

코넬은 실험 결과에 실망했다. 자신이 입증한 그토록 놀라운 현상이 수십 년 뒤에는 심리학 연구의 주요 초점이 되리라는 사실은 전혀 눈치채지 못했다. 물론 그의 실험에서는 사람들이 초자연적으로 보이는 현상을 다른 식으로 설명하려 했다기보다, 그저 무주의 맹시 때문에 그 현상 자체를 놓친 것뿐이기는 하지만 말이다. 사실 코넬은 자신의 실험 결과를 근거로, 흔히 사람들이 생각하는 것보다 주변에 유령이 더 많지만 알아차리지 못할 뿐이라고 주장했다!

기억 오류 가능성

코넬의 실험을 비롯해 말 그대로 수천 가지 실험이 분명하게 보여주듯 목격자의 증언은 몹시 신빙성이 떨어진다. 초자연적 현상을 보았다는 주장을 뒷받침하는 일화적 증거를 볼 때 명심해야 할 기본 교훈이다. 데이비드 흄이 질문했듯 우리도 이렇게 질문해야 한다. 우리가 지금 아는 자연법칙에 어긋나는 사건이 일어날 가능성이 더 높을까, 아니면 그 주장을 하는 사람이 잘못 알고 있을 (또는 거짓말할) 가능성이 더 높을까?

목격자 증언의 신빙성이라는 주제를 다룬 연구가 그렇게 많은 주된 이유 중 하나는 그 증언이 법체계에 큰 영향을 미치기 때문이다. 수많은 심리 실험 결과 인간의 기억이 상당히 취약하다는 사실이 분명한데도 범죄 재판에서 유죄를 가려 인생을 뒤바꿀 판결을 내릴 때 여전히 목격자 증언에 의존하는 일이 많다.[30] 물론 이런 연구 결과는 법의학이라는 맥락을 넘어 변칙적인 경험을 했다는 기억을 비롯해 자서전적 기억 전반에 적용된다.[31]

이런 연구에서는 기억의 작동 방식에 관한 직관적인 예상과 일치하는 흔한 믿음을 살핀다. 예를 들어 주의를 집중하는 목표 대상보다 주변 세세한 사항에 관한 기억력은 당연히 떨어지기 마련이다. 슬쩍 보거나 제대로 보지 못하면 더 기억나지 않고, 각성이 덜 된 상태(예를 들어 졸릴 때)나 과각성 상태일 때(예를 들어 겁에 질려 있을 때)도 당연히 기억력이 떨어진다. 하지만 이런 요인을 유령을 만났다는 주장에도 흔히 적용할 수 있다는 점은 주목할 만하다. 이미 뻔히 아는 사실을 기억 과학으로 확인했을 뿐이라고 결론 내리지 않으셨으면 한다. 기억에 관한 흔한 믿음 중 상당수가 완전히 틀렸고 법체계에 걱정스러운 영향을 미칠 수 있다는 사실에 주목해야 한다.[32]

기억에 관한 흔한 오해 중 하나는 기억이 우리가 경험하는 세부 사항을 비디오카메라처럼 전부 정확하게 기록한다는 생각이다.[33] 사실 기억과 지각은 모두 구성 과정이다. 지각이라는 면에서 우리는 모든 순간 주변에서 이용할 수 있는 감각 정보를 전부 받아들이고 처리한다고 직관적으로 생각하지만, 실제로는 그중 일부만 처리한다. 그렇다면 우리를 둘러싼 이 세상과 이곳에서 우리가 있는 위치에 관한 정신적 모형을 어떻게 구축하고 유지해야 단일하고 통일된 의식을 지녔다는 감각을 얻을 수 있을까?

우리는 흔히 두 가지 정보 출처를 바탕으로 기적에 가까운 이런 위업을 달성한다고 생각한다. 인간은 모든 감각을 통해 들어오는 정보를 처리한다. 이를 상향식 처리bottom-up processing라고 한다. 하지만 앞서 살펴보았듯 우리는 사실 그때그때 들어오는 감각 정보의 극히 일부만을 처리한다. 그렇다면 우리 뇌는 의식적인 인식 없이 어떻게 빈틈을 메워 주변 세상에 관한 완벽한 정신적 모형을 갖추었다는 인상을 만들까? 이런 일은 하향식 처리top-down processing를 통해 이루어진다. 우리는 과거 경험에서 세상에 관해 얻은 정보를 바탕으로 정신적 모형의 틈을 메꾼다. 정신적 모형은 상향식 처리와 하향식 처리의 끊임없는 상호작용으로 이루어지고, 새로 들어오는 감각 정보를 바탕으로 끊임없이 갱신된다.

보통 이 체계는 잘 작동하며, 우리가 세상과 안전하게 상호작용할 수 있도록 믿을 만한 정신적 모형을 제공한다. 믿을 만한 정신적 모형을 갖추기 전에 모든 감각 경로에서 오는 세부 사항을 하나하나 처리해야 한다면 시스템은 과부하되고 말 것이다. 하지만 과거의 경험을 바탕으로 정신적 모형의 빈틈을 메운다는 것은 가짜 지각이 있을 수도 있다는 뜻이다. 특히 지금 입력되는 정보의 질이 떨어지거나 본질적으로 모호하다면 더욱 그렇다. 그러면 우리는 존재하지 않는 것을 지각하게 될 수도 있다.

좀 더 정확히 말하면 기억은 구성하는 과정이라기보다 재구성하는 과정이다. 우리는 무언가를 떠올릴 때 사건이 일어난 시점에 기록된 대체로 정확한 기억의 흔적을 바탕으로 그 사건을 떠올리지만, 그와 동시에 하향식 처리를 이용해 무의식적으로 빈틈을 메우기도 한다. 따라서 우리는 실제로 일어난 사건이 아니라 일어났으리라 여기는 사건에서 온 기억을 갖게 될 수도 있다.

이런 사실을 잘 보여주는 놀라운 사례가 있다. 다음 질문에 대답해보자. 시계를 보지 않고 시계에 네 시가 로마자로 어떻게 표시되어 있는지 기억하는가? 수많은 공개 강연에서 이 질문을 던지고 알게 된 사실은 대다수가 자신있게 'IV'로 표시되어 있다고 대답한다는 점이다. 하지만 사실 시계 대부분에는 'IIII'로 표시되어 있다고 말하면 많은 사람이 깜짝 놀란다. 다른 곳에서 4를 표시할 때는 항상 'IV'로 표시하지만 시계에서는 그렇지 않다.[34]

하향식 처리 때문에 일어나는 독특한 기억 오류 사례 하나가 기억난다. 아내 앤 리처즈와 나는 이 효과를 밝히는 조사를 하고 그 결과를 〈영국 심리학 저널British Journal of Psychology〉에 실었다.[35] 우리가 발표한 모든 논문 가운데 단연코 가장 쉽게 쓴 논문임에 틀림없다. 우리는 골드스미스대학교 입학설명회에 참가한 사람들에게서 딱 하루 반나절 동안 자료를 수집했다. 우리는 참가자를 세 그룹으로 구분했다. 첫 번째 그룹에게는 시계판이 로마자로 표시된 평범한 시계(사실 우리 집 주방 시계)를 1분 동안 보여주었다. 그 다음 시계를 치우고 시계를 기억해서 그려보라고 했다. 두 번째 그룹에게도 똑같이 했지만 시계를 보여주기 전에 나중에 시계를 기억했다가 그려야 한다고 미리 알려주었다. 세 번째 그룹에게는 시계를 그대로 놓아둔 채 시계를 그려보라고 했다. 결과는 놀라웠다. 시계를 기억해서 그린 첫 번째 그룹과 두 번째 그룹 참가자 대다수가 4를 'IV'로 잘못 그렸다. 시계를 두고 그대로 따라 그린 세 번째 그룹 참가자는 아무도 그렇게 하지 않았다.

우리는 이 결과를 정리한 논문에서 우리가 어쩌다 이 신기한 현상에 관심을 갖게 되었는지를 설명했다. 장모님 댁을 방문했을 때였다. 여덟 살이었던 큰 딸 루시도 함께였다. 딸은 벽난로 위 시계를 유심히 보았다. 여기에 논문에도 실은 당시 상황을 설명하겠다.

루시: 아빠, 시계 V 앞에 왜 IIII라고 쓰여 있어?

나: (시계를 보지도 않고) 그럴 리가 없어. 4는 IV라고 쓰잖아.

루시: 아냐, 이거 봐.

나: (시계를 보고) 말도 안 돼! 시계 만드는 사람이라면 당연히 로마자 알 텐데! 이렇게 써야 해! (손목시계를 보여준다.) 말도 안돼, 여기도 틀렸네!

최근에 앤은 루시와 저 대화를 나눈 건 본인이었다고 주장했다. 하지만 물론 아내가 아니었다. 이렇게 우리는 기억 왜곡의 또 다른 사례를 얻게 되었다(저 말고 아내 말입니다).[36] 아무튼 우리는 몇 시간 만에 뚝딱 논문을 쓴 다음 곧바로 제출했다. 발표되기 전 수정 요청을 받은 문장은 딱 하나였다. 과학 논문 발표가 모두 이렇게 일사천리로 진행된다면 얼마나 좋을까! 한 가지 유감스러운 점은 이 특별한 기억 왜곡 사례를 루시 효과Lucy effect라고 이름 붙이지 않았다는 사실이다(미안, 루시!).

기억 재구성의 본질을 이해하면 왜 어떤 사건에 관한 기억이 그 사건 자체가 일어날 때 발생한 일뿐만 아니라 그 전후에 일어난 일의 영향도 받는지 알 수 있다. 과거 경험은 특정한 믿음과 기대를 주고, 그다음 주변에서 일어나는 일을 지각하는 방식에도 영향을 준다. 특히 그 사건이 모호하고 불분명하다면 (예를 들어 파레이돌리아) 더욱 그렇다. 나중에 사건을 떠올릴 때는 사건 자체가 아니라 사건에 관한 자기 해석을 떠올린다. 사건 자체가 일어날 때는 일부만 암호화하고 나중에 이 부분만 기억한다. 무주의 편향 연구에서도 입증된 사실이다. 기억은 당시에 받은 암시에도 영향받는다. 그리고 사건이 끝나도 기억은 그 뒤에 일어난 사건의 영향을 받아 더욱 왜곡된다. 이런 효과는 모두 변칙심리학 분야를 비롯해 수많은 심리학 연구에서 입증되었다.

가짜 교령회 기억

기억의 신빙성을 체계적으로 연구하려면 어쩌다 자연스럽게 유령을 만난 사건과 정반대의 사건을 어떻게 바라볼지 따져보아야 한다. 저절로 유령을 만나는 일은 보통 시간과 장소를 예측할 수 없을 때 일어나고, 실제로 일어난 일을 객관적으로 기록하기 힘들다. 누군가의 기억이 얼마나 정확한지 평가하려면 그때 정확히 무슨 일이 일어났는지 알아야 한다. 그래야 그 일을 그 사람의 보고와 비교할 수 있다. 코넬의 실험에서 이 문제를 바라볼 접근법을 찾을 수 있지만 다른 방법도 있다. 그중 하나는 사람들이 가짜 교령회séance(영매를 통해 죽은 사람의 영혼을 만나는 모임-옮긴이) 동안 일어난 사건을 얼마나 잘 기억하는지 평가하는 것이다.

교령회는 유심론 바람이 불던 빅토리아 시대에 유행했다.[37] 유심론 운동이 언제 시작되었는지는 정확히 지목할 수 있다. 1848년

폭스 자매의 사진. (왼쪽에서 오른쪽으로) 매거릿, 케이트, 레아 폭스. 큰언니인 레아는 한동안 동생들의 매니저 역할을 했다.

3월 뉴욕 하이즈빌의 집에서 케이트 폭스Kate Fox와 매거릿 폭스 Margaret Fox라는 어린 두 자매가 뭔가 두드리는 듯한 이상한 소리를 들었다. 자매는 간단한 암호를 이용해 '저편'과 소통할 수 있다는 사실을 알게 되었다고 한다. 둘은 그 소리가 살해되어 지하실에 매장된 외판원 유령이 낸 것이라고 주장했다. 이어 죽은 사람과 소통할 수 있다는 사람들이 여럿 등장하며 교령회는 미국과 유럽 전역에 들불처럼 퍼졌다.

교령회에서는 다른 현상도 일어났다. 탁자나 사물이 움직이고,

빅토리아 시대 전형적인 교령회 모습. 교령회가 진행되는 내내 참가자들은 서로 손을 잡고 자리에 앉아 있어야 했다.

보이지 않는 손과 입술이 악기를 연주하고, 어둠 속에서 이상한 불빛이 나타나며, 사물이나 탁자, 심지어 영매가 공중에 떠오르기도 한다. 사물이 사라지거나 나타나고, 손이나 얼굴 또는 완전한 영적 형태(이른바 '심령체ectoplasm'를 구성하는 것)가 나타나며, 육신 없는 목소리가 들리고, 영혼 그림과 사진이 나타나고, 영적 세계와 글로 소통할 수 있다고도 한다. 모든 현상은 영매가 영혼을 소환해 일어난다.

안타깝지만 영매가 속임수로 이런 효과를 냈다는 사실이 언젠가는 들통나지 않는 일은 거의 없었다. 1888년, 매거릿 폭스는 40년 전 어릴 때 처음 만든 똑똑 소리가 절대 유령이 낸 소리는 아니었다고 시인했다. 여러 방식으로 그런 소리를 낼 수 있었지만 주로 그가 대중 앞에서 선보인 기술은 발가락이나 발목 관절을 딱딱 꺾는 방법이었다. 장난으로 시작한 일이 걷잡을 수 없어져 자매는 사실을 고백할 수 없다고 느꼈다고 했다. 하지만 유심론자들은 그 고백을 믿지 않았고 이 운동은 지금까지도 이어진다.

흥미롭게도 목격자 증언의 낮은 신빙성을 체계적으로 살핀 첫 번째 연구는 가짜 교령회를 대상으로 이루어졌다. 1887년 S. 존 데이비S. John Davey는 〈정신의학 연구회지Proceedings of the Society for Psychical Research〉에 그 내용을 보고했다.[38] 레이 하이먼은 이렇게 설명한다.

> 데이비는 영매인 헨리 슬레이드Henry Slade가 석판에 글을 쓰는 모습을 보고 유심론을 믿는 쪽으로 돌아섰다. 그러다 데이비는 슬레이드가 속임수를 써서 이런 현상을 일으킨다는 사실을 우연히 발견했다. 데이비는 슬레이드가 선보인 기술을 열심히 연습해 마술 기법과 눈속임으로 모두 재현했다. 그 뒤 데이비는 유심론 현상의 실체를 목격했다는 사람들을 비롯해 여러 참가자 앞에서 능란한 교령술을 선보였다. 교령술이 끝난 다음 데이비는 참가자에게 교령회 동안 일어난 일을 기억나는 대로 전부 자세히 적어달라고 했다. 그 결과는 교령술을 믿는 사람에게 놀랍고 충격적이었다. 아무도 데이비가 속임수를 쓴다는 사실을 알아차리지 못했다. 그 자리에 있던 사람들은 한결같이 중요한 세부 사항을 누락하고 다른 내용을 덧붙이고 사건의 순서를 바꾸고, 일반적인 방법으로는 내용을 전혀 알아볼 수 없도록 보고서를 썼다.[39]

1932년 시어도어 베스터먼Theodore Besterman은 실험으로 꾸민 가짜 교령회를 회상할 때 비슷한 기억 왜곡이 일어난다고 보고했다.[40] 참가자들은 교령회 동안 사물이 움직였다고 보고하면서도 연구자가 실제로 방을 나간 것 같은 중요한 사건은 기억하지 못했다. 이런 연구는 최근에도 계속 이어진다. 리처드 와이즈먼 연구진은 특히 암시의 힘을 조사해야 한다고 강조한다.[41] 한 실험에서는 영매 역할을 맡은 배우가 실제로 탁자가 움직이지 않는데도 움직인다는 암시를 준다. 그러자 참가자의 3분의 1은 탁자가 움직였다고 잘못 보고했다. 초자연적 현상을 믿는 사람은 그렇지 않은 사람보다 암시에 더 취약했다. 두 번째 실험에서도 초자연적 현상을 믿는 사람이 암시 효과에 더 취약했지만, 그 암시가 자신의 믿음과 일치할 때만 그랬다. 교령회에서 나타난 모든 효과는 속임수였지만 많은 참가자는 자신이 실제로 초자연적인 현상을 목격했다고 믿는다고 말했다.

한 가지 덧붙여야겠다. 이 연구에서 참가자가 보고한 변칙적인 감각은 사물이 신비롭게 움직이는 데 한정되지 않았다. 와이즈먼 연구진은 다음과 같이 적었다.

> 많은 사람이 '진짜' 교령회에서 흔히 일어나는 것과 같은 상당히 극적인 현상을 여럿 보고했다. 예를 들어 특이한 심리적 상태(사물이 움직일 때 인간이 아닌 존재가 된 것 같거나 희열을 느낌), **온도 변화**(사물이 움직이는 데 집중했을 때 온몸에 한기가 퍼짐), **에너지가 있다는 느낌**(강한 에너지가 원을 그리며 점점 퍼지는 느낌), **특이한 냄새**(

달군 플라스틱 냄새, 달콤하고 매캐한 냄새가 뒤섞임) 등이 있다. 따라서 실험으로 꾸민 가짜 교령회 참가자는 '진짜' 교령회 참가자들이 묘사한 것과 비슷한 경험을 여럿 보고했다. 그런 효과가 초자연적이거나 심령적 현상, 또는 영매의 기술 때문이 아니라 심리적 과정(참가자의 높은 기대나 강한 믿음에서 일어난 정신신체적 경험) 때문에 일어났다는 점을 암시하는 결과다.[42]

초자연적으로 보이는 다른 현상에 관한 기억

기존 믿음이 초자연적인 현상에 주는 효과는 리처드 와이즈먼과 로버트 모리스가 했던 '가짜 심령술 시연pseudo-psychic demonstration'이라는, 나라면 '마술 트릭conjuring trick'이라고 했을 기억 연구에서도 입증되었다.[43] 실험에서 한 연구자는 참가자에게 자신에게 초현실적인 능력이 있어 에든버러대학교 쾨슬러 초심리학부에 불려간 적이 있다고 소개하며 잘못된 믿음을 심는다. 그다음 이 사람이 흔히 초자연적으로 보이는 마술 트릭을 공연하는 영상을 보여준다. 마지막으로 참가자에게 그 현상이 얼마나 진짜 초자연적이라고 생각하는지 평가한 다음 여러 기억 질문에 답하도록 한다.

당연히 초자연적인 현상을 믿는 사람은 회의주의자보다 이 시연을 더 '초자연적'이라고 평가했다. 하지만 더 흥미로운 점은 기억 시험 결과였다. 와이즈먼과 모리스는 시연에서 '중요한' 세부 사항과 '중요하지 않은' 세부 사항에 관한 기억을 질문했다. 연구진은 이렇게 질문하며 시연 중 초자연적 효과를 내기 위해 사용한 방법과 무관한 사항이 있다는 사실을 알렸다. 말하자면 이런 면은 중요하지 않은 세부 사항이다. 하지만 시연 일부는 실제로 마술 트릭을 썼다는 단서를 주었다. 예를 들어 몇몇 영상에서는 유리 겔러를 유명하게 만든 염력으로 숟가락 구부리기 비슷한 현상을 보여주었고, 그중 한 영상에서는 열쇠를 구부러뜨렸다.[44] 배우가 연기하면서 날랜 손재주로 멀쩡한 열쇠를 미리 구부러뜨려 놓은 열쇠로 슬쩍 바꿔치기한 것이다. 열쇠가 순간적으로 시야에서 사라져야 이런 속임수가 성공한다. 회의주의자는 초자연적 현상을 믿는 사람보다 이런 중요한 세부 사항을 더 잘 기억해냈다. 그다지 중요하지 않은 세부 사항에 관한 기억의 정확도는 회의주의자나 초자연적 현상을 믿는 사람이나 크게 다르지 않았다.

이런 결과에 관한 가장 확실한 설명은 두 그룹의 참가자가 서로 다른 의도를 갖고 과제에 접근했다는 것이다. 회의주의자는 연기자가 낸 효과가 속임수라고 가정하고, 어떤 속임수를 사용했는지 적극적으로 찾아내며 문제를 해결하려 할 가능성이 더 높다. 이들은 실제로 단서를 포착하고 세부 사항을 정확하게 기억한다. 하지만 초자연적 현상을 믿는 사람은 진짜 초자연적인 효과를 보게 되리라 기대하며 그냥 팔짱 끼고 앉아 시연을 즐길 가능성이 높다.

무주의 맹시 연구에서 보았듯, 어떤 사건이 일어나는 시점에 정보가 암호화되지 않으면 나중에 기억해낼 수 없다.

대다수 마술사는 염력을 쓴 것으로 보이는 숟가락 구부리기가 항상 마술 트릭을 쓴 것이라고 확신하지만, 초기에 유리 겔러가 이 위업을 이루는 모습을 본 많은 사람은 이런 과학적 설명을 믿지 않았다. 이들이 과학적 설명을 거부한 주된 이유는 유리 겔러가 숟가락을 내려놓은 다음에도 숟가락이 계속 휘어졌다는 점이었다! 교묘한 속임수라면 어떻게 그럴 수 있겠는가?[45]

지금쯤이면 독자 여러분은 이미 이런 주장에 맞설 반론을 생각해내셨으리라 믿는다. 유리 겔러가 탁자에 내려놓은 다음에도 숟가락, 포크, 열쇠가 계속 구부러졌다는 보고는 가짜 교령회 연구에서 보았듯 암시의 힘 때문이지 않을까? 리처드 와이즈먼과 엠마 그리닝Emma Greening은 그 가능성을 염두에 두고 적절한 통제 조건에서 이 주장을 입증했다.[46] 참가자들은 초능력이 있다는 사람이 심령술로 열쇠를 구부리는 영상을 다시 한번 보았다. 물론 그 효과는 교묘한 속임수였다. 한 조건에서는 열쇠를 구부린 다음 탁자 위에 올려놓고 계속 열쇠가 보이는 상태에서 연기자 '심령술사'가 '계속 휘어지고 있다'라고 암시했다.[47] 다른 조건에서는 같은 영상을 보여주지만 열쇠가 계속 휘어진다고 암시하지 않았다. 암시를 받은 참가자 중 열쇠가 계속 휘어지고 있다고 보고한 참가자는 약 40퍼센트나 되었지만, 암시를 받지 않은 참가자 중 그렇게 말한 사람은 23명 중 딱 한 명뿐이었다.

두 번째 실험에서도 이 효과가 재현되었다. 이때도 열쇠가 계속 휘어지고 있다고 보고한 사람은 그렇지 않은 사람보다 자기 기억이 정확하다고 확신했지만, 연기자 '심령술사'가 열쇠가 계속 휘어진다고 암시했다는 사실은 잘 기억하지 못했다. 놀랍게도 과거 비슷한 연구를 살펴보면 초자연적 현상을 믿는 사람이라고 암시에 더 취약하지는 않았다.

이 결과를 발표한 지 얼마 지나지 않아 나는 한 방송에서 그 효과를 시연했다. 그때 우리는 미리 녹화한 영상이 아니라 직접 시연을 보면 어떤 일이 일어날지 궁금했다. 동료 회의주의자이자 아마추어 마술사인 토니 유언스Tony Youens가 심령술사 역할을 했다. 대신 열쇠가 아니라 못을 사용했다. 촬영이 끝날 무렵 우리는 토니가 못을 염력으로 구부린 다음 손바닥에 구부러진 못을 올려놓은 다음에도 못이 계속 구부러진다며 참가자들이 깜짝 놀라는 모습을 넉넉히 담을 수 있었다.

그날 촬영에서 기억에 남는 일 중 하나는 촬영기사의 반응이었다. 촬영을 시작하기 전 그는 1970년대에 유리 겔러의 금속 구부리기 묘기를 실제로 본 적이 있다고 했다. 그는 유리 겔러가 숟가락을 내려놓은 다음에도 숟가락이 진짜로 계속 휘어지는 모습을 직접 보았다고 했다. 그렇다면 그날 촬영이 끝날 무렵 그 촬영기사는 이런 현상이 암시의 힘에서 나왔다고 마음을 바꿨을까? 전혀 그렇지 않았다!

목격자 증언이 놀라울 만큼 신빙성이 떨어진다는 증거가 수없이 많다는 점을 고려하면, 목격자 한 사람이 내놓은 믿을 수 없는 내용을 액면 그대로 받아들이지 않도록 조심하는 것이 합리적이다. 목격자가 한 명 이상이고 그들이 모두 비슷한 증언을 한다면 그 상황이 사실이라는 데 더 무게를 실릴까? 간단히 대답하면 그렇다. 하지만 여기서도 심각한 기억 왜곡이 일어날 수 있다. 그런 왜곡이 일어나는 한 가지 요인은 기억 동조memory conformity다. 어떤 목격자의 설명이 다음 목격자의 기억에 영향을 미치는 현상이다. 만약 첫 번째 목격자의 설명에 부정확한 면이 있다면 그런 부정확성은 의도치 않게 두 번째 사람의 기억에도 끼어든다.

기억 동조는 사건이 일어난 다음 잘못된 정보 때문에 기억이 왜곡되는 일반적인 사례다. 수십 년 동안 심리학자들은 모의 범죄 현장을 보여준 다음 미묘하게 틀린 정보를 제시해 목격자의 기억을 왜곡하는 실험을 했다. 엘리자베스 로프터스 연구진도 이 기법을 이용했다.[48] 한 연구에서는 참가자에게 보행자가 자동차에 치여 다친 사고가 일어나기 전과 도중, 그 뒤에 일어난 사건을 나타낸 일련의 슬라이드를 보여주었다. 참가자 절반에게는 빨간색 닷선 차량이 교차로 한복판에 서 있고 뒤편에 빨간 정지 표지판이 있는 슬라이드를 보여주었다. 나머지 절반에게는 같은 장면이지만 뒤편에 정지 표지판이 아닌 양보 표지판이 있는 슬라이드를 보여주었다.

연구진은 참가자에게 슬라이드를 보여준 다음 표준 설문지를 나눠주고 면담했다. 질문 중 하나는 참가자에게 일부러 오해를 불러 일으키려는 항목이었다. 예를 들어 정지 표지판 사진을 본 참가자 절반에게는 '정지 표지판을 보고 닷선 차량이 서 있을 때 다른 차량이 지나갔나요?'라고 질문했고, 나머지 절반에게는 '양보 표지판을 보고 닷선 차량이 서 있을 때 다른 차량이 지나갔나요?'라고 틀리게 질문했다(기울임체는 저자가 강조). 이와 마찬가지로 원래 양보 표지판을 본 참가자 절반에게는 정지 표지판을 본 것처럼 암시하는 질문을 했고, 나머지 절반에게는 오해할 만한 정보가 들어 있지 않은 질문을 했다. 사건이 일어난 다음 질문을 할 때 잘못된 정보를 제시하면 참가자가 실제로 본 것과 다른 표지판을 보았다고 보고할 가능성이 컸다. 이 초기 연구 이후 연구진은 기존 기법을 변형해 수많은 연구를 했고 이를 통해 반박할 수 없는 결론을 끌어냈다. 사건이 일어난 다음 사건에 관한 잘못된 정보에 노출되면 목격자 기억이 왜곡되는 사례가 많다는 사실이다.

좀 더 최근 연구에서는 사건이 일어난 다음 잘못된 정보를 주는 상황에서 사회적 경로를 통해, 흔히 목격자들이 함께 토론하게 하며 잘못된 정보를 제시하는 것이 특징이다. 범죄, 유령 목격, UFO 목격 등 특이하고 예상치 못했던 사건을 목격한 사람은 공식 면담을 하기 전에 서로 자연스럽게 토론할 가능성이 높다. 기억 동조 연구에서는 실험 참가자들에게 연출된 범죄 영상을 보여준 다음 그 사건에 관해 각자 보고하기 전에 둘씩 짝지어 대화하게 했다. 일부 연구에서는 두 사람 중 한 명을 연구자 측 연기자가 맡아 몇 가지 틀린 구체적인 정보(범인이 입은 옷 등)를 대화에 끼어

넣었다.⁴⁹ 연구 결과 이런 잘못된 정보가 나중에 실제로 참가자의 진술에 포함되는 일이 많았다.

현재 골드스미스대학교 심리학 교수인 내 친구 피오나 개버트 Fiona Gabbert 연구진은 새로운 기법을 이용해 연구했다. 이들은 한 쌍의 참가자에게 똑같은 범죄를 연출했지만 서로 다른 각도에서 찍은 영상을 보여주었다.⁵⁰ 영상 A에는 영상 B에는 보이지 않는 세부 사항이 들어있는 식이다. 하지만 참가자 모두가 똑같은 영상을 보았다는 인상을 받게 했다. 영상을 본 참가자들은 둘씩 짝지어 영상에 관해 토론하고 그다음 사건에 관한 기억을 묻는 설문지에 응답했다. 어떤 기법을 사용하든 기억 동조 연구에서는 함께 토론한 다른 목격자의 진술을 통해서만 얻을 수 있는 정보 (또는 잘못된 정보)가 목격자 진술에 상당 부분 포함된다는 사실이 꾸준히 입증되었다.

나는 당시 대학원생이던 크리시 윌슨Krissy Wilson과 함께 변칙적 맥락에서 기억 동조 효과를 연구했다.⁵¹ 우리는 앞서 리처드 와이즈먼과 엠마 그리닝이 '계속 휘어지고 있다' 연구에서 사용한 영상을 활용했다. 실험 상황에 기억 동조 요소를 넣기 위해 영상을 본 참가자들을 둘씩 짝지어 대화하게 하고 그다음 각자 본 내용을 보고하게 했다. 앞선 연구에서처럼 참가자 한 쌍 중 한 명은 실제 참가자가 아니라 연구자 측 연기자로, 열쇠를 탁자 위에 올려놓은 다음에도 열쇠가 계속 구부러지고 있었다고 말하거나 그렇지 않았다고 말하도록 미리 짰다. 세 번째 조건에서는 연기자가 중립적인 태도로 전혀 그런 말을 꺼내지 않도록 지시했다. 우리 연구 결과에서도 가짜 심령술사의 암시는 물론 연구자 측 연기자의 말이 실제 참가자의 보고에 영향을 미쳤다. 실제로 심령술사의 암시를 받고 연기자의 말로 암시가 강화된 참가자의 약 60퍼센트는 열쇠가 계속 구부러지고 있었다고 보고했다. 우리 연구에서 초자연적 현상을 믿는 사람은 실제로 암시에 더 취약하다는 사실도 밝혀졌다. 와이즈먼과 그리닝의 결과와 우리 결과가 다른 이유는 아마도 우리가 와이즈먼과 그리닝이 사용한 것과 다른 초자연적 믿음 척도를 사용했기 때문일 것이다.

앞서 설명한 실험과 그야말로 수천 건의 연구에서 입증했듯 어떤 사건에 관한 기억은 해당 사건이 일어나기 전과 도중, 그 뒤에 겪은 경험에 따라 왜곡될 수 있으므로 목격자 증언은 아주 신빙성이 떨어진다. 심지어 우리 마음속에는 실제로 목격한 사건에 관한 왜곡된 기억뿐만 아니라 실제로 일어난 적도 없는 사건에 관한 분명한 기억도 들어 있다. 이 거짓 기억 false memory은 나중에 더 관련 있는 장에서 다시 살펴보겠다. 일단 여기에서는 초자연적 일화는 모두 실제로 일어난 사건을 왜곡한 형태에 불과할 뿐만 아니라 처음부터 끝까지 완전히 조작된 것일 수도 있다는 점을 기억해 두자. 물론 일부러 조작한 것이 아니고, 지금도 그 현상을 진심으로 믿는 사람이 있더라도 말이다.

귀신들림과 관련된 환경 요인

앞서 설명했듯 어떤 장소가 귀신 들렸다는 말을 들으면 그런 말을 미리 듣지 않은 사람보다 그곳에서 변칙적인 경험을 더 많이 했다고 보고한다는 증거가 있다. 암시의 힘을 안다면 당연해 보인다. 하지만 어떤 장소가 본질적으로 다른 장소보다 더 무서울 수도 있지 않을까? 한 연구팀은 햄프턴 코트 궁전과 에든버러 사우스브리지 지하 금고에서 각각 연구해 이런 가능성을 조사했다. 연구팀은 여러분도 예상하셨다시피 리처드 와이즈먼 연구진이다.[52] 두 장소 모두 귀신 들린 곳이라는 명성이 자자하다. 하지만 각 장소에서도 다른 영역에서보다 특정 영역에서 귀신이 더 많이 출몰한다고 보고한다는 점은 흥미롭다. 방문자들은 해당 장소의 어떤 영역에서는 변칙적인 경험을 많이 보고하지만, 다른 영역에서는 거의 보고하지 않는다.

연구진은 방문자들에게 각 장소의 여러 영역을 돌아다니며 그들이 겪은 변칙적인 경험을 보고하고, 겪었다면 그런 경험을 어디서 겪었는지 기록해 달라고 했다. 독자 여러분은 이미 어떤 영역이 가장 무섭다고 들은 방문자라면 자기 점화self-priming(특정 자극에 노출된 다음 어떤 지침이나 의도 없이도 스스로 다음 자극에 영향을 주는 현상-옮긴이) 때문에 당연히 '귀신 들린 곳'에서는 '귀신 들리지 않은 곳'에서보다 더 변칙적인 경험을 많이 보고하고, 그 사실을 모르는 방문자는 이런 패턴을 보이지 않으리라 예상할 것이다. 하지만 그렇지 않았다. 그게 아니라 모든 방문자가 사전 지식과 관계없이 '귀신 들린 곳'에서는 '귀신 들리지 않은 곳'에서보다 변칙적인 경험을 더 많이 보고했다. 어떤 장소가 본질적으로 다른 장소들보다 더 으스스할 수도 있다는 결과다. 어쩌면 환경적 요인이 있을지도 모른다.

다행히도 와이즈먼 연구진은 이런 생각을 조사하는 데 필요한 자료를 수집했다. 에든버러 연구에서 나온 자료를 분석해보니, 사람들은 바깥이 약간 어둑해 외부와 내부의 밝기 차이가 그다지 없는 금고에 들어갈 때보다 상대적으로 좀 더 밝은 바깥에서 아주 어두운 금고로 들어갈 때 변칙적인 경험을 더 많이 보고했다. 그리 놀라운 결과가 아닐지도 모른다. 어둠 속에서 더 취약하다고 느끼는 것은 인간의 자연스러운 반응이기 때문이다. 진화적 관점에서 볼 때 조상들은 어두운 곳에서 잠재적 위협에 더 취약했다. 이 연구에서 얻은 다른 발견에도 같은 주장을 적용할 수 있다. 천장이 높은 금고에서는 변칙적인 현상이 더 많이 보고되었다. 이런 현상도 진화적 관점에서 설명할 수 있다. 천장이 높은 동굴에 들어갈 때는 공격자가 갑자기 위에서 떨어질 가능성이 있으므로 더욱 경계하는 것이 타당하다.

하지만 암시적인 다른 결과는 이렇게 설명할 수 없었다. 햄프턴코트 궁전 연구에서 '귀신 들린 곳'과 '귀신 들리지 않은 곳'의 자기장 강도는 큰 차이가 없었지만, '귀신 들린 곳'에서는 그 편차가 더 컸다.⁵³ 더군다나 이 편차는 각 영역에서 방문자들이 보고한 변칙적인 경험의 수에 비례했다. 에든버러 조사에서는 그런 패턴이 발견되지 않았다. 논리적으로 설명할 수 없는 결과일 수 있다는 뜻이다.

일부 독자들은 연구진이 애초에 왜 자기장을 측정했는지 궁금해할지도 모르겠다. 대체 자기장과 유령 출몰이 무슨 상관이 있단 말인가? 사실 연구진은 캐나다 심리학 교수 고故 마이클 퍼싱어Michael Persinger가 제시한 논란 있지만 흥미로운 이론과 관련된 자료를 수집하고 있었다.⁵⁴ 퍼싱어는 초자연적이고 종교적으로 보이는 경험은 사실 뇌 측두엽이 특이하게 활성화되어 이른바 귀신 들린 곳에서 발생한다는 환각 경험을 유도하기 때문이라고 수십 년 동안 주장했다. 더군다나 퍼싱어는 초자연 현상에 취약한 사람이 약하지만 복합적인 특정 전자기장에 노출될 때 그런 신경 활성이 발생할 수 있다고 주장했다.

한발 더 나아가기 전에 이 점을 분명히 짚고 넘어가야겠다. 뇌가 강력한 자기장에 노출되면 실제로 분명한 효과가 즉시 나타난다. 경두개자기자극술transcranial magnetic stimulation, TMS이라는 기술은 신경심리학자가 뇌 기능을 조사하는 방법으로 점점 인기를 얻고 있다. 경두개자기자극술은 두개골 근처에 단순하고 강도 높은 자기장을 흘려보내 자기장이 나오는 곳에 가까운 뇌 영역에 전류를 유도하는 기술이다. 이 기술의 생물물리학은 잘 알려져 있다. 본질적으로 특정 뇌 영역이 일시적으로 '녹아웃knock-out(정지)'될 때 인지, 행동, 주관적 인식에 미치는 영향을 평가해 뇌 기능을 연구하는 방법이다. 이 기술은 진단과 치료에도 사용된다.

하지만 제이슨 브레이스웨이트Jason Braithwaite가 지적했듯, 이 기술을 사용할 때 일어나는 현상은 퍼싱어가 주장한 효과와는 전혀 다르다.[55] 경두개자기자극술은 단순하고 강도 높은 자기 파형을 이용하지만, 퍼싱어는 약하지만 복합적인 전자기장을 흘려보내면 변칙적인 경험이 일어난다고 주장한다. 실제로 어떤 이들은 퍼싱어가 사용한 자기장은 보통 냉장고 자석에서 나오는 자기장보다 약 5000배나 약하다고 지적한다![56] 지금으로서는 그런 약한 자기장이 뇌 기능에 영향을 미친다고 설명할 타당한 생물학적 메커니즘이 없다. 경두개자기자극술은 뇌 기능에 분명하고 구체적인 효과를 즉각적으로 미친다. 하지만 퍼싱어는 자기가 주장하는 약한 전자기장의 효과가 나타나는 데는 시간이 걸리고(20분에서 40분 정도) 본질적으로 약간 막연하다고 주장한다. 게다가 경두개자기자극술은 누구에게나 효과가 있지만, 퍼싱어에 따르면 애초에 측두엽이 불안정한 사람만 약하지만 복합적인 전자기장에 노출되었을 때 변칙적인 경험을 하게 된다고 한다. 퍼싱어는 각자의 측두엽이 얼마나 불안한지 측정하기 위해 자기가 개발한 개인성격검사Personal Philosophy Inventory의 하위 척도인 측두엽 신호 검사Temporal Lobe Signs Inventory를 실시했다.[57]

브레이스웨이트는 전자기장과 변칙적인 경험이 관련 있다는 퍼싱어의 주장을 옹호하거나 반박하는 증거를 총체적으로 검토했다.[58] 이런 주장을 뒷받침하는 증거는 주로 세 가지 유형이다. 첫째, 퍼싱어는 보고된 변칙적인 경험의 수가 지구의 배경 전자기장 변화와 유의미한 상관관계가 있다고 주장했다. 전자기기를 사용하며 집안을 돌아다닐 때 전자기장이 훨씬 더 출렁인다는 점에서 이런 일이 일어날 가능성은 상당히 낮아 보인다. 퍼싱어가 유의미한 상관관계라고 보고한 결과는 터무니없지만 상당한 상관관계가 발견될 때까지 방대한 데이터 모음을 억지로 쥐어짜 찾아낸 결과일 가능성이 크다.

두 번째 증거는 자기장 때문에 생긴 변칙 현상이 적절히 짝지은 대조군 장소에서보다 이른바 귀신 들린 곳에서 더 자주 나타난다는 주장이다. 하지만 조사 결과 퍼싱어가 환각 경험을 일으키는 데 필요하다고 주장하는 복합적인 자기장 유형이 일시적으로 나타난 곳은 조사 대상 50여 곳 중 두 곳에 불과했다. 두 곳에서 발견된 전자기장이 변칙적인 경험을 일으키는 데 직접적인 역할을 했는지에는 논란의 여지가 있지만, 이런 연구는 약하지만 복합적인 전자기장이 유령 출몰의 주요 원인이라는 생각을 뒷받침하지 못한다.

세 번째이자 마지막 증거는 실험실 연구에서 나왔다. 퍼싱어는 초자연 현상에 취약한 참가자의 두개골 주변에 약하고 복합적인 전자기장을 일시적으로 생성하는 특수 제작 헬멧을 쓰면 측두엽에서 비정상적인 활성 패턴이 만들어진다고 주장했다. 퍼싱어는 이 장치를 '코렌 헬멧Koren helmet'이라고 했지만 다른 이들은 '신의 헬멧God helmet'이라고 하기도 한다. 퍼싱어가 이렇게 유도된 경험을 흔히 종교적 경험으로도 해석할 수 있다고 주장했기 때문이다.

퍼싱어는 신의 헬멧을 이용한 실험 결과를 바탕으로 여러 변칙적 경험을 보고하는 논문을 많이 발표했다.[59] 심지어 유령을 본 적이 있다는 한 중년 남성은 이 기술을 이용해 주관적으로 완전한 유령을 보았다고 주장한다.[60] 누구나 예상할 수 있듯 이런 연구는 미디어의 주목을 받는다. BBC에서 제작한 두 편의 다큐멘터리 〈호라이즌Horizon〉 시리즈에도 이 현상이 등장한다. 1994년 제작된 첫 다큐멘터리에서는 유명한 회의주의자 수전 블랙모어가 퍼싱어의 방음 실험실 치과 의자에 헬멧을 쓰고 자청해서 누웠다. 처음 10분 동안은 아무 일도 일어나지 않았다. 아래는 블랙모어가 그 뒤 일어난 일을 설명한 내용이다.

> 그러자 온 세상이 마치 두 손으로 내 어깨를 움켜쥐고 나를 똑바로 일으켜 세우는 듯했다. 내가 여전히 의자에 누워 있다는 사실을 알았지만 누군가 아니면 무언가가 나를 끌어당기는 것 같았다.
>
> 무언가가 내 다리를 잡아당겨 들고 비틀고 벽 쪽으로 끌어당기는 것 같았다. 마치 천장까지 반쯤 끌려올라간 느낌이었다. 그다음에는 어떤 감정이 찾아왔다. 뜬금없이 강렬하고 생생하게 갑자기 화가 났다. 가벼운 분노가 아니라 명확한 분노가 내 행동과 관계없이 치밀어 올랐다. 하지만 주변에는 아무것도 없었고 누가 어떤 행동을 하지도 않았다. 10초 정도 지나자 이런 느낌은 사라졌다. 그 뒤 마찬가지로 갑작스럽게 두려움이 찾아왔다. 나는 겁이 났

다. 특별히 무언가가 두렵지는 않았지만 말이다.⁶¹

10여 년 뒤 〈호라이즌〉 팀은 퍼싱어의 신의 헬멧을 다시 한번 방송했다. 이번에는 〈뇌 위의 신God on the Brain〉이라는 프로그램이었다. 이번 방송의 진행자는 리처드 도킨스였다. 그는 "헬멧을 쓰니 마치 깜깜한 어둠 속에 있는 것처럼 기분 좋고 편안한 느낌이 들었다"라고 전했다. 크레이그 에인스톡데일Craig Aaen-Stockdale의 말을 빌리면 "개종하라는 신의 음성이 들리는 다마스쿠스 같은 경험은 분명 아니었고 한다. 도킨스는 당연히 아주 회의적이었고 퍼싱어는 그의 측두엽이 충분히 불안하지 않다고 주장했다."⁶²

이 증거의 가장 큰 문제는 대체로 실험실 한 곳에서 나왔다는 점이다. 바로 마이클 퍼싱어의 실험실이다. 게다가 퍼싱어가 발표한 연구에서 제대로 된 이중맹검법을 사용했는지에도 의문이 제기되었다. 이중맹검법을 사용하는 연구에서는 데이터 분석을 완료할 때까지 참가자나 연구자 모두 어느 쪽이 시험군이고 어느 쪽이 대조군인지 알지 못한다. 이렇게 하면 의도적이든 아니든 결과에 영향을 미치는 편향이 발생할 가능성이 없다.

다른 실험실에서 적절한 이중맹검법을 사용해 시급히 퍼싱어의 연구 결과를 독립적으로 재현해야 한다. 페르 그랑크비스트 Pehr Granqvist 연구진은 이 실험을 시도했다고 보고했다.⁶³ 그들은 퍼싱어 실험실에서 직접 빌려온 장비를 사용했지만, 약하지만 복합적인 전자기장과 어떤 존재를 느꼈다는 보고 사이에 연관이 있다는 퍼싱어의 연구 결과를 재현하지 못했다. 오히려 그들은 몰입, 측두엽 신호, 뉴에이지 생활방식 지향 등 암시와 관련된 여러 척도 점수가 어떤 존재를 느꼈다는 경험을 보고하는 성향과 관련 있다고 밝혔다. 그들은 퍼싱어의 연구에 매우 비판적으로 퍼싱어의 연구 결과가 발화, 암시, 형편없는 방법론의 영향을 받았다고 주장했다. 예상대로 퍼싱어는 이런 비판을 받아들이지 않았지만, 독립적인 다른 연구자들이 내놓는 증거가 더는 없다면 전반적인 과학계가 퍼싱어의 주장을 받아들일 가능성은 작다.[64] 브레이스웨이트는 증거 조사를 마무리하며 다음과 같은 결론을 내렸다. "효과의 가능성은 인정하지만, 그런 효과는 드물고 상당한 추가 연구를 해야 한다."[65]

보이지 않는 두 번째 환경 요인도 이와 비슷하게 변칙적인 경험을 일으킨다는 주장이 있다. 바로 초저음파infrasound다. 초저음파는 들을 수 있는 주파수 범위보다 낮은(20헤르츠 이하) 소리 에너지다. 고故 빅 탠디는 유령을 본 자기 경험에서 영감을 받아 초저음파가 특정 환경에서 무언가 있다는 존재감, 우울감, 한기, 심지어 유령 같은 환각 경험을 일으킬 수 있다는 주장을 내놓았다.[66] 나는 빅 탠디가 어떻게 처음 그 이론을 떠올렸는지 이야기하면서 청중을 완전히 사로잡는 광경을 몹시 흥미롭게 본 적이 몇 번 있다. 여기서 소개할 만한 재미있는 이야기다.

빅 탠디는 의료 장비 회사에서 일했다. 실험실에 귀신이 들렸다는 소문이 있었지만 그는 이상한 경험 이야기를 진지하게 받아들이지 않았다. 직접 그런 일을 겪기 전까지는 말이다. 어느 늦은 밤 실험실에서 혼자 일하던 그는 뭔가 불편함을 느꼈다. 갑자기 우울해졌다. 한기가 드는데도 땀이 줄줄 흘렀다. 근처에 뭔가 있다는 존재감이 강하게 느껴졌다. 그가 책상에 앉아 글을 쓰는 동안 누군가 또는 무언가가 그를 지켜보고 있다는 느낌이 점점 강해졌다. 서서히 왼쪽 시야 가장자리에 흐릿한 회색 형체가 있다는 것을 알아차렸다. 겁에 질린 그는 가까스로 용기를 내어 그 유령을 노려보았고, 그 순간 그것은 사라졌다. 그는 자신이 정신을 놓았다고 확신하며 집으로 돌아갔다.

다음 날, 그는 경연을 앞두고 실험 장비를 이용해 철망을 만들기 위해 일찍 출근했다. 칼날을 바이스에 고정하자 칼날이 위아래로 격렬하게 진동했다. '맙소사, 또 시작이네!'라는 생각을 가까스로 억누르고 나니 뇌의 이성적인 영역이 끼어들었다. 공학을 배운 그는 어떤 에너지 원천 때문에 칼날의 공진 주파수 강도가 달라지는 게 아닐까 하고 빠르게 추론했다. 그는 새로 설치된 송풍기 때문에 실험실에서 약 19헤르츠의 정상파가 생긴다는 사실을 알아냈다. 이 정상파는 사람의 안구와 공진하는 주파수여서 눈이 떨린 것이다. 그 결과 시각이 '번지는' 현상이 일어났고 유령이 보였다. 후속 연구에서 그는 귀신이 출몰한다는 코번트리 지하 금고에도 비슷한 주파수의 초저음파가 있다는 증거를 발견했다고 주장했다.[67]

이번에도 제이슨 브레이스웨이트는 이 이론과 이를 뒷받침하는 증거를 평가했다.[68] 그는 어느 쪽도 확신하지 못했다. 안구 진동 때문에 환각이 발생했다는 생각과 관련해, 그는 이 진동이 왼쪽 시야 가장자리뿐만 아니라 전체 시야에 왜곡을 일으킬 가능성이 더 높다고 주장했다. 그러면서 이런 진동이 인간의 형상이나 형태를 닮은 환각 지각을 일으킬 가능성은 작다고도 주장했다. 게다가 그는 이런 연구가 초저음파의 강도를 적절하게 측정하려 시도하지 않았고, 비교 삼아 통제된 대조 영역에서 측정하지도 않았다고 비판했다.

내가 아는 한, 약하지만 복합적인 전자기장과 초저음파가 미치는 영향을 함께 조사한 연구는 단 한 건뿐이다. 바로 상호작용 건축 시스템을 설계한 우스만 하크Usman Haque와 APRU의 연구팀이 함께 실시한 연구다.[69] 우스만이 정확히 언제 내게 이 터무니없는 생각을 꺼냈는지는 기억나지 않는다. 전자기장과 초저음파가 변칙적인 경험과 관련 있다는 이론과 증거를 비판한 브레이스웨이트의 글을 읽기 전이었다는 것만은 안다. 그래서 나는 이 두 가지 환경 요인을 조작해 인위적으로 '귀신 들린' 공간을 만들어 보면 어떨까 하는 우스만의 제안을 기꺼이 받아들였다.

물론 이런 연구처럼 흥미로운 아이디어를 생각해내는 것과 실제로 실행하는 것은 별개의 문제다. 계획 단계에서부터 많은 결정을 내려야 했다. 특히 귀신 들린 방을 평범한 침실처럼 만들지, 아니면 미니멀리즘을 적용해 아무런 특징 없는 단순한 닫힌 공간으로 만들지도 결정해야 했다. 많은 논의 끝에 우리는 후자의 접근법으로 하얀 캔버스를 이용해 지름 약 3미터, 높이 4미터의 특징 없고 온도와 조도가 일정한 원형 공간을 만들기로 했다. 다음 문제는 실제로 그 공간을 어디에 설치할 것인가였다. 충분한 데이터를 수집하려면 상당히 오랜 시간 동안 그 공간에서 실험해야 했다. 어떤 뇌물을 썼는지는 모르겠지만 우스만의 어머니는 친절하게도 우리에게 런던 북부에 있는 당신 집 거실을 선선히 빌려주셨다.

우리는 실험 참가자(그리고 우스만의 어머니)에게 노출될 전자기 활동 패턴과 초저음파 강도를 안전한 수준으로 유지했다. 물론 연구에 관한 윤리적 승인을 받아야 했다. 그러려면 실험 참가자에게 초저음파 및 복합적인 전자기파 활성 중 하나 또는 둘 다에 노출되거나 그렇지 않을 수 있고 이 때문에 특이한 감각을 느낄 수 있다는 점을 미리 알려야 했다. 우리는 예비 실험을 거쳐 초저음파나 전자기 활성이 의식적으로 감지되지 않도록 했다.

참가자 79명에게 각자 50분 동안 방 안에서 혼자 머물도록 했다. 그들에게 공간 평면도를 주고 그 안에 있는 동안 변칙적인 경험이 일어나면 언제 어디에서 발생했는지 기록하고 그 경험을 간략하게 기록하도록 했다. 방에서 나온 참가자에게는 세 가지 설문지를 건넸다. 첫 번째는 우리의 EXIT 척도로 특정 변칙적인 감각 ('뭔가 있다고 느껴진다', '저릿한 감각이 든다' 등)이 적힌 목록이다. 두 번째는 호주인 양-염소 척도ASGS로 초자연적 믿음과 경험을 측정하는 표준 척도다. 세 번째는 퍼싱어의 측두엽 신호 검사 척도TLS로 퍼싱어의 연구에서 특히 측두엽이 불안한 사람을 식별하는 데 사용한 척도다.

많은 실험 참가자는 실제로 우리의 '귀신 들린' 방에서 여러 변칙적인 감각을 경험했다고 보고했다. 우리 논문에서 보고한 EXIT 척도의 결과는 다음과 같다.

참가자 중 63명(79.7퍼센트)은 어지럽거나 이상한 느낌을 받았고, 39명(49.4퍼센트)는 빙빙 도는 느낌을 받았으며, 33명(41.8퍼센트)이 반복적인 생각을 경험했고, 29명(36.7퍼센트)는 따끔거리는 느낌을 받았다. 26명(32.9퍼센트)은 다른 곳에 있는 것 같은 느낌을 받았고, 25명(31.6퍼센트)은 몸에서 기분 좋은 진동을 느꼈고, 20명(25.3퍼센트)은 똑딱거리는 소리를 들었고, 18명(22.8퍼센트)은 몸이 분리된 것 같은 느낌을 받았고, 18명(22.8퍼센트)은 뭔가 있다는 존재감을 느꼈고, 9명(11.4퍼센트)은 슬픔을 느꼈고, 8명(10.1퍼센트)은 최근에 꾼 꿈 이미지를 기억해냈고, 8명(10.1퍼센트)은 이상한 냄새를 느꼈고, 7명(8.9퍼센트)은 공포를 경험했고, 4명(5.1퍼센트)은 성적 흥분을 느꼈다.[70]

이런 결과만으로도 우리는 인위적으로 귀신 들린 방을 만드는 데 성공했다고 주장하기에 충분하다고 생각했다(성적 흥분이라는 답변에서는 조금 놀랐다!). 하지만 진짜 재미있는 부분은 여기다. 분석 결과 변칙적인 감각은 전자기장과 초저음파를 조작한 결과로 나타났다는 사실이 드디어 밝혀져야 했다. 그들의 대답은 ⋯ 두둥 ⋯ 전혀 아니었다. 전자기장 유무는 중요하지 않았다. 초저음파 유무도 중요하지 않았다. 우리 실험의 모든 조건에서 변칙적인 감각 발생 빈도는 상당히 일관되게 나타났다. 그렇다면 여기에서 무슨 일이 벌어진 걸까?

답은 결과 분석에서 밝혀진 중요한 결과로 유추할 수 있다. 참가자들이 보고한 변칙적인 감각의 수는 TLS 척도 및 그보다는 덜하지만 호주인 양-염소 척도ASGS 점수와 유의미한 상관관계가 있었다. TLS 점수는 암시성과 관련 있다.[71] 따라서 우리 결과를 가장 깐깐하게 설명한다면 이렇게 말할 수 있다. 사람들이 닫힌 공간에서 50분 동안 머무르기 전에 그곳에서 변칙적인 경험을 할지도 모른다고 암시하면, 암시에 취약한 사람은 실제로 그런 경험을 한다는 뜻이다. 심리적 관점에서 상당히 흥미로운 결과지만, 우리가 조작한 환경 변수와 변칙적인 감각 사이의 상관관계를 발견했다면 훨씬 더 재미있었을 텐데 아쉽다. 안타깝지만, 인생이 다 그렇지 않은가.

이 한 번의 연구 결과를 보고 이런 환경 변수가 흔히 귀신 들린 곳에서 보고된 여러 감각을 일으키는 데 실제로 어느 정도 역할을 할지도 모른다는 가능성을 아예 배제할 수는 없다는 점은 말해 두어야겠다. 적절한 상황에서는 이런 변수가 중요한 역할을 할 수도 있다. 다시 말해 다른 이유로 이미 '으스스하게' 보이거나 느껴지는 장소에서는 그렇다. 평범한 침실처럼 꾸미지 않고 무미건조한 공간으로 꾸민 것이 실수였을까? 실제로 일부 감각('어지러움' 등)은 특이한 환경 때문에 의도치 않게 발생했을 수도 있지 않을까? 하지만 개인적인 생각으로는 여러 증거로 볼 때 귀신 들린 장소를 설명할 때 이런 환경 변수가 앞서 살펴본 심리적 요인만큼 중요하지는 않을 것 같다.

이 장에서는 저절로 유령을 만났다는 보고와 관련된 심리적 요인을 주로 살펴보았다. 다음 장에서는 눈을 돌려 의도적으로 영적 세계와 소통하려는 시도와 관련된 심리적 요인을 살펴보자.

4장.
하늘 저편의 영혼들 2:
죽은 자와 소통하다

정신적 영매술

유령을 만났다는 보고만이 유령이 존재한다는 유일한 증거는 아니다. 과거부터 죽은 자와 소통했다는 보고는 많았다. 물론 여기서 중요한 점은 그런 의사소통이 양방향으로 이루어진다는 점이다. 윌리엄 셰익스피어William Shakespeare는 희곡《헨리 4세》1부에서 이 점을 훌륭하게 지적했다. 글렌다워는 핫스퍼에게 이렇게 자랑한다. "나는 광대하고 깊은 저편에서 영혼을 불러낼 수 있소." 핫스퍼는 이렇게 대답한다. "음, 나도 그렇고 누구나 할 수 있소. 하지만 그들은 정말 당신이 부를 때 찾아오는가?"

이런 주장 가운데 하나는 앞서 이미 살펴보았다. 폭스 자매는 뉴욕 하이즈빌에 있는 집에서 들린 똑똑 소리가 영혼이 낸 것이고, 간단한 암호를 고안해 똑똑 횟수로 영혼과 소통할 수 있다고 주장했다. 유심론 운동이 퍼지며 교령회는 더욱 정교해졌고 때로 다양한 물리적 효과를 도입하기도 했다. 이런 교령회를 전문으로 여는 영매를 물리적 영매라 한다. 산 사람과 죽은 사람 사이에서 메시지를 전달할 수 있다는 정신적 영매와는 반대다. 요즘은 물리적 영매보다 정신적 영매가 훨씬 많다.

정신적 영매술은 일대일 또는 소규모 모임으로 마음을 읽거나 관객이 꽉 찬 극장에서 할 수도 있다. 전문 영매는 대개 서비스 비용을 청구하며 자신의 텔레비전 프로그램, 베스트셀러 책, 온라인 서비스로 유명해진 사람도 있다. 요즘 미국에서 유명한 정신적 영매로는 실비아 브라운Sylvia Browne, 존 에드워드John Edward, 제임스 반 프라그James Van Praagh가 있고, 영국에는 데릭 애코라Derek Acorah, 콜린 프라이Colin Fry, 샐리 모건Sally Morgan, 도리스 스톡스Doris Stokes 등이 있다.

정신적 영매는 흔히 교령회 때 무아지경에 빠지는 것처럼 보인다. 그다음 영적 세계에서 이편으로 메시지를 '전달channelling'할 수 있다고 한다. 그들이 직접 메시지를 전달하기도 하고, 영매와 영혼의 중재자 역할을 하는 영적 인도자가 전달하기도 한다. 때로 일시적으로 영혼에 씐 것처럼 보이기도 한다. 목소리와 몸짓이 극적으로 달라지고 때로 외모까지 달라진다고 한다.

교령회는 빅토리아 시대에 그 인기가 절정에 이르렀다. 실제로 교령회의 인기에 힘입어 1882년 영국에서는 심리연구협회Society for Psychical Research가 설립되었고 몇 년 뒤 미국에서도 심리연구협회American Society for Psychical Research가 설립되었다. 또 다른 주요 요인은 찰스 다윈이 1859년 출간한 《종의 기원》의 명백한 영향에 맞선 반응이었다. 다윈은 인간이 신의 특별한 창조물이므로 인간에게는 불멸의 영혼이 있다는 생각에 의문을 제기했다. 사람들은 사후 세계에 관한 의문에 과학적 방법을 들이대면 사후 세계가 있다는 기독교적 믿음이 타당하다는 증거를 얻을 수 있지 않을까 하고 바랐다. 그러려면 분명 우선 당시 수많은 영매의 주장을 검증해야 했다.

처음에는 과학자와 영매가 협력했지만, 과학자가 조사를 더욱 통제하고 싶어했기 때문에 협력은 금세 시들해졌다. 희미한 조명을 사용하거나 참가자의 이동을 금지하는 등 교령회의 흔한 조건은 영매와 가담자가 속임수를 쓰기에 이상적인 조건이었다. 앞서 살펴보았듯 그런 속임수를 쓰다가 적발되지 않은 영매는 사실 드물다. 많은 과학자는 처음부터 그들의 주장을 무시했고 증거에는 눈길도 주지 않았다. 좀 더 열린 마음을 가진 동료 과학자는 결국 이런 식의 조사는 유익하지 않다며 교령회 장소에서는 진짜 초자연적 현상이 일어나지는 않는다고 결론내렸다. 하지만 다윈과 거의 비슷한 시기에 자연선택에 따른 진화라는 개념을 독자적으로 생각해낸 앨프리드 러셀 월리스Alfred Russell Wallace나 탈륨thallium을 발견한 윌리엄 크룩스William Crookes 경 등 당시 저명한 몇몇 과학자는 자신이 목격한 현상의 진실을 확인하려 했다.

영매의 정확성을 평가하려는 초기 시도는 보통 방법론적으로 타당하지 않았다. 예를 들어 사후 세계를 뒷받침하는 증거를 찾으려 드는 조사자는 그런 동기가 없는 사람보다 모호한 영매의 말을 더 세밀하게 살필 것이다. 게다가 정확한 진술과 부정확한 진술을 단순히 셈하는 일은 그다지 가치가 없다. 만일 내가 누구에게나 들어맞을 가능성이 아주 큰 진술("당신 할아버지는 코 양쪽에 눈이 하나씩 있다.")을 많이 내놓았다고 해서 세상을 떠난 사랑하는 당신의 할아버지를 직접 만났다는 놀라운 증거가 되겠는가?

더 나은 접근법이 있다. 영매가 실제로 만나지 않은 여러 사람을 대상으로 리딩을 내놓게 한다. 그다음 참가자에게 그 사람을 읽은 리딩과 다른 사람을 읽은 리딩 하나 이상을 보여준다. 만약 영매에게 진짜 초자연적 능력이 있다면 해당 사람을 읽은 리딩은 다른 사람을 읽은 리딩보다 더 정확하고 개인적이며 구체적인 세부 사항을 포함할 것이다. 그다음 참가자는 저마다 딱 자기 이야기라고 생각되는 리딩을 선택하거나 각 리딩이 얼마나 정확한지 점수를 매겨 평가한다. 그리고 이 결과를 통계적으로 분석한다. 이런 기법은 1930년대에 처음 개발되어 적용되었다.

1994년 시보 슈튼Sybo Schouten은 그때까지 영매와 심령술사를 이렇게 조사한 연구를 검토해 발표했다.[01] 여기서 영매와 심령술사의 주된 차이점은 그저 기법뿐이라는 점에 유의하자. 영매는 죽은 사람의 영혼에서 정보를 얻는다고 주장하지만, 심령술사는 ESP를 이용한다고 주장한다. 생성된 리딩은 대체로 비슷하다. 하지만 영매가 내놓은 정보가 ESP로 얻은 정보와 달리 실제로 영혼과 교신해 얻은 것인지는 알 수 없다는 점에 유의해야 한다.

슈튼은 여러 연구를 철저히 검토한 끝에 이렇게 결론 내렸다.

> 이런 연구 대부분에서 주요 질문은 들어맞은 상당수의 진술이 그저 우연히 예상한 내용과 분명히 구분되는지다. 자주 제기되지 않는 다른 질문도 있다. 들어맞은 진술을 꼭 초능력으로만 설명할 수 있는지다. 최근 연구를 보면 유의미하게 긍정적인 결과를 보인 연구가 적다는 사실을 알 수 있다. 게다가 이런 연구도 대부분 결과에 영향을 주었을 오류가 하나 이상은 있었다. 따라

서 심령술사가 당시 몰랐던 문제에 관해 우연히 예상한 것보다 더 자주 정확한 진술을 내놓으리라 기대할 만한 이유는 거의 없어 보인다.[02]

최근 연구도 있다. 마르코 배스터스 주니어Marco Aurélio Vinhosa Bastos Jr. 연구진은 21세기에 실시된 영매 연구를 평가했다.[03] 정확도를 평가한 결과 정보가 누출되지 않도록 적절히 통제하고 적합한 3중 맹검법을 적용한 연구는 다섯 건뿐이었다. 이런 방법을 사용하면 첫째, 영매는 참가자나 그가 아는 고인을 모른다. 둘째, 연구자도 이 점을 모른다. 셋째, 참가자는 어떤 것이 미끼인 대조군 리딩이고 어떤 것이 자기를 읽은 리딩인지 모른다. 다섯 건의 연구 중 두 건에서는 미끼인 대조군 리딩보다 참가자를 읽은 리딩의 정확도가 상당히 높았지만, 나머지 세 건은 그렇지 않았다.[04] 다른 세 건의 실험보다 긍정적이고 유의미한 결과를 내놓은 두 건의 연구는 영매 28명이 내놓은 102건의 리딩을 다루었고, 모두 애리조나주 투손에 있는 윈드브리지 연구소Windbridge Institute의 줄리 바이츨Julie Beischel 연구진이 실시한 연구였다. 과거 많은 연구와 달리 이 연구에서 사용한 방법론이나 통계 분석에는 큰 결함은 없어 보였다. 하지만 다시 한번 말하지만 논란의 여지가 있는 이런 결과가 과학계에서 더 널리 인정받으려면 다른 연구자들이 독립적으로 같은 결과를 재현해야 한다.

콜드리딩

심사자는 다른 초능력자는 말할 것도 없고 영매나 심령술사가 전통 과학으로는 설명할 수 없는 방식으로 정보를 얻는다는 가능성을 배제할 것이다. 하지만 일반 대중은 분명 그렇게 믿는 일이 많다. 이런 현상을 달리 어떻게 설명할 수 있을까?

한 가지 가능성은 심령술이 전부 가짜 기술로 사람들의 주머니를 털려는 고의적인 사기일지도 모른다는 점이다. 이런 기술은 실제로 있다. 그중에서도 가장 중요한 방법은 단연 콜드리딩이다. 콜드리딩은 전에 만난 적이 없는 낯선 사람에게 그에 관해 전부 안다는 인상을 줄 때 사용할 수 있는 방법이다. 나는 변칙심리학부 졸업반 학생들에게 콜드리딩 기술을 알려줄 테니 졸업하고 취업이 안 되면 이 방법으로 먹고 살라고 농담하곤 한다.

여기에서는 콜드리딩을 간단히 살펴보겠지만 더 자세히 알고 싶은 독자(이유가 무엇이든!)에게는 다음 두 글을 강력히 권한다. 첫 번째는 레이 하이먼이 1977년 〈더 제테틱The Zetetic〉(〈스켑티컬 인콰이어러〉의 옛 이름) 창간호에 발표한 고전적인 논문이다. 제목은 직설적으로 '콜드리딩: 당신이 타인에 관해 모든 것을 안다고 그 사람을 설득하는 방법'이다.[05] 이 글은 콜드리딩이라는 주제를 훌륭하게 소개하는 한편 하이먼의 '게임의 규칙'도 알려준다. 다른 문헌은 실용적이고 유용한 팁이 가득한 이언 롤런드Ian Rowland의 책

《콜드리딩의 모든 것The Full Facts Book of Cold Reading》이다.[06]

　엄밀히 말해 콜드리딩은 원하는 효과를 내기 위해 사용하는 여러 기술의 집합이라고 설명하는 편이 정확하다. 그런 기술 중 하나는 심리학자들이 바넘 효과Barnum effect(아주 일반적이어서 누구에게나 적용 가능한 심리나 성격 묘사를 자신에게 해당하는 특성으로 여기는 심리적 요소-옮긴이)라고 하는 현상이다. 포레 효과Forer effect라고도 알려진 이 기술은 심리학자 버트램 포레Bertram R. Forer가 1949년 콜드리딩의 효과를 보여주는 고전적인 시연을 한 다음 그렇게 불렸다.[07] 포레는 심리학과 학생 39명에게 심리 검사를 한 다음 그 결과를 바탕으로 간단한 성격 평가를 해주겠다고 말했다. 사실 학생들은 몰랐지만 그들은 각자의 심리 검사 결과와 상관없이 똑같은 성격 평가 결과지를 받았다. 학생들에게 준 진술은 다음과 같다.

- ☐ 다른 사람들이 당신을 좋아하고 존경해주길 간절히 바란다.
- ☐ 스스로에게 비판적인 경향이 있다.
- ☐ 당신에게는 대단한 잠재력이 있지만 자신에게 유리하게 사용하지 못한다.
- ☐ 성격적인 약점이 조금 있지만 보통 그것을 보완할 수 있다.
- ☐ 성적 적응 문제 때문에 조금 곤란하다.
- ☐ 겉으로는 규율을 잘 지키고 자제심 있어 보이지만 속으로 걱정이 많고 불안하다.
- ☐ 때로 올바른 결정을 내리거나 옳은 일을 했는지 심각하게 의문을 가진 적이 있다.

- ☐ 어느 정도의 변화와 다양성을 선호하고 제한이나 제약에 갇히면 불만족스러워한다.
- ☐ 독립적으로 생각할 수 있다는 사실을 자랑스럽게 여기며, 만족스러운 증거가 없다면 다른 사람의 말을 받아들이지 않는다.
- ☐ 다른 사람에게 자신을 너무 솔직하게 드러내는 일은 현명하지 못하다고 생각한다.
- ☐ 어떤 때는 외향적이고 상냥하며 사교적이지만, 다른 때는 내향적이고 조심스러우며 내성적이다.
- ☐ 상당히 비현실적인 포부도 약간 갖고 있다.
- ☐ 안전은 일생일대의 목표 중 하나다.

학생들은 딱 자기 이야기라며 놀랐고 0점(전혀 안 맞음)에서 5점(아주 잘 맞음) 사이에서 평균 정확도 4.30점을 주었다. 물론 여기서 핵심은 의도적으로 모호하고 누구에게나 들어맞을 정도로 아주 일반적이면서도 학생들의 내밀한 성격을 꿰뚫어보는 것처럼 보이는 진술을 일부러 선택했다는 점이다. 바넘 효과는 여러 심리학 연구의 주제가 되었다. 하지만 어떤 심리 검사가 정확하다고 보고되었다는 사실만으로 그 심리 검사가 타당하다고 판단하는 일은 현명하지 않다는 점을 증명했기 때문만은 아니다.[08]

포레는 학생들에게 이 진술이 학생들 각자가 응답한 심리 검사에서 나왔다고 말했지만, 점괘에서 나왔다고 오해해도 그 효과는 마찬가지로 강력할 것이다. 사실 포레가 실험에서 사용한 진술은 주로 점성술 책에서 발췌했다는 점에 주목하자.

나는 보통 수업에서, 가끔은 텔레비전 프로그램에서 바넘 효과를 보여줄 때 이 진술들을 한 단락으로 묶어서 사용한다. 특히 공개 시연에서 사람들에게 진술을 소리내어 읽은 다음 정확도를 평가해 달라고 할 때는 5번 항목을 빼는 편이 낫다는 사실도 깨달았다. 요즘 사람들은 1940년대만큼 성적 적응 문제를 겪지 않기도 하거니와, 대다수는 그 말이 사실이더라도 공개적으로 그 말을 인정하고 싶어하지 않을 것이기 때문이다!

바넘 효과를 일으키는 새로운 진술을 생각해내기는 그리 어렵지 않다. 내가 좋아하는 진술 중 하나는 "당신은 유머 감각이 좋다."이다. 정확하지 않은가? 나는 웃긴데 다른 사람은 웃지 않는다면 그들 유머 감각이 글러먹었기 때문이지 않은가? 게다가 꼭 성격을 나타내는 진술일 필요도 없다. 리처드 와이즈먼이 "나는 끝내지 못한 책에 관해 뭔가를 안다"라는 진술을 리딩에 넣자고 한 것이 기억난다. 매우 영리한 제안이다. 만약 그 사람이 실제로 책을 쓰고 있다면 깜짝 놀랄 것이기 때문이다. 그걸 어떻게 알았죠? 하지만 그 사람이 책을 쓰고 있지 않다면 그냥 반쯤 읽었거나 아예 읽다가 덮어둔 책을 떠올릴 것이다. 어느 쪽이든 틀릴 일은 없다.

앞서 설명한 바넘 효과 진술은 모든 리딩에 자유롭게 적용할 수 있지만 나이나 성별 같은 인구통계학적 요인을 고려해 좀 더 구체적으로 다듬을 수 있다. 14세 소녀와 80세 남성에게 똑같은 리딩을 제시할 가능성은 작지 않겠는가. 14세 소녀라면 인간관계나 시험에 관한 정보를 더 원하겠지만, 80세 남성이라면 건강이나 재정 문제에 더 관심 있을 것이다. 게다가 외모나 억양으로도 사회경제적 계층 같은 요인에 관해 많은 것을 추론할 수 있다.

물론 콜드리딩에는 단순히 일반적인 내용을 늘어놓는 것 이상의 의미가 있다. 영매를 찾아오는 내담자들은 흔히 영매가 자신에 관해 어떤 초자연적인 정보 출처를 활용했다고밖에 설명할 수 없는 구체적인 내용을 주었다고 보고한다. 내담자들이 영매나 심령술사가 100퍼센트 정확하길 기대하지 않는다는 점은 영매에게도 도움이 된다. 사실 너무 정확해도 의심을 사지 않겠는가. 이런 점에서 상당히 구체적으로 들리지만 놀라울 정도로 많은 사람에게 적용되는 진술을 몇 가지 던지는 방법은 항상 의미 있다.

1994년 수전 블랙모어는 전국 신문에 10개의 진술을 싣고 독자들에게 어떤 진술이 자기 이야기인지 알려달라고 요청했다.[09] 응답자 6238명 중 4분의 1 이상이 다음과 같은 진술이 자기 이야기라고 답했다. '나는 왼쪽 무릎에 흉터가 있다.'(33.5퍼센트), '고양이를 키운다.'(28.7퍼센트), '헨델의 〈수상음악〉 CD나 테이프가 있다.'(28.3퍼센트), '작년에 프랑스에 갔었다.'(27.1퍼센트), '지금 등이 아프다.'(26.9퍼센트), '나는 형제자매가 둘 있다.'(26.4퍼센트). 1990년대에 이런 진술을 리딩에 포함했다면 내담자가 한 가지 이상의 진술에 고개를 끄덕였을 거라는 이야기다. 초자연적 현상을 믿는 사람은 당연히 맞는 내용만 기억하고 틀린 내용은 잊을 가능성이 높다. 심지어 살짝 빗나간 내용도 맞다고 친다. 한 번은 어떤 라디오 생방송에 영매와 함께 출연한 적이 있다. 전화를 걸어온 애청자는 자기 아버지가 폐암으로 사망했다는 영매의 진술에 그렇다고 말했다. 더 캐물어 보니 그분 아버지가 돌아가신 진짜 이유는 위암이었지만, 분명 이 애청자는 폐암도 거의 맞았다고 여겼을 것이다. 믿는 사람이 맞은 것만 기억하고 틀린 것은 잊는 경향은 분명 이해할 만하다. 하지만 경험적으로 시험해보아도 좋을 듯하다. 회의주의자라면 반대 편향을 보일 가능성이 클 것이다.

  선택적 회상을 거쳐도 나중에 리딩이 실제보다 더 구체적으로 기억된다. 한 텔레비전 프로그램에 참여한 적이 있는데, 여기에서는 여러 심령술사에게 사람을 보내 리딩을 받아오게 했다. 리딩을 받는 동안 녹음하고 나중에 리딩 대상자에게 그 리딩을 평가해달라고 했다. 한 젊은 여성은 자신을 읽은 심령술사가 자기 어머니 이름이 쉴라라고 정확하게 말한 데 특히 놀랐다고 말했다. 그는 나중에 분명 이 놀라운 심령술 결과를 친구나 가족에게 말했을 것이고 아무도 그 리딩에 초자연적이지 않은 다른 설명을 내놓지 않았을 것이다. 유일한 문제는 심령술사가 실제로 그의 어머니 이름이 쉴라라고 딱 짚어 말한 적이 없다는 점이다. 심령술사는 리딩하는 동안 여러 이름을 던졌는데 대체로 그 여성과 아무 관련이 없는 이름이었다. 그러다 "쉴라라는 이름이 떠오르는데…"라고 말했고, 젊은 여성은 그 이름이 분명 자기 어머니를 뜻하는 것이라 확신했다. 하지만 사실 심령술사가 꼭 집어서 "당신 어머니 이름이 쉴라로군요"라고 말한 적은 없다. 만약 그 여성 어머니의 이름이 쉴라가 아니었다면 그는 친구든 이웃이든 쉴라라는 이름을 지닌 사람을 아무나 떠올렸을 것이다. 여기서 핵심은 이 협조적인 리딩 대상자가 심령술사의 말을 이해하려고 최선을 다했고 점술사가 내놓은 수많은 모호한 발언 중 하나를 두고 매우 구체적인 해석을 내렸다는 점이다. 그 뒤 여성은 리딩 일부가 실제보다 훨씬 구체적이었다고 기억했다.

이런 관찰 결과는 앞서 설명한 사후 오정보post-event misinformation 효과 연구에 직접 영감을 주었다.[10] 크리시 윌슨과 나는 참가자들에게 심령술사로 위장한 배우가 내담자를 리딩한 다음 그 사람을 따로 면담한 영상을 보여주었다. 적어도 참가자들에게는 그렇게 설명했다. 사실 리딩과 면담은 모두 대본에 따른 가짜였다. 게다가 리딩 이후 면담은 두 가지 버전으로, 참가자를 절반으로 나누어 각각 다른 버전을 보여주었다. 먼저 리딩에서는 '심령술사'가 이렇게 말한다. "S나 F로 시작하는 이름이 보이네요…. 샤론… 셸리…산드라…, 아니면 쉴라?" '고객'은 "아, 맞아요"라고 대답한다. 하지만 고객은 명확하게 어머니 이름이 쉴라라고 말하지는 않는다.

다음으로 보여준 고객 면담 영상의 두 버전은 한 문장만 빼고 똑같다. 한 버전에서는 '고객'이 이렇게 정확하게 말한다. "심령술사가 쉴라라는 이름을 말했는데, 그건 제 어머니 이름이에요." 다른 버전에서는 이렇게 잘못 말한다. "심령술사가 우리 어머니 이름이 쉴라라고 말했는데 진짜예요." 우리는 참가자에게 영상을 보여준 다음 몇 가지 진술에 관해 7점 기준으로 (1점=확실함, 7점=전혀 아님) 얼마나 동의하는지 표시해 달라고 요청했다. 우리 목적상 결정적인 진술은 "심령술사가 우리 어머니 이름이 쉴라라고 말했다."였다. 이 진술이 거짓이라는 점을 볼 때 참가자가 준 점수가 높을수록 기억이 정확했다는 뜻이다.

비록 우리의 초기 가설과 일치하지는 않았지만 결과는 흥미로웠다. 우리는 잘못된 정보 때문에 참가자의 기억이 왜곡되겠지만, 초현실적인 것을 믿는 사람은 그렇지 않은 사람보다 잘못된 정보 때문에 더 강한 왜곡 효과를 보이리라 예상했다. 심령술사에게 진짜 초자연적인 능력이 있다고 믿는다면 잘못된 정보를 바탕으로 리딩이 실제보다 더욱 인상적이라고 여길 것이기 때문이다. 하지만 우리는 초자연적인 것을 믿는 사람은 '심령술사'가 말한 내용을 부정확하게 기억해, 사후 오정보가 있든 없든 심령술사의 말이 실제보다 더 인상적이었다고 기억한다는 사실을 발견했다. 이와 달리 초자연적인 것을 믿지 않는 사람은 리딩 다음 잘못된 정보를 주지 않으면 '심령술사'의 말을 상당히 정확하게 기억했다. 하지만 잘못된 정보를 주면 이들도 초자연적인 것을 믿는 사람만큼 부정확하게 기억했다.

콜드리딩의 작동 방식에 관해 말해 두어야 할 몇 가지 일반적인 오해가 있다. 첫 번째는 콜드리딩이 비언어적 의사소통이라 알려진 몸짓 언어에 주로 의존한다는 것이다. 사람들이 무의식적으로 몸짓, 자세, 눈 움직임 등을 통해 자신에 관한 정보를 많이 전달한다는 생각이다. 이런 생각은 종종 과장된다. 성적 상대를 유혹하거나 협상에서 이기는 방법을 알려준다는 책에서 특히 그렇다. 사실 이런 단서가 가끔 리딩을 더 정확하게 만들기는 하겠지만 그 역할은 사소하다.

두 번째는 셜록 홈스의 오류다. 흠잡을 데 없는 논리를 들이대고 예리하게 관찰하면 상대방을 보기만 해도 구체적인 배경 정보를 상당히 정확하게 추론할 수 있다는 생각이다. 사실 홈스라면 추론 대상을 보지 않고도 그런 놀라운 일을 할 수 있다고 한다. 홈스는 《바스커빌 가의 개》에서 제임스 모티머 박사의 지팡이만 슬쩍 보고도 그에 관해 다음과 같이 정확하게 추론했다. "30세가 채 안 된, 다정하고 야심 없고 정신이 딴 데 팔린 젊은이다. 사랑스러운 개 한 마리를 데리고 다닌다. 대략 테리어보다 크고 마스티프보다는 작은 개다."[11] 홈스의 놀라운 모험에서 보면 이런 추론은 아주 흥미롭지만, 유감스럽게도 이런 일은 순전히 허구다.

한번은 인기 있는 영국 낮 텔레비전 쇼(영국 독자라면 〈리처드 앤 주디Richard & Judy〉라고 하면 알 것이다)에 심령술사로 가장하고 출연한 적이 있다. 방송사 연구자가 심령술을 다루는 다음 회차에 나와 달라고 연락했을 때, 나는 당연하게도 콜드리딩과 그 작동 방식에 관해 유식한 척 떠들었다. 그러자 그는 이렇게 대답했다. "와, 그거 좋네요! 그거 저희 프로그램에서 보여주실 수 있나요?" 나는 절대 그러고 싶지 않았다. 심령술사를 찾아오는 고객이 모두 리딩에 놀라지는 않듯, 누구나 자신을 읽은 콜드리딩 결과에 감탄하지는 않기 때문이다. 하지만 연구자는 끈질기게 나를 설득했고, 결국 나는 한 번 해보기로 했다.

프로그램에 참여하기로 된 날이 되자 나는 몹시 긴장했다. 진행자는 방청객에게 나를 진짜 영매라고 소개했다. 내가 방청객을 리딩하면 그 사람은 내가 그를 리딩한 내용을 보고 얼마나 놀라운지(또는 아닌지) 평가하게 되어 있었다. 이 과정을 모두 녹화한 다음 편집해서 생방송 사이에 끼워넣을 예정이었다. 하지만 그래도 내 리딩이 완전히 빗나간다면 슬쩍 넘어갈 수는 없지 않겠는가?

레이 하이먼의 '게임의 규칙' 중 하나는 '미리 고객의 협조를 구하라.'이다. 나는 긴장감을 좋은 쪽으로 활용하기로 했다. 방청객에게 텔레비전에 출연해 리딩하는 일은 처음이라 너무 긴장된다고 설명했다. 그리고 보통 고객을 만날 때는 적어도 한 시간은 함께 시간을 보내는데, 이번에는 10분밖에 주어지지 않기 때문에 방청객이 특히 만나고 싶은 사람을 말해준다면 훨씬 속도를 낼 수 있을 거라고도 말해 두었다. 그래서 나는 시작하기도 전에 내가 '접신'(영매들 용어에 따르면)해야 하는 사람이 그 방청객의 할아버지라는 사실을 알았다.

다행히 리딩은 순조로웠다. 나는 수년간 심령술사와 내담자 사이에서 일어나는 수많은 상호작용을 분석한 끝에 심령술사들이 리딩 중에 질문을 엄청나게 많이 던진다는 사실을 알았다. 생각해보면 무언가를 말해주어야 하는 사람은 심령술사 쪽이라는 점에서 조금 이상한 방법이기는 하다. 하지만 여기서 중요한 점은 영리하게도 심령술사가 이미 아는 내용을 그저 확인해 달라고 요청하는 것처럼 보이게 한다는 점이다. 나는 리딩하는 동안 이 전략을 사용하기로 했다. "할아버지는 깔끔한 분이셨나요?" "오, 맞아요"라는 대답이 나왔다. 나는 "그럴 줄 알았어요. 물건은 다 제자리에 두셨죠?"라고 말했다. 물론 방청객이 "아뇨, 전혀 아니었어요"라고 말했다면 나는 "그럴 줄 알았어요. 물건을 제자리에 두는 법이 없는 분이셨죠?"라고 덧붙였을 것이다. 당연히 방청객은 깜짝 놀랐다.

나는 이어 이렇게 말했다. "당신은 어떤가요? 깔끔한 사람인가요?" 일단 심령술사가 손금 보듯 자신을 훤하게 읽을 수 있다고 생각하면 고객은 완전히 마음을 열 것이다. 이번에도 그랬다. "아, 전혀 아니에요. 전 완전 지저분해요." 그러면 나는 또 이렇게 말한다. "그럴 줄 알았어요." 그리고 이렇게 덧붙였다. "할아버지는 항상 당신이 너무 깔끔하지 못하다고 잔소리하셨죠. 하지만 사랑을 담아 미소 띠고 그렇게 말하셨죠." 나는 한 걸음 더 나아갔다. 나는 최근 다시 읽은 이언 롤런드의 책에 나온 조언을 참고해 방청객에게 그의 방이 훤히 보인다며 아직 앨범에 정리하지도 않은 오래된 사진이 쌓여 있는 모습이 보인다고 말했다. 물론 디지털카메라가 널리 퍼지기 전에는 사실 어느 집이라도 그런 사진이 쌓여 있었을 것이다. 하지만 이 사소한 세부 설명 덕분에 방청객은 완전히 까무러쳤다!

이제 여러분도 짐작하시겠지만, 나는 방청객을 이런 식으로 속이는 것이 조금 찜찜했다. 핵심은 분명 그를 어리석거나 속기 쉬운 사람으로 보이게 하려는 것이 아니라 이 기법이 얼마나 효과적인지 보여주려는 것이었지만 말이다. 일단 리딩이 끝나고 방청객이 내 초자연적인 능력을 극찬하는 모습을 녹화한 다음, 나는 사실 심령술사가 아니고 콜드리딩이라는 방법을 사용했을 뿐이라고 실토했다. 그를 속인 일을 사과하고 어떻게든 그가 부끄러워할 일은 만들지 않겠다고도 설명했다. 원한다면 방송이 나가기 전에 출연을 거부할 수도 있다고 말했다. 다행히 그는 방송 타는 일을 기꺼이 수락했다.

여기서 분명히 밝혀두어야 할 점이 있다. 나는 영매나 심령술사, 점술가라는 사람 대부분이 콜드리딩이나 다른 사기 기법으로 순진한 희생자가 힘들여 번 돈을 갈취하는 고의적인 사기꾼이라고 생각한 적은 단 1초도 없다. 오히려 나는 초자연적 능력이 있다고 주장하는 사람 대다수는 자신에게 그런 능력이 있다고 진심으로 믿는다고 생각한다. 그들은 다른 사람을 속이는 것만큼 자신을 속인다. 유심론을 믿는 많은 영매가 실제로 죽은 자가 전한다는 목소리를 듣는다는 증거도 있다. 유심론을 믿는 영매는 일반인보다 몰입 수준이 높고 청각적 환각에 더 취약하다.[12] 연구에 따르면 이런 사람은 대체로 유심론을 믿지 않았다면 고통스러웠을 변칙적인 경험을 유심론 믿음으로 설명한다. 환각에서 들리는 목소리가 정신질환의 징후가 아니라 선물이라고 해석하면 영매는 행복하고 생산적인 삶을 살 수 있다.

그렇다 해도 초자연적 능력이 있다고 주장하는 사람 일부는 분명 고의적인 사기꾼이다. 여기서 나는 (농담이지만) 프렌치의 제2 법칙을 제안하겠다. '유명한 심령술사일수록 고의로 사기 기법을 쓸 가능성이 높다.' 솔직하지만 인기 없는 가련한 심령술사라면 대개 고객에게 진짜 초능력이 있다고 확신을 줄 만큼 인상적인 연기를 꾸준히 펼치지 못한다. 하지만 그 정도만 해도 생계를 유지할 (또는 약간의 용돈벌이를 할) 연기는 충분히 할 수 있다. 이와 반대로 세간의 이목을 끄는 유명한 심령술사나 영매는 무대나 텔레비전 카메라 앞에서 인상적인 연기를 꾸준히 펼쳐야 한다. 속임수에 의지해야 한다는 압박이 매우 클 것이다.

고의로 사기를 치는 심령술사는 비밀스러운 기교를 선보일 때 콜드리딩에만 의존할 리 없다. 콜드리딩으로도 때로 아주 인상적인 결과를 낼 수 있지만 실패할 수도 있다. 놀라운 리딩을 선보이려면 콜드리딩만이 아니라 핫리딩hot reading도 이용해야 한다. 정말 처음 보는 상대라면 콜드리딩이 유일한 선택지겠지만, 고객 정보를 미리 입수할 수 있다면 핫리딩도 할 수 있다.

핫리딩 방법은 많지만, 소셜 미디어로 개인 정보가 널리 퍼진 요즘에는 가짜 심령술사의 작업이 훨씬 수월해졌다는 점은 분명하다. 이들이 공연할 때 널리 사용하는 기술도 있다. 공연장 앞에 줄을 서 있는 관객 사이에 공모자를 심어 이들과 친근하게 대화를 나누며 얻은 정보를 쇼가 시작하기 전에 심령술사에게 은밀하게 전달하는 방법이다.

하지만 속임수를 폭로하려고 마음먹은 회의주의자가 있다면 가짜 심령술사가 미리 입수한 정보를 이용하는 이런 방법은 불리하게 작용할 수도 있다. 예를 들어 심리학자 시아란 오키프Ciarán O'Keeffe는 여러 차례 의도적으로 가짜 정보를 전달하는 방법으로 고故 데릭 애코라의 속임수를 폭로했다.¹³ 오키프는 영국에서 인기 있는 유령사냥 텔레비전 프로그램인 〈유령 사냥Most Haunted〉에서 상주 회의주의자로 일했다. 영매인 애코라는 이 프로그램에 자주 등장해 유령이 출몰한다는 장소에서 귀신 들린 모습을 자주 선보였다. 오키프는 애코라가 유령들과 접신해 얻었다는 정보가 실은 미리 입수한 정보라고 의심했다. 그는 자기 주장을 입증하기 위해 가상 인물에 관한 정보를 영매에게 전달해 애코라가 그의 영혼에 '씌는지' 확인했다. 정말 그랬다. 실험에 사용한 가상 인물에는 남아프리카 공화국 교도관이라는 크리드 케이퍼Kreed Kafer('사기꾼 데릭Faker Derek'의 글자 순서를 바꾼 애너그램)와 노상강도 릭 이들스 Rik Eedles('데릭은 거짓말한다Derek lies'의 애너그램)도 있었다. 애버딘 근처 크레기에바 성Craigievar Castle에서 촬영할 때는 "사자왕 리처드, 마녀, 옷장에서 걸어나오는 리처드의 유령 이야기를 꾸며냈다. 가히 《나니아 연대기》의 '사자와 마녀와 옷장' 이야기라 할 만하다!"¹⁴ 당연히 애코라는 이 이야기를 그대로 따라했다. 사실 리처드 1세가 통치한 시기는 그 성이 건설되기 500년 전이었는데도 말이다.

점괘판과 탁자 흔들기

물론 죽은 사람과 소통할 때 반드시 엉매가 필요하지는 않다. 수십 년 전 맨체스터대학교 학부 졸업반이던 나는 남학생 다섯 명과 한집에서 살았다. 금요일 밤 술집에서 돌아온 다음 우리가 좋아했던 일 중 하나는 점괘판을 펼쳐놓고 죽은 사람의 영혼과 대화하는 것이었다. 사실 엄밀히 말하면 이 말은 그다지 정확하지 않다. 우선 이 놀이가 죽은 사람의 유령과 관련 있다고 진심으로 믿은 사람은 한 명뿐이었고, 그는 이 놀이에 참여하길 단호하게 거부했다. 그는 서둘러 자기 방으로 돌아갔고 다음 날 아침까지 문밖으로 나오지 않았다.

두 번째 정확하지 않은 점은 우리에게 제대로 된 점괘판이 없었다는 점이다.[15] 대신 우리는 전 세계 호기심 많은 청소년이 애용하는 방법을 이용했다. 매끄러운 탁자 위에 와인잔을 뒤집어 올려놓는 것이었다. 시작하기 전 카드에 알파벳의 모든 글자와 0에서 9까지의 숫자를 써서 탁자 위에 둥글게 배열했다. 그다음 한가운데에 와인잔을 뒤집어 놓고 각자 한 손가락을 (뒤집힌) 와인잔 바닥에 올려놓는다. 그다음 한 명이 엄숙하게 이렇게 질문한다. "거기 누구 있나요?"

보통 이 과정을 제대로 진행하려면 시간이 상당히 걸렸다. 처음에는 각자의 손가락을 올려놓은 유리잔이 머뭇거리다 이내 움직이며 우리의 질문에 짧게 답한다. 하지만 조금 지나면 '영혼'이 탁자에 깔린 알파벳 위치에 익숙해진 듯 움직임이 좀 더 강해진다. 일이 순조롭게 진행되면 와인잔이 글자 사이를 이리저리 움직이며 저승에서 온 메시지를 써 준다.

지금 그때 일어났던 일을 비초자연적으로 설명한다면 우리 중 누군가가 '영혼'에게 던진 질문에 대답해 일부러 와인잔을 슬쩍 밀었다고 할 수 있겠다. 하지만 과정이 길어지면 가끔 한 사람씩 와인잔에서 손가락을 떼고 뒤로 물러나 "자, 봐, 난 와인잔 안 밀었다고"라고 말했다. 지금은 정확히 기억나지 않지만 당시에는 그 일을 제대로 설명하지 못했던 것 같다. 하지만 적어도 그것이 저승에서 온 메시지라고는 생각하지 않았다.[16] 우리는 그저 놀이 삼아 이런 일을 벌였고, 때로 기이하고 우스꽝스러운 결과를 얻기도 했다. 예를 들어 기억에 남는 한 가지는 '덴마크 왕 마이클'과 접신한 일이다. 우리는 그에게 어쩌다 죽은 건지 물었다. '토스트를 좋아해서'라는 대답이 나왔다. 혼란에 빠진 우리는 설명을 부탁했다. 유리잔은 천천히 움직이며 '마멀레이드에 독이 들어서'라고 적었다.

사실 유리잔이 탁자 주위로 천천히 움직인 것은 관념운동 효과 ideomotor effect로 가장 잘 설명할 수 있다. 1852년 윌리엄 카펜터 William Benjamin Carpenter가 처음 사용한 이 용어는 《회의주의 사전 Skeptic's Dictionary》의 정의에 따르면 '암시나 기대가 비자발적이고 무의식적인 운동에 영향을 미치는 일'이다.[17] 우리가 진짜로 탁자 주위로 와인잔을 밀었다 해도 의식적으로 한 것은 아니라는 뜻이다. 관념운동 효과라는 설명이 맞다면 참가자가 모두 눈가리개를 하면 의미 있는 메시지가 만들어지지 않을 것이다. 그리고 정확히 그런 사실이 밝혀졌다.[18]

대다수 과학자와 사실상 모든 회의주의자는 이런 설명을 선호한다. 그들은 점괘판 놀이가 무해하다고 여긴다. 하지만 점괘판을 사용하면 위험하고, 때로 무시무시하고 사악한 초자연적인 힘이 밀려나오는 문을 열어젖힐지도 모른다고 믿는 근본주의 기독교인(그리고 자칭 초자연 현상 조사자)의 주장은 어떻게 보아야 할까? 이

탁자 흔들기로 영혼과 교신하는 일은 때로 아주 강하게 일어나기도 한다.

런 생각은 그저 웃어넘길 만하고 사실 나도 그런 두려움에는 대체로 근거가 없다고 생각한다. 하지만 언제나 그렇지는 않다. 애초에 심리적으로 취약한 사람이라면 점괘판에 나타난 메시지를 보고 다른 망상적 믿음을 갖게 되어 끔찍한 결과로 이어질 수 있다.

관념운동 효과로 탁자 흔들기(탁자 돌리기, 탁자 두드리기, 탁자 기울이기라고도 한다.) 같은 다른 초자연적 현상도 설명할 수 있다. 탁자 흔들기는 교령회 유행이 절정에 이르렀던 빅토리아 시대 미국과 유럽에 널리 퍼졌다. 교령회 참가자들은 영혼과 소통하기 위해 작

영국의 위대한 과학자 마이클 패러데이가 탁자 흔들기 현상을 조사한 결과를 영국 런던 왕립연구소에서 강의하는 모습을 그린 그림.

고 둥근 나무 탁자에 손을 올려놓는다. 영혼에게 질문을 던지면 영혼이 탁자를 흔들어 응답한다. 그저 살짝 떨리기도 하지만 일이 제대로 진행되면 탁자가 방 안에서 빠르게 돌아다니기도 한다.

탁자 흔들기는 변칙심리학의 역사에서 특별한 위치를 차지한다. 영국의 위대한 물리학자 마이클 패러데이Michael Faraday의 관심을 끌었기 때문이다. 아주 개방적이었던 패러데이는 1852년 이 현상에 큰 흥미를 느끼고 기발한 실험을 여럿 설계해 탁자가 진짜 미스터리한 외부 힘으로 움직이는지, 아니면 참가자들이 자신도 모르게 탁자를 미는 것은 아닌지 알아보았다. 그가 어떤 결과를 발견했는지는 짐작할 수 있을 테다.

전자음성 현상

자칭 초자연 현상 조사자에게 특히 인기 있는 또 다른 영혼과의 소통법은 전자음성 현상EVP이다. 이 기술은 (기술이라 말할 수 있다면) 1957년 스웨덴 화가 프리드리히 위르겐손Friedrich Jürgenson이 발견했다. 그는 자신의 목소리를 녹음한 것에서 다른 사람의 목소리를 발견했고, 2년 뒤에는 새소리 녹음에서도 다른 사람의 목소리를 찾아냈다. 그는 이 목소리가 돌아가신 자기 어머니 또는 외계인의 목소리라고 믿었다. 하지만 이 현상이 대중에게 더욱 큰 관심을 끈 것은 1971년 라트비아 심리학자 콘스탄틴 라우디베Konstantin Raudive가 쓴《획기적 발견Breakthrough》때문이었다.[19]

오늘날 수많은 아마추어 초자연 조사자가 사용하는 기본 기술은 유령이 출몰한다고 알려진 장소에 녹음기를 켜두는 것이다. 예를 들어 빈 방에 몇 시간 동안 녹음기를 켜둔다. 녹음된 내용을 주의 깊게 들으면 목소리가 들린다고 한다. 보통 죽은 사람의 영혼 목소리라고 하지만 일부 EVP 지지자는 그 목소리가 외계인 또는 심지어 다른 차원에서 온 존재의 목소리일지도 모른다고 생각한다.

이 기법을 이용하는 방법도 여러 가지다. 녹음기를 항상 빈 방에 켜두는 것은 아니다. 어떤 조사자는 영혼에게 직접 질문을 던지고 잠시 침묵하며 응답이 기록되기를 기다린다. 흔히 그때 그 자리에서는 아무런 대답을 듣지 못했더라도, 녹음을 재생하면 알아들을 수 있는 명확한 대답을 들을 수 있다고 한다. 디지털 기술이 나오기 전에는 특정 채널에 맞춰지지 않은 라디오에서 EVP가 흘러나온다는 주장도 있었다.

초자연적 현상을 조사하는 사람은 흔히 수신된 메시지가 매우 명확하고 의미 있다고 주장한다. 이런 메시지를 직접 들을 수 있는 웹사이트도 수십 개나 되고, 초자연적 현상을 다루는 유명한 텔레비전 프로그램이나 아마추어 그룹에서 올린 EVP 소개 유튜브 영상도 많다. 웹사이트에서는 보통 오디오 녹음을 재생하면서 화면에 자막을 띄운다. 조사자들은 조사 결과를 보고할 때 EVP를 재생하기 전 어떤 메시지라고 생각하는지 먼저 말해주고, 여기에 더해 녹음을 반복해서 틀면서 화면에 자막까지 띄운다.

만약 목소리 비슷한 이런 소리가 외계 생명체의 목소리가 아니라면 어떻게 설명해야 할까? 녹음이 두 부류로 상당히 뚜렷하게 구분된다는 사실에 단서가 있다. 첫 번째 부류는 사람 목소리 비슷한 소리에서 쉽게 식별되는 메시지를 상당히 선명하게 녹음한 것이다. 여기에 관한 가장 분명한 설명은 이런 소리가 실수로 녹음된 살아 있는 사람의 목소리라는 것이다. 조사자가 아무리 노력해도 녹음 장치에는 이따금 우연히 가청 범위에 있는 다른 사람의 말소리가 끼어들어 갈 수밖에 없다. 조사자가 어떤 EVP 방법을 사용했는지 (또는 그 시대)에 따라 방송 간섭이 있을 수 있고, 그들이 사용한 기술에서 인위적인 결과물 (예를 들어 과거 녹음이 제대로 지워지지 않음)이 나올 수도 있다.

두 번째 부류는 조금 덜 명확하다. 대개 아주 짧고 품질이 좋지 않으며 배경 잡음이 많다. 사실 누군가가 이런 메시지를 직접 읽거나 말해주지 않는 한 메시지를 파악하기 힘들다. 이런 모호하고 애매한 소리에 관한 해석은 사람마다 상당히 다르다. 나는 공개 강연에서 EVP 이야기를 할 때 청중에게 메시지 내용을 말하지 않고 녹음을 틀어준 다음 메시지를 추측해보라고 한다. 보통 청중들은 메시지를 전혀 알아듣지 못한다. 메시지 내용을 말해주고 다시 녹음을 틀면 많은 사람이 "진짜 그렇게 들리네요"라며 고개를 끄덕인다. 모음 구조가 대체로 비슷하지만 전혀 다른 메시지를 말해주고 똑같은 녹음이 다르게 들리는지 알아보라고 하기도 한다.

마이클 니스Michael Nees와 샬럿 필립스Charlotte Phillips는 실험 참가자에게 그 실험이 초자연적인 EVP에 관한 것이라고 말하거나, 초자연적 현상 언급은 전혀 하지 않고 언어지능 연구에 관한 것이라고 했다. 그다음 EVP 표본, 실제 연설, 음향 잡음, 질 낮은 음성 표본을 들려주었다.[20] 흥미롭게도 참가자들은 초자연적 현상을 거의 믿지 않았는데도 초자연적 EVP와 관련된 실험이라고 말해주면 EVP와 질 낮은 음성 표본에서 초자연적 목소리를 더 많이 감지했다고 응답했다. 하지만 그 목소리의 실제 내용에 관해서는 참가자들 사이에 의견이 분분했다. 많은 논평가가 지적했듯 EVP 표본은 사람 목소리와 닮은 배경 소음에서 나온 일종의 청각적 파레이돌리아에 불과한 것으로 보인다.[21]

일부 초자연 현상 조사자는 그들이 들은 소리를 기침 소리나 동물 소리 같은 비언어적인 소리라고 해석한다. 내가 아는 어떤 초자연 현상 조사자는 유령 말이 히힝거리는 소리를 녹음했다고 주장했다. 이 소리는 과거 마구간이었던 건물에서 녹음되었다. 전혀 말 히힝거리는 소리처럼 들리지 않았지만 나는 전문가가 아니므로 아내 앤과 딸 앨리스에게 그 소리를 잠깐 들려주고 어떻게 생각하는지 말해달라고 했다. 두 사람 모두 당시 말타기를 아주 좋아했기 때문이다. 하지만 둘 다 그 소리가 말이 히힝거리는 소리라고는 하지 않았다. 사실 그 소리가 말 히힝거리는 소리라고 생각하는 사람도 있다고 말해주자 두 사람은 그 의견을 완전히 무시했다.

기억에 남는 다른 일도 있다. 텔레비전 프로그램 〈유령의 집 Haunted Home〉 시리즈에 참여했을 때 초자연 현상 조사자 마크 웹 Mark Webb이 갖고 있던 EVP 녹음기에 유령의 재채기 소리 같은 것이 녹음되었던 일이다. 이 일은 유령이 출몰한다는 영국 라디오 방송국인 라디오 비컨Radio Beacon에서 일어났다. 사람들은 이 녹음에 몹시 열광했다. 이 건물에서 유령 재채기 소리가 전에도 여러 번 보고되었기 때문이다. 방송 두 시리즈 중 객관적인 내용이 녹음된 유일한 사건이었기 때문에 프로그램 제작자들은 이 놀랍고도 확실한 증거를 최대한 잡으려고 했다.

나는 카메라 앞에서 이렇게 인터뷰했다. "마크가 어젯밤 재채기 같은 소리를 직접 녹음했다며 제게 들려주더군요. 재채기 소리처럼 들리기도 하지만 다른 수백 가지 소리 중 하나일 수도 있다고 생각합니다. EVP의 일반적인 문제죠. 사람들은 아주 모호한 소리도 자신이 들으리라 생각하는 것으로 아주 쉽게 해석합니다."

그곳에서 두 번째 밤을 보낼 때 나는 촬영이 시작되기 전 유령의 재채기가 녹음된 곳 근처 2층 화장실에 들렀다. 내가 화장실 칸에서 나오자 마크가 다소 불만스러운 표정으로 타일 벽면을 가리키며 서 있었다. 그가 가리키는 곳을 보자 수수께끼가 풀렸다. 벽에 자동 공기 청정기가 달려 있었던 것이다. 몇 분 뒤 공기 청정기가 작동하자 아니나 다를까 재채기 비슷한 소리가 났다. 다음 날 아침 마크와 나는 카메라 앞에서 인터뷰하며 이제 그 소리의 정체를 알았고 분명 유령은 아니었다고 설명했다. 프로그램이 실제로 방송될 때는 많은 분량이 유령 재채기에 할애되었다. 하지만 유감스럽게도 편집자들은 우리 설명을 프로그램에 넣을 틈이 없었던 것 같다.

다음으로 넘어가기 전에…

몇 년 전 나는 당시 여섯 살이었던 딸 카트와 함께 침실에 있었다. 나는 이층침대 아래쪽에, 딸은 위쪽에 누워 있었다(자세한 정황은 기억나지 않지만 카트의 동생 앨리스가 몸이 좋지 않아 엄마와 함께 잤던 것 같다). 갑자기 카트가 가슴을 쥐어짜듯 흐느꼈다. 나는 당황해서 침대에서 벌떡 일어나 무슨 일이냐고 물었다. 카트가 울면서 외쳤다.
"아빠, 나 죽고 싶지 않아."

나는 딸을 안심시키려 최대한 애쓰며 말했다. "걱정할 필요 없어, 넌 아직 어리고 살 날이 아주 많은걸."

"응 맞아요. 하지만 언젠간 죽을 거죠?"

나는 절박하게 할 말을 찾으며 이렇게 말했다. "음, 어떤 사람들은 우리가 죽으면 천국에 간다고 하잖아…."

딸애가 눈물 그렁그렁한 채로 이렇게 끼어들었다. "하지만 아빠는 그렇게 안 믿잖아요?"

무신론자가 되기란 참 어려운 일이다.

앞서 두 장에 걸쳐 주로 수면마비, 유령에 관한 믿음 및 경험과 관련된 여러 인지 편향 등의 변칙적인 경험을 주로 살펴보았다. 하지만 감정적이고 어떤 동기를 주는 요인을 무시해서는 안 된다. 자신이나 하물며 사랑하는 사람이 언젠가는 죽는다는 생각이 두렵지 않다고 솔직히 말할 수 있는 사람은 거의 없다. 대다수는 사후에 어떤 세계가 있다고 믿고 싶어한다. 이는 전 세계 주요 종교에서 필수적인 부분이다. 대다수는 육신의 죽음이 주관적인 의식의 종말은 아니길 바란다. 내세가 있다면 살점으로 된 기계에 들어앉은 뇌 이상의 무언가가 있어야 한다. 그것을 무엇이라 하든, 우리에게는 영혼이나 영이 있어야 한다.

하지만 실제로 그렇다면 때로 그런 영혼이 천국(또는 그들이 가야 할 곳)으로 가지 못하고 지구에 남아 있을 가능성이 생긴다. 그러므로 많은 사람이 유령이라는 생각을 두려워하지만, 유령이 있다는 증거가 내세의 개념을 뒷받침한다는 사실을 부정할 수는 없다.

확증 편향confirmation bias은 누구에게나 영향을 미치는 보편적인 인지 편향이다. 우리는 진실이길 바라거나 이미 진실이라고 믿는 것을 뒷받침하는 증거에 더 강하게 끌린다는 뜻이다. 우리는 자신의 믿음에 어긋나는 증거보다 그 믿음을 뒷받침하는 증거를 더 잘 알아본다. 그리고 그런 증거가 더 설득력 있다고 생각한다. 그다음 상반된 증거를 무시할 만한 이유를 생각해낸다.

　자신의 죽음을 떠올릴 때 원초적이고 실존적인 두려움을 크게 느낀다는 점에서, 내세가 있다는 실낱같은 증거조차 설득력 있다고 생각하는 사람이 많다는 점은 놀랍지 않다.

5장.
외계인을 만난 놀라운 기억

놀랍게도 나는 어렸을 때 '커서 변칙심리학자가 되고 싶어'라고 생각한 적이 없다. 기차 기관사, 축구선수, 카우보이, 해적도 싫었다. 나는 천문학자가 되고 싶었다. 우주의 거대한 규모를 떠올리기만 해도 작은 가슴이 콩콩 뛰었다. 특히 '만약 지구가 완두콩만 한 크기라면'처럼 비교하는 데 몹시 끌렸다.[01]

지구가 완두콩만 한 크기(지름 0.5센티미터)라면, 태양은 거의 60미터 떨어진 곳에 있는 커다란 비치볼만 한 크기다. 지름이 0.1센티미터도 되지 않는 명왕성(그때는 분명 행성이었다!)은 태양에서 1.6~2.9킬로미터 거리를 왔다 갔다 하며 공전할 것이다. 우리 태양계는 그토록 보잘것없다!

태양을 제외하고 지구와 가장 가까운 별은 약 4.25광년 떨어진 프록시마 센타우리Proxima Centauri다. 1광년은 빛이 초당 18만 6000마일(2억 9979만 2458미터)이라는 놀라운 속도로 1년 동안 이동하는 거리다. 분명 1광년은 아주 아주 먼 거리다. 지구가 런던 중심가에 떨어진 완두콩만한 크기라면, 지름 7센티미터 정도인 붉은 난쟁이별 프록시마 센타우리는 런던에서 1만 6000킬로미터쯤 떨어진 호주 남서부 어딘가에 있을 것이다.

은하계와 은하계 사이의 머나먼 거리를 희미하게나마 이해해 보려는 처량한 시도이지만 모형을 조금 조정해보자. 이제 태양의 크기가 완두콩만 하다고 상상해보자. (그렇다면 당신이 아는 거의 모든 것과 모든 사람이 사는 지구의 지름은 0.05밀리미터에 불과하다.) 이 척도로 보면 프록시마 센타우리는 불과 145킬로미터 떨어져 있다. 이 규모에서도 우리 은하인 은하계는 지름 340만 킬로미터(실제로는 10만 광년)이고, 우리와 가장 가까운 주요 은하는 약 8530만 킬로미터 떨어져 있다. 나는 더글러스 애덤스Douglas Adams가 남긴 불멸의 말에 누구나 동의하리라 생각한다. "우주는 크다. 당신은 우주가 얼마나 거대하고 믿을 수 없을 만큼 엄청나게 큰지 믿지 않을지도 모른다. 동네 약국까지 가는 길이 멀다고 생각할지 몰라도, 우주에 비하면 땅콩 한 알 길이만큼에 불과하다."[02]

태양은 은하계에 있는 1000억 개가 넘는 별 중 하나이고, 우리 은하계는 우주 전체에 존재하는 수십억 개의 은하 중 하나일 뿐이다. 그렇다면 필연적으로 다음과 같은 의문이 생긴다. 이 거대한 우주에 우리만 있을까? 아니면 다른 곳에서 생명체(아마도 지적인 생명체)가 있을까? 호기심 많은 사람들은 수 세기 동안 이런 질문을 떠올렸다.[03] 이 문제를 해결하려는 주목할 만한 시도 중 하나는 1961년 프랭크 드레이크Frank Drake 박사가 개발한 방정식이다. 잘 알려져 있듯 그는 드레이크 방정식Drake equation으로 항성의 생성 속도, 행성이 있는 항성의 비율, 항성 당 생명을 유지할 수 있는 평균 행성의 수 같은 요인을 고려해 우리 은하에 있을 진보한 문명의 수를 추정했다.

드레이크 방정식은 원래 우리 은하 이외의 다른 곳에서 지적인 생명체가 있을 가능성을 따질 틀을 제안하기 위해 고안되었다. 추정치에 따라 답의 범위는 엄청나게 다양하지만, 상당히 합리적인 일부 추정치에 따르면 우리 은하에는 지적인 생명체가 넘쳐날 가능성이 있다. 만약 그렇다면 물리학자 엔리코 페르미Enrico Fermi가 제기한 질문이 자연스럽게 떠오른다. 그럼 그들은 어디에 있는가? 지금까지 대다수 과학자에 따르면, 생명이 지구 바깥 다른 곳에서 진화했다는 결정적인 증거는 부족하다.

많은 이가 페르미의 역설Fermi's paradox로 알려진 이 문제를 해결하려 시도했다. 하지만 아직 이유는 알 수 없지만 지적인 생명체가 극히 드물다는 사실은 분명하다. 심지어 정말 우주에는 우리뿐일지도 모른다. 진보한 문명이 탄생했지만 오래 살아남아 항성 사이를 완벽하게 이동하지는 못했을 가능성도 있다. 하지만 전통적인 과학자들이 틀렸다는 답을 선호하는 사람도 수백만 명은 된다. 이들은 외계 생명체가 있다는 증거가 수두룩할 뿐만 아니라 이들이 지구를 자주 찾아온다는 증거도 있다고 주장한다. 이 장에서는 그런 주장과 그 밑바탕에 깔린 심리적 요인을 자세히 살펴보자.

외계인에 관한 믿음 수준

여론조사에 따르면 외계인이 있거나 외계인이 지구를 찾아온다고 믿는 사람이 상당히 많다. 예를 들어 2019년 갤럽Gallup이 미국 성인 1552명을 무작위로 선정해 실시한 전화 설문조사에 따르면 응답자의 3분의 1은 우리가 목격하는 UFO가 지구를 방문하는 외계인의 우주선이라고 믿으며, 16퍼센트는 UFO를 직접 봤다고 한다.[04]

이와 마찬가지로 비슷한 시기에 입소스Ipsos가 미국 성인 1000명 이상을 대상으로 실시한 여론조사에 따르면 외계인이 있다고 믿는 사람이 절반 이상(52퍼센트)이었고, 외계인이 지구를 찾아온다고 생각하는 사람도 4분의 1이 넘었다(29퍼센트).[05] 응답자 대부분(88퍼센트)은 네바다에 있는 미국 공군 극비 기지인 51구역에 관해 들어본 적이 있고, 절반 이상은 그에 관해 '어느 정도' 또는 '매우' 잘 안다고 응답했다. 51구역에 관해 들어본 사람 중 26퍼센트는 그곳에 추락한 UFO가 있다고 주장했고, 21퍼센트는 외계인(살아 있든 죽었든)과 외계 기술이 그곳에 있다고 믿었다. 유고브가 실시한 여론조사에 따르면 미국인(54퍼센트), 독일인(56퍼센트), 영국인(52퍼센트)은 외계인을 비슷한 정도로 믿는다.[06]

외계인이 과거에도 지구에 찾아왔고 앞으로도 계속 그러리라는 믿음에는 여러 요인이 작용한다. 그런 요인 중 하나는 UFO를 봤다는 고전적인 주장을 흔히 비판 없이 계속 내보내는 미디어다. 회의주의자들은 이에 반박하려 여러 차례 시도했지만 이런 보도는 계속 살아남았다. 역사상 가장 유명한 두 가지 UFO 사건인 로스웰Roswell 사건과 렌들샴 숲Rendlesham Forest 사건도 이에 속한다.

로스웰 사건

비행접시flying saucer라는 말은 1947년 6월 24일 케네스 아놀드 Kenneth Arnold가 워싱턴주 레이니어산 근처에서 기술적으로 진보한 비행체를 목격했다는 언론 보도가 나온 다음 영어권에서 사용되기 시작했다. 2주 뒤인 1947년 7월 9일, 〈로스웰 데일리 레코드Roswell Daily Record〉는 '로스웰 육군 항공대Roswell Army Air Field, RAAF가 로스웰 인근 목장에서 비행접시 포착'이라는 기억에 남을 만한 제목의 기사를 실었다.

그로부터 며칠 전, 목장주인 윌리엄 '맥' 브래즐William 'Mac' Brazel은 뉴멕시코주 로스웰 근처 들판에서 이상한 잔해를 발견했다. 잔해는 은박지, 고무줄, 막대기, 종이로 이루어져 있었다. 얼마 뒤 브래즐은 아놀드가 이상한 비행체를 목격했다는 기사를 보고 자신이 들판에서 발견한 것이 혹시 그 잔해인지 궁금했다. 그는 잔해를 윌콕스 보안관에게 보고했고, 보안관은 다시 RAAF의 제시 마르셀Jesse Marcel 소령에게 보냈다. 더 많은 잔해를 회수한 RAAF는 '비행 원반flying disc'이 복원되었다는 보도자료를 발표했다. 당연히 이 이야기는 엄청난 흥분을 일으켰다. 하지만 며칠 뒤 육군은 실망스럽겠지만 포트워스 육군 항공대Fort Worth Army Air Field의 로저 레이미Roger Ramey 장군이 이 잔해를 조사한 결과, 사실 그 잔해는 추락한 기상 기구였다고 발표했다. 대다수는 은박지 비슷

1947년 뉴멕시코주 로스웰에 추락했다는 비행접시 잔해. 은박지, 고무줄, 막대기, 종이로 이루어져 있다.

한 잔해 사진을 보고 그 설명을 믿었고, 이야기는 그렇게 끝나는 것 같았다. 하지만 30여 년 뒤 여러 UFO학자가 이 사건을 재조사하면서 이 이야기에 관한 관심은 다시 불이 붙었다. 유명한 물리학자 스탠튼 프리드먼Stanton Friedman도 이들 중 한 사람이었다. 이 사건은 수많은 베스트셀러의 소재가 되었고, 책이 나올 때마다 UFO를 봤다는 새로운 목격자가 줄을 이었다.[07] 하지만 그렇게 나온 사례는 서로 모순되어 상황을 명확히 설명하기보다 오히려 물을 흐릴 뿐이었다. 논평가 모두가 동의한 몇 안 되는 점 가운데 하나는 그것이 추락한 외계인 비행체의 잔해라는 것이었다. 하지만 UFO가 몇 대나 추락했는지, 어디에 추락했는지, 외계인이 몇 명이나 있었는지, 추락할 때 살아남은 외계인이 있는지 등에 관해서는 의견이 분분했다. 이 현대 신화에 가려진 상반된 주장들을 비판적으로 살피는 데 관심 있는 독자에게는 1997년 로스웰 사건 50주년을 맞아 출간된 필립 클라스Philip J. Klass의 책과 칼 코르프Kal K. Korff의 책을 추천한다.[08]

그렇다면 75년이 지난 지금, 우리는 로스웰에서 북서쪽으로 50킬로미터쯤 떨어진 외딴 들판에서 발견된 이상한 잔해를 두고 최종적으로 어떻게 설명할 수 있을까? 오컴의 면도날Occam's razor(흔히 경제성의 원리 또는 단순성의 원리로도 해석되며, 같은 현상을 설명하는 두 가지 주장이 있다면 단순한 쪽을 선택하는 편이 옳다는 원리-옮긴이)을 엄격하게 적용한다면 그 잔해와 설명을 보건대 항성 사이를 오가는 외계인의 우주선이 아니라 평범한 기상 기구 잔해라는 생각이 맞다.[09]

하지만 이 특수한 사례에서는 오컴의 면도날이 살짝 비껴간다. 문제의 기상 기구는 사실 '평범한' 것과는 거리가 멀었기 때문이다. 1994년 미 공군이 발표한 보고서에 따르면 그 잔해는 '모굴 프로젝트Project Mogul'라는 극비 프로젝트에서 사용한 고도高度 기구의 잔해였다. 이 프로젝트에는 마이크를 하늘 높이 쏘아올려 소련의 원자폭탄 실험에서 나오는 음파를 감지하는 임무도 있었다. 말할 것도 없이 UFO학자들은 그 보고서 역시 사실을 은폐하려는 시도라며 받아들이지 않았다.

렌들샴 숲 사건

로스웰 사건에서처럼 어떤 사건을 판단할 때는 나중에 등장한 상반된 '목격자' 보고 중 어떤 것이 가장 믿을 만한지 따지기보다 당시 일어난 사건을 기록한 최초 보고서를 신뢰하는 편이 현명하다. 1980년 12월 말 영국 렌들샴 숲에서 일어난 사건도 그렇다. 얼핏 보면 이 초기 보고서는 외계인이 방문했다는 증거에 반박하는 상당히 강력한 경쟁자로 보인다. 여기에는 여러 군 증인의 서면 진술서가 포함되는데 그중 하나는 미 공군 고위 장교가 쓴 공식 서한이고, 다른 하나는 UFO가 숲에 착륙했다는 실제 물리적 증거다. 이 사건이 널리 알려지는 데는 시간이 걸렸지만 1983년 10월 2일 영국 신문 〈뉴스 오브 더 월드News of the World〉가 'UFO 서포크에 착륙하다: 공식 사실!'이라는 충격적인 제목으로 그 이야기를 보도했다. 그 뒤 이 사건은 수없이 많은 책과 다큐멘터리, 기사의 소재가 되었다.

너무 우여곡절이 많아 이야기의 세부 사항을 전부 다룰 수는 없지만 기본적인 사실은 다음과 같다. 이 사건은 당시 미 공군이 사용하던 우드브리지 영국공군Royal Air Force, RAF 기지와 벤트워터 기지에서 일어났다. 1980년 12월 26일 이른 아침 우드브리지 기지 병사들이 렌들샴 숲으로 떨어지는 이상한 불빛을 발견했다. 비행기가 숲에 추락했을지도 모른다고 의심한 짐 페니스턴Jim Penniston 병장은 보안 순찰대를 이끌고 조사에 착수했다. 기지 부사령관 찰스 홀트Charles Halt 중령이 영국 국방부에 보낸 공식 기록을 보자 (1981년 1월 13일 기록. 사건 발생일이 1980년 12월 27일로 잘못 기재되어 있다).

> 병사들이 숲에서 빛나는 이상한 물체를 보았다고 보고했다. 삼각형에 금속성으로, 바닥에서 약 2~3미터 떠 있고 높이는 약 2미터였다. 백열등으로 숲 전체를 환하게 밝히고 있었다. 물체 위쪽에는 빨간 불빛이 깜빡였고 아래쪽에는 파란 불빛이 줄지어 반짝였다. 그 물체는 공중에 떠 있거나 다리로 받치고 서 있었다. 순찰대가 접근하자 나무 사이로 움직여 사라졌다.[10]

그 뒤 페니스턴 병장은 '어디서 온 건지 알 수 없는 비행체'를 목격했으며 심지어 그것을 만져보았다고 주장했다. 당시 현장에 있었던 다른 목격자들은 그 말을 입증하지 못했다. 그날 오후 그곳으로 돌아온 군인들은 땅 위에 삼각형 모양의 작은 흔적 세 개를 발견했다. 그들은 그 흔적과 부러진 나뭇가지, 주변 나무가 불에 탄 자국으로 보아 이것이 착륙 흔적이라고 추정했다. 1980년 12월 28일 이른 아침, 홀트와 다른 군인 몇몇은 이 착륙지에서 방사능 수치를 측정했다. 이 수치가 기본 방사능 수치보다 높다는 주장이 제기되었고 이 사실은 뭔가 특별한 일이 일어났다는 증거로 여겨졌다. 홀트는 이 조사 내용을 마이크로 카세트 녹음기에 실시간으로 기록했다. 조사하는 동안 UFO가 빨간 불빛을 깜빡이며 움직여 돌아온 듯했다. 그 뒤 '별 같은 물체' 세 개가 하늘에 나타났다.

많은 조사자, 특히 작가이자 방송인인 이언 리드패스Ian Ridpath의 작업 덕분에 이 복잡한 사건의 모든 요소를 이치에 맞게 설명할 수 있다.[11] 12월 26일 이른 아침 렌들샴 숲으로 떨어지던 이상한 불빛은 분명 밝은 유성이었다. 그날 밤 영국 남부에서 다른 몇몇 목격자도 유성을 목격했다. 내가 이 장을 쓸 때도 영국에서 밝은 유성을 본 사람이 있고 이 모습이 현관 카메라에 찍히기도 했다.[12] 입수한 영상을 보면 그런 현상이 어떻게 추락하는 비행체처럼 보이는지 쉽게 알 수 있다. 두 번의 밤에 보고된 번쩍이는 빛은 지역 삼림 관리원 빈스 서케틀Vince Thurkettle이 처음 주장했듯 분명 옥스퍼드네스 등대였다. 그는 군인들이 '착륙 흔적'이라고 보고한 것도 설명했다. 그곳은 토끼들이 자주 땅을 파는 곳이었다. 그렇다면 그곳에서 측정된 과도한 방사능은 어떻게 설명할까? 사실 그런 방사능은 없었다. 방사능 수치 측정에 사용된 장비 제조 업체는 그 수치가 '거의 또는 전혀 의미가 없다'라고 단언했다. 그렇다면 나무에 난 자국은 뭘까? 베어낼 나무를 표시하기 위해 도끼로 찍은 자국이었다. 홀트가 보고한 '별 같은 물체'의 모양과 위치를 고려할 때 그것은 아마도 진짜 별이었을 것이다.

여러 근접만남 유형

돌이켜보면 1970년대 말 내가 스티븐 스필버그Steven Spielberg의 고전 영화 〈미지와의 조우Close Encounters of the Third Kind〉(원문 그대로 번역하면 '1형 근접만남'으로, 아래 단락에서 설명하는 '근접만남 유형'의 세 번째에 해당한다-옮긴이)를 처음 봤을 때 그 제목이 진짜 무슨 뜻인지 궁금해하지 않았다는 것이 이상하게 느껴진다. 몇 년 뒤에야 나는 그 제목이 J. 앨런 하이네크J. Allen Hynek가 내놓은 UFO 만남 분류에서 나왔다는 사실을 알게 되었다. 천문학자인 하이네크는 미 공군 고문으로 일하며 UFO 목격의 본질을 조사하는 사인 프로젝트Project Sign(1947~1949년)와 블루북 프로젝트Project Blue Book(1952~1969년)에 조언했다. 처음에는 ET 가설ET hypothesis(UFO가 외계에서 왔다는 생각)에 회의적이었던 그도 결국 ET 가설은 물론, UFO가 다른 차원에서 온 존재의 증거라는 훨씬 논란의 여지가 많은 주장까지 옹호했다. 그는 스필버그의 영화에 자문했고 영화 마지막 외계인들이 모선에서 내려오는 장면에 카메오로 출연하기도 했다.

기록에 따르면 사람들이 때로 하늘에서 알 수 없는 것을 목격하는 일은 말 그대로 수천 년 전부터 있었다.[13] 하이네크는 여러 유형의 목격과 근접만남을 분류하는 여섯 가지 분류 체계를 고안했다. 첫 번째 범주는 야간에 보이는 빛nocturnal lights으로, 밤하늘에 빛나는 빛을 보고도 무엇인지 알아보지 못하는 비교적

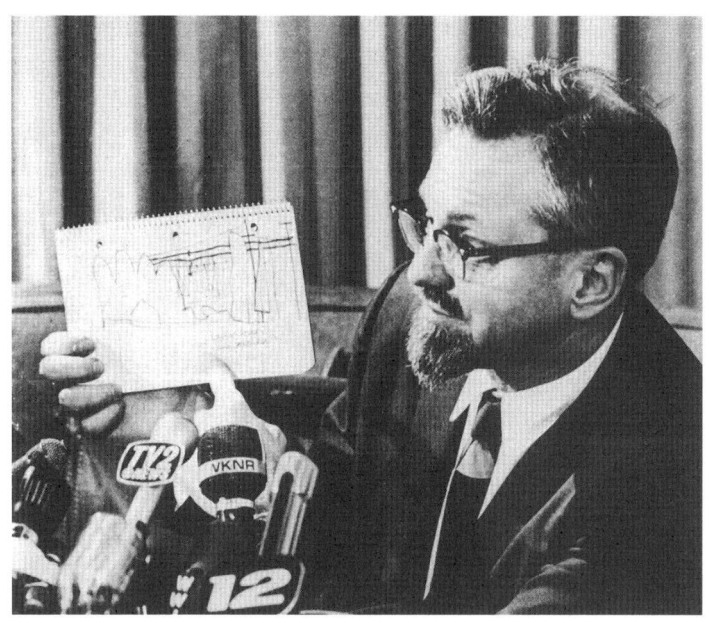

J. 앨런 하이네크가 제안한 '근접만남'에 따른 초기 UFO 분류 구조.

흔한 현상이다. 물론 사람들이 그저 미확인 비행 물체unidentified flying object를 지칭하기 위해 'UFO'라는 용어를 사용했다면 문제가 없었을 것이다. 하지만 요즘에는 'UFO'와 'ET'를 자연스럽게 동의어로 보는 사람이 많다. 사람들이 추론할 때 처음부터 이렇게 훌쩍 건너뛴 것은 아니다. 실제로 1947년 8월 UFO에 관한 대중의 의견을 처음으로 조사한 조지 갤럽George Gallup의 설문조사에는 '외계 비행체'라는 선택지가 아예 없었다(그리고 33퍼센트로 가장 큰 비율을 차지한 응답은 신선하게도 솔직하게 '모름'이었다). 1950년 두 번째 갤럽 조사에는 '혜성, 유성, 다른 행성에서 온 무언가'라는 좀 더 일반적인 문구로 외계 비행체의 가능성이 포함되었다. 하지만 이런 항목을 선택한 사람은 5퍼센트밖에 되지 않았다.[14]

UFO학자들은 그런 목격담의 최소 95퍼센트를 일상적으로 설명할 수 있다는 데 동의한다. UFO를 봤다는 보고의 흔한 원인에는 특이한 각도에서 본 비행기, 밝은 천체(특히 금성), 유성, 레이저 디스플레이 등이 있다. 목격한 정확한 시각, 위치, 방향을 확인할 수 있다면 적절히 조사해 이런 원인을 찾아낼 수 있다. 쉽게 설명할 수 없는 몇 안 되는 사례를 외계인이라고 가정할 타당한 이유가 있을까? 그럴 것 같지는 않다. 사건이 일어난 뒤에도 설명을 뒷받침할 근거가 충분하지 않은 때도 있는 법이다.

지각과 기억에 구성적인 속성이 있다는 점은 앞서 이미 설명했다. 자극을 지각할 때는 자신이 보고 있다고 믿는 것에 큰 영향을 받는다. 특히 UFO 보고서에서 전형적으로 드러나듯 불완전한 조건에서 볼 때는 더욱 그렇다. 예를 들어 당시 〈국제 UFO 리포터International UFO Reporter〉의 편집장 앨런 헨드리Allan Hendry는 비행기에 매단 광고를 잘못 본 여러 보고를 분석했다.[15] 그는 이렇게 결론 내렸다.

> 비행기에 매단 광고를 밤에 잘못 보고 내놓은 보고 300건을 분석한 결과, 목격담의 90퍼센트는 지각해서 안 것이 아니라 그저 '고정된' 빛을 내며 회전하는 원반 형태를 보았다는 설명에 불과했다. 그중 많은 사람은 그 위에 돔이 있는 것을 보았다고 상상했고, 더 캐묻자 윤곽을 그릴 수도 있다고 장

| 담했다.

하이네크가 정의한 두 번째 범주는 낮에 보이는 원반daylight discs이다. 이 범주에서 특이한 비행체를 봤다는 보고 대부분은 실제로 원반 모양을 봤다고 하지만 시가 모양, 삼각형, 구체 같은 다른 형태의 비행체를 낮에 목격했다는 보고도 있다. 앞서 언급했듯 비행접시라는 용어는 케네스 아놀드가 레이니어산 근처에서 놀라운 속도로 날아가는 이상한 비행체를 목격한 1947년 이후 영어권에서 처음 사용되었다. 하지만 아놀드가 그 비행체를 접시 모양

1947년 케네스 아놀드가 놀라운 속도로 날아가는 이상한 비행체를 봤다고 보고한 다음 비행접시라는 말이 생겼지만, 사실 그는 이 물체를 부메랑 같다고 묘사했다.

이라고 묘사하지 않았다는 점에 주목해야 한다. 그는 그 물체가 부메랑처럼 생겼다고 설명했다. 그가 접시를 언급한 것은 비행체의 움직임이 물 위에 미끄러지는 접시 같다고 묘사한 데에서 나왔다. 하지만 언론은 '비행접시'라는 표현을 좋아했고 그래서 비행접시는 일반적인 문구가 되었다. 그 뒤 대부분의 목격담은 실제로 접시 모양을 봤다고 묘사했다. 짜잔, 지각의 하향식 처리를 보여주는 또 다른 놀라운 사례이지 않은가!

하이네크가 정의한 세 번째 범주는 비교적 드문 레이더 시각정보radar-visual 유형이다. 목격담과 함께 그에 맞는 레이더 판독이 함께 있는 상황이다. 흥미롭게도 하이네크는 레이더 화면에는 갖가지 이유로 '노이즈'가 나타날 수 있다는 사실을 깨닫고 레이더 자료만 있는 보고는 거부했다. 레이더 기술이 발달하면서 그런 목격은 더욱 드물어졌다.

나머지 세 범주 중 1형 근접만남Close encounters of the first kind은 150미터 미만의 거리에서 UFO를 시각적으로 목격하는 일이다. 이 범주에는 즉각적이고 명백한 문제가 있다. 흔히 UFO가 관찰되는 조건은 결코 완벽하지 않다. 하늘에서 보이는 물체의 크기, 속도, 거리에 관한 단서도 거의 없다. 관찰자에게 가까이 있는 작은 물체가 비교적 느리게 움직일 때 맺히는 망막 이미지는 더 큰 물체가 훨씬 먼 거리에서 빠르게 움직일 때 맺히는 이미지와 같다. 그렇다고 사람들이 이런 점 때문에 자신이 본 UFO의 크기, 속도, 거리에 관해 추정하길 주저하지는 않는 것 같다. UFO학자들은 비행기 조종사, 군인, 경찰관, 천문학자 같은 특정 전문가 집단도 이런 요소를 추정할 때 실수할 수 있다고 믿는다. 이런 가정이 틀렸음을 분명히 입증하는 증거가 있는데도 말이다.[16]

2형 근접만남Close encounters of the second kind은 생물이나 무생물에 물리적인 영향을 미치는 것이다. 생물에 영향을 미치는 유형에는 사람이 마비를 겪거나 동물이 겁에 질리는 것이 있다. 무생물에 영향을 미치는 유형에는 전자 장비 오작동, 차량 정지, 지면에 난 자국이나 비행체가 착륙했다고 추정되는 곳에 찍힌 자국 같은 물리적 흔적도 있다. 물론 이런 현상은 렌들샵 숲 사례에서 보았듯 달리 설명할 수도 있다.

UFO 사진과 영상 증거는 분명 이 범주에 속한다. 사진은 초기부터 '카메라는 거짓말을 하지 않는다'라는 의심스러운 가정을 근거로 초자연적 사건을 조사한 역사와 밀접한 연관을 맺고 있었다.[17] 물론 빅토리아 시대에 '영혼 사진사' 같은 사기꾼이 그렇게 많았다는 점이 증명하듯 그 말은 사실이 아니다. 요즘 사기꾼들은 쉽게 손에 넣을 수 있는 저렴한 소프트웨어를 이용해 UFO 등 초자연적 현상처럼 보이는 설득력 있는 사진이나 영상을 비교적 쉽게 만들 수 있다. 사기꾼들이 프리스비 원반을 이용하거나 진짜처럼 보이는 모형을 끈에 매다는 등 갖가지 기법을 사용해 효과를 짜내야 했던 옛 시절이 그리워질 정도다.[18]

물론 모든 UFO 사진과 영상이 고의적인 거짓말은 아니다. 사실 나는 대체로 그렇지 않다고 생각한다. 외계인이 찾아왔다는 진짜 증거를 잡았다고 진심으로 믿게 되는 몇 가지 경로가 있다. 잘못 해석하게 되는 몇 가지 흔한 원인은 앞서 설명했다. 더 자세히 조사하고 가능한 모든 대안을 진지하게 고려하지 않는 한, 카메라로 이런 현상을 포착한 사람은 외계인 만남을 직접 찍었다고 확신할 것이다.

사진을 찍을 때는 사진 속 'UFO'를 발견하지 못했지만 나중에 찾아낼 가능성도 있다. 놀랍지 않은 일이다. 무주의 맹시 연구를 보면 어떤 일에 집중할 때 주변의 다른 자극을 알아차리지 못하는 일이 많다는 사실이 분명하기 때문이다. 정지 사진이 어떤 장면의 특정 순간만을 포착한다는 점에서, 자연스러운 자극을 잘못 해석하는 일은 앞서 언급한 것보다 많을 수 있다. 예를 들어 사진의 배경에 날고 있는 새가 이상한 각도에서 찍혔다고 치자. 사진을 찍을 때 새에 주목했다면 쉽게 알아차렸겠지만 정지 사진에서는 그게 무엇인지 확실하지 않을 수 있다.[19]

이 책을 마무리할 즈음 나도 우연히 그런 사진을 찍었다. 우리 집은 영국 그리니치 템스강 건너편에 있다. 운이 좋으면 강 위에 펼쳐지는 환상적인 석양을 볼 수 있다. 그때 하늘은 주황색, 빨간색, 노란색, 분홍색, 파란색, 보라색으로 화려하게 뒤덮인다. 나는 보통 창문을 열고 그런 순간을 휴대전화에 담는다. 한 번은 너무 추워서 창문을 열지 않고 찍었다. 안타깝게도 이 책에 실린 흑백 사진에서는 그날 저녁 하늘의 멋진 색을 볼 수는 없다. 하지만 사

템스강 위를 맴도는 외계인 모함선일까? 아니면 달리 어떻게 설명할 수 있을까?

진 오른쪽 위 구석에는 템스강 위를 불길하게 맴도는 거대한 외계인 모함 같은 것이 보인다. 그것이 실제로 무엇인지 알아내는 일은 독자 여러분께 맡기겠다.

요즘은 사실 누구나 주머니에 성능 좋은 카메라와 비디오 레코더를 갖고 다니고 CCTV 카메라도 어디에나 있다. 이런 사실을 볼 때, 만약 이런 현상이 정말 존재한다면 UFO, 유령, 신비동물을 포착한 선명한 사진이 수천 장쯤 나오지 않는다는 것이 오히려 이상하다. 나는 10년쯤 전 어느 날 골드스미스대학교에서 집으로 돌아오는 길에 교통체증에 갇혀 거북이걸음을 하던 차 안에서 이 사실을 깨달았다. 눈앞에 아주 특이한 광경이 보여 두 번이나 사진을 찍었다. 내 앞에 서 있는 트럭 뒷칸에는 머리에 꽃을 잔뜩 꽂은 거대한 엘리자베스 2세의 테라코타 두상이 놓여 있었다. 엘리자베스 2세의 남편 필립 공의 두상도 함께 옮겨지고 있었다. 아마도 여왕 즉위 기념 축제에 쓸 물건이었겠지만 그래도 약간 초현실적인 광경이었다. 나를 강렬하게 사로잡은 사실은 트럭이 천천히 지나갈 때 수많은 보행자가 보인 반응이었다. 거의 예외 없이 누구나 휴대전화로 그 두상의 사진이나 영상을 찍었다. 어떤 도시나 마을 위를 맴도는 비행접시를 본 사람들의 반응도 분명 같을 것이다. 만약 외계 비행체가 진짜로 지구를 자주 방문한다면, 지금쯤 수많은 목격자가 동시에 찍은 고화질 사진과 영상이 수백만 점은 있어야 한다. 하지만 그런 것 같지는 않다.

접촉했다!

하이네크가 정의한 마지막 3형 근접만남 Close encounters of the third kind은 훨씬 흥미롭다. 인간과 외계인이 만났다는 사례다. 오늘날 UFO 시대에 외계인을 만났다는 최초이자 가장 유명한 접

게이 베츠Gay Betts가 그린 금성인 그림 옆에 서 있는 조지 애덤스키.
그는 1952년 11월 캘리포니아주 모하비 사막에서 금성인을 만났다고 한다.

촉자contactee는 조지 애덤스키George Adamski다. 1952년 11월 20일 애덤스키는 캘리포니아주 모하비 사막에서 오손이라는 아름다운 금성인을 만났다고 주장했다. 그는 텔레파시와 손 신호로 오손과 소통했다고 한다. 애덤스키는 금성인과 계속 소통했다는 책을 냈고 그 책은 베스트셀러가 되었다. 이 책에는 금성인이 북유럽인과 닮았다는 주장도 있다. 금성인은 태양계의 다른 행성에서 온 외계인들처럼 지구를 자주 찾아오고, 인간이 핵무기를 개발해 지구상 모든 생명을 파괴할까 봐 걱정했다고 한다. 애덤스키는 죽은 아내의 환생이 사는 금성을 포함해 태양계를 두루 여행했다고도 주장했다.

1950년대 내내 많은 다른 접촉자가 애덤스키의 발자취를 따라 기이하고 근거 없는 비슷한 주장을 했다. 당시 이들은 외계인이 보통 영적·기술적으로 인간보다 진보했다고 주장했다. 그들은 그저 우리를 도와 인간이 발전하고 스스로를 보호하길 바랐다고 한다. 많은 접촉자가 실제로 그런 주장을 펴며 큰돈을 벌어 편하게 살았지만, 당시 UFO학자들조차 그런 믿을 수 없는 주장을 받아들이면 UFO 학계의 평판이 떨어질까 노심초사하며 그 주장을 진지하게 받아들이지 않았다.

납치당했다!

하이네크는 원래 세 가지 범주의 근접만남을 제안했지만, 일부 UFO학자는 몇 가지 범주를 추가해야 한다고 생각했다. 4형 근접만남Close encounters of the fourth kind은 인간이 외계인에게 납치되는 사건이다. 5형 근접만남Close encounters of the fifth kind은 목격자가 텔레파시나 다른 수단을 이용해 외계인과 직접 소통하는 사건이다. 세 가지 범주를 넘어 이런 범주까지 체계를 확대해 더욱 명확해졌는지에는 논란의 여지가 있다.

널리 주목받는 외계인 납치 사례 중 첫 번째는 브라질에 사는 안토니오 보아스Antonio Villas Boas의 이야기다. 당시 스물세 살이었던 그는 1957년 10월 15일에서 16일로 넘어가는 밤 트랙터로 밭을 갈다가 하늘에서 커다란 붉은 별 같은 물체가 내려왔다고 주장했다. 그 뒤 그는 그것이 달걀 모양의 외계 비행체라는 사실을 깨달았다. 비행체가 착륙하자 보아스는 트랙터를 몰고 도망가려 했지만 엔진이 꺼졌다. 그는 키 1미터 50센티미터 정도의 휴머노이드 생명체 셋에게 붙잡혀 비행체 안으로 끌려갔다. 그 안에서 외계인은 그를 벌거벗기고 이상한 젤을 발랐다. 뺨에서는 혈액 표본을 채취하고 그를 가둔 방에 가스를 주입했다. 몹시 고통스러웠다. 그때 아주 매력적인 여성 휴머노이드가 들어왔다. 여성 휴머노이드는 알몸이었고 둘은 (두 번) 성관계했다. 여성 휴머노이드는 떠나기 전 자기 배를 가리키고 이어 하늘을 가리켰다. 이 믿기 어려운 관계의 산물이 자기 고향인 행성에서 태어날 것임을 암시하는 것 같았다. 많은 이들은 이 이야기가 그저 사기라고 의심했지만 보아스는 평생 자신이 진실을 말했다고 주장했다.

실제로 대중의 관심을 사로잡은 첫 번째 납치 사건은 베티 힐Betty Hill과 바니 힐Barney Hill 부부의 사건이다. 1961년 9월 19일 밤, 힐 부부는 캐나다에서 짧은 휴가를 마치고 뉴햄프셔주 포츠머스에 있는 집으로 돌아가고 있었다. 밤 10시 30분쯤 베티가 달 근처에서 밝은 빛을 발견했다. 빛이 점점 커지고 밝아지자 그들은 차를 멈추고 쌍안경으로 그 빛을 관찰했다. 베티는 자신이 본 그 거대하고 이상한 모양의 비행체가 UFO일지도 모른다고 생각했다. 바니는 처음에는 그저 비행기일 거라고 생각했지만 재빨리 마음을 바꿨다.

그들은 조금 더 가다가 다시 차를 멈추었고, 바니는 차에서 내려 쌍안경으로 비행체를 관찰했다. 그는 나무 높이에서 맴도는 비행체에서 불과 15미터 정도밖에 떨어지지 않은 곳까지 다가갔다. 나중에 그는 팬케이크 모양의 거대한 비행체를 보았다고 말했다. 비행체에는 창문이 줄지어 있었고, 그 뒤에는 나치 제복 같은 어두운 색의 옷을 입은 외계인이 적어도 열 명쯤은 있었다고 보고했다. 바니는 겁에 질려 다시 차에 타고 집 쪽으로 향했다. 힐 부부는 집으로 돌아가는 동안 삐 소리가 들려 차가 흔들린 적이 두 번 있다고 했다. 어찌저찌 집에 도착한 시각은 새벽 5시 15분이었다. 집으로 돌아오던 마지막 300킬로미터 정도의 여정이 무려 일곱 시간이나 걸린 것이었다. 예상보다 훨씬 긴 시간이었다. 그들은 고속도로를 벗어나 비포장도로로 내려가 장애물을 만났고 빛나는 구체를 보았다고 기억했다.

집에 도착했을 때 바니는 신발에 긁힌 자국이 있고 쌍안경의 가죽 끈이 끊어졌다는 사실을 발견했다. 화장실에서 사타구니를 살펴보고 싶은 충동을 느껴 그렇게 했지만 특별한 점은 없었다. 베티는 옷이 찢어지고 이상한 분홍색 가루가 묻어 있다는 사실을 발견했다. 차에는 광택 나는 이상한 조각도 있었다. 나침반 바늘이 뒤

죽박죽 움직인 것은 그 조각 때문인 것 같았다. 두 사람은 첫 번째 삐 소리와 두 번째 삐 소리 사이에 무슨 일이 있었는지 거의 기억나지 않는다고 했다.

열흘 뒤 베티는 5일 내내 꿈을 꾸었다. 기억의 빈틈을 메우는 꿈인 것 같았다. 꿈속에서 베티와 바니는 장애물로 봉쇄된 도로에서 휴머노이드 무리를 만나 외계인 비행체로 끌려갔다. 외계인의 눈은 커다랗고 입은 얇은 틈처럼 벌어져 있었으며 귀는 튀어나오지 않았다. 키는 1미터 50센티미터 정도였다. 그들은 텔레파시와 더듬거리는 영어를 섞어 의사소통했다. 요즘은 그저 그레이grey라고 하는 이런 외계인은 그 뒤 외계인에게 납치당했다는 여러 보고에도 등장한다. 비행체에 끌려간 부부는 각자 의학 검사를 받았다.[20] 외계인은 부부의 피부, 손톱, 머리카락 표본을 채취했다. 그들이 베티의 배꼽에 긴 바늘을 삽입해서 극심한 통증을 느꼈다. 베티는 외계인이 온 주요 경로를 보여주는 듯한 별자리 지도를 보았다.

몇 달 뒤 바니는 정신과로 옮겨졌다. 그는 스트레스를 받아 탈진했고 사타구니 주변에는 고리 모양으로 사마귀가 났겼다. 1년간 치료받은 뒤 바니는 캐나다에서 뉴햄프셔로 가는 운명적인 여행에서 실제로 무슨 일이 일어났는지 알아내고 싶어 최면 회귀를 요청했다. 바니는 1963년 12월 벤저민 사이먼Benjamin Simon 박사에게 처음 최면 회귀 치료를 받았다. 얼마 뒤 베티도 그에게 최면 요법을 받았다. 최면 회귀 동안 '기억해낸' 기억은 베티가 꿈에서 본 이야기와 상당히 비슷했다. 한 가지 추가적인 세부 사항은 바니가 자신의 성기 위에 정자를 추출하는 컵 같은 장치가 놓여 있었다는 사실을 떠올렸다는 점이다. 사이먼 박사의 최면 암시 뒤 베티는 자신이 본 별자리 지도를 그대로 그렸다. 교사이자 아마추어 천문학자인 마저리 피시Marjorie Fish는 이 별자리 지도가 그물자리 제타 Zeta Reticuli에서 보이는 별자리와 일치하며, 이는 그곳이 외계인들의 고향이라는 뜻이라고 주장했다.

힐 부부의 이야기는 작가 존 풀러John G. Fuller가 1966년 출간한 베스트셀러 《중단된 여행The Interrupted Journey》과 1975년에 방영된 텔레비전 영화 〈UFO 사건The UFO Incident〉에 등장한다.[21] 이 고전적인 사례에 등장하는 UFO 목격, 시간 상실, 외계인 꿈, 기억을 '기억해내기' 위한 최면 회귀 사용 등 여러 요소는 그 뒤 여러 외계인 납치 주장에도 흔히 등장한다.

예상하셨겠지만 회의주의자들은 이 이야기를 촘촘히 분석하며 비판했다.[22] 증거에 따르면 처음에 힐 부부의 주의를 끌었다가 나중에 그들을 따라오는 듯했던 밝은 빛은 아마 목성이었을 것이다. '시간 상실'은 사건이 일어난 지 몇 주 뒤에야 UFO학자들의 질문을 받고 알아차렸다. 사실 힐 부부는 집으로 돌아올 때 주요 고속도로에서 벗어나 다른 길을 택했다. 많은 세부 사항이 사건 직후에 떠오르지 않았고 나중에 베티의 꿈에 처음 등장했다. 이런 세부 사항은 최면 회귀 동안 나온 이야기에도 포함되었다. 힐 부부는 외계인 비행체에 끌려갔던 일이 정확하다고 믿었지만, 사이먼 박사는 그것이 베티의 꿈에서 나온 환상이며 그가 바니에게 그

베티 힐과 바니 힐 부부가 존 풀러의 베스트셀러 《중단된 여행》을 들고 있는 1966년 사진.

내용을 알렸으리라 믿었다. 하지만 풀러는 이 점을 설명하면서 정신과 의사의 회의적 관점을 가볍게 생략해 버렸다.

1987년에는 베스트셀러 두 권이 출간되며 외계인 납치 현상이 훨씬 많은 대중에게 알려졌다. 첫 번째는 휘틀리 스트리버Whitley Strieber의 책 《커뮤니언Communion》이다.[23] 이 책에서 머리와 항문에 바늘을 꽂는 등 외계인을 만나 겪은 기이하고 소름 끼치는 일은 저자가 직접 겪은 일이라고 한다. 이 책은 〈뉴욕 타임스New York Times〉, 〈워싱턴 포스트Washington Post〉, 〈퍼블리셔스 위클리

Publishers Weekly〉의 논픽션 베스트셀러에 올랐다.

미국 저널리스트이자 UFO 연구자인 필립 클라스는 스트리버의 이야기를 비판하고 그 진위를 의심했다.[24] 클라스는 주목할 만한 여러 비판 가운데 스트리버가 《커뮤니언》을 쓰기 전에 공포소설 작가로 생계를 유지했다는 점을 지적한다. 스트리버는 살면서 기이한 경험을 많이 했다고 주장했지만, 꾸며낸 주장도 많다는 점도 인정했다. 예를 들어 그는 실제 저격수 공격 현장에 있었다고 오랫동안 주장하며 그 끔찍한 장면을 잔혹할 정도로 자세히 묘사했지만, 나중에는 그곳에 없었다는 사실을 시인했다. 그는 침입자에 집착하고 환상과 현실을 잘 구분하지 못했다. 그의 아내는 그가 자신을 포함해 다른 사람도 못 보는 무언가를 본다고 말했다.

다음은 스트리버가 외계인을 만났다며 내놓은 사례 중 하나다.

어느 날 밤 나는 무언가에 어깨를 맞고 갑자기 잠에서 깼다. 곧바로 의식이 완전히 돌아왔다. 침대 옆에는 작은 사람이 세 명 서 있었다. 도난 경보기 불빛 덕에 그들의 윤곽이 선명하게 보였다. 파란색 작업복을 입은 그들은 꼼짝하지 않고 서 있었다….

나는 속으로 이렇게 생각했다. '맙소사, 나는 완전히 의식이 돌아왔는데 저들이 그냥 저기 서 있잖아.' 불을 켜고 어쩌면 침대 밖으로 뛰쳐나갈 수도 있을 것 같았다. 그래서 손을 움직여 침대 옆 전등 스위치를 켜서 시간을 확인하려 했다.

그때 전기가 흐르는 타르 속에서 팔을 버둥대는 것 같은 느낌이 들었다. 움직이려면 온 힘을 써야 했다…. 팔만 버둥댄다고 소용이 없었다. 움직이라고 명령하고 애써야 했다. 그들이 거기 서 있는 동안 … 심리적이라기보다 생물학적인 공포가 물리적으로 강렬하게 엄습했다…. 앤을 깨우려 했지만 입이 열리지 않았다…. 또 한 번 의지력을 모아야 했지만 … 겨우 미소 짓듯 입만 씰룩일 수 있을 뿐이었다.

곧바로 장면이 바뀌었다. 그들은 쉭 하는 소리를 내며 사라졌고 나는 곧바로 다시 잠에 빠졌다.[25]

외계인 납치를 다룬 다른 베스트셀러는 1987년 출간된 버드 홉킨스Budd Hopkins의 《침입자들Intruders》이다(이 책은 외계인 납치 주제를 다룬 홉킨스의 두 번째 책으로, 첫 번째 책은 1981년 출간된 《사라진 시간Missing Time》이다).[26] 2011년 80세의 나이로 사망한 홉킨스는 외계인이 인간을 납치해 인간-외계인 하이브리드를 만드는 사악한 교배 프로젝트에 사용한다고 확신했다. 그는 외계인 방문자를 냉정하고 인간 희생자에게 한 치의 연민도 보이지 않는 존재로 여겼다. 그는 일반적인 성관계를 한 기억이 없는데도 임신했다는 여성들의 이야기에 깊은 인상을 받았다.[27] 몇 달 뒤 이 여성들은 역시 신비롭게도 임신 상태에서 벗어났다고 한다. 홉킨스는 외계인이 이들을 납치해 우주선에서 인위적으로 임신시켰다고 했다. 그 뒤 막달이 되기 전 그들을 다시 납치해 하이브리드 태아를 꺼내 외계인 부모에게 주었다. 홉킨스는 외계인이 이 두 번의 납치 기억을 지웠기 때문에 흔히 시간 상실이 일어난다고 믿었다. 하지만 앞으로 살펴보겠지만 홉킨스는 납치된 사람이 납치 자체의 세부 사항은 기억하지 못해도 납치되었다는 징후는 분명히 기억할 수 있다고 믿었다.

홉킨스는 공식적으로 적절한 훈련을 받은 적이 없는데도, 일상적으로 최면 회귀를 이용해 납치되었던 외상 기억을 '기억해내도록' 했다. 납치되었던 몇몇 사람은 최면 회귀를 받는 동안 외계인이 자신의 의지와 상관없이 그들에게 작은 장치를 이식했다고 주장했다. 이식의 목적은 불분명하지만 외계인이 희생자를 추적하거나 마음을 통제하기 위해 사용한 것으로 여겼다. 이런 장치는 ET 가설을 강력하게 뒷받침한다고 했다. 납치되었던 사람에게서 이 장치를 입수해 적절히 과학적으로 분석하면 전에는 알려지지 않았던 외계 기술을 밝힐 수 있을지도 모른다. 홉킨스는 설명할 수 없는 상처나 멍도 외계인에게 납치되었다는 증거로 보았다.

버드 홉킨스는 존 맥John E. Mack 교수에게 외계인 납치 현상을 소개했다. 맥 교수는 이를 바탕으로 1994년 외계인 납치를 다룬 두꺼운 책을 출간했다.[28] 맥이 퓰리처상 수상자이자 하버드대학교 의과대학 정신의학부 학장이었다는 점을 생각하면 매우 중요한 성과였다. 이 책 《납치Abduction》의 홍보문구에서는 이 책이 '이런 이야기가 환각이나 꿈이 아니라 실제 경험이라는 사실을 열린 마음으로 받아들일 모든 독자를 설득할 것'이라고 주장했다. 맥은 이 현상을 약간 다르게 보았다. 홉킨스는 납치를 완전히 부정적으로 보았지만, 맥은 그 경험이 궁극적으로 정신적 깨달음과 환경에 관한 관심으로 이어지리라 믿었다. 그는 납치 경험을 시대를 넘어 종교적이고 신비한 만남과 비슷한 예지적인 만남의 사례로 보아야 한다고도 생각했다.

인간과 외계인이 만났다는 일부 주장이 의도적인 거짓말에 불과하다는 점에는 의심의 여지가 없다.[29] 하지만 UFO 관련 주장을 진지하게 살피는 조사자 대부분은 ET 가설에 공감하든 회의적이든 그런 주장을 하는 사람이 대체로 진심이라는 점은 받아들인다. ET 가설을 지지하는 사람은 외계인을 만났다는 주장을 뒷받침할 강력한 증거가 있다고 주장한다. 하지만 회의주의자들은 이런 증거를 좀 더 합리적이고 평범한 용어로 설명할 수 있다고 지적하며 별 관심을 보이지 않는다. 예를 들어 '외계인 이식' 사례는 적절하게 과학적으로 분석된 적이 거의 없다. 이상하게도 보통 흔적도 없이 사라져버리기 때문이다. 적절한 분석으로 밝혀진 사례조차 첨단 외계인 기술에서 나온 것도 아니었다. 어떻게 피부 아래에 들러붙었는지 모르지만 면 같은 흔한 유기물로 밝혀진 것도 있다. 수전 블랙모어가 분석한 금속 '이식물'은 치아 충전물이 빠진 것이었다.[30]

외계인에게 납치되었다는 사람이 자기 몸에서 설명할 수 없는 흉터와 멍을 발견하는 일은 일상적으로 설명할 수 있다. 보통 자기 몸을 샅샅이 살피면 그런 자국을 몇 가지쯤 발견한다. 하지만 어쩌다 그런 흔적이 생겼는지 설명할 수 없는 때도 있다. 가능한 설명 중 맨 첫 번째로 외계인 납치를 꼽는 사람은 거의 없을 것이다. 몽유병 삽화 중 다쳤는데 다음 날 아침에 기억나지 않을 가능성도 있다.

설명할 수 없는 임신을 했다가 사라지는 사례를 보자. UFO학자들이 이런 주장을 계속 내놓기는 하지만 제대로 기록된 사례는 하나도 없다는 점에 주목해야 한다.[31] 일부는 문헌으로 알려진 가짜 임신(상상임신pseudocyesis)일 수 있다. 가짜 임신 때도 (실제로 임신하지 않았는데도) 복부 늘어남, 유방통, 월경 지연처럼 임신했을 때 일어나는 여러 신체적 증상이 나타난다.

외계인 만남과 납치 주장의 심리학

외계인을 만났다고 주장하는 사람 대다수가 틀렸더라도 진심일 가능성은 매우 높다. 하버드대학교 심리학자 리처드 맥널리 Richard McNally 연구진의 조사 결과는 이와 관련 있다.[32] 과거 연구에서는 외상 후 스트레스 장애PTSD를 겪는 사람이 PTSD를 유발한 외상 사건을 떠올릴 때 정신생리적 활동이 고조되고 정서적 각성이 늘어난다는 사실이 밝혀졌다.

맥널리 연구진은 납치된 사람이 자신의 외계인 만남 이야기를 녹음해서 들을 때, 스트레스 많거나 중립적이거나 긍정적인 경험에 관한 녹음을 들을 때를 비교해 정신생리학적 각성 수준을 기록했다. 예상대로 납치된 사람은 중립적이고 긍정적인 이야기를 들을 때보다 납치 이야기나 스트레스 많은 이야기를 들을 때 더 높은 정신생리학적 반응을 보였다. 이 효과는 대조군에서보다 외계인에게 납치된 적이 있다는 사람에게서 더 두드러졌다.

이런 고양된 각성은 납치되었던 사람이 최면 회귀를 받으며 납치의 세부를 떠올릴 때 흔히 나타난다. 이들은 납치의 세부 사항을 떠올리는 데 그치지 않고 실제로 그 사건을 다시 경험하는 것처럼 보인다. 그래서 흔히 이런 반응을 관찰한 사람은 그들이 보고한 사건이 분명 실제로 일어났다고 결론 내린다. 이와 달리 맥널리 연구진은 납치되었던 사람이 그 사건이 실제였다고 강하게 믿기만 해도 강한 정서적 반응이 일어난다고 결론 내렸다.

외계인을 만났다고 주장하는 사람이 실제로 외계인을 만났을 가능성은 매우 낮은데도 자기 주장을 진심으로 믿는다는 점에서, 이들이 일종의 심각한 정신질환을 앓는다고 설명할 수 있을까? 그렇지는 않다. 여러 연구에서 이런 주장을 하는 사람과 대조군을 비교한 결과, 외계인을 만났다고 주장하는 사람이 대조군보다 전반적으로 심각한 정신질환을 더 많이 앓는다는 사실은 확인하지 못했다.[33]

이와 달리 외계인을 만났다고 주장하는 사람은 실제로 다른 사람과 상당히 다른 심리적 경향을 보인다. 이들은 흔히 PTSD 증상을 보이며 수면 패턴이 나쁘고 불행과 외로움 수준도 높다.[34] 한 연구에서는 외계인 납치를 보고한 사람의 절반 이상이 자살을 시도했다고 한다.[35] 준 파넬June O. Parnell과 R. 레오 스프링클R. Leo Sprinkle은 외계인과 소통했다는 사람은 "특이한 감정, 생각, 태도를 믿는 경향이 상당히 크고 의심이나 불신을 보이며, 창의적이고 상상력이 풍부하고 정신분열증 경향이 있을 수 있다"라고 결론내렸다.[36] 우리 연구에서 외계인을 만났다고 주장하는 19명은 대조군보다 환각을 더 많이 경험하는 경향이 있었다.[37]

특히 흥미로운 점은 외계인을 만났다는 의식적 기억이 있는 사람에게 두드러지게 나타나는 성격 변수 중 하나가 거짓 기억 취약성과 관련 있다는 사실이다. 몰입, 분열, 환상에 빠지기 쉬운 성향은 서로 관련 있으며, 초자연적 믿음과 초자연적으로 보이는 경험을 했다고 보고하는 성향과도 관련 있다.[38] 적어도 일부 초자연적 경험 보고는 실제로 일어난 적이 없는 사건에 관한 거짓 기억에서 나왔을 수 있다고 암시하는 결과다. 그렇다면 외계인을 만났다는 보고는 전부는 아니더라도 대체로 거짓 기억에서 나왔을 가능성이 있지 않을까?

거짓 기억 연구와의 관계

이 가능성을 더 자세히 살펴보기 전에 거짓 기억을 전반적으로 간단히 살펴보자. 물론 실제로 일어난 적이 없는 사건에 관한 확실한 기억과 실제 일어난 사건에 관한 상당히 왜곡된 기억을 구분하는 명확한 경계선은 없다. 가상의 사례를 하나 생각해보자. 당신이 친구 A와 〈미지와의 조우〉를 보러 간 명확한 주관적 '기억'이 있다고 가정해보자. 실제로 이런 적이 없다는 것은 분명하다. 사실 그 영화를 같이 보러 간 사람은 친구 B다. 그렇다면 그 기억을 실제로 일어난 적이 없는 사건에 관한 거짓 기억으로 보아야 할까, 아니면 실제 일어난 사건에 관한 상당히 왜곡된 기억이라고 보아야 할까? 최근에는 목격자 증언의 신빙성에 관한 연구와 거짓 기억 연구가 완전히 별개라고 여기기도 하지만, 이 사례로 보면 두 현상은 분명 이어져 있다.

거짓 기억 연구는 1980년대에서 1990년대에 시작되었다. 이는 치료받는 도중 회복된 기억만을 근거로 어릴 때 성적 학대를 당했다고 주장하는 사례가 늘어난 데 대한 반응이었다.[39] 우울증, 낮은 자존감, 불면증처럼 흔한 심리적 문제를 겪는 사람이 치료받을 때 이런 전형적인 사례가 발생했다. 처음에는 피해자 본인은 어린 시절 성적 학대를 당한 적이 있다고 믿지 않는다(증거에 따르면 진짜 어린 시절 성적 학대를 당한 피해자는 그 기억을 억압하지 않는다고 한다).[40]

몇 달 동안 최면 회귀나 이미지 유도 같은 특정 '기억 회복' 요법으로 치료받으면 환자는 자신이 정말 성적 학대를 당한 적이 있다고 확신하게 되며, 그 믿음을 뒷받침하는 생생하고 끔찍할 정도로 상세한 기억을 갖게 된다. 어떤 때는 기괴한 성적 변태 행위, 인간 희생, 식인 행위처럼 극단적인 악마 의식과 관련된 학대 기억도 갖게 된다. 증거에 따르면 이런 기억은 분명 거짓 기억이다. 하지만 환자, 심리치료사, 다른 가족 구성원, 법정 배심원은 이런 거짓 기억을 진짜 기억으로 받아들이는 일이 많다. 그 결과 수많은 가정이 산산이 부서지고 분명 저질렀을 리 없는 범죄로 유죄 판결을 받는 사람도 생긴다.

앞서 언급했듯 이 논란은 1980년대에서 1990년대 미국에서 시작되어 영국을 포함한 여러 나라로 퍼져나가며 몹시 격렬하게 벌어졌다. 이런 현상은 오늘날에도 많은 가족에게 영향을 미친다. 영국 거짓기억협회British False Memory Society의 과학·전문 자문 위원으로 활동한 나는 이 사실을 잘 안다. 아동 성 학대는 생각보다 훨씬 흔하고, 그 결과는 피해자에게 엄청난 영향을 미친다는 점은 분명 강조해야 한다. 학대받았다는 모든 주장을 진지하게 받아들이고 공정하게 조사해야 한다. 하지만 분명 의심스러운 심리치료에서 나온 이야기만을 바탕으로 어린 시절 성적 학대를 가했다는 혐의를 받는 가정도 많다. 학대했다는 혐의가 철회되는 일은 거의 없고 가족은 산산이 부서진다. 해피엔딩으로 끝나는 사례도 있기는 하다. 고소인이 결국 기억이 가짜라는 사실을 깨닫고 용기를 내어 그 기억이 틀렸다는 사실을 인정할 때다. 안타깝게도 환자의 심리적 문제가 이런 학대에서만 오며, 치료하려면 그 기억을 '되살려야' 한다는 잘못된 믿음을 바탕으로 여전히 이런 기법을 이용하는 치료사가 많다.

이런 비극적인 사건에서 얻을 수 있는 불행 중 다행인 교훈은 이런 사례가 거짓 기억의 본질을 다루는 방대한 연구를 끌어냈다는 점이다.[41] 인간은 생각보다 거짓 기억에 훨씬 취약하다. 많은 사람에게 거짓 기억을 확실히 유도하는 새로운 실험 기법이 개발되며 거짓 기억에 특히 취약한 성격이 있는지도 조사할 수 있게 되었다. 그런 유형은 분명히 있다. 앞서 살펴보았듯 몰입, 해리, 환상에 빠지기 쉬운 경향 척도에서 높은 점수를 받은 사람은 낮은 점수를 받은 사람보다 거짓 기억에 더 취약하다.

심리학자는 몇 가지 기법을 사용해 거짓 기억을 조사한다. 이식된 거짓 기억에는 사소한 것(어떤 단어가 목록에 있지 않은데도 그 단어가 있다고 잘못 기억함)에서부터 이른바 풍성한 거짓 기억rich false memories(결코 일어난 적이 없는 사건을 상세히 기억함)에 이르기까지 다양하다. 사소한 거짓 기억 유형을 밝히는 데 가장 널리 사용되는 사례는 DRM 방법이다. 이 방법을 처음 사용하고 대중화한 사람들(1959년 제임스 디즈James Deese, 1995년 헨리 뢰디거 3세Henry L. Roediger III 및 캐스린 맥더모트Kathleen B. McDermott)의 성 첫 글자를 따서 만든 이름이다.[42] 이 기법에서는 단어 목록을 제시한다. 각 목록에 있는 단어들은 표적 '유인lure' 단어와 관련 있다. 하지만 이 '유인' 단어 자체는 목록에 없다. 예를 들어 목록에는 침대, 코골이, 꿈, 베개, 졸음, 선잠 같은 단어는 있지만 잠은 없다. 하지만 많은 사람은 잠이 목록에 있었다고 잘못 기억한다. 여러 목록에서 목록에 있었다고 잘못 보고하는 유인 단어의 수를 셈해보면 이 사람이 사소한 거짓 기억에 얼마나 취약한지 측정할 수 있다.

전체 삽화에 관한 풍성한 거짓 기억을 심을 때 사용하는 한 가지 방법을 보자. 먼저 참가자를 반복해서 면담해 어린 시절 겪은 일에 관한 정보를 가능한 한 상세히 얻는다. 대부분의 사건은 다른 가족 구성원이 증언할 수도 있는 실제 사건이다. 여기에 일어난 적이 없는 사건(예를 들어 쇼핑몰에서 길을 잃은 경험) 한 가지를 슬쩍 끼워넣는다.[43] 하지만 면담을 반복하며 그 사건을 계속 떠올리게 하면 대다수는 겪은 적이 없는 그 사건에 관해 부분적이거나 풍성한 거짓 기억을 보고하고, 때로 자신이 겪었다고 생각하는 세부 정보를 더하기도 한다. 제대로 통제된 많은 연구는 일어난 적이 없는 사건을 상상하기만 해도 나중에 그 사건이 일어났다고 믿을 가능성이 높아진다는 사실을 밝혔다. 이런 효과를 상상 팽창 imagination inflation이라고 한다.[44]

어떤 연구에서는 사진을 활용해 어린 시절 기억을 자극한다. 하지만 사진 모음에는 실제로 일어난 것처럼 보이도록 조작한 사진도 있다(부모님과 함께 열기구 타기 등).[45] 이때도 많은 참가자가 겪은 적도 없는 그날의 '기억'을 자세히 묘사한다.

또 다른 접근법은 충격적인 기억crashing memory 기법이다. 1992

년 엘알 이스라엘 항공의 보잉 747기가 암스테르담의 한 아파트 단지에 충돌한 사건 이후 한스 크롬백Hans Crombag 연구진이 네덜란드에서 실시한 연구에 처음 사용한 기법이다.[46] 이 재난 소식은 당연히 널리 보도되었고 네덜란드에서 한동안 주요 뉴스거리였다. 연구진은 참가자에게 "비행기가 아파트 건물에 충돌하는 순간의 영상을 텔레비전에서 봤나요?"라고 질문했다. 응답자 절반 이상이 그 장면을 봤다고 응답했다. 하지만 사실 충돌 장면 영상은 없었다. 이 기법은 다이애나비가 탄 차가 파리의 터널에서 충돌한 사건이나 에스토니아 페리가 침몰한 사건 등 카메라에 담기지 않은 여러 유명 사건에 관한 거짓 기억을 연구하는 데 적용되었다.[47] 거짓 기억 취약성과 관련 있는 몰입, 해리, 환상에 빠지기 쉬운 성향 같은 여러 성격 척도를 확인할 때도 이런 기법과 다른 기법을 사용한다.[48]

몰입absorption은 앞서 이미 여러 차례 언급했다. 아우크 텔레겐Auke Tellegen과 길버트 앳킨슨Gilbert Atkinson은 1974년 처음으로 몰입을 다음과 같이 정의했다. "어떤 사람의 표상적(지각적·적극적·상상적·관념적) 자원을 모두 사용하는 '완전한 주의집중' 삽화를 말한다. 주의집중 기능은 주의를 끄는 물체의 실재를 감지하는 고양된 감각, 주의를 흐트러뜨리는 사건에 무심함, 감정을 이입해서 변형된 자아감을 포함해 전반적으로 달라진 현실감에서 온다고 여겨진다."[49] 몰입은 초자연적 믿음과 심령 또는 신비로운 경험 보고, 외계인을 만났다는 보고와도 관련 있다.[50]

해리dissociativity는 자신이 주변 세계와 분리되었다고 주관적으로 느끼는 취약성이다. 해리는 비현실화derealization(주변 환경이 비현실적이라고 느낌), 비인격화depersonalization(의식이 신체와 분리되었다고 느낌), 시간 왜곡time distortion(시간이 정상보다 빠르거나 느리게 흐름) 등 여러 방식으로 느껴진다.

대다수는 스트레스, 수면 부족, 향정신성 약물 등의 영향으로 가벼운 해리를 겪는다. 정신과적으로 개입해야 하는 경우는 아주 극단적일 때뿐이다. 비교적 강한 해리를 겪는 사람도 대부분 사회에서 제대로 기능하지만 다른 사람이 보기에는 약간 '멍한 듯', 또는 우리 할머니의 표현대로라면 '어디 귀신이랑 같이 있는 듯' 보일 뿐이다. 몇몇 연구에서는 외계인을 만났다는 주장 같은 초자연적 믿음이나 경험이 해리와 관련 있다고 보고했다.[51] 성인이 겪는 해리는 어린 시절 신체적·성적·정서적 학대 트라우마 보고와도 관련 있다. 해리 성향은 아이들이 현실에서 겪는 고통이나 가혹함에서 거리를 두려는 심리적 방어기제로 발전한 것이라는 주장도 있다.[52]

크리시 윌슨과 나는 충격적인 기억 기법을 이용해 거짓 기억 취약성이 해리성 및 초자연적 믿음 또는 경험과 관련 있다는 생각을 검증했다.[53] 우리는 참가자에게 9/11 테러로 쌍둥이 빌딩이 무너질 때나 이라크 바스라에서 사담 후세인 동상이 쓰러질 때 등 극적인 뉴스 영상을 처음 보았을 때 어디에 누구와 함께 있었으며 무엇을 하고 있었는지 자세히 설명해달라고 요청했다. 여러 실제 사례 가운데 뉴스에 보도되었지만 실제로 카메라에는 잡히지 않은 사건도 있었다. 2002년 발리 나이트클럽 테러였다. 예상대로, 존재하지도 않는 이 영상을 본 기억이 있다고 주장한 36퍼센트의 응답자는 그렇지 않은 응답자보다 해리성과 초자연적 믿음 또는 경험에서 더 높은 점수를 기록했다. 닐 대그널Neil Dagnall 연구진도 후속 연구에서 비슷한 결과를 보고했다.[54]

환상에 빠지기 쉬운 성향과 초자연적 믿음 또는 초자연적 현상을 경험했다고 보고하는 성향의 관계는 많은 연구의 주제였다. 셰릴 윌슨Sheryl C. Wilson과 시어도어 바버Theodore X. Barber는 1980년대 초 이 성격 변수에 관해 처음으로 체계적인 설명을 내놓았다.[55] 환상에 빠지기 쉬운 사람은 많은 시간을 몽상에 빠져 보내고 상상력이 매우 풍부하며 가끔 환상과 현실을 혼동한다. 이런 사람은 최면에 걸리기 쉽고 어린 시절 상상의 친구가 있었던 적이 많다. 주목할 만한 점은 윌슨과 바버의 연구 표본에서 환상에 빠지기 쉬운 성향이 있는 여성 27명 중 무려 13명이 가짜 임신을 경험했다는 점이다. 이들은 초자연적 경험을 상당히 많이 보고했다. 유령을 보았다는 사람은 72퍼센트, 유체이탈을 경험하거나 백일몽을 꾼다는 사람은 88퍼센트, 초능력이 있다고 주장하는 사람은 92퍼센트나 되었다. 이들 중 3분의 2는 자신이 사람을 만져서 치유할 수 있다고 믿었다.

환상에 빠지기 쉬운 성향이 발달하는 두 가지 뚜렷한 경로가 있다. 먼저 어렸을 때 이야기를 지어내거나 연기하는 등 환상에 바탕을 둔 활동을 하도록 강하게 권유받았을 수 있다. 두 번째 경로는 학대나 사회적 고립, 외로움 등 어린 시절 환경을 혐오하며 나오는 반응이다. 해리성 발달을 설명하는 주장과 비슷하다. 이때 아이들은 환상 세계로 정신적으로 도피하며 현실의 가혹함과 어느 정도 거리를 둔다. 스티븐 린Steven Jay Lynn과 주디스 루Judith W. Rhue는 후속 연구에서 윌슨과 바버가 내린 결론을 전반적으로 지지했다.[56] 환상에 빠지기 쉬운 성향은 여러 초자연적 경험에 대한 취약성 및 초자연적 믿음과 관련 있다는 사실이 계속 입증된다.[57]

외계인을 만났다고 주장하는 사람이 보통 사람보다 더 환상에 빠지기 쉬운 성향인지에 관해서는 의견이 엇갈린다. 이처럼 의견이 다른 이유는 주로 접근방식의 차이 때문이다. 자전적 접근법을 취한 연구에서는 납치당했거나 만났다고 주장한 사람이 환상에 빠지기 쉬운 전형적인 특징을 보인다고 결론내렸다. 로버트 바르톨로메Robert Bartholomew 연구진은 이런 152명의 삶을 묘사한 한 단락에서 책 한 권 분량에 이르는 여러 사례를 분석했다.[58] 연구진은 이 사례 중 132건에서 높은 최면 감수성, 유체이탈 경험, 초자연적 경험(유령 등), 심령 치유 능력, 생리적 효과 등 환상에 빠지기 쉬운 성향을 하나 이상 확인했다. 조 니켈Joe Nickell은 존 맥John Mack이 제시한 13건의 상세한 사례를 분석한 다음 모든 사례가 환상에 빠지기 쉬운 성향이 있다는 증거를 보여준다고 비슷하게 결론 내렸다.[59]

이와 달리 환상에 빠지기 쉬운 성향을 확인하는 설문지를 이용해 여러 집단을 비교한 연구에서는 외계인을 만났다고 주장하는 사람과 그렇지 않은 사람 사이에서 유의미한 차이를 발견하지 못했다. 아동기 기억과 상상 목록Inventory of Childhood Memories and Imaginings, ICMIC을 이용해 환상에 빠지기 쉬운 성향을 평가한 연구 가운데 마크 로데기어Mark Rodeghier 연구진이나 니컬러스 스패너스Nicholas Spanos 연구진 모두 UFO를 봤다고 보고하는 집단과 대조군 사이에서 유의미한 차이를 발견하지 못했다. 스패너스 연구진은 환상에 빠지기 쉬운 성향 척도 점수와 UFO 경험의 강도 사이에 상관관계가 있다고 밝히기는 했지만 말이다[60] 이 설문지를 이용한 우리 연구에서는 외계인을 만났다고 주장하는 사람과 대조군 사이에 작지만 유의미한 차이가 나타났다.[61] 피터 휴Peter Hough와 폴 로저스Paul Rogers는 창조적 경험 설문지Creative Experiences Questionnaire, CEQ를 이용해 환상에 빠지기 쉬운 성향을 평가했지만 역시 유의미한 차이를 발견하지 못했다.[62]

케네스 링Kenneth Ring과 크리스토퍼 로싱Christopher J. Rosing도 직접 설계한 설문지를 이용해 외계인에게 납치되었다거나 UFO 관련 경험을 보고하는 사람과 일반인 사이에서 환상에 빠지기 쉬운 성향에 유의미한 차이가 나타나지 않았다고 밝혔다.[63] 하지만 그들은 외계인에게 납치되었다고 보고한 사람을 비롯해 UFO을 경험했다는 사람은 아이들처럼 이른바 '비일상적인 현실'에 더 민감하다는 사실에 주목했다. 이런 사람은 주변 사람이 지각하지 못하는 '다른 현실'을 보고 '비물질 존재'를 지각한다. 다른 현실이나 다른 존재가 있다는 증거가 전혀 없다는 점에서, 이런 응답자가 환상에 빠지기 쉬운 성향이 너무 강한 나머지 지각과 상상을 구분하지 못한다고 주장할 수도 있다.

외계인을 만났다고 주장하는 사람은 환상에 빠지기 쉬운 성향 면에서 다른 사람과 다르지 않을 수 있지만, 자신이 받은 설문지가 '과잉 상상력overactive imagination'을 측정하는 설문지라는 점은 알아볼지도 모른다. 예를 들어 ICMIC 설문지에는 '어렸을 때 나는 동화를 좋아했다'라거나 '지금도 가끔은 허구의 세계에 산다.' 같은 항목이 있고, CEQ 설문지에는 '친구나 친척들은 내가 그토록 상세한 환상을 갖고 있다는 사실을 모른다'라거나 '나는 종종 환상과 실제 기억을 혼동한다.' 같은 항목이 들어 있다. 자신이 말한 사건이 실제로 일어났다고 다른 사람을 설득하려는 사람이 그런 항목에 '그렇다'라고 반응하는 것의 의미는 너무나 명확할 것이다. 외계인을 만났다고 주장하는 사람은 어린 시절 트라우마가 크다는 점에도 주목해야 한다. 앞서 살펴보았듯 이는 해리성 및 환상에 빠지기 쉬운 성향이 높은 것과도 관련 있다.[64]

외계인을 만났다고 주장하는 사람은 흔히 초자연적 믿음과 초자연적 경험을 보고하는 경향이 매우 높다. 이런 사실은 표준 측정법을 이용해 초자연적 믿음을 측정하는 체계적인 연구와 일화적 관찰에서도 입증되었다.[65] 이상한 일이 일어나는 빈도와 강도는 외계인을 만난 다음 늘어나지만 사실 그런 이상한 일이 일어났다는 보고는 만남 전에도 흔했다.

요약하면 외계인을 만났다고 주장하는 사람은 실제로 거짓 기억 취약성이 높은 사람과 같은 심리적 성향을 지녔다. 이들은 몰입, 해리, 환상에 이끌리는 성향 척도에서 보통 사람보다 높은 점수를 받았고, 초자연적인 믿음이나 경험도 많이 보고한다.

앞서 살펴본 DRM 기법을 이용해 외계인을 만났다고 주장하는 사람의 거짓 기억 취약성을 직접 평가하려는 시도가 둘 있었다. 첫 번째는 하버드대학교의 수전 클랜시Susan Clancy 연구진의 연구다.[66] 연구진은 DRM 과제 점수를 기준으로 세 집단을 비교했다. 첫 번째 집단은 외계인에게 납치되었던 기억을 '기억해냈다'라고 보고했다. 두 번째 집단은 외계인에게 납치되었던 것은 사실이지만 그 기억이 없다고 믿었다. 세 번째 집단은 외계인에게 납치된 적이 있다고 믿지 않았다. 첫 번째 집단은 처음에는 납치되었던 기억을 의식적으로 갖고 있지 않았지만 치료 중 최면 회귀 같은 기법을 적용하거나, 나중에 납치를 다룬 책을 읽거나 텔레비전 프로그램 또는 영화를 보고 자연스럽게 그런 기억을 '기억해냈다'라고 보고했다. 두 번째 집단을 보자. 독자들은 납치되었던 기억이 없는 이들이 왜 외계인에게 납치된 적이 있다고 믿는지 궁금할 것이다. 앞서 이미 언급했듯 UFO 학계에서는 외계인이 납치당했던 피해자의 기억을 지운다고 흔히 믿기 때문이다. 하지만 실제로 납치당한 적이 있다는 사실을 보여주는 분명한 징후가 있을 수 있다. 특히 이 연구에서는 그런 징후에 '불면증, 이상한 자세로 깨어남, 몸에 설명할 수 없는 흔적이 남음, 공상과학에 사로잡힘'이 포함된다고 밝혔다. DRM 점수로 볼 때 외계인에게 납치되었다는 의식적인 기억이 있는 첫 번째 집단이 거짓 기억에 가장 취약하고, 납치된 적이 없다고 믿는 집단이 가장 덜 취약했다. 하지만 이유는 불분명하지만 우리 연구에서는 외계인을 만났다는 의식적인 기억이 있는 집단과 이에 잘 맞는 대조군(당신이 아는 한 외계인에게 납치된 적이 없다고 믿는 우리 어머니를 포함)의 DRM 점수에서 유의미한 차이가 나타나지는 않았다.

외계인을 만났다는 주장이 종종 거짓 기억에서 나온다고 볼 수 있는 또 다른 이유는 그런 기억을 회복할 때 흔히 최면 회귀를 사용하기 때문이다. 토머스 불러드Thomas E. Bullard는 납치되었다는 사람 표본 중 '제대로 조사한 질 높은 사례'의 약 70퍼센트가 최면 회귀에서 나왔다고 보고했다. 버드 홉킨스Budd Hopkins와 존 맥은 다른 여러 UFO학자처럼 이 기법을 흔히 사용한다.[67] 숨어 있거나 억압된 기억을 풀어내는 마법의 열쇠처럼 최면을 사용할 수 있다는 생각이 흔하지만 사실 이런 생각은 완전히 틀렸다. 사실 최면과 기억의 관계는 일반 대중뿐만 아니라 실제로 최면을 사용하는 많은 치료사도 잘 이해하지 못한다.

대니얼 시먼스Daniel J. Simons와 크리스토퍼 차브리스는 많은 미국 성인 표본에게 기억의 작동 방식에 관해 어떻게 생각하는지 묻고 이들의 반응을 10년 이상 기억을 연구한 전문가들의 관점과 비교했다.[68] 일반 대중의 54.6퍼센트는 '최면은 목격자가 범죄의 세부 사항을 정확하게 기억하도록 돕는 데 유용하다'라는 진술에 동의했지만 전문가는 아무도 동의하지 않았다. 실제로 목격한 사건의 세부 사항을 추가로 알아내기 위해 최면 회귀를 이용하면 최면에 걸리지 않은 상태에서 기억을 떠올릴 때보다 꾸며낼 위험이 훨씬 크다. 머릿속에 떠오르는 것으로 기억의 틈을 메꾸면 상당히 구체적인 거짓 기억이 만들어지고 이렇게 되면 그 기억을 진심으로 믿게 된다.[69] 최면 회귀로 만든 증거는 형사 재판에서 거의 인정되지 않는다.

최면 회귀는 실제로 목격한 사건의 추가적인 세부 사항을 떠올릴 때뿐만 아니라 의식적 인식에서 사라졌다고 여겨지는 충격적인 '억압된' 기억을 끌어낼 때도 사용된다. 사실 대부분 기억 전문가는 트라우마 사건이 잊히기보다 기억될 가능성이 훨씬 높다며 억압이라는 개념 자체를 의심한다.[70]

사람들은 흔히 최면 회귀를 이용해 실제로 누군가를 정신적으로 과거로 데려갈 수 있다고 확신한다. 그렇게 하면 어린 시절로 거슬러 올라갔다는 사람의 행동을 목격할 수 있기 때문이다. 이런 모습은 아주 인상적이다. 회귀한 사람은 예컨대 일곱 살 생일에 일어난 일을 설명하는 데 그치지 않고 실제로 그날을 다시 경험하는 것처럼 보인다. 목소리, 사용하는 어휘, 태도, 감정적인 반응 모두 그 나이로 돌아간 것 같다. 무언가를 써달라고 요청하면 어린애 같은 글씨를 쓰거나 그림으로 그린다. 하지만 발달심리학자가 그 행동을 상세히 분석해보면 실제로 그 연령대의 아이들처럼 행동하지 않는다는 사실을 알 수 있다. 그들은 대부분 성인이 그 연

령대의 아이들이라면 그렇게 행동하리라 짐작하는 방식으로 행동한다.[71]

마이클 얍코Michael Yapko는 기억과 최면의 관계에 관한 심리치료사의 믿음을 조사하는 자료를 수집했다.[72] 그의 분석에 따르면 치료사들은 걱정스러울 정도로 최면을 크게 오해하고 있었다.

> 최면과 암시성에 관한 조사 결과에 따르면 심리치료사는 대체로 최면을 호의적으로 바라보지만 그런 관점은 잘못된 정보를 바탕으로 한 사례가 많았다. 예를 들어 상당수의 심리치료사는 최면으로 얻은 기억이 그저 떠올린 기억보다 정확할 가능성이 높으며, 최면을 이용하면 심지어 태어날 때로 돌아가 정확한 기억을 떠올릴 수 있다고 오해했다. 이렇게 오해하면 최면을 잘못 적용해 억압된 것으로 추정되는 학대 사건을 억지로 떠올리도록 만들 수도 있으며, 그 결과 실제 기억이 아닌 암시된 기억이 되살아날 가능성도 있다.[73]

더 나아가 최면 회귀로 태아 때의 기억, 심지어 더 이전의 기억까지 되돌릴 수 있다고 믿는 심리치료사도 있다! (태어나기 전의 기억 회복에 관해서는 6장에서 자세히 다룰 것이다.) 제임스 오스트James Ost 연구진은 심리학과 대학 1학년생(대학에 입학한 첫 주)과 임상심리학자, 최면치료사를 비교해 기억의 작동 방식에 관한 실제 지식이 얼마나 되는지, 기억의 작용 방식에 관한 자신의 지식을 어떻게 보는지 평가했다.[74] 그 결과 최면치료사는 기억에 관한 이해가 가장 낮았지만 자기 지식에 관한 자기 평가 점수는 가장 높았다.

최면 회귀로 얻은 풍성한 거짓 기억은 환상이나 기대 또는 꿈, 이야기, 영화 등 실제 기억의 파편에서 나온다. 영화나 텔레비전 프로그램이 거짓 기억 속 이미지나 대화의 직접적인 출처가 되기도 한다. 예를 들어 바니 힐이 자신과 아내를 납치한 외계인을 묘사한 내용은 텔레비전 공상과학 시리즈 〈제3의 눈The Outer Limits〉의 영향을 받은 것으로 보인다. 마틴 코트마이어Martin Kottmeyer는 바니가 묘사한 외계인이 '광각' 눈으로 텔레파시를 보내며 소통했다고 한 부분은 이 시리즈에 등장한 외계인과 매우 비슷하다고 지적한다.[75] 이 회차는 바니 힐이 회귀 치료에서 외계인의 이런 독특한 특징을 처음 묘사하기 바로 열흘 전에 방송되었다.

앨빈 로슨Alvin Lawson은 외계인에게 납치되었다는 보고가 최면 회귀로 만들어진 거짓 기억에서 나왔다는 주장을 뒷받침하는 강력한 증거를 내놓았다.[76] 로슨은 UFO에 관한 사전 지식이 거의 없고 외계인에게 납치된 적이 있다고 믿지 않는 실험 참가자 여덟 명을 최면 회귀시켰다. 그리고 이들에게 납치된 적이 있다고 상상해보라고 했다. 이 가짜 외계인 납치 피해자가 내놓은 설명은 실제로 자신이 외계인에게 납치되었다고 주장하는 사람의 진술과 이상하고 사소한 세부까지 놀라울 정도로 비슷했다.

최면 회귀가 거짓 기억을 만드는 유일한 방법은 아니다. 앞서 언급했듯 과거에 실제로 일어나지 않은 사건을 두고 반복적으로 면담하기만 해도 거짓 기억이 심어진다. 특히 그런 일이 실제로 일어났다고 암시하는 가짜 정보를 제공하면 더욱 그렇다. 헨리 오트거Henry Otgaar 연구진은 이런 방법을 이용해 7~8세 아이들과 11~12세 아이들에게 네 살 때 UFO에 납치되었다는 잘못된 기억을 심었다. 그러자 더 어린 아이들은 거짓 기억을 더 많이 보고했다.[77] 분명 독자 여러분은 이 연구를 승인한 윤리위원회 위원 중 적잖은 수가 눈살을 찌푸렸으리라 생각할 것이다!

사실 거짓 기억은 최면이나 (잘못된) 면담을 반복하지 않아도 생긴다. 외계인 때문에 당혹스러운 사건이 일어났다고 믿는 많은 사람이 외계인을 만났다는 거짓 기억을 갖게 된 이유는 그런 만남을 상상했기 때문일 가능성이 크다. 거짓 기억은 특히 상상력이 풍부한 사람에게서 잘 일어난다. 그런 사람은 본질적으로 상상한 일에 관한 기억을 실제 일어난 사건에 관한 기억이라고 혼동한다.

어떻게 이런 당혹스러운 사건을 떠올린 사람이 최면 회귀 전문가를 찾아가거나 외계인에게 납치되는 일을 상상하게 되는 것일까? 일부 사례는 앞서 이미 살펴보았다. 힐 부부의 이야기에는 UFO를 보거나 외계인 꿈을 꾸고 몸에서 이상한 흔적을 발견하고 '시간 상실'을 겪는 등 몇 가지 사례가 들어 있다. 이런 사례는 모두 이치에 맞고 평범하게 설명할 수 있다. UFO 목격은 찾으려고만 하면 언제나 평범하게 설명할 수 있다. 이상한 존재 꿈을 꾸는 일도 흔하고, UFO를 봤다고 믿는 사람이 외계인 꿈을 꾸는 것도 당연하다. 앞서 설명했듯 열심히 찾아본다면 대다수는 몸에서 설명할 수 없는 상처를 찾을 수 있다. 게다가 환상에 빠지기 쉬운 사람은 여러 정신적·신체적 효과에 취약하다.

'시간 상실' 경험은 시간을 잘못 읽는 등의 일상적인 일에서도 나타나며, 특히 해리성이 높은 사람은 시간을 지각할 때 심리적 왜곡을 겪기도 한다. 충분히 연구되지는 않았지만 시간 왜곡의 흔한 사례로 고속도로 최면highway hypnosis을 들 수 있다. 운전자가 '자동 운전' 모드에 빠져 길고 단조로운 도로를 달리다가 갑자기 '정신이 돌아오면' 그 전에 몇 시간이나 운전한 사실을 기억하지 못하는 흔한 경험이다.

기억이 없는데도 외계인에게 납치되었을지도 모른다고 의심하게 되는 가장 흔한 원인 중 하나는 2장에서 살펴보아 우리가 잘 아는 '수면마비'다. 이 장 앞부분에서 휘틀리 스트리버가 내놓은 외계인 만남 묘사를 읽을 때 독자 여러분은 그게 뭔지 금방 알아차렸을 것이다. 수전 클랜시 연구진은 연구 참가자 가운데 억압된 외계인 납치 기억을 '되살린' 사람을 이렇게 설명한다. "이들은 수면마비 삽화에서 깨어난 다음 자신이 납치되었던 게 아닐까 의심하기 시작했다. 수면마비 삽화는 각성, 전신 마비, 강렬한 두려움, 뭔가 있다는 존재감이 특징이다. 몇몇 참가자는 촉각적·시각적 감각(공중에 떠 있거나 누군가 자신을 만지거나 그림자 같은 형상을 보는 것)을 보고했다."[78] 연구진은 이런 경험이 수면마비 때문이라고 정확히 밝혔다.

버드 홉킨스 같은 여러 UFO 학자는 외계인이 납치 기억을 희생자의 기억에서 지울 수 있지만 지우지 못한 몇몇 기억이 남는다고 믿는다. 부주의한 외계인이 기억에서 지우지 못한 숨길 수 없는 징후의 본질은 무엇일까? 그 답은 버드 홉킨스가 요청하고 데이비드 제이컵스David Jacobs 및 론 웨스트럼Ron Westrum과 로퍼 기구Roper Organization가 미국 성인 약 6000명을 대상으로 실시한 설문조사에서 얻을 수 있다.[79] 홉킨스 연구진은 외계인에게 납치되었다는 사람이 얼마나 되는지 추정하고 싶었지만, 이들은 외계인이 기억을 지울 수 있다고 믿었기 때문에 사람들에게 그저 납치당한 적이 있는지 물어보는 것은 소용없다고 생각했다. 그래서 이들은 다음과 같은 특이한 경험을 포함해 간접적으로 질문하는 방법을 택했다(괄호 안의 숫자는 응답자 중 살면서 적어도 한 번은 해당 경험을 했다고 말한 사람의 비율이다).

1. 방에 낯선 사람 또는 무언가가 있다는 느낌을 받고 마비된 채 잠에서 깨어남(18퍼센트).
2. 길을 잃은 듯한 느낌이 한 시간 이상 이어졌지만 왜 그런지, 어디에 있었는지는 기억나지 않음(13퍼센트).
3. 하늘을 나는 느낌이었지만 어떻게, 왜 그렇게 했는지는 모름(10퍼센트).
4. 방에서 특이한 불빛이나 전구를 보았지만 어디서 어떻게 나온 건지는 모름(8퍼센트).
5. 몸에 알 수 없는 상처가 있지만 어쩌다 어디서 그랬는지 나도 누구도 기억하지 못함(8퍼센트).[80]

홉킨스 연구진은 응답자가 위 항목 중 4~5개에 그렇다고 확실히 답했다면 외계인에게 납치된 다음 기억이 지워졌을 가능성이 크다고 주장했다. 하지만 이 항목 중 3개(1, 3, 4번 항목)는 분명 수면마비 중 흔히 일어나는 감각에 관한 설명이다. 연구진은 응답자 50명 중 1명 정도가 외계인에게 납치되었다고 볼 수 있는 기준을 넘었다고 주장했다. 그리고 이 결과를 미국 성인 전체 인구로 외삽해 미국 성인 370만 명 이상이 외계인에게 납치되었을 가능성이 있다고 결론내렸다! 정말 짜증나는 일은 이 수치가 외계인 납치를 다룬 기사나 프로그램에 자주 인용된다는 점이다. 게다가 더 심각한 점은 '미국 성인 370만 명은 외계인에게 납치된 적이 있다고 믿는다'라고 잘못 인용되는 일이 너무 많다는 사실이다(강조는 저자). 결코 그렇지 않다! 사람들에게 외계인에게 납치된 적이 있는지 물어본 적은 한 번도 없다!

초자연적으로 보이는 다른 주장과 마찬가지로 외계인을 만나고 그들에게 납치된 적이 있다는 주장을 두루 설명할 수 있는 포괄적인 답은 없다. 하지만 이 장에서 제시하는 2단계 모형은 이런 진지한 주장 전부는 아니더라도 대부분에 관해 나름 타당한 설명을 내놓는다. 첫 단계로 UFO를 보거나 '시간 상실'을 경험하거나 외계인 꿈을 꾸거나 몸에서 설명할 수 없는 흔적을 발견하거나 수면마비 삽화를 겪는 등 특이한 경험을 하면 자신이 외계인에게 납치된 적이 있다고 의심할 수 있다. 이런 경험은 다음 단계로 다른 사람의 보고를 듣거나 최면 회귀를 통해 실제로 일어났을지도 모를 외계인 만남을 반복해서 상상하며 외계인을 만난 기억 전체를 '되살리려는' 동기가 된다. 이런 심리적 성향이 있는 사람은 실제로 일어난 적이 없는 외계인 방문에 관해 상세한 거짓 기억을 갖게 된다.

아서 클라크Arthur C. Clarke는 다음과 같이 재치 있게 말했다. "나는 우주에 지적인 생명체가 가득할 것이라 확신한다. 너무 지적이어서 여기 오지 않는 것뿐이다."[81] 하지만 그는 좀 더 진지하게 다음과 같은 의견도 내놓았다. "두 가지 가능성이 있다. 우주에는 우리뿐일 수도 있고 그렇지 않을 수도 있다. 둘 다 똑같이 무서운 일이다."[82] 개인적으로 나는 우주에 우리뿐이라는 생각보다는 우주 어딘가에 지적인 생명체가 있다는 생각이 훨씬 매력적이라고 생각한다. 나는 코미디언이자 작가인 엘런 드제너러스Ellen DeGeneres의 의견에 동의한다. "외계인보다 더 무서운 건 외계인이 하나도 없다는 생각뿐이다. 우리가 창조력이 내놓은 최고의 존재일 리 없다. 나는 우리가 전부는 아니길 바란다. 만일 그렇다면 우리는 큰 곤경에 처한 셈이니 말이다."[83]

6장.
행복하게 되돌아온 사람이 많다고?

골드스미스대학교에서 학장이라는 스트레스 넘치는 직책은 종신직이 아니었다. 그래야 한다면 제정신인 사람은 아무도 그 직책을 맡으려 하지 않을 것이다. 그러는 대신 자격 있는 직원이 돌아가며 3년씩 임기를 채우고 다음 희생자에게 자리를 넘겼다. 나는 1997년부터 2000년까지 이 자리를 채웠다.

어느 날 오후 사무실에서 일할 때 전화 한 통을 받았다. 상대방은 이렇게 말했다. "지금 선생님께 드리는 제안이 좀 이상하게 들릴지도 모르겠어요." 사실 꽤 특이하기는 했다. 그들은 환생했다고 주장하는 레바논 드루즈인을 조사하는 다큐멘터리에 참여해 달라고 요청했다. 그러려면 레바논에서 제작진과 몇 주를 보내야 했지만 윗선에서 나를 보내줄지는 확실하지 않았다. 다행히 대학 윗분들이 내 요청을 받아들였고 나는 모험을 떠날 준비를 했다.

흥분되면서도 약간 초조했다. 환생이라는 주제를 다룬 책을 읽은 적은 있지만 현장에서 직접 조사한 적은 없었다. 무슨 일이 벌어질지 전혀 알 수 없었다. 출장을 떠나기 전에 아내의 허락도 받아야 했다. 제작진에게 받을 돈을 이야기하자마자 아내는 의심을 싹 거두었다. 하지만 아내와 아이들을 두고 낯선 사람들과 그렇게 오래 지내야 한다는 사실은 그다지 내키지 않았다. 떠나기 며칠 전 세 살배기 딸 앨리스가 놀다가 팔이 부러지는 일까지 벌어졌다. 믿을 만한 가정부 모래그가 돕기는 했지만 아내에게 집안일을 전부 맡기고 떠나야 한다는 죄책감이 더욱 커졌다.

이른 아침 택시를 타고 공항으로 가던 길은 아직 어두웠고, 내

기억이 맞다면 비가 억수같이 쏟아졌다. 다큐멘터리에 참여하기로 한 결정을 후회했지만 되돌리기에는 너무 늦었다. 일단 공항에 도착해 다큐팀을 만나자 불안은 어느 정도 사라졌다. 사람들은 친절했고 나를 따뜻하게 환영해주었다. 그렇게 나는 내가 참여한 가장 흥미로웠던 조사에 뛰어들었다.[01]

환생: 일반적인 고려 사항

드루즈인이 주장하는 독특한 종류의 환생을 살펴보기 전에, 많은 사람이 믿는 환생이라는 개념의 일반적인 면을 먼저 살펴보자.[02] 마이클 탤번은 《초심리학 용어집Glossary of terminology used in parapsychology》에서 환생을 이렇게 정의한다. "육신이 죽은 다음 인간의 영혼 또는 자아의 일부가 새로운 몸으로 다시 태어나며 이 과정이 여러 생을 거치며 반복되는 형태의 생존이다."[03]

전 세계 많은 사람이 환생을 믿는다. 환생은 신자가 전 세계 인구의 5분의 1이 넘는 인도 종교(힌두교, 불교, 자이나교, 시크교)의 핵심 교리이며, 북유럽 국가와 서유럽 및 동유럽의 많은 이들도 환생을 믿는다.[04] 에를렌뒤르 하랄손Erlendur Haraldsson은 35개국에서 환생을 얼마나 믿는지 살펴보기 위해 자료를 수집했다. 북유럽 5개국

중에서 환생을 믿는 비율은 평균 22.6퍼센트였지만 그 비율은 노르웨이 15퍼센트에서 아이슬란드 41퍼센트까지 다양했다.[05] 서유럽 15개국에서는 22.2퍼센트가 환생을 믿었다. 몰타의 환생 믿음률이 12퍼센트로 가장 낮았고, 스위스의 믿음률이 36퍼센트로 가장 높았다.[06] 영국과 포르투갈의 환생 믿음률도 둘 다 29퍼센트로 상당히 높았다. 동유럽 15개국의 평균 믿음률은 27퍼센트였다.[07] 동유럽에서 믿음률이 가장 낮은 곳은 동독(12퍼센트)이었고, 가장 높은 곳은 리투아니아(44퍼센트)였다.

환생의 정의에 따르면 환생을 믿는 사람은 모두 육신이 죽은 다음 영혼이 새로운 몸으로 다시 태어난다고 믿는다. 하지만 그 모습은 문화마다 크게 다르다. 어떤 문화권에서는 영혼이 항상 같은 성별로 다시 태어난다고 믿지만, 다른 문화권에서는 다른 성별로 태어날 수 있다고 믿는다. 사람은 항상 사람으로 환생한다고 믿는 문화도 있지만, 동물이나 심지어 무생물로 다시 태어날 수 있다고 믿는 문화도 있다. 수정이 이루어질 때 영혼이 새로운 몸으로 들어간다고 믿는 문화도 있고, 태어날 때 영혼이 들어간다고 믿는 문화도 있다.

환생이 실제로 있다는 주장을 뒷받침하는 설명은 다양하다. 가장 흔한 믿음 중 하나는 환생으로 세상의 명백한 부당함을 설명할 수 있다는 주장이다. 왜 어떤 사람은 부유한 집안에서 태어나 건강하고 호사스럽게 오래 사는데, 어떤 사람은 극심한 빈곤 속에서 태어나 고통과 불행으로 가득한 인생을 짧게 살다 갈까? 업보

karma의 법칙을 믿는 사람은 지금 삶의 조건이 전생에서 내가 한 행동 때문이라고 여긴다. 그러므로 이번 생에서 덕을 쌓으면 다음 생에서는 더 많은 부와 행복으로 보상받으리라 기대한다. 이와 마찬가지로 이번 생에서 부도덕하게 산다면 다음 생에서는 가난과 질병으로 벌을 받는다. 이렇게 믿는 사람은 세상이 대체로 정의롭다고 확신하며 위안을 얻는다. 개인적으로 나는 그런 생각을 증오한다. 불행한 사람의 삶을 개선할 시도조차 하지 않을 구실을 주기 때문이다. 논쟁의 여지는 있지만 그들이 전생에서 지은 죄 때문에 지금 겪는 비참함이 당연하다는 말인가?

신동처럼 놀라운 현상을 설명할 때도 환생이 끼어든다. 볼프강 아마데우스 모차르트Wolfgang Amadeus Mozart는 다섯 살도 되기 전에 첫 작품을 작곡했고 어렸을 때 유럽 전역을 돌며 공연했다. 수학자, 철학자이자 물리학자인 블레이즈 파스칼Blaise Pascal은 아홉 살이라는 어린 나이에 진동하는 물체를 다룬 논문을 썼고 열한 살에 첫 증명을 냈다. 다른 많은 신동처럼 이들도 실은 전생에서 얻은 기술로 혜택을 보았을까?

환생으로 데자뷔라는 흔한 변칙적 경험을 설명할 수 있다는 주장도 있다. 그럴 리 없다는 사실을 잘 알면서도 어떤 장소, 사물, 사건 등을 과거에 겪은 적이 있다는 이상한 느낌을 받기도 한다. 이런 익숙한 느낌은 실제로 전생에서 그 경험을 했기 때문일까?

신동이나 데자뷔 현상을 명확하게 설명할 수 있다고는 할 수 없지만, 심리학이나 신경과학 분야에서 나온 유망한 연구를 보면 귀중한 통찰을 얻을 수 있다.[08] 주류 과학자는 보통 환생이 이런 현상을 설명할 유력한 증거라고 여기지는 않는다.

어떤 사람은 환생이라는 개념을 통해 내세에 발생할 문제에 관한 답을 얻는다. 육신을 잃은 영혼은 어디로 갈까? 하지만 곰곰이 생각해보면 환생을 통해 얻는 답, 즉 새로운 육신에 들어간다는 말은 답을 주기보다 더 많은 질문을 던진다. 죽는 순간 영혼이 육신을 떠날 때와 새로운 육신에 들어갈 때 사이에 틈이 있을까? 그렇다면 그동안 영혼은 어디에 있을까? 비물질적인 영혼이 기억, 태도, 능력을 지닌 채 하나의 몸에서 빠져나와 새로운 몸에 들어가 발달 중인 배아의 물리적인 뇌에 같은 기억, 태도, 능력을 이식하는 메커니즘은 무엇일까? 환생을 믿는 사람은 이런 질문에 답하지 못한다.

환생을 뒷받침하는 가장 강력한 증거는 전생 일부를 기억한다는 사람의 말이다. 그런 기억은 흔히 두 가지 범주다. 최면 회귀로 기억해낸 기억과 기억 회복 기법을 사용하지 않고도 저절로 떠오른 기억이다. 이 장의 다음 부분에서는 전생 기억을 중심으로 살펴보겠다.

전생으로의 회귀

사람들은 보통 다음과 같은 두 가지 이유로 최면 회귀를 통해 전생을 탐구한다. 한 가지 목적은 영적인 깨달음이다. 뉴에이지 New Age를 믿는 많은 사람은 영적 여정의 일부로 전생에 자신이 어떤 사람이었는지 알고 싶어한다. 최면 전생 회귀를 사용하면 자신이 과거 중요한 인물이었던 여러 멋진 전생에 관한 풍부하고 상세한 기억을 떠올릴 가능성이 높다(하지만 전쟁 범죄자였던 기억을 되찾는 사람은 거의 없다).

최면을 이용해 전생으로 회귀하려는 두 번째 목적은 지금의 심리 문제를 다루려는 잘못된 시도에서 나온다. 일부 심리치료사는 전생에 겪은 트라우마 때문에 지금의 심리 문제가 발생한다고 믿는다.[09] 예를 들어 지금 지닌 개 공포증은 전생에 늑대 무리에게 물려서 생긴 것이라거나, 비행 공포증은 전생에 제2차 세계 대전에서 전투기 조종사로 복무하다 격추되었기 때문이라고 설명하는 식이다. 보통 정신 건강 전문의는 이런 주장을 받아들이지 않는다. 100명이 넘는 전문가를 대상으로 실시한 한 설문조사에서는 의심스러운 59가지 치료법에 관해 1점(완전히 신뢰할 수 있음)에서 5점(전혀 신뢰할 수 없음)으로 평가하게 했다.[10] 여기서 전생 치료법은 부끄럽게도 무려 4.92점을 얻었다. 이보다 더 믿을 수 없다고 평가된 치료법은 수정 치료, 오르곤 치료, 에너지를 회복하는 피라미드

치료, 천사 치료뿐이었다.

이전 장을 읽은 독자라면 최면으로 '되살려낸' 전생 기억이 사실 기대, 환상, 실제 기억의 조각, 최면술사의 암시가 뒤섞인 거짓 기억이라는 강력한 증거가 있다는 데 놀라지 않을 것이다.[11] 흔히 전생 회귀는 최면에 아주 취약한 사람에게만 효과가 있다. 보통은 완전히 실패하거나 아주 개략적이고 모호한 '기억'만 '되살린다'. 하지만 최면에 취약한 사람은 자세하고 생생한 이미지를 떠올리고 강한 감정적 반응을 내며, 외계인에게 납치되었던 기억을 되살리는 사람처럼 전생을 다시 경험하는 듯한 반응도 보인다. 하지만 이렇게 만든 이야기를 자세히 분석해보면 그들이 알게 되었다며 흔히 할리우드 영화처럼 극적으로 묘사하는 시공간은 사실 역사적으로는 정확하지 않다. 게다가 그들은 그 시대에 살았던 사람이라면 대답할 수 있을 법한 질문, 예를 들어 어떤 통화를 사용했는지, 당시 통치자는 누구인지, 전쟁 중이었는지 같은 질문에는 대답하지 못했다.

일반 대중이 최면을 이용한 전생 회귀라는 개념을 알게 된 것은 1950년대 브라이디 머피Bridey Murphy 사건 때문이다. 1952년 모리 번스타인Morey Bernstein은 콜로라도에 사는 주부 버지니아 타이히Virginia Tighe를 몇 차례 최면으로 전생 회귀시켰다. 회귀한 타이히는 아일랜드 억양으로 말했다. 그는 본인 이름이 브라이디 머피이며 19세기 초 코크에 살았다고 말했다. 그는 아일랜드 노래를 부르고 아일랜드에서 살았던 일을 상세히 이야기했다. 이 흥미로운 이야기는 번스타인이 쓴 베스트셀러는 물론, 신문과 잡지에도 실리고 영화로도 제작되어 인기를 끌었다.[12] 팝 레코드 두 장에도 실렸고 잠깐은 '전생 모습대로 오세요'라는 테마 파티 열풍을 일으키기도 했다. 하지만 안타깝게도 후속 조사 결과 브라이디 머피나 타이히가 말한 다른 인물 누구도 실존 인물이 아니었다는 사실이 밝혀졌다.[13] 게다가 타이히는 젊은 시절 아일랜드 인물 연기를 특히 잘 했던 재능 있는 아마추어 배우였다. 아일랜드인 고모와 이웃도 있었다. 이웃 이름이 무엇이었는지 짐작하겠는가? 바로 브라이디 머피 코켈Bridey Murphy Corkell이었다.

과거 설명이 자세하고 대체로 정확한 몇 가지 예외도 있다. 1970년대 BBC에서 방영된 〈블록스햄 테이프The Bloxham Tapes〉라는 다큐멘터리가 지금도 기억난다. 당시 영국에서 아주 존경받는 방송인이던 매그너스 매그누손Magnus Magnusson이 진행자였다. 이 다큐멘터리에서는 카디프에서 활동하는 최면치료사 아르널 블록스햄Arnall Bloxham의 작업을 조사했다. 블록스햄은 분명 전생으로 회귀한 것 같은 최면 회귀 사례를 400건 이상 녹음했다. 그는 풍성한 세부 정보가 담긴 보고를 역사적 기록과 비교해, 이 보고가 실제로 환생이 있다는 반박할 수 없는 증거라는 관점이 유일하게 내릴 수 있는 합리적인 결론이라고 주장했다. 이 프로그램의 프로듀서인 제프리 아이버슨Jeffrey Iverson도 자신이 쓴 베스트셀러에서 같은 결론을 내렸다.[14]

아마 블록스햄의 녹음에서 가장 인상적인 사례는 그가 제인 에

번스Jane Evans라 한 30세의 웨일스 주부일 것이다. 제인은 여섯 번이 넘는 전생에 관한 풍부한 기억을 갖고 있었다. 그중에는 로마가 영국을 점령하던 시절 요크에서 로마 총독 콘스탄티누스Constantius 가문에서 일하던 가정교사의 아내 리보니아Livonia로 살았던 기억도 있었다. 그는 총독 가족은 물론 가까운 지인의 정확한 이름과 그들의 일상을 상세하게 설명했다.

제인은 1189년 역시 요크에 살던 부유한 유대인 대부업자의 아내 레베카Rebecca로 산 전생도 기억해냈다. 그는 기독교인이 유대인 공동체를 어떻게 박해했는지 상세히 설명했다. 그의 설명은 그가 교회당 지하실에 숨어 있다가 발견되어 살해되었다는 데에서 정점에 이르렀다. 이 폭로는 몹시 놀라웠다. 그때까지는 요크의 교회에 지하 납골당이 없다고 여겨졌기 때문이다. 그래서 아이버슨은 배리 돕슨Barrie Dobson 교수라는 사람의 연락을 받고 몹시 놀랐다. 거의 알려지지 않았지만, 유대인 학살 이전에 만들어진 것으로 보이는 지하 납골당이 도시 한가운데에 있는 성모마리아 교회에서 발견되었다는 소식이었다. 당연히 이 소식은 제인이 실제로 레베카로 살았다는 반박할 수 없는 증거로 여겨졌다.

제인은 1450년 부르주에 살던 부유한 프랑스 사업가이자 금융가인 자크 쾨르Jacques Coeur의 이집트인 하녀 앨리슨Alison으로 살던 전생도 자세하고 대체로 정확하게 설명했다. 그는 쾨르의 삶과 사업에 관해 많은 것을 아는 듯했고, 심지어 그의 집 난로에 놓인 장식품까지 상세하게 묘사했다.

아이버슨의 주장대로 제인이 정말 환생한 것이 아니라면 어떻게 그가 이런 여러 전생과 다른 사항에 관해 그토록 많이 알 수 있었겠는가? 그 답은 멜빈 해리스Melvin Harris의 후속 조사를 통해 밝혀졌다.[15] 그는 회귀 과정에서 떠오른 세부 사항이 역사 소설에서 왔을지도 모른다고 가정했다. 아니나다를까, 해리스는 1947년 콘스탄티누스의 삶을 다룬 소설 《살아 있는 숲The Living Wood》이 출간되었다는 사실을 찾아냈다. 그 소설에는 제인이 서술한 것과 비슷하고 역사적으로 정확한 세부 사항이 모두 들어 있었지만, 더 중요한 사실도 있었다. 이 책에넌 저자가 고안한 허구의 인물도 들어 있었다. 이 허구의 인물은 제인의 이야기에도 등장했다.

제인이 말한 레베카 이야기의 세부 사항이 어디에서 나왔는지는 분명하지 않지만, 이언 윌슨Ian Wilson은 요크에서 일어난 유대인 학살을 다룬 라디오극이 1950년대에 방송된 적이 있다고 기억하는 세 사람을 추적했다. 돕슨 교수는 애초에 제인이 그곳을 '지하실'이라고 했다는 점을 기억해냈다. 이 지하실은 유대인 학살 시대 이후 만들어진 지하 금고로 밝혀졌다.

자크 쾨르의 삶도 다른 역사 소설에 등장한다. 1948년 출간된 토머스 코스테인Thomas B. Costain의 소설 《머니맨The Moneyman》이다. 여기서 가장 큰 단서는 앨리슨이 쾨르가 미혼이라고 주장했다는 점인데, 소설에서도 실제로 미혼으로 등장한다. 하지만 역사적 기록에 따르면 그는 결혼했을 뿐만 아니라 아이도 다섯이나 있었다. 쾨르의 저택 사진은 조앤 에번스Joan Evans의 책 《중세 프랑스

의 삶Life in Medieval France》 같은 곳에도 많이 등장한다.[16]

자연스럽게 버지니아 타히니나 제인 에번스처럼 전생을 회상하는 듯한 사람들이 다른 사람을 속이려고 일부러 그랬는지, 아니면 자신이 만든 이야기가 진짜라고 믿어서인지 의문이 든다. 의견은 조금 엇갈리지만 많은 논평가는 그들의 이야기가 잠복기억cryptomnesia(말 그대로 '숨은 기억')의 사례라고 본다. 우리는 때로 기억 속에 정보를 저장하지만 그 정보가 어디서 왔는지는 잊는다. 이를 출처 귀인 오류source attribution error라 한다. 따라서 최면 회귀 동안 마음의 눈에 보인 이미지는 그전에 읽은 책, 본 영화나 다큐멘터리 등에서 온 내용에 환상, 기대, 개인의 기억 조각이 결합되어 만들어진 것일 수 있다. 그 결과 나온 기억은 직접 경험한 사건에 관한 기억만큼 자세하고 생생해 현실로 느껴진다.

니컬러스 스패너스 연구진이 실시한 일련의 연구는 전생 기억에 관한 이런 설명을 뒷받침한다.[17] 연구 결과에 따르면 최면 암시를 받고 전생이 기억난다고 보고한 참가자는 그렇지 않은 참가자보다 환상에 빠지는 성향이 강하고 최면에 더 취약했다. 하지만 두 집단의 정신질환적 경향은 차이가 없었다. 즉, 전생 기억을 보고한 사람과 외계인 납치를 보고한 사람의 성격 성향은 비슷했다.

이런 연구는 기대가 '되살린' 기억의 내용에 영향을 미친다는 사실을 명확히 보여준다. 연구에서는 최면 회귀를 실시하기 전 일부 참가자에게 회귀를 진행하는 동안 종종 다른 인종이나 성별로 다른 문화에 살았다는 기억을 떠올릴 수 있다고 말했다. 이런 말을 들은 참가자는 그렇지 않은 참가자와 달리 이런 내용을 떠올렸다고 보고했다. 다른 연구에서는 일부 참가자에게 최면 회귀를 실시하기 전 과거에는 아동학대가 흔했다는 말을 했고 다른 참가자에게는 그렇게 하지 않았다. 그러자 이번에도 점화 효과가 발생해 참가자가 보고한 기억 내용이 달라졌다. 참가자가 스스로 떠올린 전생 기억을 환생이 진짜 있다는 증거로 받아들일지는 주로 환생에 관한 사전 믿음이나, 연구자가 환생이 과학적으로 타당한 개념이라고 말해주어 그렇게 믿게 되었는지에 달려 있었다.

신시아 메이어스버그Cynthia Meyersburg 연구진은 전생 기억을 보고하는 사람이 거짓 기억에 더 취약하다는 주장을 뒷받침하는 증거를 내놓았다.[18] 5장에서 설명한 DRM 과제 점수를 기준으로 전생 기억을 보고한 참가자 15명을 대조군과 비교했다. 전생 기억을 보고한 참가자 중 6명은 최면 회귀로 기억을 되살렸고 나머지는 데자뷔, 반복되는 꿈, '플래시백' 같은 경험을 바탕으로 기억을 되살렸다고 주장했다. 최면 회귀가 거짓 기억을 만드는 유일한 방법은 아니라는 점을 다시 한번 강조하는 결과다. 예상대로 전생 기억을 보고한 참가자는 DRM 과제로 평가했을 때 거짓 기억 성향이 더 높았다. 전생 기억을 보고한 사람은 삶의 의미가 더 충만하고 죽음을 덜 두려워한다는 점은 긍정적이다.[19]

환생 연구에서 환생이 진짜일지도 모른다는 가능성에 동의하는 사람조차 최면 회귀에서 나온 설명에는 강한 의심을 보인다. 저절로 떠오르는 전생 기억 사례를 연구하는 세계적인 연구자이자 버지니아대학교 교수였던 고故 이언 스티븐슨Ian Stevenson은 이를 '심리치료사의 오류the psychotherapist's fallacy'라고 했다.[20] 최면 회귀로 만든 전생 기억은 거짓 기억이 형성되는 과정을 알려준다는 점에서 상당한 관심을 끌지만, 저절로 생기는 전생 기억이 회의주의자에게 큰 과제라는 점은 의심의 여지가 없다. 이 장의 다음 부분에서는 레바논 드루즈인의 사례를 들어 내가 관찰한 내용과 생각을 설명하겠다.[21] 관찰 결과 전부는 아니지만 상당수가 저절로 전생 기억을 떠올렸다.[22]

드루즈인의 환생 주장

레바논으로 떠나기 전 몇 주 동안 나는 드루즈인에 관해 알아보고 환생을 주장하는 사례에 관한 과거 연구와 자료를 가능한 한 많이 찾아 읽었다. 그러면서 많은 사람이 이런 사례를 그럴듯하다고 믿는 이유를 알 수 있었다. 책이나 학술지에 실린 글은 전 세계 어린이, 특히 환생에 관한 믿음이 널리 퍼진 문화권에 사는 아이들이 만난 적도 없는 고인의 삶을 상세하게 묘사한다는 주장을 강력하게 뒷받침했다. 이런 주장을 살펴보자 그들이 말한 세부 사항이 대체로 옳다는 사실이 밝혀졌고, 환생 말고는 아이가 이런 사실을 알 수 있는 확실한 방법이 없다고도 했다. 그저 자서전적 세부 사항뿐만 아니라 기술, 선호도, 두려움 등도 전해졌다고 한다.

드루즈인의 문화에 관해 가능한 한 많이 알아야 했다.[23] 드루즈 Druse(또는 Druze)교는 주로 레바논, 시리아, 이스라엘에서 믿지만 전 세계 다른 여러 나라에서도 믿는 이슬람 종파다. 드루즈인은 1042년 이슬람 이스마일리 교리에서 벗어난 다음에는 새로 신도를 받아들이지 않는 폐쇄적인 종파가 되었다. 드루즈인은 다른 종파 사람과 결혼할 수 없으므로 그들끼리 긴밀한 공동체를 이루었다.

앞서 언급했듯 환생에 관한 믿음의 세부는 문화마다 다르다. 드루즈인이 믿는 환생은 정확히 죽는 바로 그 순간에 일어난다는 점에서 독특하다. 죽은 사람의 마지막 숨결이 태어나는 아기의 첫 번째 숨결로 이어진다는 것이다. 달리 말하면 다른 많은 환생에서 설명하듯 잉태되는 순간 영혼이 새로운 몸으로 들어가는 것이 아니라, 태어나는 순간 새로운 몸으로 들어간다는 것이다. 게다가 드루즈인은 사람이 항상 같은 성별의 사람으로 환생하며, 동물이나 무생물로는 결코 환생하지 않는다고 주장한다. 드루즈인은 항상 드루즈인으로 환생하고, 기독교인은 기독교인으로 환생한다. 나는 그들을 방문했을 때 만난 저명한 드루즈 종교 지도자가 누구나 환생한다고 한 말을 듣고 안심했다. 회의주의자도 물론이란다. 하지만 누구나 전생을 기억하는 것은 아니다. 전생이 무자비하게 끝났을 때만 전생을 기억한다. 1975년부터 1990년까지 약 12만 명의 목숨을 앗아간 레바논 내전에서는 안타깝게도 이런 일이 너무

나 자주 일어났다.

서양인의 눈에는 이상하게 보일지 몰라도, 드루즈인은 환생을 아주 당연하게 여긴다. 드루즈인에게 환생은 대단한 일이 아니라 누구나 겪는 일이다. 그들은 환생을 타카무스taqamus라고 한다. 말 그대로 '옷을 바꿔입는' 일이다. 그저 낡은 몸을 벗고 새로운 몸으로 갈아입는 셈이다.

드루즈인은 영혼이 새로 만들어지거나 파괴될 수 없다고 믿는다. 그들은 업보를 믿지 않고, 현생에서의 삶의 질은 전생에서의 삶의 질과는 관련 없다고 믿는다. 심판의 날에 신을 만날 준비를 마치려면 영혼은 가장 견디기 힘든 고통부터 지고의 행복에 이르기까지 여러 삶을 경험해야 한다고 주장한다.

물론 책으로 배울 있는 것은 딱 거기까지다. 분명 책으로 배운 나는 드루즈인으로 태어나 자란 사람만큼 그들의 문화를 잘 알 수는 없다. 그래서 나는 영리한 잔꾀를 생각해냈다. 드루즈인 중에서도 환생을 믿지 않는 '드루즈인 회의주의자'를 찾는 일을 레바논에서 해야 할 최우선 과제로 삼은 것이다! 그런 사람을 찾을 수 있다면 분명 이런 주장이 어떻게 나오게 되었는지에 관한 통찰을 얻을 수 있을 것이다.

나는 실험 심리학을 공부했기 때문에 환생 주장을 경험적으로 조사할 방법을 찾고 싶었다. 통계적으로 분석할 수 있는 결과를 얻는다면 이상적이다. 나는 영리한 잔꾀를 하나 더 생각해냈다. 전생에 관해 많은 것을 기억한다고 주장하지만 아직 전생 가족을 직접 만난 적은 없는 아이를 찾아야 한다. 그러면 그 아이의 기억을 조사할 질문을 만들 수 있다. 예를 들어 아이에게 남자 어른 다섯 명의 사진을 보여주고 "이 사람들 중 전생에서 삼촌이었던 사람은 누구야?"라고 질문할 수 있다. 아이가 일반적인 수단이나 가족끼리 닮은 점 같은 정보를 이용해 답할 수 없도록 통제해야 한다. 하지만 그래도 적절한 질문을 몇 가지는 생각해낼 수 있을 것이라 예상했다. 예를 들어 앞선 질문을 던졌을 때 아이가 순전히 추측으로만 정답을 맞힐 기회는 다섯 번 중 한 번뿐이다. 이렇게 여러 번 질문하면 아이가 그저 추측으로만 정답을 맞힐 전반적인 확률을 정확히 알 수 있다. 추측으로 맞힐 가능성이 매우 낮다면 아이가 실제로 전생 가족을 정확히 안다는 강력한 증거가 있는 셈이다.

내가 다큐멘터리 팀에게 낸 아이디어는 환생을 굳게 믿는 사람이자 〈국제 환생Reincarnation International〉지의 편집자인 로이 스템먼Roy Stemmen과 함께 여러 드루즈인 사례를 조사하자는 것이었다. 이 프로그램은 그래니트 프로덕션Granite Productions에서 제작되었고 채널 4에서 〈지구 끝까지To the Ends of the Earth〉라는 시리즈의 하나로 방영되었다. 우리 모두는 도착하기 전 진행된 배경 연구에서 큰 도움을 받았다. 특히 프로듀서 크리스 레저Chris Ledger와 통역사로 함께 일했던 저널리스트 티마 막달라니Tima Khalil Majdalani가 진행한 연구가 도움이 됐다. 우리 가이드인 재드 알 유니스Jad Al Younis는 드루즈인이자 환생을 굳게 믿는 사람이었다. 나는 그가 환생을 믿는다는 사실에 놀라지 않았다. 하지만 내 '영리한 잔꾀 1'이 실패하리라는 사실이 금세 분명해졌다. 내가 만난 드루즈인은 전부 환생을 믿었기 때문이다!

레바논에 도착하기 전 드루즈인이 생각하는 환생에 특히 놀란 점이 있다. 전생의 사람이 죽는 순간과 새로운 생명이 태어나는 순간과 정확히 일치해야 한다는 믿음은 분명 경험적으로 검증해야 할 과제였다. 사실 이런 사례는 거의 없다(내가 아는 한은 그렇다). 보통은 몇 달에서 몇 년은 간격이 있다. 이언 스티븐슨을 비롯한 몇몇 사람은 레바논에서 기록이 제대로 보존되지 않았기 때문이라며 이 차이를 설명하려 했지만 그런 주장은 설득력이 없다.

드루즈인은 아이들이 이전 전생은 잘 기억하지만 바로 전 전생에서 일어난 일은 잘 기억하지 못할 때 이런 불일치가 발생한다고도 주장한다. 다시 말해 한 사람이 죽으면 그 영혼은 그때 태어나는 다른 몸으로 곧바로 들어간다. 하지만 이 아이가 금방 죽어버려 너무 짧은 생을 살다 가면 기억하지 못한다. 그다음 그 영혼은 또다시 (태어나는 순간) 다른 몸으로 들어가 지금 살아 있고, 이 아이는 이제 직전의 기억나지 않는 짧은 생이 아니라 그 이전 생에서 일어난 사건을 기억한다는 것이다. 이런 설명은 믿을 수도, 검증할 수도 없다.

또다른 문제는 드루즈인의 영혼이 1042년 이 교파가 폐쇄된 이후로도 일정하게 유지된다는 믿음이다. 하지만 영혼의 정확한 숫자는 아무도 모른다. 분명 드루즈인의 인구는 11세기 이후 일정하게 유지되지 않았다. 그렇다면 그들은 이 문제를 어떻게 설명할까? 많은 드루즈인은 그들 종파 구성원이 중국처럼 멀리 떨어진 곳을 포함해 여러 지역에 퍼져 있다는 반박할 수 없는 설명을 내놓는다. 심지어 드루즈인이 다른 행성에 살지도 모른다고 추측하기도 한다! 그렇다면 레바논에 사는 드루즈인 인구 증감은 먼 곳에 사는 드루즈인 인구 증감으로 상쇄된다고 주장할 수 있다. 하지만 레바논에 사는 드루즈인 아이들이 보고하는 전생 기억은 근처 동네처럼 흔히 가까운 곳에서 살다 죽은 사람의 기억이지, 먼 외국 땅이나 머나먼 행성에서 살다 죽은 사람의 기억은 아니다.

드루즈인의 환생에서 구체적인 세부 사항은 경험적 자료에서 나오지 않으며, 한 세대에서 다음 세대로 문화를 통해 전수된다는 점은 분명하다. 하지만 이 분야를 연구하는 많은 사람은 드루즈인 환생의 구체적인 세부 사항이 객관적인 사실이 아니라는 점은 중요하지 않다고 본다. 세부 사항과 상관없이 어떤 형태로든 환생이 실제로 일어난다는 사례를 찾는 것이 중요하다는 것이다. 그렇다면 이제 우리도 개별적인 사례를 조사해보자.

드루즈인이 전생의 세부 사항을 설명할 때는 흔히 표준적인 패턴을 따른다. 보통 아이들이 처음 말하는 법을 배울 때 때로 부모가 이해할 수 없는 말을 내뱉는다고 한다. 아이들이 자라고 언어 능력이 향상되면 아이들이 말하는 것이 전생 기억이라는 사실이 점차 분명해진다. 예를 들어 아이가 다른 가족이 있다고 주장하며 그 가족의 이름이나 세부 사항을 말한다. 전생에 살았던 집을 묘사하거나 전생에서의 직업을 말하기도 한다. 예를 들어 아이가 전생에 정비공이었다면 엔진에 관해 조숙한 관심과 지식을 보인다. 불안한 일이지만 심지어 자신이 어떻게 죽었는지도 말한다. 부모는 아이의 말을 토대로 아이가 전생에 어떤 사람이었는지 알아본다.

아이가 자라면서 종종 전생의 가족을 만나고 싶다는 말을 하기도 한다. 처음에는 생물학적 부모가 그런 요청을 거부할 수 있지만, 결국 아이가 강하게 고집을 부리면 만남이 성사된다. 전생 가족은 그 아이가 사랑하는 고인의 진짜 환생이라고 곧바로 받아들이지는 않는다. 그 대신 아무 단서도 주지 않으려고 조심하며 질문을 던져 아이가 무엇을 아는지 캐낸다. 사실 아이를 속이려 할 수도 있다. 예를 들어 침실 문을 가리키며 "여기 네 침실 기억나니?"라고 질문할 수 있다. 그러면 아이는 "그건 내 방 아닌데. 내 방은 저쪽이야"라고 답하며 실제 고인의 침실 문을 가리킨다. 때로 아이가 진짜 환생이라는 훨씬 더 극적인 증거도 나타난다. 예를 들어 아이가 가족 누구도 행방을 알지 못하는 소중한 물건이나 문서의 위치를 알려주기도 한다. 결국 순전히 증거의 무게에 따라 양측 가족은 아이가 정말로 사랑하는 고인의 환생이라는 점을 확신한다. 물론 아이가 전생 가족과 처음 만날 때 일어난 일을 객관적으로 기록한 문서는 별로 없으므로 그런 설명이 얼마나 정확한지는 알 수 없다.

연구자가 진짜 환생이 있는지 확인하는 데만 주목한다면 찾을 수 있는 가장 설득력 있는 사례에만 집중할 수 있다. 이해할 만하다. 하지만 그런 일은 오해의 여지가 있다. 마치 들어맞는 듯한 점괘만 보고 그 심령술사가 미래를 예측할 수 있는지 판단하려는 것과 마찬가지다. 정확해 보이는 점괘 다섯 개보다 틀린 점괘가 1000배는 더 많다는 사실을 안다면 그 심령술사에게 진짜 초능력이 있다고 결론 내릴 수 있겠는가?

베이루트에서 차로 멀지 않은 슈프산에 있는 학교를 방문했을 때 나도 이런 생각을 실감했다. 학생 900여 명 가운데 21명이 전생을 기억한다고 대답했다. 분명 레바논 전역과 그 너머까지 포함하면 전생 기억이 있다는 드루즈인 아이는 훨씬 많을 것이다. 그렇다면 보고된 인상적인 사례는 전체 집단을 얼마나 대표할까? 우리 경험만 놓고 본다면 답은 '그다지 그렇지 않다.'이다.

전생을 기억한다는 아이들을 모두 면담할 시간이나 자원은 없었으므로 가장 그럴듯한 사례를 몇 가지 골랐다. 이런 사례도 기억이 너무 모호해서 진실을 확인할 수 있을 것 같지 않았다. 일단 그런 사례는 거르고 나니 보고된 전생 기억 중에서도 구체적이고 확인할 수 있는 세부 정보가 포함된 몇 가지만 남았다.

이 사례를 조사하자 곧바로 세부 사항 대부분은 확인할 수 없다는 사실이 분명했다. 예를 들어 어떤 아이는 전생에서 라미즈 하이다르Ramiz Haidar라는 트럭 운전사로 베이루트 펩시콜라 창고에서 일했다고 말했다. 하지만 그 창고를 찾아갔을 때 그곳에서 20년 동안 일한 감독관은 물론 아무도 그 이름을 기억하지 못했다.

메디 히부스Mehdi Hibous라는 아이는 전생을 상세하게 많이 기억했고 일부는 실제로 확인할 수 있었다. 예를 들어 아이는 전생에 멜헴 멜레브Melhem Melerb라는 사람이었고 트랙터 작업을 하던 중 포탄에 맞아 죽었다고 주장했다. 확인해보니 이렇게 죽은 멜헴 멜레브라는 사람이 진짜 있기는 했다. 하지만 아이는 멜헴 멜레브의 아내와 다섯 아이의 이름도 말해주었는데 다 틀렸다. 우리가 멜헴 멜레브의 가족을 직접 찾아가 아이가 사랑하는 고인의 환생이라고 주장하자 결정적인 증거가 나왔다. 그들은 이미 멜헴 멜레브의 환생이라고 주장하는 다른 아이를 알았기 때문에 이 아이가 진짜일 리 없다고 끈기 있게 설명했다. 만약 두 아이가 모두 멜헴 멜레브의 환생이라고 주장한다면 적어도 그중 한 명은 틀린 기억을 바탕으로 그렇게 주장하는 셈이다.

  환생을 주장하는 일부 사례가 진짜일 수 있다고 생각하는 연구자는 전생 기억이 너무 모호해서 확인할 수 없거나 부정확하다고 입증된 사례는 버리는 경향이 있다. 이해할 만하다. 하지만 결과적으로 그렇게 보고된 사례는 결코 일반적인 사례를 대표하지 못한다. 이런 몇몇 사례에는 구체적인 전생 기억이 상당수 들어 있지만, 그중 대다수도 확인을 거쳐야 하고 일반적인 사례가 아니라 예외적인 사례가 많다. 게다가 그런 사례는 보통 현생 가족과 전생 가족이 만나 전생 가족이 아이를 진짜 환생으로 받아들인 지 몇 년은 지난 뒤에 보고된다는 점에도 주목해야 한다. 수년 전 일어났거나 일어나지 않은 일에 관한 설명을 곧이곧대로 받아들인다면 그 사건을 변칙적이지 않은 다른 식으로 설명하기는 어려울 것이다. 하지만 그게 현명한 일일까? 기억의 신빙성을 다룬 수많은 심리학 연구를 보면 그 주장이 아무리 진실하다 해도 신뢰할 만하지는 않다.

최종적으로 방송된 다큐멘터리는 대부분 라비 아부다브Rabih Abu-Dyab의 사례에 할애되었다. 라비는 상당히 호감 가는 열두 살 소년이었는데 자신이 국제 축구선수의 환생이자 유명한 팝 가수의 환생이라고 주장했다. 내가 보인 첫 반응은 당연히 '그렇겠지!'였다는 사실을 인정해야겠다. 많은 소년이 꿈꾸는 모습이지 않은가? 하지만 내가 보인 냉소는 잘못된 것이었다. 실제로 소년의 설명에 들어맞는 사람이 있었다. 바로 사드 할라위Saad Halawi라는 사람이다. 그는 국가적 영웅이었는데 내전 중 폭발로 목숨을 잃었다. 그 말인즉슨 레바논 사람 대부분은 할라위의 삶을 잘 안다는 뜻이다. 할라위는 살아 있을 때나 비극적으로 사망한 다음에도 언론의 많은 주목을 받았다. 라비의 어머니는 라비가 태어나기 전부터 할라위의 열혈 팬이었다. 하지만 라비는 대부분 레바논인에게 알려진 할라위의 삶 이외에는 아무것도 모르는 듯했다.

다큐멘터리의 한 장면에서 우리는 라비를 할라위가 속했던 팀이 경기를 치른 경기장의 트로피 룸으로 데려갔다. 어떤 장소가 감정적 기억을 홍수처럼 불러온다면 마땅히 그곳이어야 했다. 라비는 벽에 걸린 큰 액자 속 사진에서 사드 할라위를 찾아냈지만 그가 뛰었던 경기로 돌아가 구체적인 기억을 떠올리지는 않는 것 같았다. 심지어 전생의 자신이 결승전에서 골을 넣어 팀 전원의 사인이 되어 있는 공을 들고도 아무런 감흥을 느끼지 못하는 듯했다.

나는 내 '영리한 계획 2'가 얼마나 순진했는지 깨달았다. 레바논에 도착하기만 하면 수많은 아이가 상세한 전생 기억을 끝없이 내놓으리라 기대했지만, 현실은 그와는 거리가 멀었다. 다시 한번 말하면 나는 두 번째 계획으로 아직 전생 가족을 만나지 않은 아이를 찾으려 했다. 우리는 첫 만남을 신중하게 통제해서 기획하고 아이의 전생 기억을 조사할 설문지를 만들었다. 그렇게 하면 아이의 기억이 정확한지 통계적으로 평가할 수 있다. 하지만 이런 계획은 쓸모없었다.

그때까지만 해도 나는 전생을 기억한다는 아이를 전생 가족에게 처음 소개할 때 실제로 무슨 일이 일어나는지 알아야 한다고 생각했다. 가족들은 아이의 말이 믿을 만한지 살펴볼 때 아이를 속이기까지 하면서 아무런 정보를 주지 않으려고 조심할까? 안타깝게도 이언 스티븐슨 같은 베테랑 연구자를 비롯해 누구도 이런 상황에서 무슨 일이 일어나는지 기록한 적이 없다.

우리가 할 수 있는 가장 비슷한 방법은 라비와 전생 가족 여동생의 만남을 주선하는 일이었다. 그 단계에서 라비가 전생 가족이라 주장하는 가족 중 일부는 그를 진짜 사드 할라위의 환생이라고 받아들였지만 다른 사람은 여전히 확신하지 못했다(그리고 할라위의 환생이라고 주장하는 아이가 라비만이 아니었다는 사실에도 주목해야 한다). 라비의 전생 여동생은 결정을 내리기 위해 라비를 만나고 싶어했다. 라비는 기꺼이 여동생을 만나겠다고 했고 며칠 뒤 만남이 성사되었다. 하지만 라비에게는 여동생이 아니라 그냥 누가 찾아왔다고만 했다.

다큐멘터리에서는 이 부분을 아주 조심스럽게 다루었다. 감정이 고조될 장면이었다. 만약 라비의 전생 여동생이 라비가 그토록 사랑하던 오빠의 환생이라고 확신하지 못한다면 라비는 어떻게 반응할까? 그 장면에는 카메라맨이나 음향 담당자 등 그 장면을 촬영하는 데 필수적인 인원만 참석했다. 나는 실제로 못 봤다는 말이다. 나중에야 무슨 일이 일어났는지 알 수 있었다.

라비의 전생 여동생은 자신의 정체를 밝히지 않으려고 아주 조심했을까? 정반대였다. 이마에 본인 이름을 새기지 않았을 뿐이지 줄 수 있는 정보는 모두 털어놓았다. 라비가 이 만남을 받아들인 것이 고작 며칠 전이었는데도 라비는 자신을 찾아온 '깜짝 방문객'이 누구인지 알아내는 데 한참이 걸렸다. 하지만 결국은 알아차렸다. 정말 감동적인 장면이었다. 라비가 여동생을 알아보자마자 여동생은 라비를 덥석 끌어안았다. 라비는 아주 매력적인 소년이었기 때문에 여동생은 순전히 자기 감정에 따라 라비를 끌어안았지만, 라비의 전생 기억을 철저히 검증하려 하지는 않았다. 분명 이 상황은 그저 하나의 사례일 뿐이므로 표본 수가 하나뿐인 결과를 일반화하지 않도록 조심해야 한다. 하지만 다른 만남도 보통 이런 식이리라 생각한다.

환생 주장을 진지하게 다루는 연구자는 보통 최면 회귀에서 나온 전생 기억이 거짓일 가능성이 크다고 여긴다. 따라서 같은 연구자가 저절로 생긴 전생 기억도 거짓일 수 있다고는 생각하지 못한다는 점은 놀랍다. 거짓 전생 기억은 어떻게 저절로 발생할까? 아이가 태어날 때부터 전생 기억이 있다고 주장할 때까지 그 아이가 겪은 만남을 전부 추적할 수는 없다. 그런 점에서 모든 설명은 어느 정도 추측일 수밖에 없다. 하지만 내가 레바논에서 본 사례들은 다음과 같이 어느 정도 이치에 맞게 설명할 수 있다.[24]

아이가 처음으로 말하는 법을 배울 때는 주변 사람이 보기에 그다지 의미 없어 보이는 말을 내뱉기도 한다. 환생을 보편적으로 받아들이는 문화라면 당연히 부모나 주변 사람들은 아이가 전생 기억을 말하는 것이 아닐지 궁금해할 것이다. 특히 아이가 서양식으로 말하자면 상상의 친구 이야기를 할 때 그렇게 들을 가능성이 크다. 만약 아이가 하는 말이 환생한 어떤 고인을 암시하는 이야기라고 여긴다면 부모는 당연히 자신의 가설을 검증하기 위해 더 캐물을 것이다. 예를 들어 '엄마 이름이 ○○였니?', '너 ○○마을에 살았니?' 같은 질문을 할 수도 있다. 사진을 보여주거나 하며 전생에서 일어난 사건을 기억하는지 물어볼 수도 있다. 아이가 전생을 완벽하게 기억하리라 기대하는 사람은 아무도 없으므로, 아이의 말에 오류가 있다 해도 무시해 버리면 그만이다.

이런 상호작용을 거치며 아이가 거짓 기억을 만드는 의도치 않은 결과가 나온다. 드루즈인은 누군가 사망하면 그 지역에 널리 알린다는 사실을 기억하자. 드루즈인은 드루즈인이 아닌 사람과 결혼하는 것을 금지하기 때문에 가족 간 상호연결성이 상당히 높다. 따라서 고인에 관한 정보가 아이나 아이의 보호자에게 도달할 경로는 수없이 많다. 만약 아이를 전생 가족에게 소개했는데 진짜 고인의 환생으로 받아들여진다면, 이 과정에서 고인의 삶에 관한 더욱 풍부한 정보가 계속 전해진다.

환생이 불가능하다면 왜 드루즈인은 수 세기 동안 계속 환생을 믿었을까? 그런 믿음 자체가 믿는 사람에게 특별한 이점을 주기 때문일 것이다.[25] 환생을 믿으면 사랑하는 사람의 죽음을 마주한 사람이 상실의 고통에 대처하고 죽음에 관한 두려움을 줄이는 데 도움이 된다는 주장은 합리적이다. 드루즈인은 전투에서 용맹하다는 명성이 자자했다. 분명 그 덕분에 수 세기 동안 박해받으면서도 살아남을 수 있었을 것이다. 드루즈인에게는 '오늘 밤 어머니의 자궁으로 돌아간다'라는 전투 구호가 있다고 한다. 죽어도 금방 다시 태어나리라는 믿음에서 나온 말일 것이다.

사회적 응집력이라는 면에서 드루즈인이 아닌 사람과의 결혼을 금지하는 관습이 드루즈인 사회의 높은 상호연결로 이어진다는 점은 앞서 살펴보았다. 이런 생각은 환생 믿음으로 더욱 강화된다. 가족끼리 생물학적 관계뿐만 아니라 환생을 바탕으로 이어진 셈이기 때문이다. 환생을 믿는 문화에서는 대개 전생 가족이 생물학적 가족보다 더 높은 사회적 계층에 속한다. 따라서 환생 믿음은 가난한 사람을 사회적으로 지원하는 역할을 한다. 만약 전생 가족이 어떤 가난한 사람을 사랑하는 고인의 진짜 환생이라고 받아들인다면, 전생 가족은 그들의 능력을 발휘해 환생이라고 주장하는 사람을 돌볼 가능성이 크다. 환생이 진짜가 아니더라도 드루즈인에게는 환생이 실제로 있다고 여기며 현생을 살아가는 편이 실질적으로 도움이 된다.

7장.
진실을 알기 위해 죽다

다음은 임사체험near-death experience, NDE이라고 알려진 현상의 전형적인 사례다. 심장 우회술을 받고 의식을 되찾을 때 엄청난 고통을 겪은 55세 남성 환자의 이야기를 보자.

문득 나는 침대 발치에 서서 내 몸을 보고 있었다. 침대에 누워 있는 게 나라는 건 알았다. 쉽게 알아볼 수 있는 특징이 있었기 때문이다. 고통은 전혀 없었다. 약간 어리둥절했지만 불안하거나 걱정스럽지는 않았다. 내가 침대 발치에 서서 대체 뭘 하고 있는 건지 이해할 수가 없었다. 나는 여행하고 있었고 터널 입구에 서 있었다. 터널 끝은 햇살처럼 빛났다. 편안했고 고통은 모두 사라졌다. 빛을 향해 가고 싶었다. 수평으로 누워 둥둥 떠다니는 것 같았다. 반대편에 도착하자 뭔가 이상한 곳이었다. 전부 아름다웠지만 보고 있다기보다 그저 느껴지는 것 같았다. 다른 사람들이 보였다. 그들은 나를 보지 않았고 이어 이런 목소리가 들렸다. "넌 돌아가야 해…. 아직 때가 되지 않았어." 그때 나는 우리 아버지 목소리라고 생각했지만 상상일 수도 있다. 그다음 나는 침대에 누워 있었다. 되돌아간다는 느낌은 없었다. 깨어나자 통증이 돌아왔고 병원 직원들이 나를 돌보고 있었다.[01]

앞서 임사체험의 일반적인 정의를 다음과 같이 제시했다.

임사체험은 초월적인 경험으로 흔히 죽음을 앞둔, 또는 그렇다고 믿는 사람이 경험한다. 임사체험의 구성 요소에는 평화와 희열, 유체이탈 경험, 터널을 따라 환한 빛을 향해 이동하기, 빛으로 들어가기, 영혼(종교적 인물이나 세상을 떠난 사랑하는 사람) 만나기, 인생 회고, 이 사람이 계속 살아가야 한다는 결정이 내려지는 경계 등이 포함된다.[02]

레이먼드 무디Raymond Moody는 1975년 출간되어 베스트셀러가 된 《죽음, 이토록 눈부시고 황홀한》으로 일반 대중은 물론 과학계에서도 이 매혹적인 현상에 관한 인식을 높이는 데 큰 공을 세웠다.[03] 그는 10년 넘도록 임사체험 사례 150건가량을 수집해 사후 세계가 실제로 있다고 결론 내렸다.[04] 그 뒤 수십 년 동안 임사체험에 관해 더 많은 사실이 알려졌지만 진짜 본질에 관해서는 아직도 의견이 분분하다.[05] 임사체험 사례는 많은 연구자가 생각하듯 의식이 물리적인 뇌와 분리될 수 있고 육신이 죽어도 살아남는다는 증거일까? 아니면 대다수 주류 신경과학자가 주장하듯 죽어가는 뇌가 비정상적으로 활동한 결과 만들어진 풍성한 환각일까?

무디는 임사체험 동안 흔히 일어나는 15가지 요소를 확인했지만 모든 임사체험 보고에 이런 요소가 등장하는 것은 아니며 발생 순서도 조금씩 다르다고 지적했다.[06] 케네스 링Kenneth Ring은 죽음을 앞둔 102명의 자료를 수집해 이들 중 48퍼센트가 임사체험을 경험했다고 밝혔다. 그는 흔히 5단계로 발생하는 '핵심 경험core experience'을 확인했다.[07]

링이 조사한 표본 중 60퍼센트가 보고한 첫 번째 단계는 평화와 웰빙이라는 느낌이다. 때로 유체이탈 경험이 따라오기도 한다. 이때 임사체험하는 사람은 의식의 핵심이 육신에서 분리되었다고 느낀다. 표본 중 37퍼센트가 보고한 두 번째 단계는 흔히 위에서 내려다보는 느낌이다. 링의 표본에서 유체이탈을 경험했다는 사람의 대략 절반은 이처럼 외부의 관점에서 자기 몸을 보았다고 말했다. 세 번째로 임사체험자의 약 4분의 1은 유체이탈 전후에 어두운 과도기를 거쳤다고 말했다. 네 번째로 링의 표본 중 16퍼센트는 종종 예수나 신처럼 영적인 존재로 여겨지는 빛을 보았다고 말했다. 임사체험자는 몹시 밝지만 눈이 아프지는 않은 이 자비로운 빛에 이끌린다고 느낀다. 때로 이 단계에서 평생 살면서 겪은 핵심적인 사건이 파노라마처럼 펼쳐지는 인생 리뷰를 본다. 링의 표본 중 단 10퍼센트만이 보고한 마지막 다섯 번째 단계는 빛을 통과해 아름다운 정원 같은 다른 영역에서 죽은 친척이나 친구들 같은 영적 존재를 만나는 일이다. 여기에서 문이나 강 같은 일종의 경계를 보고 이곳에서 임사체험자나 영적인 존재는 아직 그가 이 영역에 완전히 들어올 때가 아니라는 결정을 내린다.

  임사체험은 흔히 개인에게 심오하고 장기적인 변화를 일으킨다. 임사체험자가 사회와 주변을 더욱 자각하게 되고 영적인 사람이 되며 죽음을 덜 두려워하게 된다는 점은 긍정적이다. 하지만 조롱당하거나 '미쳤다'라고 무시당할까 봐 두려워 자신의 경험에 입을 다물기도 한다. 임사체험의 본질이 무엇이든 더 많은 사람이 임사체험을 실제로 받아들인다는 점에서 잘못된 정보에 바탕을 둔 반응이 조금 줄어들었으면 한다. 주변 사람이 이들에게 공감하더라도 임사체험자는 이 심오하면서도 형언할 수 없는 경험을 제대로 설명할 수 없어 크게 좌절한다. 때로 임사체험자의 성격이 흔히 긍정적인 쪽으로 바뀌어 주변 사람들이 난감해하기도 한다. 임사체험자가 완전히 성인군자가 되어 집을 팔아 자선단체에 기부하겠다고 한다면 가족 관계가 어떻게 되겠는가!

대체로 임사체험은 매우 긍정적이지만 가끔은 상당히 불쾌하기도 하다. 브루스 그레이슨Bruce Greyson과 낸시 부시Nancy Evans Bush는 고통스러운 임사체험의 세 가지 유형을 확인했다.[08] 첫 번째 유형은 전형적인 긍정적 임사체험과 현상학적으로 비슷하지만 막상 그 경험을 한 사람은 불쾌하다고 느낄 때다. 예를 들어 수술대 위에서 자신을 내려다보고 그 상황에서 자신이 죽어간다는 사실을 깨닫고 겁에 질릴 수 있다. 이런 부정적 임사체험은 상황에 맞서지 않고 그대로 내버려두면 좀 더 평범한 희열감으로 바뀌기도 한다. 두 번째 유형의 부정적 임사체험은 악마가 희생자를 고문하는 등 끔찍한 이미지를 보는 것이다. 세 번째 유형의 고통스러운 임사체험은 가장 오싹하다. 이 유형에서는 임사체험자가 무한한 공허 속에 혼자 있으면서 결코 그 상황에서 벗어날 수 없으리라 확신한다. 당연히 이런 부정적인 경험을 하면 죽음에 대한 두려움이 크게 늘고 심지어 PTSD가 발생할 수도 있다.

연구자들은 서로 다른 임사체험 정의를 채택할 때 발생할 혼란을 피하려고 흔히 표준 척도를 사용해 임사체험의 '깊이'를 측정한다. 가장 흔히 사용되는 척도는 브루스 그레이슨이 개발한 척도다.[09] 이 척도는 (인지적·정서적·초자연적·초월적 특징과 관련된) 4개 그룹

16개 항목으로 구성되며 최대 점수는 32점이다. 7점 이상이면 진짜 임사체험을 나타낸다.

미국 인구의 약 15퍼센트가 임사체험을 했다는 주장도 있지만 이 수치는 '죽음에 가까워졌다'는 느낌을 겪은 적이 있는지를 묻는 설문조사에서 나온 것뿐이다.[10] 도로에 나가다가 질주하는 차에 치일 뻔한 경험은 우리가 말하는 임사체험은 아니다. 우리가 관심을 갖는 유형의 죽음에 가까워진 경험을 한 사람이 얼마나 되는지 묻는 것이 훨씬 흥미롭고 적절한 질문이다. 이유는 알 수 없지만 이 질문에 대한 답도 상당히 다양하다. 이런 질문에 답할 때 사용할 만한 가장 좋은 근거는 전향적 연구 결과다. 예를 들어 특정 기간 심장 병동에 입원한 사람처럼 미리 선택한 표본 중에서 임사체험이 얼마나 일어나는지 체계적으로 평가한 연구가 이에 해당한다. 나는 2005년까지 실시된 연구 네 건을 검토한 끝에 각 연구의 방법론과 표본 크기를 바탕으로 임사체험을 한 사람의 추정치는 많아 봤자 10~12퍼센트라고 보았다.[11] 그 뒤 전향적 연구 세 건이 더 보고되었지만 여전히 10~12퍼센트는 합리적인 추정치로 보인다.[12]

2001년 핌 반 롬멜Pim van Lommel 연구진은 〈랜싯The Lancet〉에 대규모 전향적 연구 결과를 발표했다. 그때 나는 이 논문에 관한 논평을 써달라는 요청을 받았다.[13] 나는 일부 임사체험 보고가 사실은 거짓 기억에서 나온 것일 수 있다고 주장했다. 그랬던 이유는 초기 데이터를 수집하고 약 2년 뒤 원래의 하위집단 표본을 대상으로 실시한 후속 면담 결과 때문이었다. 처음에는 죽음에 가까워지기는 했지만 임사체험은 아닌 경험을 했다고 말한 참가자 37명 중 네 명이 2년 뒤에는 그때 임사체험을 했다고 마음을 바꿨다. 이들은 임사체험을 할 때 흔히 일어나는 경험에 관해 더 많이 알게 된 다음, 자신이 한 경험도 마찬가지였다고 상상한 끝에 결국 그런 거짓 기억을 갖게 되었을 수 있다. 당시 나는 이것이 합리적인 가설이라고 믿었지만, 이 기회를 빌려 지금은 더 이상 그렇게 생각하지 않는다고 말하고 싶다. 그 뒤 많은 연구에서 시간에 따른 임사체험 보고의 일관성과 임사체험자가 지닌 기억의 특성을 직접 평가했다.[14] 이런 연구 결과를 종합해볼 때 임사체험을 했다는 사람의 설명은 시간이 지나도 대체로 일관되며, 임사체험 기억은 실제로 일어난 다른 감정적인 사건이나 상상한 사건 기억보다 훨씬 생생하고 강렬하며 감정적이다.

임사체험이 거짓 기억에서 나왔다는 설명이 적절치 않다면, 가장 좋은 설명은 무엇일까?

사후 세계 엿보기, 또는 죽어가는 뇌가 만든 환상일까?

임사체험을 설명하는 여러 이론은 세 가지 범주로 거칠게 개념화할 수 있다.[15] 먼저 유심론(초월주의transcendental 또는 생존주의survivalism라고도 함)에서는 임사체험이 그 경험을 하는 사람이 보는 그대로라고 주장한다. 다시 말해 이런 접근법에서는 임사체험을 의식(또는 영혼)이 뇌라는 물리적 기질에서 분리될 수 있다는 증거이며 심지어 사후 세계가 있다는 강력한 증거라고 본다. 이것이 옳다면 유심론자는 의식을 이원론적으로만 설명할 수 있다는 개념을 증명할 수 있다. 하지만 이런 이론의 일반적인 문제는 검증 가능한 가설을 만들지 못한다는 점이다.

두 번째 범주는 본질적으로 심리학적이다. 스타니슬라프 그로프Stanislav Grof와 조앤 할리팩스Joan Halifax의 주장처럼 임사체험이 출산 기억에서 나온다는 주장이다. 놀랍게도 다름 아닌 고 칼 세이건도 이런 주장을 지지한 바 있다.[16] 이런 설명에서는 임사체험 보고에 흔히 등장하는 터널이 산도 기억이고, 터널 끝의 빛은 분만실의 빛이며, 빛나는 존재는 아기를 받는 의료진이라고 주장한다. 하지만 이 이론은 신생아의 뇌가 아직 신체적으로 충분히 발달하지 않았기 때문에 자서전적 기억을 형성할 수 없다는 이유로 강한 비판을 받았다. 게다가 아기는 산도를 따라 내려올 때 입구 쪽을 보고 내려오지 않으며 분명 임사체험처럼 부드럽게 떠다니듯 느끼지도 않을 것이다!

이 이론을 확실히 묻어버린 인물은 수전 블랙모어다.[17] 그는 이 이론이 옳다면 어떤 방식으로 태어났는지에 따라 경험하는 임사체험 유형이 결정되리라 추론했다. 하지만 그가 내놓은 자료에 따르면 제왕절개로 태어나 산도를 통과하지 않은 사람도 질 분만으로 태어난 사람만큼 터널 경험을 자주 보고한다.

러셀 노이스 주니어Russell Noyes Jr.와 로이 클레티Roy Kletti가 주장한 심리학 이론도 논쟁의 여지는 있지만 더 그럴듯하다.[18] 이들은 임사체험이 비인격화를 겪는 사람에게 심리적 방어기제로 작용해 스트레스에서 벗어나고 기분 좋은 환상에 몰두하게 만든다고 주장한다. 이런 설명은 흔히 심리학 이론이 그럴듯 유체이탈 같은 임사체험의 일부 측면을 그럴듯하게 설명하지만 임사체험자가 흔히 보고하는 '초현실감' 같은 다른 면은 설명하지 못한다.

마지막으로 널리 받아들여지는 범주의 설명은 비정상적인 뇌활동이라는 관점에서 임사체험의 여러 요소를 설명하는 유기체적 이론이다. 이런 접근법은 '죽어가는 뇌 가설'이라는 일반적인 제목 아래 묶이기도 한다. 하지만 이 제목은 약간 오해의 소지가 있다. 뇌가 분명히 죽음의 문턱에 있지 않은데도 임사체험을 하는 일도 있기 때문이다. 객관적으로는 죽음의 위기에 놓여 있지 않은데도 그렇다고 믿을 때 임사체험을 보고하기도 한다.

이 장의 다음 부분에서는 이 마지막 접근법을 개략적으로 살펴보고 유심론을 따르는 사람들이 이 설명에 어떻게 도전하는지 살펴보자. 세 가지 이론적 범주 사이에 명확한 경계가 없다는 점은 강조해야겠다. 이런 범주 구분은 그저 표현의 편의를 위한 것이며 종종 그 경계가 모호하다. 예를 들어 심리학 이론에서는 분명 근본적인 신경 메커니즘을 설명하지만, 유심론에서도 뇌가 특정 상태에 있을 때만 영혼이 육신을 떠난다고 주장하기도 한다.

엄격하게 통제된 조건에서 임사체험을 조사하기는 불가능하다. 실용적 이유와 윤리적 이유 모두에서 그렇다. 대체로 임사체험은 흔히 일상생활 중에 예측할 수 없을 때 발생한다. 실험실에서 의도적으로 어떤 사람을 죽음 직전까지 몰고 갔다가 다시 데려오며 생리적 상태 데이터를 수집하는 일이 이론상 가능하기는 하지만, 그런 연구는 윤리적 이유로 절대 허용되지 않는다. 이런 상황에 가장 가까운 일은 의료 시술 도중 우연히 환자가 임사체험을 할 때다. 앞서 이런 유형을 다룬 전향적 연구에서 귀중한 생리적 정보를 얻을 수 있다. 하지만 임사체험의 구성 요소는 대체로 임사체험이 아닌 상황에서도 발생한다. 이때는 발생 당시의 상황을 더 잘 통제할 수 있다.

이제 임사체험의 갖가지 구성 요소를 설명하는 여러 생리적 요인을 살펴보자. 임사체험을 다루는 포괄적인 모형이라면 수전 블랙모어의 주장대로 이런 설명을 종합해야 한다.

임사체험 중 흔히 보고되는 희열감은 엔도르핀 때문일 수 있다. 엔도르핀은 몸이 스트레스나 통증에 자연스럽게 반응할 때 분비되므로 임사체험이 일어나는 여러 상황에서 분비될 가능성이 높다. 엔도르핀은 통증을 줄일 뿐만 아니라 흔히 감정 상태를 긍정적으로 바꿔 임사체험 동안 경험하는 환각의 내용에 영향을 미친다.

이런 가능성은 1983년 I. R. 저드슨I. R. Judson과 E. 윌트쇼E. Wiltshaw가 묘사한 일화적 증거로 뒷받침할 수 있다.[19] 블랙모어의 설명대로 전형적인 희열감이 악몽 같은 경험으로 바뀌는 특이한 사례다.[20] 72세의 암 환자였던 한 임사체험자는 혼수상태에 빠져 희열을 경험하는 동안 자신이 높은 곳에 서 있다는 사실을 발견했다. 친절하고 자상한 존재들이 다가왔지만 그는 갑자기 무언가 잘못되었다는 것을 깨닫고 당황했다. "그들이 내게 다가오면서 놀람이 점점 공포로 변했죠. 저는 그들에게 저리 가라고 애원했습니다. 그들이 내 손을 잡고 몸에서 저를 빼내려고 해서 너무 무서웠어요. 너무 고통스러웠고요…. 제발, 제발 절 좀 내버려둬요. 절 죽이려는 건가요. 오, 제게 왜 이런 짓을 하는 건가요?"[21]

그 존재들이 계속 그를 조종하자 그는 압도적이고 끔찍한 냄새와 강력한 진동을 느꼈다. "저는 침대에 누워 여전히 저를 '조종'하고 있는 두 존재의 눈을 들여다보았습니다. 사막에 큰 바위가 있었던 장면이 바뀌어 커튼 달린 문이 있는 작은 방으로 들어갔어요. 그 문으로 사람들이 분주히 오갔습니다."

혼란스럽고 겁에 질린 상태로 병실에서 깨어난 그는 "이건 악마야, 악마라고!"라는 말을 반복했다. 그리고 몸부림치며 팔에서 주삿바늘을 빼내려 했다. 이런 상황이 어째서 대부분의 임사체험에서 보이는 긍정적인 분위기가 엔도르핀 분비 때문이라는 생각을 증명한다는 것인가? 그 이유는 환자에게 날록손naloxone을 주사한 순간 긍정적인 기분이 부정적인 경험으로 바뀌었다는 데 있다. 날록손은 모르핀이나 자연스럽게 분비되는 엔도르핀의 효과를 차단한다.

여러 신경전달물질이 임사체험을 일으킬 수 있다는 주장도 있다. 예를 들어 멜빈 모스Melvyn Morse 연구진은 특히 신비로운 환각과 유체이탈에서는 엔도르핀 분비보다 세로토닌 분비가 더 중요하다고 주장했다.[22] 칼 얀슨Karl Jansen은 밝은 빛을 보거나 터널을 통과하는 등의 현상에서 케타민ketamine 효과와 임사체험이 비슷하다는 점을 바탕으로 임사체험 모형을 개발했다.[23] 하지만 두 경험에는 중요한 차이점이 있다. 케타민으로 유발되는 경험이 더 무섭고 비현실적으로 느껴질 가능성이 높다는 점이다.[24]

뇌에 저산소증hypoxia(산소 농도 감소)이 일어날 때 임사체험이 발생한다는 강력한 증거도 있다. 전투기 조종사가 극단적으로 가속하며 방향을 조종할 때 혈액이 뇌에 도달하지 못해 기절하기도 한다는 사실은 오래전부터 잘 알려져 있었다. 가속으로 인한 의식상실 GZ-induced Loss of Consciousness, G-LOC이라는 현상이다. 통제된 환경에서 이렇게 극단적으로 가속할 때의 효과를 연구하자 이때 경험하는 현상과 임사체험의 몇 가지 요소가 놀랄 만큼 비슷하다는 사실이 밝혀졌다. 제임스 휘너리James Whinnery는 거의 1000건에 이르는 임사체험 사례를 바탕으로 이 유사성을 다음과 같이 요약했다.

> G-LOC 경험의 주요 특징과 임사체험의 특징에는 다음과 같은 공통점이 있다. 터널이 보임, 밝은 빛, 떠다니는 느낌, 자동적인 움직임, 자기 몸을 봄, 유체이탈, 방해받고 싶지 않음, 마비, 아름다운 장소에 있다는 생생한 꿈, 쾌감, 황홀감과 해리 같은 심리적 변화, 친구나 가족이 보임, 과거 기억

과 생각이 나타남,(기억할 수 있다면) 아주 기억에 남는 경험, 이야기 만들기, 그 경험을 이해하고 싶은 강한 충동이다.[25]

저산소증은 흔히 고탄산혈증hypercarbia(이산화탄소 수치 증가) 때문에 나타난다. 이 자체로도 밝은 빛, 유체이탈, 과거 기억 회상, 신비로운 통찰이 나타난다고 한다.[26]

임사체험에 관한 가장 포괄적인 이론은 아무래도 수전 블랙모어의 이론일 것이다.[27] 앞서 언급했듯 그가 제안한 모형은 본질적으로 기존 주장에 특정 임사체험 구성 요소에 관한 새로운 설명을 더한 것이다. 그가 새롭게 내놓은 임사체험 설명은 흔히 보고되는 터널 경험에 관한 것이다. 블랙모어는 시각 피질에서 일어나는 피질 탈억제cortical disinhibition가 해당 뇌 영역에서 일어나는 무작위적인 신경 발화로 이어진다고 주장했다. 시각 영역의 주변부보다 중심에 할당된 세포가 더 많아지면 시야 중심부에 밝은 빛이 보이고, 더 많은 세포가 발화되면서 이 영역이 점점 더 넓어진다. 이렇게 되면 터널을 통해 밝은 빛 쪽으로 나아간다는 주관적인 감각이 생긴다.

측두엽, 특히 뇌의 측두두정temporoparietal 영역이 임사체험에 관여한다는 주장을 뒷받침하는 증거도 많다.[28] 예를 들어 일부 측두엽 간질 환자는 임사체험에서 일어나는 경험을 간질 발작 중에도 경험한다. 유체이탈, 죽은 친구나 친척이 보임, 우주와 일체가 된 신비로운 느낌 등이 이런 경험이다.[29]

하지만 일부 논평가는 측두엽 간질과 신비로운 경험의 관계에 의문을 나타냈다.[30] 이들은 '발작 때 일어나는 신비한 체험을 확인하고 특징을 찾아내려는' 목적으로 설계된 연구에서 '어떤 환자의 설명도 신비로운 경험을 했다는 기준을 충족하지 못한' 사례가 적어도 한 건 이상 있다고 결론내렸다.[31] 하지만 앞으로 살펴보겠지만 측두엽 활동과 유체이탈이 직접 관련 있다는 훨씬 더 강력한 증거가 있다.

지금까지 유체이탈은 임사체험에서 몹시 흥미로운 면 중 하나인데도 그저 건너뛰었다. 어쨌든 임사체험의 초자연적 속성을 증명할 잠재력이 가장 큰 현상은 유체이탈이다. 임사체험의 다른 구성 요소(희열감, 터널을 통과해 밝은 빛을 향해 나아간다는 느낌, 다른 영역으로 들어가 영혼 만나기)는 아주 주관적이다. 임사체험자가 이런 경험을 아무리 현실처럼 느껴도 (게다가 흔히 이런 경험은 '진짜보다 더 진짜 같다'라고 보고된다) 외부 관찰자가 이런 경험을 자연스럽게 일어나는 환각이 아니라고 볼 이유는 전혀 없다. 하지만 임사체험 당시 유체이탈 단계에 먼 곳에서 얻었다는 정보를 다른 식으로는 설명할 수 없다면, 의식이 실제로 육신과 분리될 수 있다는 강력한 증거가 될 것이다. 이를 정확히 증명한 몇 가지 고전적인 사례가 있다.

유체이탈 할 때 의식은 정말 몸을 떠나는가?

임사체험이 진짜 초자연적 현상이라는 궁극적인 증거는 당시 일어난 사건을 정확히 지각해 설명하는지에 달려 있다고 보는 이가 많다. 이때는 그럴듯한 다른 비초자연적인 설명이 불가능하다는 전제가 있어야 한다. 실제로 그런 사례는 거의 없다. 블랙모어는 유체이탈 동안 일어난 사건을 정확하고 이치에 맞게 설명하려면 어떤 비초자연적 요소가 있어야 하는지 간결하게 설명한다. "당시 이용 가능한 정보, 사전 지식, 환상이나 꿈, 운 좋게 들어맞는 추측, 다른 감각으로 얻은 정보가 있어야 한다. 정확한 세부 사항에 관한 선택적 기억, 임사체험이 끝난 다음부터 그 체험을 설명하기 전까지 끼워 넣은 세부 사항, 그럴듯한 이야기를 꾸며내는 성향도 있다."[32] 이런 요소를 염두에 두고, 임사체험이 진짜 초자연적 현상이라는 강력한 증거라며 지금까지 제시된 몇 가지 고전적인 사례를 살펴보자.[33]

1984년 킴벌리 클라크Kimberley Clark는 유체이탈 동안 초자연적 지각을 겪었다는 반박할 수 없는 증거라는 최초의 사례를 보고했다.[34] 클라크는 시애틀 병원 중환자실에서 사회복지사로 일하던 중 마리아를 만났다. 마리아는 이민 노동자로 심장마비로 입원했다가 며칠 뒤 병원에서 심정지를 겪었다. 그다음 마리아는 흔히 임사체험이라고 알려진 전형적인 경험을 말해주었다. 당시 마리

아는 유체이탈해 의료진이 자신을 살리려 애쓰는 모습을 지켜보았다고 한다. 그때 그는 병원 바깥 하늘에 떠 있다고 느꼈다. 그는 건물 3층 난간에 놓인 테니스화를 발견했다고 한다. 이 이상하지만 구체적인 세부 사항에 흥미를 느낀 클라크는 마리아의 요청을 따라 신발을 찾아보기로 했다.

클라크는 병원 바깥 지상에서는 그쪽이 잘 보이지 않는다고 주장했다. 그래서 그는 병실 안팎을 왔다 갔다 하며 보일 만한 지점에서 무엇이 보이는지 살펴보았다. 그의 말에 따르면 창문이 너무 좁아서 난간을 보려면 얼굴을 창문에 딱 붙여야 했다. 하지만 놀랍게도 그렇게 하자 마리아 말대로 테니스화가 보였다! 신발이 병원 바깥 지상에서는 보이지 않고 병원 안 딱 그 지점에서만 보였다는 점에서 누군가 그런 특이한 곳에 테니스화가 있다는 말을 한 것을 마리아가 우연히 엿들었을 가능성은 배제되었다. 기억 연구자들은 정보 자체는 기억해도 정보 원천은 잊을 수 있다는 사실을 잘 안다. 하지만 병원 바깥이나 안에서나 신발이 잘 보이지는 않았다며, 마리아가 이 이야기를 우연히 듣고 임사체험에서 보았다고 했을 가능성은 배제되었다.

초자연적 현상을 겪었다는 주장에서 흔한 일이지만 이 사례 역시 처음 드러났을 때처럼 강력한 증거가 되지는 못했다. 예를 들어 다른 연구자는 클라크의 주장을 평가하기 위해 같은 건물 비슷한 위치에 신발을 올려놓고 그 신발이 얼마나 잘 보이지 않는지 살폈다.[35] 이들은 병원 바깥 지상이나 병원 안에서 창문에 얼굴을 바짝 붙이지 않고도 신발이 잘 보인다는 사실을 발견했다. 실제 사건은 클라크가 그 일을 보고하기 7년 전인 1977년 일어났다는 사실도 알아두어야 한다. 마리아가 자신이 겪은 일을 직접 설명한 보고도 없다. 곰곰이 생각해보면 이 사례는 정신이 육신을 떠난다는 증거로 받아들이기에는 너무 약하다.

생존주의자의 주장을 뒷받침하는 가장 강력한 증거로 흔히 제시되는 사례는 마이클 세이범Michael Sabom이 처음 보고한 팸 레이놀즈Pam Reynolds의 사례다.[36] 레이놀즈는 1991년 뇌바닥동맥류basilar artery aneurysm 제거 수술을 받았다. 이를 위해 저체온심정지요법hypothermic cardiac arrest이라는 복잡한 수술을 해야 했다. 체온을 섭씨 16도 정도까지 낮춰 호흡과 심장 박동을 멈춘 다음 머리에서 혈액을 빼내는 수술이다. 일단 동맥류를 제거한 다음 몸을 다시 데워 정상적인 혈액 순환과 심장 박동을 되돌린 다음 상처를 봉합했다. 회복실에서 점차 의식을 회복한 레이놀즈는 생생한 임사체험을 했다고 묘사했다.

레이놀즈는 수술 초반에 유체이탈을 경험하며 자신이 수술받는 모습을 지켜보았다고 했다. 그의 설명은 아주 정확했다. 심장이 멈춘 다음 그는 어둠의 소용돌이를 통과해 빛의 영역으로 들어갔고, 그곳에서 고인이 된 친척들이 자신을 돌보아 주었다고 한다. 이 친척들은 그가 다시 몸으로 돌아갈 수 있도록 도와주었다. 그는 몸으로 돌아왔을 때 수술실에서 〈호텔 캘리포니아Hotel California〉가 들렸다고 정확하게 보고했다.

이 사례는 흔히 주장하듯 전통적인 설명에 반하는 사례일까? 누구나 그렇게 생각하지는 않는다. 예를 들어 경험 많은 마취과 의사인 G. M. 워리G. M. Woerlee는 이 사례를 자세히 살펴본 다음, 드물기는 하지만 환자가 수술 도중 의식을 찾는 일이 있으므로 그런 경험은 사실이라는 설득력 있는 주장을 했다.[37] 환자는 움직일 수 없고 (보통) 통증을 느끼지 못하지만 주변에서 무슨 일이 일어나지는 충분히 인지할 수 있다. 보통 의식을 잃을 때 가장 마지막으로 사라지고 의식을 회복할 때 가장 먼저 돌아오는 감각은 청각이다. 레이놀즈의 눈은 테이프로 가려져 있었지만 그가 의식을 회복했다면 (귀에 작은 스피커가 끼워져 있었지만) 주변에서 무슨 일이 일어나는지 명확하게 들을 수 있었을 것이다.[38] 이런 상황에서 들어오는 청각 정보와 사전 지식을 바탕으로 마음속에 장면을 그려 보는 일은 지극히 자연스럽다.

워리가 분명히 밝혔듯 레이놀즈가 겪은 생생한 유체이탈은 심장 우회 장비를 장착하기 전인 수술 초기 단계에서 발생했다. 비슷한 다른 사례에서처럼 타이밍이 중요했다. 핀 반 롬멜 연구진은 "이 환자는 유체이탈을 비롯해 상당히 깊은 임사체험을 경험한 것으로 입증되었다. 뇌파가 평탄해진 도중 이런 경험이 발생했다는 점으로도 이를 입증할 수 있다.[39] 하지만 이는 사실이 아니다.

블랙모어는 반 롬멜 연구진이 내놓은 허위 진술은 이뿐만이 아니라고 지적한다.[40] 이들은 〈랜싯〉에 실린 전향적 연구 보고에서 이렇게 밝혔다. "한 병원에서 선행요법을 실시하던 한 관상동맥치료실 간호사는 깨어난 환자의 정직한veridical 유체이탈 경험을 보고했다."⁴¹ 처음 이 글을 읽었을 때 블랙모어는 선행요법을 실시할 때 '진짜veridical' 유체이탈이 일어났다고 읽었다. 나도 그랬다. 당신도 그렇게 읽었는가?

하지만 문장을 주의 깊게 다시 읽어보면 이 문장에서는 사실 명확히 그렇게 말하지는 않았다는 사실을 알 수 있다. 모호한 문장이 대체로 그렇지만 말이다. 사실 이 문장에는 선행요법 단계에서 임사체험이 보고되었다고 쓰여 있지, 임사체험이 일어났다고 쓰여 있지도 않다. 문제의 임사체험은 반 롬멜이 연구 데이터를 수집하기도 9년 전인 1979년 일어난 일이라는 사실도 밝혀졌다. 공간이 부족해서 여기에서 이 사례를 꼼꼼하게 논할 수는 없지만, 임사체험을 보고한 간호사와 자세한 내용을 면담한 것은 사실 거의 30년 뒤, 반 롬멜이 이 사례를 설명할 수 없는 진짜 유체이탈 사례라고 묘사한 지 몇 년이 지난 뒤였다는 점에 주목해야 한다.⁴² 그렇게 오래전에 정확히 무슨 일이 일어났는지에 관한 여러 질문은 여전히 풀리지 않고 남아 있으므로, 이 사례는 그저 재미있는 일화 정도에 불과하다.

블랙모어가 임사체험 연구자의 잘못된 설명에 관심을 가진 것은 이번이 처음은 아니었다. 반 롬멜 연구진이 〈랜싯〉에 낸 논문 등 여러 연구자의 글에는 '시각장애인은 유체이탈 경험을 하는 동안 진짜 지각을 묘사한다'라는 주장이 흔히 등장한다.⁴³ 래리 도시 Larry Dossey가 생생하게 묘사한 사례도 그중 하나다. 그의 설명에 따르면 환자 사라는 흔한 수술을 받다가 심장이 멈췄다. 다행히 세동이 멈췄고 사라는 회복했다. 그다음 사라의 말에 본인은 물론 수술팀도 모두 놀랐다고 한다. 도시의 말을 들어보자.

> 사라는 심장마비가 일어났을 때 의사와 간호사들이 당황하며 대화를 나누던 모습, 수술실 배치, 복도 바깥 수술 일정표에 휘갈겨 쓴 글씨, 수술대를 덮은 시트의 색깔, 수간호사의 머리 모양, 수술이 끝나기를 기다리며 복도 저편 의사 라운지에 모여 있던 의사들의 이름, 심지어 그날 자신을 담당한 마취과 의사가 짝짝이 양말을 신고 있었다는 사소한 사실까지 전부 명확하고 상세하게 기억했다. 수술 도중이나 심정지가 일어났을 때 완전히 마취되어 의식이 없었는데도 그는 이런 사실을 전부 알았다.[44]

더 놀라운 사실은 사라가 선천적으로 시각장애인이라는 점이다!

당연히 블랙모어는 이 사례에 흥미를 느끼고 도시에게 편지를 보내 자세한 내용을 물으며 자신이 직접 사라를 만나 면담할 수 있을지 요청했다. 그의 대답은 블랙모어의 예상과는 전혀 달랐다. 도시는 그저 예시를 들기 위해 꾸며낸 사례라고 솔직하게 고백했다!

고의적인 속임수로 밝혀진 드문 사례나 그저 임사체험 연구자들이 사례를 들기 위해 조작한 경우를 제외하고 다른 임사체험은 어떻게 해석해야 할까?[45] 그들은 정말 사후 세계를 얼핏 보았을까? 아니면 생생하고 삶을 뒤흔드는 환각을 겪었을까? 생존주의자가 가장 관심을 갖는 설명은 당연히 유체이탈 동안 얻은 정보

묘사가 당시 실제 사건과 일치하는 것처럼 보일 때다.

하지만 대다수 지각된 일은 실제 사건과 일치하지 않는다. 이런 생각은 적어도 일부 임사체험, 아마도 모든 임사체험은 자연스럽게 일어나는 환각이라는 관점을 뒷받침한다. 키스 어거스틴Keith Augustine은 아직 살아 있는 사람을 만나는 등 현실과 맞지 않는 수많은 임사체험 사례를 보고했다. 이런 사례는 성인보다는 어린이에게서 더 흔하게 나타났다.[46] 한 사례에서 어떤 여성은 자신이 심장 우회술을 받는 모습을 보았다고 한다. 심장이 자기 몸 바깥에 꺼내진 채 옆에서 쿵쿵 뛰었다고 했다. 하지만 사실 우회술을 받을 때 심장을 꺼내지는 않는다. 또 다른 사례에서는 한 어린이가 위에서 자기 엄마를 내려다보았는데 엄마 코가 '돼지 괴물처럼' 납작하고 일그러져 있었다고 했다. 신화 속 존재, 지각 있는 식물, 말하는 곤충을 만났다는 보고도 있다.

생존주의자는 그런 경험이 사실 진짜 임사체험은 아니라고 주장한다. 하지만 그런 입장은 명백히 너무 자의적이다. 여기서 끌어낼 가장 합리적인 결론은 적어도 일부 임사체험은 자연스러운 환각이라는 설명일 것이다. 따라서 적어도 일부 사례는 환각이 아니라 진짜 초자연적 지각이 일어난 것이라고 주장하는 사람에게는 이를 입증할 책임이 있다. 2014년 샘 파니아Sam Parnia 연구진은 바로 이런 주목할 말한 시도를 했다.[47]

소생 중 인지AWAreness during REsuscitation, AWARE 프로젝트는 4년간 진행된 야심찬 다국적 연구로 전 세계 15개 병원이 참여했다(결과를 보고하는 최종 논문 공동 저자는 31명이 넘었다). 저자들은 연구 목적을 이렇게 설명했다. "이 연구의 일차 목적은 소생술을 시행하는 도중 인지 발생 비율과 정신적 경험의 범위를 조사하는 것이다. 두 번째 목적은 심정지 동안 시청각적 지각과 인지가 발생했다는 보고의 정확성을 확인할 새로운 방법론을 확립할 수 있을지 알아보는 것이다." 여기서 우리가 관심을 가져야 할 부분은 이 두 번째 목적이다.

연구 기간 심폐소생술CPR을 할 가능성이 있는 병원 병동에 50~100개의 선반을 설치했다. 그리고 종교적 상징, 국가적 상징, 동물, 사람, 신문 머리기사 같은 것이 하나씩 포함된 사진들을 표적 삼아 선반 위에 숨겨두었다. 사진은 천장 근처에서 내려다보아야만 볼 수 있었다. 연구진은 희망(이것이 적절한 단어라면)하건대 심폐소생술을 받는 동안 유체이탈을 경험하는 사람이 그 사진을 발견한다면 나중에 그 사진을 설명할 수 있으리라 기대했다.

임사체험 동안 의식의 본질을 조사하는 이런 접근방식에는 분명 몬티 파이튼Monty Python(비행 서커스를 개발한 영국 코미디언 그룹-옮긴이) 같은 느낌이 있지만, 나는 이런 방법을 전적으로 지지한다. 누군가 천장 근처에서만 볼 수 있는 사진을 정확히 설명할 수 있다면 나 같은 회의주의자에게는 큰 도전이 될 것이다. AWARE 프로젝트 자금이 확보되었을 때 나는 샘 파니아와 함께 〈BBC 월드와이드 뉴스BBC Worldwide News〉 방송에 함께 출연해 그 프로젝트에 관한

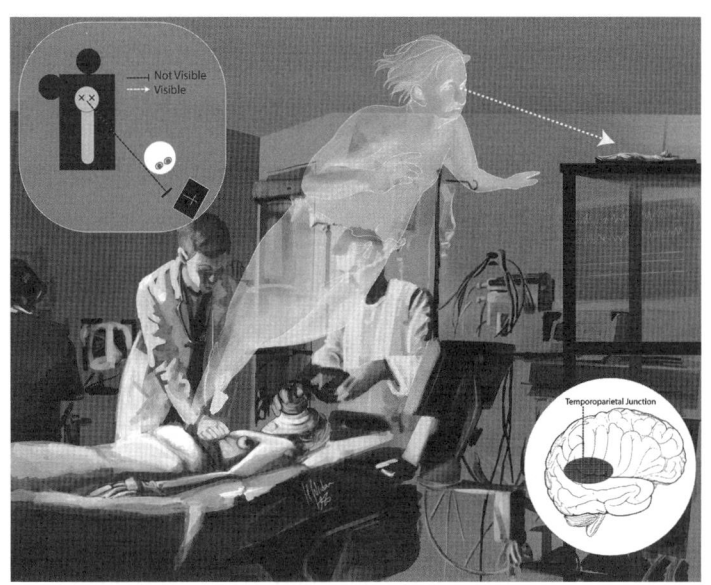

임사체험 중 유체이탈한 사람이 천장 근처 특정 지점에서만 보이는 목표 사진을 정확하게 묘사할 수 있다면(그리고 그런 정보를 얻을 다른 수단은 모두 배제한다면), 실제로 의식이 물리적 뇌에서 떨어져나올 수 있다는 강력한 증거가 될 것이다. 지금까지 이런 일은 일어나지 않았다. 유체이탈은 뇌의 측두두정엽 영역 활성에 혼란이 생겨 일어난 환각이라는 강력한 증거가 있다.

이야기를 나눴다. 샘은 이 연구가 완료될 때까지 이 숨겨둔 사진에 관해 정확하게 보고하는 사람이 나타나지 않는다면 임사체험이 환각이라는 사실을 증명할 수 있으리라고 말했던 것이 기억난다. 나는 그의 말에 동의하지 않았다. 내가 심정지 되었을 때 의식의 핵심이 내 몸을 빠져나간다는 사실을 알아도 선반 위에 숨겨진 사진을 훔쳐보는 것은 분명 내 최우선 과제는 아닐 것이기 때문이다!

보이지 않음/보임/측두두정접합부

이런 논의를 하고 몇 년 뒤 나는 BBC의 종교프로그램 〈빅 퀘스천The Big Questions〉에 출연해 사후 세계의 증거와 그에 반하는 증거를 논의했다. 나 말고 다른 참가자에는 AWARE 프로젝트에 참여했던 켄 스피어포인트Ken Spearpoint가 있었다. 프로그램이 끝난 뒤 우리는 기차를 타고 함께 런던으로 돌아왔다. 스튜디오 토론에서는 반대편이었지만 우리는 친근하게 대화를 나눴다. 지금은 켄이 대화 도중 사용한 단어가 정확히 기억나지는 않지만, 나는 임사체험자 중 한 명이 숨겨진 이미지 하나를 정확하게 보고했다는 말을 듣고 깜짝 놀랐다. 일단 그런 결과가 발표되면 실제로 초자연적 지각이 있다는 매우 강력한 증거라는 사실을 공개적으로 인정하거나, 이 발견을 그럴듯하게 비초자연적으로 설명하느라 진땀을 빼야 하리라 예상했기 때문이다. 공개적으로 틀렸다고 지적받는 일은 아무도 좋아하지 않는다.

그래서 최종 보고서가 발표되자 나는 약간 두려움에 떨며 그 보고서를 읽었다. 결과는 확실히 유익했다. 심장마비 생존자 140명 중 101명은 그레이슨의 임사체험 척도를 충족했을뿐만 아니라 자신의 경험을 상세히 설명했다. 이 중 46퍼센트는 심정지 동안의 경험을 기억했고, 9퍼센트는 임사체험을 했으며, 2퍼센트는 소생술을 실시할 때 일어난 사건을 보고 들었다고 보고했다. 임사체험을 했다고 보고한 환자 중 한 명은 그 경험이 너무 끔찍해서 자세히 말할 수 없다고 해서 세부 사항을 확인할 수 없었다. 하지만 다른 보고는 당시 일어난 일을 전반적으로 정확하게 묘사했다. 그렇다면 숨겨둔 사진을 정확하게 보고한 임사체험 보고는 어디에 있었을까? 그런 것은 없었다! 이 연구에서는 데이터를 수집하려고 열심히 노력했지만, 심정지 생존자 중 심폐소생술과 관련된 기억을 보고한 사람은 두 명뿐이었다. 게다가 둘 다 사진을 숨겨둔 병실에 있지 않았다. 나는 켄의 말이 환자가 심폐소생술과 관련해 보고한 유체이탈 기억이 전반적으로 정확했다는 뜻이었을 거라고 추측할 수밖에 없다. 하지만 다시 한번 말하지만 그 설명은 환자가 수술 중에 실제로 의식을 되찾았으리라는 가정으로도 설명할 수 있다.

임사체험은 신경과학에 대한 근본적인 도전인가?

생존주의자는 흔히 두 가지 핵심 주장을 바탕으로 임사체험이 뇌의 근본적인 신경 기질에서 의식이 분리될 수 있다는 강력한 증거라는 믿음을 정당화한다. 첫 번째 주장은 유체이탈 단계에서 진짜 지각이 발생할 수 있다는 주장이지만, 우리는 이미 그런 주장을 자세히 검토하면 비판을 면치 못한다는 사실을 확인했다. 다음 단락에서 더 자세히 논의하겠지만 오히려 유체이탈은 강력한 환각 경험이다.

두 번째 주장은 전향적 연구에서 나온 결과를 오늘날의 신경과학 지식으로는 설명할 수 없다는 주장이다. 브루스 그레이슨의 말을 들어보자.

> 대뇌 관류가 손상된 시점에 고양되고 명확한 의식과 논리적 사고가 일어난다는 역설적인 현상을 보면, 오늘날 의식 및 의식과 뇌 기능의 관계를 보는 지식에 맞서 특히 당혹스러운 질문을 하게 된다…. 임상적으로 사망했다고 여겨질 때 명확한 감각과 복잡한 지각이 일어난다는 사실은 의식이 뇌에만 있다는 개념에 도전한다.[48]

이와 마찬가지로 반 롬멜 연구진은 이렇게 질문한다. "임상적으로 사망해 뇌파가 평탄하게 나타나며 뇌가 더는 작동하지 않을 때 어떻게 신체 바깥에서 명확한 의식을 경험할 수 있는가?"[49] 샘 파니아와 피터 펜위크Peter Fenwick는 다음과 같이 설명한다.

> 심정지 동안 추론, 주의집중, 특정 사건에 관한 기억 회상과 함께 명확하고 체계적인 사고 과정이 일어나는 현상(즉 임사체험)은 그런 경험이 일어나는 방식에 관해 흥미롭고도 당혹스러운 질문을 던진다. 이런 경험은 뇌 기능이 심각하게 손상되거나 최악이라면 아예 기능하지 않을 때 발생한다.[50]

이런 주장은 두 가지 기본 가정에서 나온다. 둘 다 의문의 여지가 있다. 첫 번째 가정은 임사체험이 뇌파가 평탄하게 나타나는 임상적 사망 때 발생한다는 점이다. 하지만 나는 다른 곳에서 평탄 뇌파 단계에 빠르게 진입하거나 그 단계에서 천천히 다시 빠져나올 때 임사체험이 일어날 가능성도 있다고 주장했다.[51] 게다가 최근 연구에서는 또다른 흥미로운 가능성도 제시한다. 라크미르 차울라Lakhmir Chawla 연구진은 죽음을 앞둔 환자 일곱 명의 생명유지 장치를 끈 다음 뇌파를 기록했다.[52] 예상대로 혈압이 떨어지며 뇌파 활성이 사라졌다. 하지만 모든 환자에서 일단 혈압이 감지할 수 없는 수준까지 떨어지면 뇌에서 예상치 못한 전기적 활성이 급증해 의식 수준이 정상 수준에 가까워지는 일이 일어났다. 이런 급증은 30초에서 3분 정도 이어졌다. 논문 저자들은 합리적으로 이렇게 추측했다. "이처럼 전기적 활성이 급증하는 일은 혈압이 눈에 띄지 않을 정도까지 낮아졌을 때 일어나는 것으로 보인다. 따라서 '임사'체험을 하는 환자는 이처럼 사망 직전이지만 저산소혈증(혈중 산소량 감소)이 회복되어 시냅스가 활성화될 때 총체적인 기억을 떠올리는 것인지도 모른다."

지모 보리진Jimo Borjigin 연구진은 쥐에게 실험적으로 심정지를 유도하며 뇌파를 기록해 이런 결과를 입증할 수 있다는 가능성을 더욱 뒷받침했다.[53] 심정지 후 30초 안에 일시적인 감마 진동(25헤르츠보다 빠른 진동)이 나타났다. 전역적이고 매우 일관된 감마 활성이 나타나며 뇌 전방과 후방 영역 사이의 감마 범위 연결성이 크게 늘었다. 이런 활성은 실제로 정상적인 각성 중 의식 수준을 넘어섰다.

생존주의자는 임사체험이 신경과학에 큰 도전을 던진다며, 평탄 뇌파는 항상 뇌가 완전히 비활성되었다는 뜻이라는 주장을 두 번째 주요 근거로 든다. 제이슨 브레이스웨이트는 여러 방법을 사용한 연구를 증거로 들어, 뇌 심부에서 높은 활성이 일어나도 표면 뇌파에서는 감지되지 않을 수 있다고 밝혔다.[54] 신경과학으로는 결코 임사체험을 설명할 수 없다는 주장을 받아들일 타당한 이유가 없다는 결론이 합리적이다.

유체이탈 경험의 심리학

임사체험의 일반적인 구성 요소 중 많은 연구의 초점이 된 것은 무엇보다 유체이탈일 것이다. 여기서 강조할 가치가 있는 매우 중요한 사실이 하나 있다. 임사체험의 다른 구성 요소처럼 유체이탈도 종종 임사체험이 아닐 때도 일어난다. 실제로 다양한 정신적 훈련을 통해 원하는 대로 유체이탈을 유도할 수 있다고 주장하는 사람도 있다. 임사체험 상황에서 유체이탈을 연구하기는 분명 어렵지만, 다른 상황에서 연구하기는 비교적 쉽다. 사실 통제된 조건에서 육신이 정신과 분리되어 알려진 감각 경로를 사용하지 않고도 먼 곳에서 정보를 얻는 능력을 확실히 입증할 수 있는 사람이 한 명이라도 있다면, 의심할 여지 없이 초자연적 지각이 실제로 있다는 증거가 될 것이다. 일화적 주장은 수천 건이나 되지만 아직 이런 증거는 없다.

임사체험 때 경험한 유체이탈의 심리학이 다른 상황에서 경험한 유체이탈의 심리학과 다르다고 가정할 타당한 이유는 없다. 그러므로 이 장의 다음 부분에서는 유체이탈 전반에 관한 최신 연구를 간단히 살펴볼 것이다. 내 생각에 유체이탈 연구에서 얻은 결과는 수전 블랙모어가 개발하고 다듬은 전반적인 이론과 일치한다.[55] 그의 모형은 통합된 자아라는 우리의 감각이 여러 감각 경로에서 얻은 정보와 하향식 과정을 바탕으로 정신적으로 구성된다는 일반적인 가정에 바탕을 둔다.

3장에서 살펴보았듯, 외부 세계를 바라보는 지각은 구성적 과정이다. 우리는 이 과정에서 하향식 과정의 영향을 받아 시각, 청각, 기타 감각 입력에서 얻은 정보를 통합해 현실에 관한 정신적 모형을 만든다. 이 모형은 새로 들어오는 지각 정보로 끊임없이 갱신된다. 정상적인 상황에서 외부 세계를 바라보는 정신적 모형은 현실과 상당히 가까운 근사치를 제공하지만, 입력되는 감각 정보의 질이 낮을수록 하향식 과정이 미치는 영향이 더 강해진다.

이와 마찬가지로 자아 감각과 세상에서 우리가 접하는 위치에 관한 감각 역시 시각, 청각, 촉각, 고유수용감각(자기 신체 위치와 근육 움직임에 관한 감각), 균형 같은 입력 정보를 근거로 정신적으로 구성된다. 자아 감각이 어디에 있는지 물으면 대다수는 눈 바로 뒤에 있다고 말한다는 점은 이 과정에서 시각 입력이 중요하다는 사실을 보여준다. '눈은 마음의 창'이라는 말은 흔히 사람의 눈을 들여다보면 그 사람에 관해 많은 것을 알 수 있다는 뜻이지만, 마음(또는 의식이나 영혼 또는 그 무엇)이 눈을 통해 외부 세계를 바라본다는 개념도 깔끔하게 요약한다.

블랙모어에 따르면, 우리 정신은 언제든 그 순간 얻을 수 있는 세상 (및 그 안에서 우리의 위치)에 관한 가장 안정적인 정신적 모형과 일치하는 것이라면 무엇이든 현실로 받아들인다. 보통 우리의 정신적 모형은 객관적 현실과 잘 맞는다. 이 모형은 새로 들어온 감각 정보를 바탕으로 계속 갱신되기 때문이다. 하지만 어떤 상황에서, 특히 입력의 질이 낮을 때(약물 사용, 무산소증, 명상 등) 이용할 수 있는 최선의 모형은 주로 기억, 예측, 상상 같은 하향식 과정의 영향을 받아 생성된 모형이다. 우리가 채택한 현실 모형은 내부에서 오든 외부에서 오든 어떤 감각 입력에서 얻은 정보라도 통합한다.

유체이탈 세계는 상상 세계와 공통점이 많다. 유체이탈하는 사람은 자신이 날 수 있고, 단단한 벽을 통과할 수 있고, 크기를 마음대로 바꿀 수도 있고, 눈 깜짝할 새에 엄청난 거리를 이동할 수 있다고도 한다. 그들이 보는 세상은 진짜처럼 보일 만큼 현실과 아주 비슷하지만 이상하게 뒤틀린 현실도 들어있다.

여러 양식에서 얻은 감각 정보를 통합하는 과정이 방해받을 때 유체이탈이 발생한다는 증거가 몇 가지 있다. 이런 방해의 한 가지 사례는 2장에서 살펴보았다. 수면마비와 관련된 유체이탈은 눈과 머리 움직임을 조정하는 전정계 활성과 기타 고유수용감각 피드백이 불일치할 때나, 실제 머리의 움직임에 맞는 시각 입력이나 피드백이 없을 때 일어난다.

케타민, 아야와스카ayahuasca(아마존 부족이 병을 치료할 때 이용했다는 향정신성 식물-옮긴이) 같은 환각제, 대마초 같은 많은 약물은 정상적인 뇌 기능을 방해해 유체이탈을 일으킨다. 흥미롭게도 술에 취한 채 대마초를 사용할 때는 유체이탈을 거의 경험하지 않는다고 한다. 연구에 따르면 뇌 손상, 특히 측두두정접합부temporoparietal junction, TPJ 영역이 손상되면 유체이탈이 나타난다.[56] 측두두정접합부가 유체이탈에서 중요하다는 사실은 이 영역이 여러 감각 양식에서 오는 정보를 통합하는 역할을 한다는 점에서 어느 정도 이해할 만하다.

측두엽이 유체이탈과 관련 있다는 다른 증거도 있다. 1950년대 중반 와일더 펜필드Wilder Penfield의 고전적인 실험에서는 뇌의 측두엽 영역에 약한 전기 자극을 주면 환각, 기억 '플래시백'(실제로는 거짓 기억일 수 있음), 유체이탈이 발생한다는 사실을 밝혔다.[57] 흔히 이런 전기 자극은 뇌수술 전에 실시되었다. 신경외과 의사가 언어 관련 영역 등 중요한 뇌 영역의 위치를 확인해 그 영역의 손상을 최소화해야 하기 때문이다.

2002년 스위스 신경외과 의사인 올라프 블랭크Olaf Blanke 연구진은 11년간 간질 발작을 겪은 43세 여성의 대뇌피질을 전기적으로 자극한 결과를 보고했다.[58] 오른쪽 대뇌 반구의 측두두정접합부를 약하게 자극하자 '침대 속으로 꺼지는 느낌'이나 '높은 곳에서 떨어지는 느낌', 팔다리가 짧아진 느낌이 생겼다. 자극 강도를 높이자 환자는 "침대에 누워있는 내 모습을 위에서 내려다볼 수 있지만 다리와 하반신만 보인다"라고 보고했다. 그다음 그는 침대에서 2미터쯤 둥실 떠올라 천장에 거의 붙어 떠다니는 듯한 느낌을 받았다고 했다.

벨기에의 더크 드 리더Dirk De Ridder 연구진도 비슷한 결과를 보고했다.[59] 그들은 난치성 이명을 겪는 63세 남성 환자의 사례를 보고했다. 오른쪽 측두두정접합부를 자극하자 환자는 자기 뒤나 왼쪽에 가 있는 듯한 유체이탈 경험을 반복해서 겪었다. 하지만 이때 환자는 자기 몸을 보았다고는 하지 않았다.

루카스 헤이드리히Lucas Heydrich 연구진은 발작 중 실제로 유체이탈을 겪은 10세 간질 환자의 뇌파 활동을 기록했다.[60] 소년은 자기가 몸 바깥에 있고 천장 근처를 떠다닌다는 감각을 생생하게 느꼈다. 그곳에서 자기 모습은 보이지 않았지만 어머니가 내려다보였다. 소년은 그때 자신이 병원 위로 하늘 높이 날아갈 수 있을 것 같았지만 그 느낌이 환상이라는 사실을 잘 알았다고 했다. 소년의 간질 활성은 오른쪽 측두엽에서 발생했고, 자기공명영상을 조사하자 우측 모이랑angular gyrus에서 병변이 확인되었다.

약물, 뇌 손상, 직접적인 피질 자극의 영향을 볼 때 여러 감각 양식에서 얻은 정보를 통합하는 신경 과정이 방해받을 때 유체이탈이 일어난다는 생각을 강하게 뒷받침할 수 있다. 하지만 정상적으로 기능하는 뇌에도 유체이탈 경험을 유도할 수 있을까? 가상현실 기술을 활용하는 최근 연구에서는 긍정적인 답을 내놓는다. 하지만 이 연구를 설명하기 전에 본격적인 유체이탈만큼 인상적이지는 않지만 상당히 놀라운 효과를 내는 기술 한 가지를 설명하겠다. 이른바 고무손 환상이다.[61]

고무손 환상은 전 세계 학부 심리학 프로그램이나 심리학과 학과설명회에서 가장 인기 있는 시연이다. 환상을 유도하려면 먼저 자원자의 왼손을 탁자에 올리도록 하고 몇 센티미터 위에서 가림판으로 가린다. 자원자는 자기 손을 볼 수 없다. 그리고 가림판 위 자원자의 진짜 손 위쪽에 완전히 보이도록 고무손을 둔다. 여기서부터가 재미있다. 연구자는 작은 붓으로 고무손과 자원자의 실제 손을 동시에 슥슥 쓰다듬는다. 이렇게 몇 분 쓰다듬으면 많은 사람이 고무손을 진짜 손처럼 느낀다. 환상은 아주 강력해서 고무손을 칼이나 망치로 '공격'하려 하면 자원자는 진짜 손이 공격받은 듯 깜짝 놀란다. 생리적 각성 수준을 함께 확인해도 이를 알 수 있다.

고무손 환상처럼 신체 일부가 왜곡된 것과 본격적인 유체이탈은 분명 크게 다르다. 하지만 이 사례는 다중감각 통합 과정을 의도적으로 방해하면 신체 일부를 왜곡할 수 있다는 사실을 보여준다. 이때 뇌에서는 붓으로 실제 손을 쓰다듬는 촉각 정보와 붓으로 쓰다듬 당하는 고무손을 보는 시각 정보를 동기화하며 실제 손의 위치에 관한 부정확한 정신적 모형을 구축하는 것이 분명하다. 다른 연구자들도 이런 기본 원리를 확장해 가상현실 기술을 바탕으로 실험실에서 유체이탈 비슷한 경험을 유도했다.

비냐 렝겐하거Bigna Lenggenhager 연구진은 고무손 환상과 비슷한 접근법을 사용했지만 고무손 대신 가상 신체를 이용했다.[62] 참가자는 가상현실 헤드셋을 착용했다. 이 헤드셋을 쓰면 참가자가 실제로 서 있는 곳에서 약 2미터 떨어진 곳에 있는 자기 뒷모습이 보인다. 이때 저쪽에 보이는 등 이미지를 막대기로 톡톡 치는 모습을 보여주며 실제로 참가자의 등을 톡톡 친다. 자기 등을 톡톡 치는 촉각 입력이 시각 입력과 동시에 일어나면 참가자는 그 촉각이 실제 자기 몸이 아니라 가상의 몸에서 일어난다고 느낀다. 참가자는 자아 감각이 진짜 몸에서 벗어나 가상의 몸에 더 가까워진 듯 느꼈다고도 보고했다.

미묘하게 다르기는 하지만 헨릭 에르손Henrik Ehrsson도 비슷한 접근법을 사용했다.[63] 연구 참가자는 가상현실 헤드셋을 착용하고 의자에 앉았다. 헤드셋으로는 참가자가 실제로 앉아 있는 위치에서 2미터 떨어진 곳에 있는 자기 등이 보였다. 에르손은 참가자의 가슴을 펜으로 콕콕 찌르는 동시에 카메라 시야에 펜이 들어왔다 나갔다 하며 허공을 톡톡 찌르는 시늉을 했다. 렝겐하거의 실험에서는 자아 감각이 자기 등이 보이는 앞쪽으로 나아갔지만, 에르손의 실험에서 허공을 몇 분 동안 찌르면 자아 감각이 실제 등 뒤쪽인 카메라 쪽으로 가는 것처럼 느껴졌다고 한다.

렌겐하거 연구진은 흥미로운 후속 연구를 진행해 같은 실험 환경에서 두 가지 유형의 경험을 모두 유도하도록 했다.[64] 남성 참가자를 얼굴 쪽에 구멍 뚫린 탁자에 엎드리게 하고 참가자의 가슴이나 등을 톡톡 두드렸다. 카메라는 참가자 위 2미터 높이에 설치해 가상현실 헤드셋으로 참가자가 자기 등을 볼 수 있게 했다. 등을 톡톡 치는 이미지를 보며 동시에 등을 톡톡 치는 촉각 감각을 느끼면 참가자는 자신이 아래로 꺼지며 아래쪽에 보이는 탁자 위 가상 신체와 더 가까워지는 느낌이 든다고 말했다. 가슴을 톡톡 치면 참가자는 자아 감각이 카메라 쪽인 위쪽으로 올라가는 것 같다고 말했다. 게다가 참가자는 자기 몸을 내려다보는 것처럼 느껴지고, 몸을 톡톡 치는 느낌이 마치 위에 떠 있는 가상의 몸을 톡톡 치는 듯 느껴진다고도 보고했다.

발레리아 페트코바Valeria Petkova와 헨릭 에르손은 이같은 가상현실 기술을 사용하고 동시에 쓰다듬으며 다중양식 감각 통합multimodal sensory integration이라는 정상적인 과정을 방해해 '몸을 서로 교환body swapping'하는 듯한 착각을 유도했다.[65] 실험 환경에 따라 참가자는 자아 감각이 마네킹 안에 들어갔다고 느끼거나 자기 자신과 악수하고 있다고 느낄 수도 있었다!

지금 우리의 지식 수준에서 신경과학이 임사체험에 관한 포괄적인 설명을 내놓을 수 있다고 주장하는 것은 성급하겠지만, 최근 몇 년 동안 특히 유체이탈 요소의 본질을 이해한다는 측면에서는 실질적인 진전이 있었다. 살아 있는 사람의 뇌 신경 기질을 조사하는 더욱 정교한 기술을 이용하며 신경심리학적 기능에 관한 전반적인 지식도 계속 확장되었다. 그러므로 임사체험에 관한 이해도 함께 늘어나리라 예상한다. 임사체험을 다루는 유심론적 설명과 달리 신경심리학 이론은 경험적으로 검증할 수 있다. 이 이론으로 진정으로 임사체험 현상을 이해할 수 있다.

8장.
우연은 없다?

주류 과학에서 초자연적인 힘이 존재한다는 생각을 거부해야 마땅하다면 일반 대중 상당수가 이런 힘을 직접 경험했다고 주장한다는 사실은 어떻게 설명해야 할까? 앞서 살펴보았듯 조금 극단적인 주장 가운데 상당수는 뇌에서 일어나는 특이한 활동으로 설명할 수 있고, 환각 경험이나 거짓 기억 또는 왜곡된 기억이 생각보다 훨씬 흔하다고도 설명할 수 있다.

하지만 대다수가 지닌 초자연적인 믿음은 그보다는 덜 극적이지만 더 자주 일어나는 초자연적 사건으로 강화되는 일이 많다. 예를 들어 전화를 받기 전에 누가 전화했는지 알 것 같다거나, 꿈이 맞아떨어진다거나, 직감적으로 한 행동이 들어맞는 일도 있다. 이 장과 다음 장에서는 이런 경험 대부분을 인지 편향으로 설명할 수 있다는 사실을 살펴본다. 인지 편향이란 우리가 주변 세상에서 얻은 정보를 처리하는 방식에 내재한 근본적인 편향으로, 실제로는 초자연적이지 않게 설명할 수 있는데도 초자연적인 경험을 했다고 믿게 되는 이유다.

나는 이 주제를 다룬 연구 문헌을 1992년에 처음 검토했다. 그때 내가 설정한 과제는 다음과 같았다. "첫째, 앞서 설명했듯 특정 상황을 잘못 해석할 가능성이 있음을 입증한다. 둘째, 초자연 현상을 믿는 사람(양)은 믿지 않는 사람(염소)보다 그런 오해에 더 쉽게 빠질 수 있다는 점을 입증한다." 당시에는 검토할 연구 자료가 많지 않았다. 하지만 나는 당시 얻을 수 있는 자료를 바탕으로 이렇게 결론내렸다. "인지 편향이 실제로 존재한다는 증거는 분명 수없이 많다. 인지 편향은 실제로 완전히 받아들일 만한 비초자연적인 설명을 내놓을 수 있는 상황에서도 분명 초능력이 연관 있다고 오해하게 만든다." 그리고 이렇게 말을 이었다. "초자연적 현상을 믿는 사람(양)이 믿지 않는 사람(염소)보다 그런 편향에 더 취약한지는 분명하게 답할 수 없지만, 얻을 수 있는 제한된 증거로 보면 분명 그럴 가능성이 있다."[01]

15년 뒤 나는 크리시 윌슨과 함께 이 분야의 최신 연구 리뷰를 발표했다.[02] 그때쯤에는 상당한 연구가 진척되어 있었다. 초기 연구에서 확인된 인지 편향 중 일부는 실제로 회의주의자보다 초자연적 현상을 믿는 사람에게 더 강하게 나타나는 듯했지만, 다른 편향에서는 결과가 엇갈렸다. 이런 편향을 처음 검토한 지 30년쯤 지난 지금은 추가 연구가 너무 많아 이들을 모두 종합적으로 검토하기에는 두 장으로는 부족할 정도지만 전반적인 그림은 비슷하다.[03] 이 장에서는 우연의 심리학을 다룬 연구를 개괄적으로 살펴보고, 이어 9장에서는 잠재적으로 관련 있는 다른 인지 편향을 살펴보자.

확률이란 무엇인가

 이 장을 쓸 준비를 할 때 그리스 스페체스섬에서 휴가를 보내고 돌아온 처제 제인 하치마수라스Jane Hatzimasouras가 놀랄 만한 실화를 들려주었다. 어느 날 제인은 친구들과 카페에서 쉬고 있었다. 일행 중 한 명이 바다에서 수영하다 해변에서 40미터쯤 떨어진 바닷속 바위에서 반지를 하나 주워 왔다. 반지 안쪽에는 이름과 날짜가 새겨져 있었다. '아테나 카라기아니스Athena Karagiannis, 1979년 11월 17일.'[04] 그리스에서는 결혼할 때 상대방의 이름과 결혼식 날짜를 반지에 새기는 전통이 있다.

 일행은 흥분해서 그 반지가 어쩌다 바닷물 속에 숨겨진 건지 열심히 논의했다. 그러다 제인은 옆에서 누가 자기들 이야기를 유심히 듣고 있다는 사실을 알아차렸다. 마침내 그 여성이 처제 일행에게 다가와 이렇게 말했다. "말씀 중에 죄송하지만, 당신이 발견한 반지 이야기를 엿들을 수밖에 없었어요. 제 성은 카라기아니스고, 어머니 이름은 아테나예요. 40년쯤 전에 아버지가 바다에서 수영하다 반지를 잃어버렸다고 하셨어요!"

 그리고 일행은 기대를 품고 그 사람이 어머니에게 전화를 걸어 결혼 날짜를 확인하길 애타게 기다렸다. 하지만 그들의 결혼 날짜가 1980년 3월 8일이라는 사실을 알고 실망하지 않을 수 없었다. 어쨌든 그 반지는 그분들이 40년 전 잃어버린 반지는 아닌 것 같앉다. 하지만 그 여성은 아버지에게 전화를 걸어 상황을 이야기했고, 그는 반지에 결혼 날짜가 아닌 약혼 날짜를 새겼다고 말해주었다. 그리고 그 날짜는 바로, 1979년 11월 17일이었다!

카라기아니스 씨의 딸이 40년여 전 부모님이 잃어버린 바로 그 반지를 우연히 발견한 이야기를 엿들을 딱 그 시간과 그 장소에 있을 확률은 얼마나 될까? 나는 우리가 이런 사건이 동시에 일어날 정확한 확률은 알 수 없더라도 천문학적으로 낮으리라는 데는 모두 동의하리라 생각한다. 확률이 너무 낮아서 보이지 않는 힘이 작용했으리라 믿고 싶은 충동을 강하게 느끼는 사람도 있을 것이다. 어쩌면 운명일까? 분명 여기에는 순전히 우연 이상의 무언가가 작용한 게 틀림없지 않을까?

이런 우연이 분명 정서적인 영향을 미친다는 점은 부인할 수 없다. 이런 우연을 만나면 한시라도 빨리 친구들에게 전하고 싶어진다. "나한테 무슨 일 있었는지 말해도 절대 안 믿을걸!"이라며 이야기를 꺼낸다. 이런 일은 신문이나 텔레비전에 보도되기도 하고 책이나 학술 논문에도 등장한다. 내가 개인적으로 좋아하는 이야기를 몇 가지 소개하겠다.

데이비드 핸드David Hand는 자신이 쓴 훌륭한 책《불가능성의 원리The Improbability Principle》에서 결혼반지를 잃어버렸다 되찾은 사례를 언급했다.[05] 1995년 스웨덴에 사는 레나 팔손Lena Påhlsson이라는 사람이 결혼반지를 잃어버렸다. 그러다 2011년 정원에서 뽑은 당근에 반지가 끼워져 있는 것을 발견했다. 하지만 핸드가 책 첫머리에 소개한 우연은 이보다 훨씬 놀랍다.

1972년 여름 배우 앤서니 홉킨스Anthony Hopkins는 조지 파이퍼George Feifer의 소설 《페트로브카에서 온 소녀The Girl from Petrovka》를 원작으로 한 영화에서 주연을 맡기로 했다. 그는 책을 사러 런던에 갔다. 안타깝게도 런던 주요 서점 어디에도 그 책이 없었다. 레스터스퀘어 역에서 지하철을 타려고 기다리던 중, 옆자리에 누가 놓고 간 책이 눈에 띄었다. 바로 《페트로브카에서 온 소녀》였다.

그게 다는 아니라는 듯 우연이 이어졌다. 나중에 저자를 만났을 때 홉킨스는 그에게 이 기이한 일 이야기를 꺼냈다. 파이퍼는 자세를 고쳐 앉았다. 그는 1971년 11월에 친구에게 책 사본을 빌려주었다고 했다. 그 책은 영국식 영어로 된 책을 미국식 영어로 바꾸기 위해 그가 메모를 달아 놓은(예를 들어 'labour'를 'labor'로) 책이었다. 하지만 그 친구는 런던 베이스워터에서 그 사본을 잃어버렸다. 홉킨스가 발견한 책의 메모를 슬쩍 확인해보니 파이퍼의 친구가 잃어버린 바로 그 책이었다.

저널리스트이자 방송인인 사이먼 호가트Simon Hoggart는 마이크 허친슨과 공동 집필한 책 《기이한 믿음Bizarre Beliefs》에서 이런 이야기를 들려주었다.

1994년 사이먼 호가트의 아내는 친구와 함께 지하철을 타고 런던 중심부에서 열리는 전시회에 가고 있었다. 두 사람은 배우 리처드 그랜트Richard E.

Grant 이야기를 했다. 아내는 몰랐지만 그랜트는 같은 동네에 살았다. 친구는 그랜트가 누군지 모른다고 했다. 어떻게 생겼어? 바로 그때 리처드 그랜트가 지하철에 타서 그들 맞은편에 앉았다. 그도 그들이 가려는 바로 그 전시회 표를 갖고 있었다.[06]

이쯤 되면 지하철역에 놀라운 우연을 일으키는 뭔가가 있다고 할 만하지 않을까?

연구에 따르면 우리는 같은 우연이라도 다른 사람에게 일어날 때보다 나에게 일어날 때 더 깊은 인상을 받는다. 그래서 당신이 그다지 놀라지 않을 위험을 무릅쓰고 내가 십대 때 겪은 우연 하나를 이야기해보겠다.[07] 당시 나는 뉴에이지에 푹 빠져 있었다. 뉴에이지에 관해 더 알고 싶었던 나는 루이 포웰Louis Pauwels과 자크 베르기에Jacques Bergier가 쓴 《마술사의 아침The Morning of Magicians》을 읽고 있었다. 지금 보면 터무니없는 뉴에이지 사상, 사이비 과학, 가짜 역사 등이 가득한 책이었다.[08] 물론 그때는 그 말을 곧이곧대로 믿었다. 그 책을 읽을 때 나는 주로 데이비드 보위David Bowie의 〈헝키 도리Hunky Dory〉 앨범 중 〈퀵샌드Quicksand〉를 배경음악으로 틀어놓았다. 그 앨범을 수없이 들었지만 보위의 시적인 가사가 말하는 의미를 모두 이해하지는 못했다. 보위가 '나는 황금 여명회에 가까워졌어, 상상의 크롤리 유니폼을 입은 채로'라는 부분을 부른 바로 그때, 나는 포웰과 베르기에가 오컬트 집단인 황금 여명회에 관해 쓴 구절을 읽고 있었다. 그 모임에서 악명

높은 회원이 바로 알리스터 크롤리Alister Crowley였다. 그때까지 이 사실을 들어본 적도 없었던 나는 당연히 이 우연에 아주 신비로운 의미가 있다고 여겼다.

기적 같은 사건이 일어났다는 주장을 살필 때처럼 놀라운 우연이 일어났다는 주장을 만날 때는 곧이곧대로 받아들이는 데 조금 신중해야 한다. 예를 들어 마틴 플리머Martin Plimmer와 브라이언 킹Brian King은 《우연의 일치 신의 비밀인가 인간의 확률인가》에서 다음과 같은 이야기를 소개한다.

> 2001년 6월 스태퍼드셔 버튼에 사는 열 살 소녀 로라 벅스턴Laura Buxton은 파티에서 자기 이름과 주소를 여행용 가방 이름표에 써서 헬륨 풍선에 매달아 맑은 하늘로 날려보냈다.
> 풍선은 230킬로미터를 날아 마침내 윌트셔 퓨시에 사는 똑같이 열 살 소녀인 로라 벅스턴이 사는 집 정원에 사뿐히 내려앉았다.[09]

사랑스럽고 감동적인 이야기지만 유일한 문제는 이 이야기가 사실이 아니라는 것이다. 〈스놉스Snopes〉에서 〈스윈던 애드버타이져Swindon Advertiser〉에 실린 애초의 기사를 다시 확인해보니 그 풍선은 (다른) 로라 벅스턴네 정원에 떨어지지 않았다. 그 풍선은 앤디 리버스Andy Rivers라는 농부가 들판에서 소를 몰다 발견했다고 한다.[10] 리버스 씨는 벅스턴 부부에게 로라라는 딸이 있다는 것을 알았고 그들에게 풍선을 '돌려주었다'. 물론 풍선을 날려보낸 그

로라 벅스턴은 아니었다. (게다가 또다른 꼼꼼이들의 증언에 따르면 풍선을 받은 로라는 열 살이 아니라 아홉 살이었다.) 그래도 흥미로운 우연이기는 하지만 로라 벅스턴이라는 아이를 아는 사람이 풍선을 발견했을 확률은 실제로 로라 벅스턴이라는 아이가 풍선을 발견했을 가능성만큼 아주 낮지는 않다.

가끔 과장된 주장도 있지만, 놀라운 우연의 일치를 기록한 사례는 많다. 예를 들어 사람들은 실제로 한 번 이상 벼락을 맞는다. 사실 버지니아 공원 관리인 로이 설리번Roy Sullivan은 일곱 번도 넘게 벼락을 맞았다고 한다(그는 어릴 때도 벼락 맞았다고 주장하지만 그의 말로만 알 수 있을 뿐이다).[11] 한 번 이상 복권에 당첨되어 엄청난 부를 거머쥔 사례도 수없이 많다. 1980년 6월 모린 윌콕스Maureen Wilcox는 자신이 산 로드아일랜드 복권과 매사추세츠 복권에 둘 다 당첨 번호가 적혀 있다는 사실을 발견했다.[12] 하지만 안타깝게도 로드아일랜드 복권에는 매사추세츠 복권 일등 번호가, 매사추세츠 복권에는 로드아일랜드 일등 번호가 적혀 있었다. 그래서 그는 한 푼도 받지 못했다. 그렇긴 해도 역시 놀라운 우연이지 않은가!

우리가 우연에 그렇게 관심이 많다는 점을 볼 때 수학자와 심리학자 모두 우연에 주목한다는 사실은 놀랍지 않다.[13] 우리가 실제로 그래야 하는 것보다 우연의 일치에 훨씬 놀라는 이유 중 하나는 사람들이 통계를 직관적으로 이해하길 몹시 어려워하기 때문이다.[14] 일상생활에서 실제 확률을 바탕으로 결정해야 할 때가 많지만 우리는 그런 일에 서툴다. 확률을 직관적으로 알기 어려워한다는 사실은 여러 방식으로 나타난다. 수학자들이 진짜 큰 수의 법칙the law of truly large numbers이라고 하는 것을 대체로 잘 이해하지 못한다는 점도 그런 사례다. 진짜 큰 수의 법칙은 사건이 발생할 기회가 아주 많으면 일어날 가능성이 아주 낮은 사건도 결국 일어난다는 법칙이다.

실제로 '진짜 큰 수의 법칙'을 보여주는 가장 명백하고 친숙한 사례는 복권이다. 예를 들어 이 글을 쓰는 시점에서 영국 복권에 당첨될 확률은 약 4500만 분의 1이다. 하지만 우리는 일등에 당첨되는 사람을 자주 보아도 놀라지 않는다. 사람들이 수없이 많은 복권을 샀다는 사실을 알고, 그중 적어도 한 장은 (1에서 59 사이 숫자 가운데) 무작위로 뽑은 숫자 여섯 개가 일등 번호와 일치할 가능성이 아주 크다는 사실도 잘 알기 때문이다.

하지만 다른 맥락에서 같은 사람이 일등에 여러 번 당첨되는 일은 이 법칙으로 설명하지는 못한다. 신문에서 일등에 두 번이나 당첨된 사람이 나올 때도 흔히 확률로 설명한다. 하지만 그런 보도는 기술적으로는 정확하지만 사실 던져야 하는 질문과 관련 없는 경우가 많다. 보통 은연중에 이렇게 질문한다 'x라는 사람이 이제껏 이 복권을 딱 두 장만 샀을 때 일등에 두 번이나 당첨될 확률은 얼마인가?' 여기서 x라는 사람이 당첨 복권을 산 각각의 날에 복권을 한 장 이상 샀다는 점을 추가로 강조하면 사실은 더욱 분명해진다. 이렇게 되면 각 당첨 날 당첨 확률이 분명 높아진다. 사실 이 사람은 다른 날에도 복권을 여러 장씩 샀을 것이고,

그러면 일등 당첨 확률은 더 높아진다. 조금 더 나아가 보자. 복권을 살 때 이렇게 행동하는 사람이 '진짜 많다'라는 점을 보면 두 번 당첨될 가능성은 훨씬 높아진다. 마지막으로 전 세계에서 국가, 국제, 주 단위로 운영되는 복권이 수없이 많다는 점을 생각해보자. 여러 번 당첨된 사람이 나타나 언론에 보도되는 일은 거의 필연적이다.

데이비드 보위와 황금 여명회라는 내 사례에 '진짜 큰 수의 법칙'을 적용해보자, 내가 그 노래를 듣고 있을 때 〈헝키 도리〉 앨범을 산 사람이 얼마나 많은지는 모르겠지만 그 수가 '진짜 크다'라는 사실은 안다. 많은 사람이 그 앨범을 수없이 들었으리라는 점도 의심하지 않는다. 그보다는 적겠지만 컬트 고전 《마술사의 아침》을 읽은 사람도 아주 많을 것이다. 그중 일부는 십대 때의 나처럼 노래를 들으며 책을 읽는 습관이 있었을 것이다. 그러면 그 중 내가 말한 우연의 일치를 경험한 사람이 한 명은 있으리라는 사실은 갑자기 그다지 놀랍지 않아 보인다. 그냥 그게 나였을 뿐이다.

때로 '진짜 큰 수의 법칙'은 복권에서보다 조금 모호하게 작동하기도 한다. 이른바 생일 문제가 좋은 사례다. 이 문제는 흔히 이렇게 시작된다. 파티에서 생일이 같은 (연도는 무시함) 두 사람이 있을 확률이 50대 50이려면 무작위로 몇 명을 선택해 초대해야 할까?[15] 상황을 단순하게 보기 위해 윤년은 무시하겠다. 이 문제를 본 적이 없다면 내가 정답을 밝히기 전에 잠시 생각해보자. 물론 수학적 재능이 뛰어난 사람이라면 정답을 찾을 수 있겠지만 그리

간단하지는 않다. 여기서 내가 궁금한 것은 당신이 직감적으로 대략 정답이라고 생각하는 숫자다.

짧은(아마도 상상의) 음악 삽입

자, 이제 정답을 알려드리겠다. 답은 맨 뒤에 미주로 넣어놓았다(답을 곰곰이 생각해보는 동안 우연히 답을 보게 될 확률을 최소화하기 위해서다).[16] 대다수는 그 숫자가 너무 적다며 깜짝 놀란다. 어떤 사람은 문제를 '파티에 당신과 생일이 같은 사람이 있을 확률이 반반이려면 무작위로 몇 명을 선택해 초대해야 할까?'로 읽었을 수도 있다. 하지만 문제가 생일이 같은 사람이 있을 확률을 묻는다는 점을 분명히 알아도 보통 초대해야 하는 사람 수를 훨씬 많게 잡는다.

여전히 내가 제시한 답이 맞는지 확신하지 못하겠다면, 데이비드 핸드의 책을 참고해 그 숫자가 어떻게 나왔는지 알아보라.[17] 아니면 간단한 컴퓨터 프로그램을 짤 수 있다면 1~365 사이의 난수(한 해의 날짜 순서에 해당)를 생성하는 코드를 짜서 한 번 나온 숫자가 또 나올 때까지 반복해보아도 된다. 나열된 숫자가 23번째가 되기 전에 반복되는 숫자가 나오는 일이 반 정도는 될 것이다. 아니면 365개 구역으로 나뉜 다트판에 무작위로 다트를 던지는 모습을 떠올려 보자. 다트판을 맞힌 다트 중에서 첫 번째 다트는 어느 구역에든 맞을 수 있고, 두 번째 던진 다트가 같은 구역을 맞힐 확률은 365분의 1이다. 세 번째 다트가 앞의 두 개 중 하나의 다트와 같은 구역을 맞힐 확률은 365분의 2다. 여전히 아주 작은 확률이기는 하다. 하지만 다트를 무작위로 더 던질수록 확률은 점점 더 올라간다. 다트를 스무 개 정도 던졌을 때쯤이면 이번에 던진 다트가 이미 다른 다트가 꽂힌 구역을 맞힌다 해도 그리 놀라지 않을 것이다.

처음 생일 문제를 생각할 때 우리가 직관적으로 고려하지 못하는 점은 한 사람(또는 다트 하나)이 더해질수록 가능한 짝짓기 수가 기하급수적으로 늘어난다는 점이다. 파티에 23명이 참석했다면 가능한 짝짓기 수는 253개나 된다. 그러므로 생일이 같은 짝이 하나라도 있을 확률이 전혀 없지는 않다.

일어날 가능성이 천문학적으로 낮아 보이는 우연이 실제로 일어나는 또 다른 요인은 숨은 원인hidden causes이다. 제임스 앨콕은 이 사례를 '퍼펙트' 브리지 카드 배분으로 훌륭하게 설명했다. 플레이어 네 명이 카드 뭉치에서 카드를 13장씩 받을 때 각자 하트, 클로버, 다이아몬드, 스페이드로 똑같은 무늬의 카드만 받을 확률을 보자.[18] 이런 결과는 사전에 지정한 다른 브리지 카드 배분에서도 나타날 확률과 비슷하지만 확실히 눈에 띄는 결과이기는 하다. 게다가 다른 사전 지정 카드 배분에서와 마찬가지로 일어날 확률이 극히 적다는 점에서 주목할 만하다는 점도 언급해 두어야겠다. 사실 경우의 수는 대략 2.23×10^{27}(223 뒤에 0이 25개 붙은 것, 의심할 여지 없이 진짜 큰 숫자!)이다. 앨콕은 이 숫자가 얼마나 큰 수인지 실감하도록 기네스북 창립자인 맥휘터McWhirter 형제의 말을 인용한다. "그런 사건이 한 번 일어났다 해도 논리적으로 보면 다시 일어날 리는 없다. 전 세계 인구가 네 명씩 짝지어 하루에 브릿지 게임을 120회씩 하더라도 2,000,000,000,000년 동안 다시 일어나지 않을 일이다."[19]

브리지 게임에서 이런 일이 일어나기란 거의 불가능하다는 점을 볼 때, 해마다 이런 일이 보고된다는 점은 몹시 당혹스럽다. 그런 일은 '셔플링 조작 아니면 사기'라는 맥휘터 형제의 말에 동의하고 싶어질지도 모른다. 조작이든 사기든 둘 다 숨은 원인의 좋은 사례이기는 하지만, 앨콕은 훨씬 미묘한 가능성을 제시한다. 새로운 카드 더미를 같은 무늬끼리 오름차순으로 쌓는다. 카드를 두 번 '완벽하게' 섞는 퍼펙트 셔플perfect shuffle(카드 더미를 정확히 반으로 나눈 다음 카드가 한 장씩 교차하도록 섞는 방법)을 한다. 그러면 네 명이 각자 같은 무늬의 카드를 갖게 되는 일이 발생한다. 따라서 때로 이런 일이 실제로 일어날 가능성은 그렇게 낮지는 않다.

관련 있는 요소 사이에서 우연한 일치가 더욱 정확하게 일어날수록 사람들은 그 우연에 깜짝 놀란다. 하지만 거의 비슷하게만 맞아도 큰 인상을 받는다. 예를 들어 나는 대중 강연을 할 때 가끔 생일 문제 확률을 보여준다. 청중 한 사람에게 생일을 묻고 그다음 청중에게 생일을 묻는 식으로 같은 생일을 말하는 사람이 나올 때까지 이어간다.[20] 지금쯤 여러분도 예상하겠지만 같은 생일을 말하는 일이 23명도 되기 전에 일어나는 경우가 절반쯤은 된다. 하지만 어떤 청중이 자기 생일을 말하면 하루 차이인 사람이 아쉽다는 듯 자연스럽게 자기 생일을 말하기도 한다. 또다른 사례도 있다. 누군가 같은 복권에서 두 번이나 일등에 당첨됐다면 당연히 깜짝 놀란다. 하지만 다른 복권에서 각각 일등에 당첨되거나, 같은 복권에서 일등과 이등에 당첨되어도 역시 깜짝 놀란다. 딱 맞지 않고 아슬아슬하게 맞아도 맞은 것이나 다름없다고 놀라는 우리의 의지 덕분에 당연히 우연이 발생할 가능성은 크게 늘어난다.

우연과 초자연적 현상

우연은 왜 초자연적 경험과 관련 있을까? 그 답은 아주 분명하다. 대체로 초자연적으로 보이는 현상을 다르게 설명하는 가장 명백한 반론은 그저 우연이었다는 것이다. 언뜻 보기에 '그저 우연'이라는 말은 초자연적인 사건을 설명하기에는 너무 부족해 보인다. 오랫동안 연락하지 않았거나 심지어 잊고 지낸 친구를 떠올렸을 때 그가 전화를 걸어올 확률은 얼마나 될까? 그게 정말 그냥 우연일까?

어떤 사건을 그저 우연이라 치부하기는 정서적으로도 옳지 않고 언뜻 지적 수준에서도 제대로 된 설명이 아닌 듯 보인다. 정말 수년 만에 어떤 친구를 처음 떠올렸는데 딱 그 순간에 그가 전화를 걸어올 확률은 말 그대로 수만분의 1이지 않겠는가? 하지만 잠깐 생각해보면 우연은 어떤 소름 돋는 초능력적 연결보다 더 그럴

듯한 설명일 수 있다. 당신이 하루에도 얼마나 많은 사람을 떠올리는지 생각해보라. 당신이 어떤 사람을 떠올릴 때는 누군가에게서 전화가 오지 않거나 다른 사람에게서 전화가 온다. 하지만 때로 확률 법칙에 따라 전화 건 사람은 당신이 떠올린 바로 그 사람일 수도 있다. 사실 이런 일이 절대 일어날 수 없다면 그거야말로 정말 섬뜩한 일이지 않겠는가.

이와 마찬가지로 꿈이 현실이 될 때도 대다수는 우리가 거의 매일 밤 꿈을 꾼다는 사실을 미처 떠올리지 못한다. 나중에 현실에서 일어난 어떤 사건과 순전히 우연히 일치하는 꿈을 꾼 적이 있는 사람이 아무도 없다면 그거야말로 정말 놀라운 일일 것이다. 앞서 보았듯 '진짜 큰 수의 법칙'에 따라 기회만 충분하다면 아주 가능성 낮은 우연의 일치도 일어난다.

미국 수학자 존 파울로스John Allen Paulos는 예지몽에 '진짜 큰 수의 법칙'을 어떻게 적용할지 멋지게 보여주었다.[21] 만약 꿈에서 본 세부 사항이 실제로 미래에 우연히 일어날 사건과 일치할 확률이 1만분의 1에 불과할 때 그 꿈을 '예지적이다'라고 분류할 수 있다고 가정해보자. 분명 그런 꿈을 꾼다면 누구나 깜짝 놀라지 않겠는가? 사실 이는 어떤 특정한 밤에 그런 꿈을 꾸지 않을 확률이 매우 높다는 뜻이다. 1만 번 중 9999번이나 된다. 1년 내내 그런 꿈을 꾸지 않을 확률이 높다. 실제 확률은 0.9999를 365번 곱하면 된다. 그 확률은 약 0.964이므로, 매일 밤 꿈을 꾸는 사람의 96.4퍼센트는 한 해 동안 '예지적인' 꿈을 꾸지 않는다는 뜻이다. 하지만 바꿔 말하면 3.6퍼센트는 그런 꿈을 꾼다는 뜻이고 전 세계로 따지면 그런 사람은 수백만 명은 된다.

그러면 곧바로 이런 질문이 떠오른다. '바로 그 우연이 내게 일어날 확률은 얼마나 될까?' 하지만 그런 일이 확률 이론만으로는 설명할 수 없는 무언가와 연관 있을지 확인하려면 사실 다음과 같이 질문해야 한다. '언제든 어떤 사람이 있을 법하지 않은 우연의 일치를 경험할 확률은 얼마나 될까?' 이렇게 보면 있을 법하지 않은 우연의 일치를 경험한 사람도 그런 일이 그저 자신에게 일어났을 뿐이라는 사실을 알고 깜짝 놀라게 되리라는 사실을 금방 알 수 있다.

이런 상황에서 우리가 간과하는 또 다른 요인은 우리가 알지는 못하지만 그런 상황에 순수한 우연보다 더 많은 요인이 작용한다는 점이다. 오랫동안 연락이 끊겼던 친구에게서 전화가 오는 가상의 사례를 다시 떠올려보자. 그런 사건에 숨은 원인은 현실에서 오랫동안 서로를 떠올리지 않다가 서로를 떠올리게 만드는 모든 일이다. 예를 들어 대학 시절에 두 사람 모두 어떤 뮤지션의 팬이었고 자주 그들의 콘서트에 갔다고 가정해보자. 세월이 흐르며 두 사람의 음악적 취향은 바뀌었을지 모르지만 두 사람은 우연히 (이제는 나이 든) 그 뮤지션이 나오는 짧은 뉴스를 보았다. 그 덕분에 근심 없던 대학 시절과 그 시절을 함께 보낸 친구와의 즐거운 나날이 떠올랐다. 친구가 당신을 찾아 전화를 걸었을 때쯤이면 둘 다 애초에 이런 생각이 떠오른 이유는 까맣게 잊고, 당신이 그 친구를 떠올리는 그 순간 오랫동안 연락이 끊겼던 그 친구가 딱 맞춰 '불현듯' 전화를 걸어온 데 놀랄 것이다.

'아슬아슬하게 맞으면 맞은 거나 마찬가지다'라는 원칙은 여러 초자연적 맥락에서도 나타난다. 예를 들어 어떤 친구를 생각할 때 갑자기 내게 전화를 건 사람이 그 친구가 아니라 그의 부모님이나 형제 또는 둘 다 아는 다른 친구라고 가정해보자. 그래도 우리는 여전히 그 우연에 깜짝 놀란다. 운전해서 출근하다 큰 교통사고를 당하는 꿈을 꾸었는데, 바로 다음 날 쇼핑하러 가다가 가벼운 접촉 사고를 겪었다고 치자. 그래도 우리는 꿈이 딱 맞지는 않았지만 비슷했으므로 초자연적으로 미래를 살짝 본 것이 아닐지 생각한다.

우리는 초자연적 정보 출처가 100퍼센트 정확하리라 기대하지 않는다. 사실 완벽하게 맞아 보이면 오히려 의심을 살 것이다. 이를 가장 잘 보여주는 사례는 초자연적 현상을 진심으로 믿는 사람이 심령술사의 리딩에서 어떻게 보아도 틀린 내용을 '거의 비슷하다' 라며 맞다고 해석하려 애쓰는 상황이다. 예를 들어 무대 시연 중에 영매가 "엘리자베스라는 이름이 들리네요. 관객분 중 이 이름과 관련 있는 분 있나요?"라고 말한다 치자. 손 드는 사람이 아무도 없을 일은 거의 없다(하지만 앞서 살펴보았듯, 아주 확률 낮은 일도 일어나기는 한다). 만약 그렇다면 영매는 "엘리자베스? 아니면 리지인가? 리즈? 베티인가?"라고 말할 수도 있다. 만약 한 관객이 소심하게 "음, 돌아가신 할머니 이름이 리사였는데요?"라고 말하면 영매나 관객 모두 '거의 비슷하다'라며 기꺼이 받아들일 것이다.

잠시 돌아가기: 집단 고정관념

흔히 변칙심리학 공개 강연에서 특히 관객이 아주 많을 때 소개하는 재미있는 초자연적 경험이 있다. 여기에는 숨은 원인이 하나 있다. 나는 청중에게 제대로 된 회의주의에서 중요한 부분은 언제나 내가 틀렸을지도 모른다는 가능성에 열려 있어야 한다는 점이라고 설명한다. 그런 점에서 나는 청중에게 그들이 얼마나 초능력이 있는지 알아보기 위해 한 가지 실험을 해보고 싶다고 말한다. 나는 텔레파시를 이용해 마음속으로 간단한 메시지를 보낼 것이라 말한다. "저는 지금 1부터 10 사이의 숫자 하나를 떠올리고 있어요. 3은 아니에요. 너무 뻔하잖아요. 지금 당신에게 가장 먼저 떠오르는 숫자를 기억해주세요!"

그러고 나서 이렇게 청중이 아주 많을 때 우연히 그 숫자를 맞출 확률은 약 10퍼센트라고 예상할 수 있으며, 따라서 10퍼센트가 훨씬 넘는 사람이 숫자를 정확히 맞히면 아주 놀랄 만하다고 설명한다. 그다음 나는 약간 초조해 보이는 표정으로 "7을 떠올린 사람 있나요? 손 들어보세요"라고 묻는다. 청중이 많다면 실제로 3분의 1은 확실히 손을 든다.

그러면 나는 놀란 척하며 다른 복잡한 예를 들어보겠다고 한다. "이번에는 1부터 50 사이의 두 자리 수 하나를 떠올릴 거예요. 모두 홀수인 다른 숫자로 되어 있습니다. 그러니까 둘 다 홀수이고 서로 다른 1과 5로 이루어진 15는 되지만, 둘 다 홀수지만 같은 1로 된 11은 아니에요. 자, 지금 머릿속에 처음 떠오르는 숫자를 기억해주세요."

그다음 이번에는 아무도 맞히지 못하리라 기대하며 "누구 37 생각한 사람 있습니까?"라고 묻는다. 이번에도 청중의 3분의 1 이상이 손을 든다. 그다음 "35 생각한 사람 있어요?"라고 다시 묻는다. 그러면 청중의 4분의 1 정도가 손을 든다. 그러면 나는 이렇게 설명한다. "미안해요, 제 실수입니다. 처음에 35를 생각했다가 마음을 바꿨어요."

어떻게 된 걸까? ESP를 믿는 청중이라면 초능력이 입증되었다고 생각할 것이다. 조금 회의적인 청중이라면 자신이 본 것(그리고 아마도 직접 경험한 것)을 설명하지 못할 수도 있다. 정답을 맞힐 청중과 내가 미리 짜고 답을 알려주었을 수도 있지 않을까? 그럴 가능성은 희박하다. 그저 우연으로 예상하는 것보다 훨씬 많은 사람이 정확히 숫자를 맞힌 것을 그저 우연의 일치라고 볼 수 있을까? 다시 말하지만 그럴 가능성이 있기는 하겠지만 극히 낮다.

사실 이 현상은 심리학자가 집단 고정관념population stereotype이라고 하는 현상으로 설명할 수 있다.[22] 이 과제를 받은 대다수는 머릿속에 떠오르는 첫 번째 숫자를 기억해달라고 요청했을 때 이 과정이 상당히 무작위적으로 일어난다고 생각한다. 따라서 청중은 각 대답이 나올 확률이 거의 비슷하리라 생각한다. 하지만 실은 그렇지 않다. 특히 청중이 많을 때는 반응이 신뢰할 만큼 예측 가능한 방식으로 하나로 모이는 경향이 있다.

첫 번째 사례에서 청중의 약 3분의 1은 내가 어떤 숫자를 떠올리든 7을 선택할 것이다(특히 나는 가능한 답으로 7만큼 사람들이 선호하는 숫자인 3을 제외했다). 두 번째 사례에서는 약 3분의 1이 37을 택했고, 4분의 1은 35를 골랐다. 두 사례 모두에서 응답률이 100퍼센트에 가깝지는 않다는 점에 유의하자. 하지만 사람들이 텔레파시를 100퍼센트 믿을 수 있다고 기대하지는 않기 때문에 이 점은 문제가 되지 않는다.

(적어도 일부) 순진한 사람들을 속여 놀라운 텔레파시 능력이 있다고 믿게 만드는 데 사용할 만한 집단 고정관념이 여럿 있다. 텔레파시로 두 도형을 보내는데 하나는 다른 하나에 들어있다고 말해보자. 60퍼센트쯤은 원과 삼각형을 택한다. 간단한 선 그리기를 생각하고 있다고 말해보자. 약 10~12퍼센트는 집을 그린다. 초자연 현상처럼 보이는 일이 모두 사실은 그렇지 않다는 재미있는 사례다. 이런 사례를 진짜 텔레파시라며 진지하게 내놓는 사람이 있겠는가?

진짜 있다. 유리 겔러는 1990년대 중반 데이비드 프로스트David Frost가 제작한 〈믿음 저편Beyond Belief〉이라는 프로그램에 등장해 23집에서 텔레비전을 시청하는 수백만 명에게 여러 초자연적 현상을 생방송으로 보여주겠다고 주장했다. 나도 그걸 봤다. 유리 겔러는 시청자에게 텔레파시로 메시지를 전달하는 능력이 있다고 주장했다. 화면 아래에는 네모, 별, 동그라미, 십자가 도형이 순서대로 보이고 유리 겔러는 이 중 하나를 선택했다. 카메라가 천천히 그의 얼굴을 확대하면 그는 이렇게 말한다. "저는 지금 마음속으로 어떤 도형을 그려보고 있습니다…. 집에 있는 여러분, 아마 수백만 명은 될 여러분과 실제로 소통하고 있어요. 1100만, 1200만, 1300만 명은 되겠네요. 자, 제가 신호를 보냈습니다. 전 그걸 그려보고 있어요. 마음을 열고 보려고 해보세요. 느껴보세요. 지금 당신에게 강력하게 전달하고 있습니다. 한 번 더…. 좋아요." 이쯤에서 유리 겔러의 얼굴 윗부분이 화면을 가득 채우고 화면 아래쪽에는 여전히 도형 네 개가 보인다. 시청자에게는 그가 어떤 도형을 선택했는지 추측하고 전화를 걸어 네 가지 숫자 중 하나로 알려달라고 했다. 그렇게 전화를 건 사람이 7만 명이 넘는다.

  내가 유리 겔러에게 진짜로 놀라운 초능력이 있다고 믿었던 시절은 한참 지났기 때문에 이 프로그램이 방영될 즈음 나는 이미 정보에 정통한 회의주의자 관점에서 이 현상을 보고 있었다. 프로그램에 등장하는 시연을 모두 비초자연적으로 설명하기는 아주 쉬웠다. 이 시연에서 나는 유리 겔러가 텔레파시로 보낸다는 대상이 무엇인지뿐만 아니라 네 가지 도형을 많은 표를 받은 순서대로 정확히 알아맞혔다는 데 뿌듯했다. 유리 겔러가 별 모양을 '텔레파시'로 전달하기로 선택한 것은 운이 좋았다. 단연코 가장 많은 시청자가 별을 선택했다. 47퍼센트의 시청자가 별 모양을 '수신'했다고 밝혔다. 그다음으로 동그라미를 수신했다고 '손을 든' 사람은 32퍼센트였고, 십자가(12퍼센트)와 네모(10퍼센트)가 뒤를 이었다. 만약 추측이 완전히 무작위였다면 각 선택지를 선택한 사람이 25퍼센트씩 나왔을 것이다. 따라서 유리 겔러와 같은 도형을 선택한 사람이 47퍼센트라는 결과는 통계적으로 매우 유의미한 결과다. 전화를 건 사람 거의 절반이 우연히 이 도형을 선택했을 확률은 아주 낮다. 그렇다면 이는 정말 유리 겔러에게 초능력이 있다는 강력한 증거일까?

    ESP 검사에 사용하는 일반적인 기술을 잘 아는 독자라면 유리 겔러의 시연에 사용된 네 가지 도형이 제너Zener 카드에 사용된 다섯 가지 도형에서 가져온 것이라는 점을 알아차렸을 것이다(나머지 하나는 세 개의 물결표다.). 제너 카드라는 이름은 이 카드를 고안한 지각심리학자 칼 제너Karl Zener의 이름에서 따왔다. 전체 카드는 25

제너 카드에 사용된 다섯 가지 도형.

장으로 구성되고 도형은 모두 5종류다. 텔레파시 검사에서 '발신자'는 뒤섞인 카드 더미에서 카드를 차례로 가져와 그 카드에 그려진 도형을 '수신자'에게 전송한다. 수신자는 발신자가 어떤 카드를 보고 있는지 추측하고 그 내용을 기록한다. 확률로만 본다면 수신자의 추측이 맞을 확률은 5분의 1이다. 수신자가 맞힌 확률이 5분의 1을 크게 넘는다면 ESP가 있다는 증거가 될 수 있다. 하지만 사람들이 다른 도형에 비해 특정 도형을 추측할 가능성이 더 높다는 사실은 80년 넘도록 잘 알려져 있었다. 1939년 프레더릭 룬드Frederick Lund는 참가자 596명에게 제너 카드에서 다섯 가지 도형을 무작위로 순서대로 나열해달라고 요청했다.[24] 이쯤이면 여러분도 짐작했겠지만 가장 인기 있는 카드는 별이었다. 우연히 맞힐 확률인 20퍼센트보다 훨씬 많은 32퍼센트가 가장 먼저 별을 지목했다. 따라서 앞서 언급했듯 유리 겔러가 별을 텔레파시 목표로 선택한 것은 정말 행운이었다(그냥 운이라 본다면 말이다).

확률적 추론과 초자연적 믿음

앞서 살펴보았듯 우리는 모두 일상생활에서 확률을 다루는 데 매우 서툴다. 이는 심리학자가 말하는 확률 추론probabilistic reasoning의 특성이지만, 이 용어는 확률 자체를 잘 이해하지 못하는 우리의 성향보다 더 많은 사실을 의미한다. 흔히 문제를 일으키는 확률 추론의 다른 특성으로는 기저율 오류base rate fallacy와 무작위성의 진짜 본질을 제대로 이해하지 못하는 성향이 있다.[25]

기저율 오류(기저율 무시base rate neglect라고도 함)는 여러 상황에서 나타난다. 마야 바르힐렐Maya Bar-Hillel의 말을 보자. "기저율 오류는 기저율을 무시하는 성향에서 온다. 예를 들어 두 가지 정보를 통합하지 않고 특정 정보(얻을 수 있다면)를 더 선호하는 것이다. 이런 성향은 임상적·법적·사회심리적인 여러 상황에서 발생하는 특정 현상에 내린 판단을 이해할 때 중요한 의미가 있다."[26]

이런 성향을 보여주는 전형적인 사례는 택시 문제다.

… 사람들에게 도시에 다니는 택시의 85퍼센트가 파란색이고 15퍼센트는 초록색이라고 말한다. 그리고 밤에 뺑소니 사고가 났는데, 밤에 택시 색깔을 80퍼센트의 확률로 정확하게 식별할 수 있는 목격자의 말에 따르면 택시가 초록색이었다고 한다. 그다음 택시 색깔이 초록색일 가능성을 되물으면 대다수가 80퍼센트라고 답한다. 하지만 이 결론은 도시에 다니는 택시가 두 가지 색깔이라는 기저율을 고려하지 않았다… 특히 목격자 진술의 정확성을 따지려면 그 사람이 서술한 정보와 초록색 택시의 기저율을 둘 다 고려해야 하는데도 말이다. 그렇게 하면 택시 색깔이 초록색일 확률은 41퍼센트다. 목격자의 정확성이 80퍼센트이므로 그가 택시를 초록색으로 식별했더라도 오류를 범할 확률은 여전히 20퍼센트가 남아 있기 때문이다. 그리

고 애초에 택시가 초록색일 기저율이 낮기 때문에(15퍼센트) 그 택시는 초록색이기보다 파란색일 확률이 더 크다.²⁷

우리가 흔히 무작위성의 진정한 본질을 제대로 이해하지 못한다는 점도 생생하게 입증할 수 있다. 보통 우리는 무작위 배열을 만들려 해도 주사위 같은 물리적인 외부 장치의 도움 없이는 진짜 무작위 배열을 만들지 못한다.²⁸ 진짜 무작위 배열을 만들려고 하면 사람들은 같은 요소를 연속으로 반복하지 않으려는 경향을 강하게 나타낸다. 사실 어떤 요소를 무작위로 배열할 때 각 요소의 순서는 앞이나 뒤에 나오는 다른 요소와 완전히 독립적이다. 0부터 9까지의 숫자를 무작위로 배열할 때 6 다음에 6이 나올 확률은 다른 숫자가 나올 확률과 똑같다. 같은 숫자가 연달아 나오는 일은 충분히 예상할 수 있다.

룰렛 같은 외부 과정이 진짜 무작위적인지 판단할 때도 반복을 피하려는 편향이 나타난다. 이와 관련된 악명 높은 사례는 도박사의 오류gambler's fallacy다. 빨간색 숫자가 계속 나왔다면 그다음에는 빨간색 숫자보다 검은색 숫자가 나오리라 예상하는 경향이다. 사실 검은색 숫자가 나올 확률과 빨간색 숫자가 나올 확률은 같다.

우리가 일상적으로 확률 추론에서 어려움을 겪는다는 점에서, 초자연적 현상을 믿는 사람은 그렇지 않은 사람보다 확률 추론에 더 취약해 사실 초자연적으로 설명할 필요가 없는 갖가지 경험을 그렇게 설명하는 것은 아닌지 자연스럽게 의문이 들 수 있다. 몇

몇 연구에서 이런 가능성을 다루었지만, 이를 포괄적으로 검토하는 일은 이 장의 범위를 넘어선다.[29]

이런 연구에서는 여러 초자연적 믿음 척도, 시험 조건, 참가자 유형을 대상으로 광범위한 과제를 사용했다. 많은 연구 결과 실제로 초자연적 현상을 믿는 사람은 그렇지 않은 사람보다 확률 추론을 더 어려워한다는 생각을 뒷받침하는 결과가 나왔다.[30] 하지만 어떤 연구에서는 일부 확률 추론 과제에서 그런 효과가 나타나도 다른 과제에서는 나타나지 않았고,[31] 적어도 한 연구에서는 전혀 그런 효과가 보이지 않았다.[32] 이를 통합해보면 전반적으로 초자연적 현상을 믿는 사람은 그렇지 않은 사람보다 확률 추론의 일부 측면에 조금 취약한 것 같다. 초자연적 현상을 믿는 사람은 이런 취약성 때문에 우연의 일치 같은 경험을 초자연적 힘과 관련 있다고 더 자주 해석하게 될 수 있다. 하지만 확률 자체를 잘 이해하지 못한다는 특성은 무작위성의 진짜 본질을 제대로 이해하지 못하거나 개별 사건에서 연관성을 찾으려는 성향이 크다는 점 등 확률 추론의 다른 면보다는 덜 중요하다.

개별 사건에서 연관성을 찾으려는 경향은 흔히 초자연적 믿음에 영향을 미치는 또다른 추론 오류를 설명하는 요인이다. 아모스 트버스키Amos Tversky와 대니얼 카너먼Daniel Kahneman은 이 결합 오류conjunction fallacy를 처음 설명했다.[33] 다음을 보자.

| 린다는 31세의 독신으로 솔직하고 아주 똑똑하다. 철학을 전공했다. 학창 시절

그는 차별과 사회 정의 문제에 깊은 관심을 가졌고 반핵 시위에도 참여했다.
다음 중 어떤 진술이 더 이치에 맞는가?
1. 린다는 은행원이다.
2. 린다는 은행원이고 페미니즘 운동에 적극적이다.

대학생 85~90퍼센트가 두 번째 진술이 더 이치에 맞는다고 여겼다. 하지만 이는 논리적으로 불가능하다. 잠깐만 생각해보면 페미니즘 운동에 적극적인 은행원도 은행원에 속한다는 사실을 알 수 있다. 따라서 두 번째 진술이 더 이치에 맞을 리는 없다. 트버스키와 카너먼은 우리가 결정을 내릴 때 대표성 휴리스틱representativeness heuristic(발견법이라고도 하는 휴리스틱은 알고리즘이 확립되지 않았을 때 경험을 바탕으로 시행착오를 거쳐 문제의 답을 직관적으로 발견하는 방법을 말한다-옮긴이)에 의존하기 때문에 잘못된 판단을 내린다고 주장했다. 린다에 관한 설명은 페미니스트에 관한 전형적인 설명에 들어맞기 때문에 우리의 사고에 잘못된 영향을 미쳐 논리적 오류를 범하게 만든다.

초자연적 현상을 믿는 사람은 개별 사건 사이의 연관성을 찾는 성향이 더 커서 자연스럽게 결합 오류에 더 취약하다고 생각할 수 있다. 이들은 단수(개별) 사건보다 결합 사건(함께 일어나는 일)이 일어날 가능성을 과대평가한다는 것이다. 많은 연구, 특히 폴 로저스 연구진이 실시한 연구가 이 가설을 입증했다.[34] 결합 오류 효과가 얼마나 강한지는 가상 사건의 내용(예를 들어 초자연적 대 비초자연적, 확증적 대 비확증적)이나 초자연적 믿음 측정에 사용한 척도 등 여러 요소에 따라 다르다는 점에 주목하자. 하지만 닐 대그널 연구진은 결합 오류에 취약한 성향보다 무작위성의 본질을 잘못 이해하는 전반적인 성향이 초자연적 믿음과 더 큰 연관이 있다고 주장한다.[35]

우연 이야기를 마치기 전에 한 가지 사실을 짚고 넘어가야겠다. 어떤 사건들이 딱 들어맞게 함께 일어나는 데 특히 주목하는 성향은 인간의 역사에서 매우 중요했다. 우리는 관련 없는 두 사건이 동시에 일어나면 둘 사이에서 인과적인 연관성을 추론하고 싶어 한다. 하지만 실제로 인과 관계가 있을 때도 분명히 있다.

마크 요한슨Mark Johansen과 마그다 오스만Magda Osman은 이 점이 중요하다고 강조했다.[36] 우연의 일치로 보이는 모든 보고를 그저 우연에 불과하다고 치부하는 것은 큰 실수라는 것이다. 두 사람은 우연을 이렇게 정의한다. "우연일 가능성은 거의 없지만 인과적 메커니즘을 찾는 과정에서 우연보다 더 그럴듯한 설명이 나오지 않았기 때문에 우연으로 간주되는 놀라운 패턴 반복을 말한다."[37]

이들은 우연의 일치를 인간의 비합리성을 보여주는 사례가 아니라 오히려 합리적인 인지에서 필연적으로 나온 결과로 보아야 한다고 주장한다. 잠재적인 인과 관계를 먼저 배제한 다음에야 두 사건의 관계를 진짜 우연으로 설명할 수 있다. 1928년 알렉산더 플레밍Alexander Fleming 경이 페니실린을 발견한 일 같은 과학적 돌파구는 때로 우연한 관찰에서 나오기도 하지만 인류에게 다행스럽게도 '그저 우연'이라고만 치부되지는 않았다.

다음 장에서 더 자세히 살펴보겠지만, 초자연적 믿음과 관련된 여러 인지 편향이 진화해 왔다. 이런 인지 편향은 인간이라는 종이 오래 살아남아 유전자를 다음 세대로 물려줄 가능성을 높인다는 점에서 전반적으로 단점보다 장점이 많았기 때문이다. 우리는 때로 두 사건 사이에 인과 관계가 없을 때도 연관성이 있다고 오해한다. 하지만 실제로 존재하는 인과 관계를 감지하는 이점에 비하면 그런 단점은 아주 작다.

9장.
마음의 잔꾀

8장에서 설명했듯, 우리는 확률을 오해해 때로 잘못된 결론을 내리고, 그러지 않아야 할 사건에서도 의미를 찾아낸다. 이 장에서는 아주 평범하게 설명할 수 있는데도 초자연적 힘이 작용한다고 오해하는 성향의 이면에서 작동하는 다른 인지 편향을 살펴보자.

주관적 검증

1970년대 러셀 타그Russell Targ와 해럴드 푸토프Harold Puthoff는 저명한 학술지 〈네이처Nature〉에 놀라운 결과를 발표했다. 우리가 아는 감각 경로를 이용하지 않고도 먼 거리에서 보내는 정보를 정확하게 지각할 수 있다는 내용이었다.[01] 이들은 멀리서 보기remote viewing라는 방법을 이용한 실험 결과를 발표했다. 전형적인 멀리서 보기 연구에서는 한 명 이상의 사람이 정해진 시간에 공원, 다리, 쇼핑몰, 도서관처럼 임의로 선택한 장소에 찾아가 그 장소에 관한 정보를 기지에 있는 '수신자'에게 텔레파시로 전달한다.[02] 수신자는 그때 마음속으로 떠오르는 인상을 전부 설명하거나 그림을 그려 시각적 이미지를 기록한다. 연구자도 발신자가 어디에 있는지 모르므로 수신자에게 모호하거나 불분명한 사항은 명확히 알려달라고 요청하기도 한다. 이런 실험을 여러 번 실시한다. 그다음 수신자가 받은 인상을 기록한 기록지를 독립된 심사자에게 전달한다. 심사자는 발신자가 임의로 선택한 장소에 찾아가 수신자의 기록과 얼마나 일치하는지 평가한다. 수신자도 이 판단에 함께 참여한다.

타그와 푸토프는 〈네이처〉에 발표한 논문에서 자신들이 얻은 결과가 통계적으로 매우 유의미하다고 주장했다. 각 심사자는 9개 장소 중 적어도 7건에서 기록과 장소가 정확하게 일치했다고 평가했다. 데이비드 마크스David Marks와 리처드 캠먼Richard Kammann은 이런 인상적인 결과에 흥미를 느끼고 연구를 재현하려 했다. 하지만 그들의 연구 결과는 초자연적으로 정보를 전달할 수 있다는 기존 주장을 전혀 뒷받침하지 못했다. 게다가 끈질기게 조사한 결과 타그와 푸토프의 기존 연구에는 큰 결함이 있어서, 그들이 유의미한 결과라고 내놓은 것을 초능력이 아니더라도 충분히 설명할 수 있었다. 멀리서 보기 연구가 실제로 초감각 지각의 강력한 증거인지에는 여전히 논란이 있지만, 여기에서 나는 마크스와 캠먼이 재현하려 한 실험 과정에서 발견한 흥미로운 현상에 주목하고자 한다.

마크스와 캠먼은 35회에 걸친 실험에서 심사자와 수신자처럼 수신자의 기록과 실제 장소가 비슷한 사례를 여러 건 발견했다. 처음에 이런 결과를 보면 일종의 초능력 의사소통이 일어난 듯하다는 인상을 강하게 받는다. 하지만 이때 유일한 문제는 일치한다는 말이 사실 수신자가 그 장소에 방문했을 때 나온 것이 아니었다는 점이다. 일치한다는 부분은 그저 기록과 장소가 우연히 맞아떨어진 것일 뿐이었다. 마크스와 캠먼은 이런 현상을 주관적 검증subjective validation이라고 했다. 이는 '믿음, 예상, 가설이 어떤 연관성을 떠올리도록 요구하거나 필요하게 만들어 관련 없는 두 사건도 관련 있다고 인식하게 될 때' 발생하는 현상이다.[03]

멀리서 보기 기록지(그림이 첨부되는 사례도 있음)에는 많은 요소가 들어 있다. 이와 비슷하게, 임의로 선택한 다른 장소를 둘러보아도 기록지 내용과 일치해 보이는 요소가 여럿 있다. 일치하는 요소가 몇 개쯤 발견될 가능성은 상당히 높다. 주관적 검증은 다른 초자연적 상황에서도 작용한다. 심령술사나 점술가가 고객을 리딩해 점괘를 내놓을 때도 리딩의 많은 요소와 우리 삶의 풍부한 태피스트리 사이에 일치하는 부분이 있을 가능성이 아주 많다. 11장에서 다시 살펴보겠지만 주관적 검증은 꿈이 때로 미래의 사건을 알아맞히는 것처럼 보이는 중요한 이유다.

삼단논법 추론

사람들이 어려워하는 추론은 확률 추론뿐만이 아니다. 삼단논법syllogistic reasoning 같은 연역적 추론도 어려워한다.[04] 삼단논법은 전제 진술 두 개와 결론 진술 하나로 구성된다. 삼단논법 추론 과제를 실시할 때는 흔히 참가자에게 삼단논법을 제시하고 전제가 참이라는 가정하에 주어진 결론이 타당한지 아닌지 판단하도록 한다.

예를 들어 다음과 같은 삼단논법은 범주적 삼단논법categorical syllogism이다. 전형적인 사례는 다음과 같다.

> 사람은 모두 죽는다.
> 아리스토텔레스는 사람이다.
> 그러므로 아리스토텔레스는 죽는다.

여기에서 도출된 결론은 타당하다. 두 개의 전제에서 논리적으로 도출된 결론이라는 의미다. 첫 진술 두 개가 참이라면 세 번째 진술도 반드시 참이다.

삼단논법 추론에서는 전제나 결론이 참인지 묻지 않고, 전제가 참이라 가정하고 그 전제에서 결론이 논리적으로 도출되는지만 묻는다는 점에 유의하자. 예를 들어 다음 삼단논법은 결론에 동의하든 아니든 타당하다.

> 어떤 때에도 실업률을 낮추는 일은 좋다.
> 전쟁이 나면 실업률이 줄어든다.
> 그러므로 전쟁은 좋다.

우리는 삼단논법의 타당성을 판단할 때 그 결론을 얼마나 믿는지에 영향받는다. 이것이 믿음 편향belief bias이다. 따라서 주어진 결론에 동의한다면 타당하지 않은 추론도 타당하다고 판단하고, 동의하지 않으면 타당한 추론도 타당하지 않다고 판단한다.

또다른 삼단논법으로 조건 삼단논법conditional syllogism이 있다. 다음을 보자.

> 앨리스가 열심히 공부하면 시험에 통과할 것이다.
> 앨리스는 열심히 공부한다.
> 그러므로 앨리스는 시험에 통과할 것이다.

여기서 두 전제에서 나온 결론이 참이라는 것을 확인하기는 아주 쉽다. 하지만 조건 삼단논법의 타당성을 판단하기가 항상 이렇게 쉽지는 않다. 흔한 오류는 논리학자들이 후건긍정affirmation of the consequent(조건절의 뒷부분인 결론을 긍정해 앞부분인 전제를 참이라 보는 오류-옮긴이)이라 하는 오류다. 예를 들면 다음과 같다.

> 백신이 해롭다면, 당국은 백신을 거부할 것이다.
> 당국은 백신을 거부한다.
> 그러므로 백신은 해롭다.

이런 논리적 오류는 음모론을 믿는 사람에서 상당히 흔하게 나타난다. 음모를 뒷받침하는 증거가 부족한 것을 흔히 사실을 은폐한다는 증거로 해석하기 때문이다.

독자 여러분은 이런 오류가 앞서 5장에서 살펴본 것처럼 미국인 370만 명이 외계인에게 납치된 적이 있다고 주장하는 사람들이 저지르는 오류와 같다는 사실을 알아차렸을 것이다. 사람들이 정말로 외계인에게 납치된 적이 있고, 이렇게 납치된 탓에 마비 또는 무언가 초자연적인 것이 있다는 느낌을 받는다 해도 로퍼 기구의 여론조사에서 도출한 결론은 전혀 타당하지 않다. 다음은 그들이 전형적인 삼단논법으로 제시한 논증이다.

> 만약 미국인 370만 명이 외계인에게 납치된 적이 있다면, 이들은 마비 또는 무언가 있다는 느낌을 겪었다고 보고할 것이다.
> 미국인 370만 명은 마비 또는 무언가 있다는 느낌을 겪었다고 보고했다.
> 따라서 미국인 370만 명은 외계인에게 납치된 적이 있다.

이때 다른 비슷한 조건 삼단논법과 마찬가지로 결론이 논리적이려면 첫 번째 전제에서 '만약if'은 '그 경우에, 그리고 오직 그 경우에만if and only if'이라는 쌍조건문이어야 한다. 즉 두 번째 전제가 참일 수 있는 다른 가능한 이유가 있다면 논리적으로 그것을 배제할 수 없다. 이때에는 마비 또는 무언가 있다는 느낌을 설명할 그럴듯한 다른 이유가 상당히 있다. 바로 우리가 잘 아는 수면 마비도 그 예다.

초자연적 존재를 믿는 사람은 그렇지 않은 사람보다 연역적 추론 능력이 부족해서 이용 가능한 증거를 바탕으로 잘못된 결론을 내릴 가능성이 더 높은 것은 아닐까? 마이클 비어츠비츠키Michael Wierzbicki의 초기 연구는 이런 가설을 뒷받침했다. 하지만 하비 어윈Harvey Irwin이 실시한 후속 재현 연구에서는 초자연적 현상을 믿는 사람과 그렇지 않은 사람 사이의 추론 능력에 차이가 없었다.[05] 어윈은 두 연구에서 결과 패턴이 다르게 나타난 것은 시험자 효과 때문일 수 있다고 추측했다.

두 연구 모두 학생 참가자를 표본으로 이용했다. 어윈은 비어츠비츠키의 연구에 더 똑똑한 학생들이 참여했고, 이들은 비어츠비츠키가 대다수 심리학자처럼 초자연적 현상에 약간 회의적이라는 사실을 이미 알았으리라 주장했다. 따라서 이 학생 참가자들은 자신이 초자연적 현상을 믿는다는 사실을 드러내기 꺼렸고, 그래서 추론 능력과 (참가자들이 공언한) 믿음 수준 사이에 음의 상관관계가 나타났다는 것이다. 이와 반대로 어윈의 실험에 참가한 학생들은 어윈이 초자연적 현상에 더 공감한다는 사실을 알았으므로 초자연적 현상에 관한 진짜 믿음을 솔직하게 드러냈다. 그래서 결과적으로 인위적인 상관관계가 나타나지 않았다는 것이다. 이런 설명은 분명 그럴듯하지만, 맥스웰 로버츠Maxwell Roberts와 폴 시거Paul Seager는 어윈이 추론 능력과 초자연적 믿음 사이에서 상관관계를 찾지 못한 다른 이유가 있다고 강조했다. 어윈이 사용한 추론 과제는 비어츠비츠키가 사용한 과제와 중요한 면에서 달랐다.[06] 두 사람의 연구에서는 비어츠비츠키가 보고한 음의 상관관계가 재현되었다.

캐롤라인 와트와 리처드 와이즈먼이 초자연적 믿음과 삼단논법 추론의 관계를 살핀 연구에서는 시험자 효과가 실제로 나타났다.[07] 와트와 와이즈먼은 같은 절차를 따랐지만, 와트는 두 변수 사이에서 큰 음의 상관관계를 발견한 반면, 와이즈먼은 어떤 상관관계도 찾지 못했다. 어윈의 가설에는 안된 일이지만 두 사람이 발견한 결과는 어윈의 가설이 예측했던 것과 정반대였다. 와트는 초자연적 현상에 더 공감하는 것으로 알려져 있지만, 와이즈먼은 잘 알려진 회의주의자다. '아이디어는 좋지만 데이터가 아쉽네'라는 또다른 사례다!

무의식적 처리: 우리가 아는 것을 우리는 모른다

보통 심리학에서는 우리가 정신적 처리 과정 대부분을 의식적으로 깨닫지 못한다고 한다. 보통 우리가 아는 것은 정신적 처리 자체가 아니라 그 결과물이다. 간단한 예로 다음 질문에 마음속으로 답해보자. 당신이 다닌 초등학교 이름은 무엇인가? 당연히 답이 자동적으로 떠오르지만, 질문을 읽고 이해하고 장기 기억에 저장된 정보 더미에서 올바른 정보를 검색하는 과정을 의식적으로 깨닫지는 못한다. 다른 심리적 과정에서도 마찬가지다. 예를 들어 각성된 의식 상태에서는 주변 시청각적 세계에 곧바로 직접 접근할 수 있다고 느끼지만, 사실 그 세계와 그 안에 있는 우리의 위치에 관한 정신적 모형은 3장에서 설명한 대로 하향식 처리와 상향식 처리가 복잡한 상호작용을 이룬 결과로 발생한다.

의식적 처리와 무의식적 처리의 '구별은 1994년 마이클 탤번과 피터 델린Peter Delin이 처음 제안한 흥미로운 개념의 핵심이다. 초자연적 믿음과 경험의 척도는 창의성, 신비로운 경험에 대한 감수성, 특정 정신병리학적 경향 등의 여러 심리적 변수와 일관되게 상관관계가 있다는 사실을 설명하기 위해 제안한 개념이다.[08] 이들은 모든 상관관계를 뒷받침하는 단일한 공통 요인이 있다는 가설을 세웠다. 그리고 이 요인을 경계초월성transliminality이라고 이름 붙였다. 그리고 처음에는 "마음의 전의식(또는 '무의식' 또는 '잠재의식') 영역에 속한 내용물이 의식('인식'이라는 의미에서)의 문턱을 넘을 수 있는 정도"로 정의했다. 이어 이들은 다음과 같이 덧붙였다. "(a)무의식 또는 (b)외부 환경에서 온 심리적 재료에 대한 과민성을 말한다. 여기서 '심리적 재료psychological material'란 관념, 이미지, 정서, 지각 등을 포함하는 광범위한 개념이다."[09]

경계초월성을 이렇게 이해하면 유용하다. 마음에는 의식 및 무의식 영역이 모두 포함되어 있으며, 무의식에서 의식적 인식으로 향하는 문턱을 넘으려면 심리적 재료가 둘을 분리하는 일종의 반

투막을 통과해야 한다고 상상하는 것이다. 이 막의 투과성이 사람마다 다르다는 것이 경계초월성 개념의 핵심이다. 따라서 경계초월성이 높은 사람은 흔히 경계초월성이 낮은 사람이 접근할 수 없는 재료에 의식적으로 접근할 수 있다. 초능력이 실재한다고 믿었던 탤번은 애초에 초능력을 지닌 개인을 구별해 설명하기 위해 이 개념을 고안했다. 그는 마음의 무의식 영역에서 ESP 신호를 수신할 수 있다면 사람마다 고유한 경계초월성으로 이를 설명할 수 있으리라 추론했다.

개인적으로 나는 초능력을 믿지 않지만 경계초월성이라는 개념은 흥미롭다고 생각한다. 많은 논평가는 이미 사람들이 초자연적이라고 해석하는 특정 경험을 비의식적인 처리 관점에서 설명할 수 있다고 주장한 지 오래다.[10] 예를 들어 J. B. 라인J. B. Rhin이 8장에서 다룬 제너 카드를 이용해 ESP를 조사한 몇몇 초기 연구에서는 일부 카드에 글씨가 너무 진하게 찍혀 있어 참가자가 카드 뒷면만 보고도 도형을 알아볼 수 있었다고 한다.[11] 진짜 그랬다면 참가자가 ESP를 사용하지 않고 그냥 눈으로 봐도 그 도형이 보인다고 연구자에게 알려주지 않았을까 예상할지도 모른다. 하지만 참가자는 그 정보가 자신의 추론에 영향을 미치는데도 그 정보를 처리한다는 사실을 의식적으로 깨닫지 못했을 수도 있지 않을까? 게다가 경계초월성이 높은 사람은 이런 방법을 이용해 우연히 얻을 수 있는 점수보다 더 높은 점수를 받았을 가능성이 있지 않을까?

나와 수전 크롤리Susan Crawley는 그의 박사과정 연구 중 하나로 이런 가능성을 뒷받침하는 연구를 했다.[12] 참가자는 컴퓨터 ESP 작업에 참여했다. 각 실험에서 컴퓨터는 제너 카드의 5개 도형 중 하나를 무작위로 선택한다. 화면에는 흔한 카드 뒷면에 그려진 소용돌이 모형을 띄운다. 참가자는 그 카드를 추측하고 입력한다. 실험 절반에서는 소용돌이 모양을 화면에 띄우기 직전, 의식적 인식 임계치보다 낮은 무의식 영역에서 보이도록 정답을 아주 잠깐 화면에 띄웠다. 하지만 참가자에게는 그 사실을 알리지 않았다. 참가자에게는 탤번이 고안한 경계초월성 설문지도 작성하게 했다. 예상대로 경계초월성 점수는 컴퓨터 과제에서 정답을 맞힌 횟수와 상관관계가 있었다. 하지만 무의식 영역에서 정답을 발화한 때에만 그랬다. 무의식 영역에서 정답을 띄우지 않은 경우에는 아무런 상관관계가 보이지 않았다. ESP가 실제로 작동한다는 증거는 없었지만, 경계초월성이 높은 참가자가 자신에게 초능력이 있을지도 모른다는 생각을 진지하게 받아들였다는 점은 놀랍지 않다. 그렇지 않고서야 자신이 평균 이상의 점수를 받은 이유를 어떻게 설명하겠는가?

빠르게 생각하기와 느리게 생각하기

최근 수십 년 동안 발견된 많은 인지 편향이 이렇게 널리 퍼져 있다면, 이런 인지 편향이 인류의 진화 역사에서 어떤 이점으로 작용했다는 뜻일지도 모른다. 언뜻 보기에 다소 놀라운 일이다. 사건을 틀리게 해석하거나 오해하거나 잘못 기억하게 만드는 인지 편향은 진화적으로 분명 불리하다. 그렇다면 자연선택으로 제거되었어야 마땅하지 않은가? 이 수수께끼의 해답은 시스템 1과 시스템 2 사고방식을 이해하는 데서 찾을 수 있다.[13]

대니얼 카너먼의 베스트셀러 《생각에 관한 생각(원제: 빠르게 생각하기와 느리게 생각하기 Thinking, Fast and Slow)》의 제목에서 볼 수 있듯 인간의 사고는 두 가지 방식으로 작동한다.[14] 시스템 1 사고는 우리가 느슨하게 직관intuition이라고 하는 것이다. 이런 사고방식은 빠르고, 무의식적이며, 노력이 들지 않고, 감정적이며, 자동적이고, 스스로 통제한다는 느낌이 없다. 시스템 1 사고의 전형적인 예는 누군가를 처음 만났을 때 그 사람에게 곧바로 호감이나 비호감을 느끼는 것이다. 이와 달리 시스템 2 사고는 느리고, 의식적이며, 노력이 필요하며, 감정적이지 않고, 스스로 통제할 수 있다는 느낌이 든다. 대개 우리가 합리적 사고rational thought라 하는 사고방식이다. 시스템 2 사고의 전형적인 예는 정신적 퍼즐을 풀려고 시도하는 사례다. 이 책에서 살펴본 많은 인지 편향은 대체로 시스템 1 사고에서 온다. 시스템 1 사고가 우리의 태도, 믿음, 행동에 생각보다 훨씬 큰 영향을 미친다는 증거가 많다.

 진화적으로 볼 때 시스템 1 사고와 시스템 2 사고의 가장 중요한 차이점은 속도다. 우리 뇌는 오래 살아남아 유전자를 다음 세대에 전달할 가능성을 극대화하도록 진화했다. 조상들은 적과 포식자가 넘쳐나는 위험한 세상에서 살았다. 시스템 1 사고에 주로 의존하면 대체로 올바른 답을 빠르게 내놓을 수 있으므로, 약간 더 올바른 답을 내놓는 일이 조금 더 많지만 훨씬 느린 시스템 2 사고에 기대는 것보다는 나았다.

 당연히 조상들은 일상에서 주변 세상과 상호작용할 때 시스템 2 사고보다는 흔히 휴리스틱heuristics(발견법)이라는 간단하고 빠른 법칙에 의존했다. 예를 들어 덤불에서 바스락거리는 소리가 나면 포식자일 수도 있고 아닐 수도 있다. 하지만 시스템 1 사고방식에 따라 그것이 실제 위협이라고 가정하면 오래 살아남아 번식할 가능성이 높아진다. 만약 이 생각이 옳았고 이에 따라 싸움-도피 반응으로 적절히 대처한다면 생존 가능성이 극대화된다. 이 생각이 틀렸더라도 비용은 사소하다. 반대로 위협이 없다고 가정하는 오류를 범하거나 어떤 결정을 내리는 데 너무 오래 걸리면 포식자의 먹잇감이 될 가능성이 커진다. 시스템 2 사고에 의존하는 것은 분명 더 나은 선택은 아니었다.

 이런 진화적 압력에 따라 과학자들이 거짓 양성false positive이라 하는 편향된 인지 체계가 생긴다. 과학계에서는 이를 1형 오류Type

1 error라고 한다. 예를 들어 의사는 여러 혼란스러운 변수의 영향을 받은 임상시험 결과를 보고 어떤 새로운 치료법이 효과적이라고 잘못 결론 내릴 수 있다. 이와 반대로 2형 오류Type 2 error는 거짓 음성false negative이다. 의사는 신뢰할 수 없는 자료를 바탕으로 어떤 치료법이 효과 없다고 잘못 판단할 수 있다.

인류라는 종인 우리가 성공하는 길은 주변에서 의미 있는 패턴을 찾아내고 인과 관계를 인식하는 능력에 달려 있다. 조상들은 이런 기술을 사용해 사냥하고 포식자를 피하고 농업을 발전시켰다. 문제는 1형 오류라는 흔한 편향에 빠질 때처럼 아무것도 없는데도 의미 있는 패턴이나 인과 관계가 있다고 오인할 때다. 앞서 살펴본 파레이돌리아처럼 우리는 무작위성의 진짜 본질을 보지 못하고 주관적으로 검증하며 이런 오류를 저지른다.

마이클 셔머는 의미 있는 패턴이 없는데도 의미 있는 패턴을 보는 경향을 패턴성patternicity이라고 한다.[15] 아포페니아apophenia라는 용어로 설명하는 사람도 있다. 하지만 클라우스 콘래드Klaus Conrad가 1958년 아포페니아라는 용어를 처음 만들었을 때는 무작위한 것에서 의미 있는 패턴을 보고 관련 없는 것들 사이에서 연관성을 발견하는 경향뿐만 아니라, 조현병에서처럼 그런 사건에서 개인적으로 깊은 의미를 지각하려는 경향을 가리켰다는 점에 주목해야 한다.[16] 따라서 누구나 교회 벽 얼룩에서 얼굴 비슷한 패턴을 볼 수는 있지만 그것을 우연히 나타난 표시 이상으로 보는 사람은 일부뿐이다. 요즘은 아포페니아라는 말이 원래 콘래드의 의도보다 느슨하게 사용되어 패턴성이나 파레이돌리아와 혼용되기도 한다.

주변에서 무슨 일이 일어나면 누군가 또는 무언가가 특정한 이유로 그런 일을 일으켰다고 여기는 타고난 경향이 있다. 이런 경향 역시 진화의 관점에서 이해할 수 있다. 우리는 주변에서 일어나는 사건이 지각 있는 행위자가 특별한 의도를 갖고 일으킨 것이라고 가정하며 흔히 그 위협 정도에 따라 모든 사건을 평가한다.

저스틴 배럿Justin Barrett은 신에 대한 믿음이 이런 경향에서 자연스럽게 나왔다고 합리적으로 주장했다.[17] 그는 인간에게 과민 행위자 탐지 장치hyperactive agency detective device, HADD라는 정신적 장치가 있다고 가정한다. 이 장치에는 진화적 이점이 있다. 모호하지만 위협적일 수도 있는 상황에서 1형 오류에 빠지도록 만들어 생존 가능성을 높이기 때문이다. 또한 인간은 어떤 지각 있는 존재가 우리의 잘못에 대한 처벌로 천둥, 번개, 자연재해, 흉작은 물론 질병과 부상을 일으킨다고 자연스럽게 가정한다. 이런 추론은 신뿐만 아니라 여러 초자연적 존재에 대한 믿음에도 분명히 적용된다.

인간의 뇌는 수천 년에 걸쳐 진화했고 진화적 변화는 느리게 일어난다. 따라서 우리 뇌는 최근까지 진화해 온 조상의 뇌와 큰 차이가 없다. 이렇게 보면 인간의 사고 대부분이 장단점은 있더라도 좀 더 합리적인 시스템 2가 아니라 시스템 1의 특징인 휴리스틱에 바탕을 둔다는 사실은 전혀 놀랍지 않다.

10장.
회의적 탐구

변칙심리학의 주된 초점은 앞서 설명했듯 초자연적으로 보이는 현상을 비초자연적으로 설명하고 이를 경험적으로 검증하는 것이다. 하지만 초자연적 힘이 존재하지 않는다는 생각 자체를 입증하지는 않는다는 점은 항상 명심해야 한다. 사실 이는 논리적으로 결코 입증할 수 없는 부정 진술이다. 한 세기가 넘도록 체계적으로 연구해 초자연적인 힘이 존재한다는 사실을 밝히지 못했더라도 초자연적 존재가 있다는 증거는 언제라도 나타날 수 있다.

초능력이 없다는 생각은 변칙심리학 연구를 이끄는 연구 가설일 뿐이며 본질적으로 증명할 수 없다. 하지만 변칙심리학이 설명할 수 있는 초자연적 현상이 많아질수록 초자연적 가설을 받아들일 필요는 줄어든다. 초능력이 존재할 리 없다고 판단하면서도 초능력이 있을 이론적 가능성을 인정하는 점에서, 골드스미스대학교 변칙심리학 연구 과정 APRU은 초능력이 있다는 주장을 직접 검증하는데 상당히 많은 시간과 노력을 들였다. 이 장과 다음 장에서는 이런 검증 일부를 설명할 것이다. 대다수는 텔레비전 다큐멘터리의 일부로 실시된 것이고 문헌으로는 한 번도 발표된 적이 없다.

영국 심령술 도전

트리샤 고다드Trisha Goddard가 진행한 〈영국 심령술 도전Britain's Psychic Challenge〉은 영국 방송국 채널5에서 방영되었다. 주요 시리즈는 2006년에 방영되었지만, 2005년 12월에 이 시리즈를 소개하는 특별 예고편이 방송되었다. 이 시리즈는 〈X 팩터X Factor〉 비슷한 일종의 초능력자 오디션 프로그램이었다. 매주 초능력자들이 등장해 자신의 초능력을 발휘해 여러 과제를 해결하고, 각 회차가 끝나면 가장 성적이 나쁜 초능력자가 탈락한다. 대략 2000명의 지원자 중에서 이 시리즈에 참여할 8명의 초능력자가 선발되었다. 최종 회차에서 초능력자 세 명이 경쟁하고 마침내 한 명이 우승을 거머쥔다. 누군가는 이 사람을 영국 공인 최고의 초능력자라고 볼 것이다!

나와 필립 에스코피Philip Escoffey, 재키 말턴Jackie Malton으로 구성된 '회의주의자 패널'이 이 초능력자들의 공연을 논의하고 평가했다. 필립은 정신과 의사이자 마술사다.[01] 재키는 전직 경찰 간부였고 지금은 텔레비전 대본 컨설턴트로 일한다. 그는 경찰 경력을 바탕으로 리다 라플란트Lynda La Plante가 각본을 쓰고 헬렌 미렌Helen Mirren이 출연한 인기 텔레비전 시리즈 〈프라임 서스펙트Prime Suspect〉에 등장하는 경감 제인 테니슨Jane Tennison의 모델이다. 필립과 재키와 함께하는 일은 재미있었지만, 재키는 시리즈가 진행되면서 점차 그다지 회의주의자가 아니었다는 사실이 드러났다고 할 수 있겠다.

당연히 이 시리즈에 참여하면서 나는 말할 가치도 없는 일에 어떤 명목을 부여하는 시답잖은 회의주의자처럼 보이지 않을까 걱정스러웠다. 어쨌든 이 시리즈가 끝날 때 참가자 중 한 명을 영국 최고의 초능력자로 선언하는 데 일부 책임이 있다는 사실을 알고는 있었다. 하지만 결국 나는 여러 이유로 프로그램에 참여하기로 했다. 첫째, 내가 그 역할을 고사하면 다른 누군가가 맡게 되리라는 생각에서였다. 둘째, 정보에 밝은 회의주의자의 견해가 그런 프로그램에 포함되는 것이 중요하다고 믿었다. 셋째, 돈이 좀 되는 일이었고, 마지막으로 재미있을 것 같았기 때문이다. 실제로 그랬다.

처음부터 이 프로그램이 필립과 내게 딜레마를 안겨줄 것이 분명했다. 〈유령의 집〉처럼 이 프로그램의 목표 시청자는 초능력을 믿는 사람들이다. 이들은 관습적인 설명에 도전하는 초능력자들의 놀라운 능력을 밝힐 증거가 나오길 갈망한다. 만약 필립의 정신적 속임수 기법과 내 초심리학 연구의 전문성을 결합해 과제를 설계했다면 시험을 통과한 초능력자는 거의 없었으리라 확신한다. 적어도 통제된 조건에서 오랫동안 이런 시험을 해 온 경험에 따른 공정한 결론이다. 만약 한 회차가 지날 때마다 초능력자들이 전부 시험을 통과하지 못한다면 이 프로그램이 의도한 시청자를 모으지 못했을 것이다. 따라서 여러분도 추측하시겠지만 시험은 우리가 설계하지 않았다. 이 프로그램의 시험은 기본 추측만으로도 어느 정도 통과할 수 있도록 의도적으로 설계되었고 상황도 제대로 통제되지 않았다.

프로그램에서 내놓는 과제가 각 초능력자가 지녔다고 주장하는 능력에 따라 설계되지 않았다는 점에서, 초능력자 편에서 보아도 문제가 있었다는 점도 주목해야 한다. 봉인된 봉투 속 내용을 알아맞히는 초능력이 있다고 주장하는 사람에게 여러 여성 중 누가 임신했는지 알아내라는 과제를 내는 것은 분명 부적절하다. APRU에서 초능력자를 검증할 때는 그들이 지녔다는 능력을 조사하는 시험을 설계하는 데 심혈을 기울인다. 그렇게 하지 않으면 시험이 실패해도 아무런 결론을 내릴 수 없다. 실제로 우리는 보통 초능력자에게 우리가 제안하는 시험이 그들의 능력을 보는 공정한 시험이라는 데 동의하는지 미리 서명해달라고 요청한다. 〈영국 심령술 도전〉 참가자들은 특정 과제에 실패하면 흔히 그랬듯 그냥 어깨를 으쓱하며 그런 과제를 통과할 초능력이 있다고 한 적은 없다며 자신을 정당화했다.

2006년 방송된 6개 회차에서는 총 20개 과제로 초능력자들을 시험했다. 첫 번째 회차에서는 초능력자가 8명이었고 마지막 회차까지 가며 3명으로 줄었다. 이들이 자기 능력을 보여줄 기회가 118번 있었다는 뜻이다. 하지만 이런 일은 거의 일어나지 않았다.

초능력자들이 능력을 보여줄 기회가 많았다는 점에서, 여기에서는 공간의 한계가 있어 모두 상세히 분석하지는 않겠지만 몇 가지 일반적인 관찰 결과를 살펴보겠다. 일부 시험은 확실한 성공이나 실패를 보여주었다. 그런 시험 자체가 잘 설계되고 통제되었다면 좋았겠지만 안타깝게도 사실 그런 사례는 거의 없었다. 예를 들어 예고편에서는 주차장에 자동차 50대를 대 놓고 초능력자 여섯 명에게 그 중 어느 차 트렁크에 사람이 숨어 있는지 찾아보라고 했다. 만약 이 시험이 제대로 설계되고 실시되었다면 각 초능력자가 추측만으로 정답을 맞힐 확률은 50분의 1밖에 되지 않는다. 그러니 초능력자 6명 중 3명이 실제로 정답을 맞혔다는 데 놀라야 할까?

간단히 대답하면 '아니오'다. 이 시험에는 심각한 결함이 몇 가지 있었다. 한 가지는 트렁크에 숨을 자원자에게 어떤 차 트렁크에 숨고 싶은지 선택하게 한 것이다. 자동차 50대는 모두 크기, 색깔, 주차된 위치가 다양했다. 차에 들어가기 어렵거나 나오기 어려운 위치에 주차되지 않고 트렁크가 꽤 넓은 차를 선택하려는 욕구는 당연하지 않은가. 이상적이라면 동일한 차량 50대를 사용했어야 하지만, 최소한 비슷한 차 50대를 모두 트렁크에 타고 내리기 쉬운 위치에 주차해 두기는 했었어야 한다. 그리고 자원자가 숨을 차량을 무작위로 지정해야 했으며, 모든 차는 참가자의 무게에 해당하는 무게의 물체를 실었어야 한다. 그래야 어떤 차의 뒷부분이 다른 차 뒷부분보다 눈에 띄게 낮지 않았을 것이다.

또 다른 주요 결함은 이 시리즈에 사용된 다른 많은 시험의 타당성도 훼손한 것과 같은 결함이다. 이중맹검을 적용한 과제가 없었다는 점이다. 여러 잠재적 대상 가운데 올바른 대상을 선택하는 시험에서는 시험대에 오른 사람이 정답을 미리 알 수 없다는 것만으로 충분하지 않다. 시험에 관여하는 모두가 정답을 몰라야 한다. '트렁크에 숨은 사람 찾기' 시험에서는 이 시험 감독인 재키 말턴을 포함해 촬영팀이 어느 차에 자원자가 숨어 있는지 알았다. 이들이 의도치 않게 정답의 위치를 알려줄 가능성이 매우 높았다는 뜻이다. 예를 들어 초능력자가 정답 차 근처로 가면 카메라맨이 카메라를 당겨 줌인한다. 재키가 초능력자에게 어서 선택하라고 재촉하며 정답 차 바로 옆에 서 있던 적이 적어도 한 번은 있었다!

대다수 시험이 제대로 통제되지 않았는데도 초능력자들은 많은 시험에서 놀랄 만큼 형편없는 성과를 내놓았다. 예를 들어 여성 10명 중 임신한 여성 두 명을 찾아보라고 했을 때 초능력자 8명 중 두 사람을 정확히 지목한 사람은 아무도 없었고, 다섯 명은 한 명도 찾지 못했다. 총점을 따지면 3점으로 초능력이 없는 학생 참가자 8명의 점수와 같았고 우연히 맞힐 확률도 넘지 못했다.

다른 시험은 초능력자들의 성공 여부를 판단하기조차 사실상 불가능했다는 점에서 훨씬 나빴다. 의도적이든 아니든 콜드리딩 가능성은 전혀 고려되지도 않았다. 이 점에 관해서도 예고편에 좋은 사례가 있다. 이 프로그램은 허트퍼드셔에 있는 영국 시골 저택인 네브워스하우스에서 촬영했다. 이 집의 주인은 시나리오 작가 헨리 리튼콥볼드Henry Lytton-Cobbold다. 헨리의 조상 두 명은 비극적으로 사망했다. 앤서니 리튼콥볼드Antony Lytton-Cobbold는

1930년대에 비행기 추락 사고로, 그의 동생 존John Lytton-Cobbold은 제2차 세계 대전 중 전차 전투에서 사망했다. '트렁크에 숨은 사람 찾기' 도전에서 성공한 초능력자 세 명에게 봉투 두 개를 주었다. 각 봉투에는 리튼콥볼드 형제 중 한 명의 사진이 들어 있었다. 초능력자들의 임무는 초능력을 발휘해 두 사람에 관한 정보를 수집하는 것이었다.

흔히 초능력 리딩을 다루는 프로그램에서는 약간의 상상력과 해석력만 발휘해도 정답을 맞혔다고 볼 수 있는 리딩만 방송되도록 많은 편집을 거친다. 이 예고편에서는 세심하게 편집해도 이런 효과를 줄 수 없었다. 하지만 이 시험은 이 시리즈의 다른 비슷한 시험들처럼 시청자에게 콜드리딩이 어떻게 작동하는지 알려주는 훌륭한 사례이기는 했다. 예를 들어 헨리 리튼콥볼드와 자칭 초능력자 어맨다 하트Amanda Hart가 나눈 대화를 보자.

> 어맨다: 보트가 보이네요. 돛은 없지만 돛대가 많아요. 아주 많아요. 지금은 돛대와 십자매듭만 보이네요. 음, 작은 보트 비슷한 것도 하나 보여요.
> 헨리: 보트 확실해요? 비행기 아니고요?
> 어맨다: 확실하진 않아요. 헬멧 쓴 사람 같은데 뭐랄까, 가죽으로 만든 거고, 고글도 썼네요.

분명 이는 심령술 내담자가 심령술사의 말을 자신이 아는 사실에 꿰어맞추려 애쓰고, 그 과정에서 심령술사를 올바른 방향으로 이끄는 분명한 사례와 비슷하다. 이 시험과 시리즈 전반의 다른 리딩에서도 의도적이든 아니든 표준적인 콜드리딩 속임수가 실제로 작동하는 것을 볼 수 있다.

도킨스와 탐지하기

2006년 나는 저명한 진화생물학자이자 작가인 리처드 도킨스가 출연하기로 되어 있던 2부작 다큐멘터리 시리즈 〈이성의 적The Enemies of Reason〉을 작업하던 연구원의 연락을 받았다. 그는 우리가 그들의 프로그램에 넣을 만한 연구를 진행하는지 알고 싶어했다. 우연히도 우리는 그해 노리치에서 열릴 2006년 〈영국과학협회축제British Association Festival of Science〉에서 이중맹검 탐지 시험을 할 계획을 세우고 있었다. 몇 가지 논의 끝에 우리 시험이 프로그램에 넣을 만하다는 결정이 내려졌고, 이 프로그램은 2007년 영국 채널4에서 방송되었다.

레이 하이먼의 정의에 따르면 탐지dowsing(흔히 '수맥찾기'라고 하지만 이외에도 여러 물질이나 대상을 찾는 행위를 의미하므로 여기에서는 탐지로 통칭한다-옮긴이)란 (원하는 목표의 위치를 가리키는) '끝이 갈라진 나뭇가지나 금속 막대 같은 도구의 움직임으로 숨은 대상이나 물질의 위치를 찾는 행위'를 말한다.[02] 한 가지 탐지 사례는 갈라진 나뭇가지로 숨은 물체를 찾아내는 것이다. 갈라진 막대(탐지봉, 탐지 막대, 점술 막대라고도 함)를 가장 흔히 사용하지만 철이나 강철 등 다른 재료로 만든 막대도 상관없다.[03] 탐지봉의 재료와 모양은 다양하지만 거의 항상 갈라져 있고 아주 가볍다.[04]

표준 방법은 이렇다. 팔을 뻗고 손바닥을 위로 향하게 한 다음 탐지봉을 한 손에 하나씩 잡고 팔꿈치는 몸에 붙인다.[05] L자 모양의 금속 막대를 한 손에 하나씩 들고 할 수도 있다. 탐지봉 L자의

직접 탐지를 해보는 저자(성공하지 못했음).

긴 팔 쪽이 서로 평행하게 앞을 가리키도록 잡는다. 탐지를 믿는 사람은 탐지자가 표적 물체나 물질에 접근하면 막대 두 개가 서로 교차한다고 한다. 흔히 탐지는 야외에서 하지만 실내에서도 할 수 있다. 지도 위에서 탐지해 근처에 없는 대상을 찾을 수도 있다고도 한다. 지도 탐지자는 흔히 탐지봉보다 진자를 이용한다.

 탐지의 기원과 목적에는 논란의 여지가 있다. 하지만 연구자 대부분은 이 관습이 16세기 유럽에서 시작되어 독일과 영국 광부들이 지하에 묻힌 금속을 찾는 데 이용하면서 퍼졌다는 데 동의한다. 원래 금속이나 지하수를 찾는 데 이용되던 탐지는 지금은 잃어버린 물체, 실종된 사람, 귀중한 광물, 전류 흐름 등 거의 모든

탐지를 이용해 땅에 묻힌 광물을 찾는 모습을 그린 게오르기우스 아그리콜라Georgius Agricola의 1556년 목판화.

것을 찾는 데 사용되며 심지어 의사 결정 도구로도 이용된다. 초자연적 현상을 조사하는 일부 사람은 탐지봉을 이용해 영혼과 소통할 수 있다고도 한다.

탐지자 사이에서도 탐지의 작동 방식에 관해서는 상당한 논쟁이 있다. 어떤 사람은 탐지봉이 외부의 힘 때문에 움직인다고 한다. 탐지자가 무의식적으로 근육을 움직여 탐지봉이 움직인다고 주장하는 사람도 있다. 그래도 이들은 탐지봉이 정확히 탐지자가 탐지할 때 움직이는 것은 탐지자가 초능력으로 표적의 위치를 알았기 때문이라고 믿는다.

당연히 탐지자 중에는 각종 뉴에이지 믿음을 받아들이는 사람도 많다. 하지만 탐지자 중에는 흥미롭게도 이런 '이상한' 생각과 거리를 두고 싶어하는 사람도 소수지만 상당히 있다. 탐지자는 자신이 합리주의자이자 과학을 굳게 믿는 사람이라고 여긴다. 나는 그들이 그저 탐지를 해보고 자신이 선택한 탐지 도구가 스스로 움직이는 경험을 하고 놀랐기 때문에 탐지를 믿게 되었다고 생각한다. 탐지자는 이 현상을 심리학적으로 설명할 수 있을까 자문하지 않고, 전자기력처럼 객관적으로 측정할 수 있는 실제 물리력이 작용한다고 쉽게 믿어 버린다.

물론 가장 중요한 질문은 탐지가 실제로 효과 있는지다. 탐지가 타당하다고 주장하는 사람은 종종 일화적 증거와 현장 연구 사례를 든다.[06] 이와 달리 적절히 통제된 조건에서 탐지를 시도할 때는 그저 추측할 때보다 효과 있는 것 같지는 않다.[07] 탐지에 비판적인 사람은 현장 연구에서 얻은 그럴듯한 긍정적인 결과가 나오는 까닭이 탐지자가 의식적이든 무의식적이든 주변 환경에서 얻을 수 있는 감각 신호를 활용했기 때문이라고 지적한다. 예를 들어 지하수를 찾기 위해 탐지를 한다면 땅의 형세와 식생 패턴이 단서가 된다.

우리는 탐지 능력을 가능한 한 단순하고 간단하게 시험하고 싶었다. 앞서 언급했듯 탐지자들은 저마다 다른 능력이 있다고 주장한다. 수맥만 찾을 수 있다는 탐지자도 있지만, 어떤 사물이든 찾을 수 있다는 사람도 많다. 우리는 탐지를 이용해 플라스틱 상자 6개 중 어느 것에 물병이 들어 있고 어느 것에 모래병이 들어 있는지 가려내는 시험을 설계했다. 최첨단 실험은 아니지만 그래도 많은 준비가 필요했다. 재료를 준비할 수도 있도록 소액의 보조금을 제공해 준 심리연구협회와 필요한 장비를 모두 확보해 준 믿음직한 자원봉사 연구조교 마크 윌리엄스Mark Williams에게 감사드린다. 정식 이중맹검 시험을 진행할 수 있도록 도와준 일레인 비티Elaine Beattie와 로지 번튼스테이시신Rosie Bunton-Stasyshyn에게도 감사드린다.

우리는 시험을 위해 숙련된 탐지자 8명을 모집했다. 모두 47세에서 76세 사이로 여성 네 명, 남성 네 명이었다. 탐지 경험은 10년에서 56년 사이였다. 모두 자신을 아마추어라고 생각했고 반 전문가라고 자임한 사람은 딱 한 명이었다. 참가자 중 7명은 자연과학(예를 들어 전도도, 전자기장, 에너지장, 중력)의 힘이 탐지봉을 움직인다고 믿었고, 한 참가자는 신이 막대를 움직인다고 믿었다.

탐지 시험은 야외에 텐트를 치고 관객이 있는 상태에서 진행되었다. 우리뿐만 아니라 리처드 도킨스와 함께 일하는 촬영팀도 전체 실험을 녹화했다.[08] 탐지자들은 주변을 돌아다니며 상자가 있는 명확한 지점과 탐지봉이 움직이며 '간섭'을 나타내는 영역을 확인했다. 간섭 영역으로 확인된 곳은 확실히 표시하고 이쪽에는 상자를 놓지 않았다.

탐지자들은 각자 자신만의 탐지봉(한 명은 진자)을 사용했다. 이들에게는 탐지봉이 정상적으로 반응하는지 조건을 확인해 달라고 요청했다. 탐지자에게는 물병과 모래병을 주고 그 위에 탐지봉을 올려보라고 했다. 이들의 예상대로 물병 위에서는 탐지봉이 교차했지만 모래병 위에서는 움직이지 않았다. 그다음에는 플라스틱 상자 안에 물병을 넣고 뚜껑을 닫은 다음 그 위에서 탐지해 달라고 했다. 다시 한번 말하지만 탐지자가 상자 안에 물병이 들어 있다는 사실을 알 때는 탐지봉이 교차했다. 다른 상자 위에서는 움직이지 않았다. 시험 조건이 공정하다는 사실을 확인한 탐지자들은 대기실로 이동해 정식 시험에 참여하기로 동의하는 서류에 서명했다.

그다음 탐지자들에게 여섯 번의 시험을 했다. 시험 규칙에 따라 6번의 시험에서 4번 이상 맞히면 시험에 통과한 것으로 본다고 말했다. 탐지자가 순전히 추측만으로 이 정도 맞힐 확률은 100분의 1도 되지 않는다. 시험이 진행될 때마다 로지를 제외하고는 시험

장소에 아무도 들어가지 못했다. 각 시험에서 로지가 무작위로 어떤 상자에 물병을 넣을지 결정하고 필요한 만큼 물병과 모래병을 넣은 다음 시험장을 벗어났다. 따라서 물병의 위치에 관한 정보는 탐지자든 누구든 아무도 알 수 없었다. 바로 시험이 끝나기 전까지는 시험장에 있는 누구도 정답을 알 수 없는 이중맹검 절차다. 이렇게 하면 의도했든 의도하지 않았든 탐지자에게 어떤 실마리도 주지 않았다고 확신할 수 있다.

시험을 진행할 때가 되자 탐지자는 한 명씩 시험장에 들어가 돌아다니며 플라스틱 박스를 하나하나 탐지했다. 시간은 탐지자가 원하는 만큼 주었다. 물병이 있다는 확신이 들면 내가 그들이 선택한 상자 옆에 표시를 했다. 시험이 끝나면 탐지자는 상자가 열리는 것을 보고 자신이 얼마나 잘했는지 못했는지 확인할 수 있었다. 탐지자 8명 중 두 명은 물병이 있는 상자를 하나도 찾지 못했고, 4명은 한 번, 2명은 두 번 정답을 맞혔다. 전체 평균 점수는 6분의 1로, 순전히 추측으로만 예상할 때의 결과와 정확히 같았다.

하지만 시험에 통과하지 못했는데도 탐지자들은 모두 자신이 탐지에 성공할 수 있다는 자신감을 잃지 않았다. 시험에 실패했고 믿음이 흔들리는 것 같지는 않았다. 그들은 물병 위치를 찾지 못한 이유를 두고 갖가지 변명을 내놓았다. 네 명은 물병이 땅 위에 있어서라며 물병을 땅속에 파묻었다면 더 잘 찾을 수 있었으리라 주장했다. 두 명은 플라스틱 상자가 물에서 전달되는 전기 신호를 방해했다고 주장했다. 한 사람은 이번에는 신이 물을 찾기를 원하지 않으셔서 성공할 수 없었노라 말했다. 하지만 이 탐지자는 나중에 신께 올바로 질문하지 않았다고 결론내렸다. 다른 탐지자는 탐지자가 너무 많아서 물에서 나오는 신호를 감지할 수 없었다고 생각했다. 이런 사후post hoc 추론은 탐지자가 통제된 과학 시험에서 실패할 때 흔히 내놓는 변명이다. 우리 시험에 참여한 탐지자들은 결과에 정말 놀란 듯했지만 그래도 탐지가 효과 있다는 점은 계속 확신했다.

탐지자들은 사전 시험에서는 물병과 모래병을 완전히 보이게 두든 플라스틱 상자 안에 넣었든 그들이 예상하는 반응이 정확히 나타났다는 사실은 잊은 듯했다. 물론 사전 시험에서는 물병과 모래병 위치를 알았고 그때는 탐지봉이 그들의 예상대로 움직였다는 점이 사전 시험과 정식 이중맹검 시험의 차이였다. 따라서 탐지봉 움직임은 4장에서 살펴보았듯 우리가 잘 아는 관념운동 효과라 볼 수 있다.

제대로 통제된 연구에서 나온 양질의 증거가 부족한데도 탐지가 여전히 효과 있다고 믿는 사람이 많다. 영국 수도회사를 운영하는 현명한 사람마저 그렇다. 과학 블로거 샐리 르페이지Sally Le Page는 2017년 영국 주요 수도회사 12곳 중 10곳 이상이 수도 파이프의 누수를 찾는 데 아직도 탐지를 이용한다는 사실을 확인하고 충격받았다.[09] 매슈 위버Matthew Weaver는 〈가디언〉에 그 조사 결과를 보도했고, 일주일 뒤 성난 탐지 옹호자들의 편지가 쇄도했다.[10] 체셔 윌슬로우에 사는 마틴 스미스Martin J. Smith 목사는 수도회사나 다른 사람들이 탐지를 사용하는 이유에 관해 다음과 같은 흔한 주장을 내놓았다. "효과 있고, 재현 가능하고, 독립적으로 검증할 수 있기 때문이다." 우리 시험을 포함해 제대로 통제된 수많은 탐지 시험이 설득력 있게 보여주듯, 선한 목사님과 다른 분노한 독자들은 결과를 오해했음이 틀림없다.

아기의 마음을 읽는 사람

2006년 초능력자 데릭 오길비Derek Ogilvie의 미래는 매우 밝아 보였다.[11] 그해 4월 그는 《아기 마음을 읽는 사람The Baby Mind Reader: Amazing Psychic Stories from the Man Who Can Read Babies'Minds》이라는 책을 출간했다.[12] 두 달 뒤, 그의 이야기를 다룬 텔레비전 시리즈가 영국 채널5에서 방영되었다.

심령술사 데릭이 내세우는 독특한 무기는 아기의 마음을 읽는 놀라운 능력이 있다는 주장이었다. 심지어 말을 배우기 전인 아기의 마음도 읽을 수 있다고 했다. 아기들은 '배고파'나 '앗, 똥 쌌네' 같은 것 이외에는 그리 많은 생각을 하지 않으리라 생각할 수도 있다. 하지만 데릭은 아기들도 결혼 문제, 취업 문제, 심지어 가족의 차나 집 문제 등 가정생활의 다른 면도 아주 잘 안다고 했다. 하지만 정말 그럴지 누가 알겠는가?

2007년 데릭은 채널 5에서 방송되는 다큐멘터리에도 참여하기로 했다. 이번에는 〈비범한 사람들Extraordinary People〉 시리즈 중 하나였다. 이 회차의 제목은 〈밀리언 달러 마인드 리더The Million Dollar Mind Reader〉였다. 여기에서 데릭은 APRU 회원뿐만 아니라 그 유명한 제임스 랜디의 시험을 거치게 되어 있었다. 랜디의 시험을 통과하면 100만 달러를 받게 된다(우리 시험에 통과하면 맛있는 차 한 잔과 비스킷을 드리는데, 시험에 통과하지 못해도 드린다).[13]

데릭은 2006년 방송에서 보통 부모를 대동하고 아기나 어린이의 마음을 읽어 주었다. 부모들은 흔히 그의 리딩이 정확하다며 놀란다. 여기서 문제는 독자도 잘 알 것이다. 방송에서는 데릭이 의도했든 아니든 핫리딩은 물론 표준 콜드리딩 기법을 사용한다는 가능성을 배제하려 시도하지도 않았다. 데릭을 제대로 시험할 방법은 분명했다. 곁에 부모(또는 아이를 아는 사람)가 없으면 전혀 알지 못했을 아이들의 생각을 읽게 하면 된다. 데릭이 리딩을 완료하면 부모를 데려와 여러 리딩 중 자기 아이에게 해당한다고 생각하는 리딩을 선택하게 한다. 만약 데릭이 자기 말대로 초능력을 발휘했다면 딱 그 가족에게 해당하는 구체적이고 정확한 정보를 많이 담아 부모의 눈에 띄는 리딩이 하나 있어야 한다. 데릭을 골드스미스대학교에 데려가 시험할 때 우리는 그가 우리 시험을 (그는 다른 말로 표현했지만) 고상한 영국식 표현으로 바꾸면 '누워서 떡 먹기'라고 했다는 말을 들었다.

크리시 윌슨과 나는 다큐 제작팀의 도움을 받아 앞서 설명한 시험을 준비했다. 시험 당일에는 (15개월에서 30개월 사이의) 아기 여섯 명을 공인 보모가 한 명씩 차례로 데려와 시험 내내 같이 있었다. 데릭은 보통 리딩을 하며 이리저리 걸어 다니고 때로 과장된 몸짓을 하기도 했다. 크리시와 나는 한 방향으로만 보이는 유리 뒤에서 진행 과정을 지켜보았다. 물론 아이들을 정확히 리딩하는지 아닌지는 전혀 알 수 없지만 흥미롭기는 했다. 데릭은 자신이 리딩해야 하는 사람이 아기라는 사실을 잊고 보모를 리딩하는 것 같았다. 보모는 그 리딩에 놀랐다. 물론 콜드리딩을 한 것이 분명했다. 데릭이 우리 시험을 통과하려면 부모 중 넷 이상이 여섯 가지 리딩 중에서 자기 아이에 해당하는 리딩을 골라야 했다. 순전히 우연히 맞힌다고 친다면 그런 일은 100번 중 한 번도 일어나지 않는다.

촬영은 하루 종일 이어졌지만 데릭의 리딩을 바탕으로 기록을 준비하는 과제를 맡은 불쌍한 연구원에게 진짜 힘든 일은 이제 시작이었다. 원래는 각 리딩에서 나온 가장 중요한 요점을 요약해 기록하는 방법이 가장 효율적이라고 생각했지만, 데릭은 이런 생각에 매우 불만을 드러냈다. 그는 요약된 초고를 보고 정보가 너무 많이 편집되었다고 했다. 그에 따라 심사 과제에 사용된 실제 기록은 각각 평균 500단어가 넘는 약간 긴 글이 되었다. 리딩에서는 자녀와 부모의 건강 문제, 관계와 정서적 문제, 집이나 자동차의 상태 같은 특정 주제가 반복되는 경향도 나타났다.

가족의 자동차에 관한 믿기 어려울 정도로 자세한 리딩도 있었다. 30개월 아기를 읽은 리딩 발췌본을 보자.

> 아기는 자동차 이야기를 하네요. 차 하나 또는 두 대에 관련된 이야기를 해요. 한 대는 운전석 쪽 휠이나 타이어에 문제가 있거나 있었대요. 어두운색 차 말입니다. 운전석 쪽 앞 유리창 아랫부분에 긁힌 자국이나 스티커가 붙어 있어요. 그 차 운전석 뒤쪽에도 타이어 문제가 있고 브레이크 문제도 있네요. 조수석 안쪽 핸드브레이크 옆에는 자국이나 흠집도 있고요. 문 손잡이도 잘 작동하지 않는 것 같네요. 배기음도 시끄러워요. 부모와 함께 차를 탔을 때 1단 기어 넣는 데 문제가 있었다고 해요.

그렇다면 데릭의 리딩은 얼마나 정확했을까? 우연의 일치라면 여섯 개 리딩 중 하나는 맞을 것 같았다. 우리가 얻은 결과도 바로 그랬다. 데릭은 이 결과에 길길이 날뛰며 눈물까지 흘리며 "나는 끝났어! 내 경력은 이제 끝이라고!"라며 소리쳤다. 나는 데릭에게 시험 결과가 그의 팬들에게는 어떤 영향도 주지 않을 것이라고 안심시키느라 진땀을 뺐다.

다음 날 데릭은 랜디의 시험을 받으러 플로리다로 떠났다. 100만 달러를 따서 부자가 되어 돌아오길 바라면서 말이다. 하지만 안타깝게도 이번 시험에서도 그는 완전히 실패했다. 그의 능력을 검증하는 두 번의 공정한 시험에서 참패한 것만으로도 시청자들은 충분히 결론을 내릴 수 있으리라 여길 것이다. 하지만 프로그램 제작자들은 데릭을 진짜로 믿는 사람들에게 조금이나마 위안을 건네야 한다고 생각한 것 같다.

프로그램의 마지막 부분에는 데릭이 아기와 심령 연결을 시도하는 동안 제럴드 글럭Gerald Gluck 박사가 뇌파를 기록하는 영상이 나왔다. 글럭 박사는 데릭의 뇌파가 매우 특이하다고 지적했다. 그래서 순진한 시청자들은 그에게 초능력이 있다는 뚜렷한 인상을 받게 되었다. 데릭의 뇌파를 분석한 글럭 박사의 해석은 정확하다 쳐도 결론은 전혀 타당하지 않다. 뇌파 기록은 데릭이 초능력을 내려 시도할 때의 뇌 활동을 기록한 것이지 실제로 초능력을 발휘할 때의 기록이 아니다. 데릭이 내놓은 리딩이 정확할 때 기록한 뇌파라면 다큐멘터리 진행자가 그렇게 말할 수 있지만 말이다. 글럭 박사도 여러 뉴에이지 사상을 굳게 믿는 사람이었고 자칭 '에너지 치료사'라고 했다는 점에도 주목해야 한다.

주장을 시험해보자

2008년 퍼트리샤 퍼트Patricia Putt 부인은 제임스 랜디 교육재단 James Randi Educational Foundation, JREF에 연락해 자신이 시험을 봐서 랜디의 백만 달러 상금을 받을 수 있는지 물었다. 다른 영매들처럼 퍼트 부인은 자신이 죽은 사람의 영혼과 소통할 수 있고, 같은 방식으로 낯선 사람을 만나거나 이야기를 나누지 않고도 그에 관한 정보를 알 수 있다고 믿었다. 그는 자신이 앙카라Ankhara라는 고대 이집트인의 환생이며, 이런 사실을 최면 회귀로 알게 되었다고 생각했다. 그는 오랫동안 전문 심령술사로 일했다.

JREF는 퍼트가 플로리다에서 백만 달러 상금을 받으려면 먼저 영국에서 예비 시험에 통과해야 한다고 요구했다. 이들은 리처드 와이즈먼과 내게 예비 시험을 시행해달라고 요청했고 우리는 그 요청을 받아들였다. 여기에서도 시험의 기본 생각은 아주 단순했다. 퍼트에게 심령술을 이용해 전혀 모르는 사람 10명을 읽은 리딩 10개를 내 달라고 했다. 그다음 10개의 리딩을 무작위로 각 참가자에게 제시하고 자신에게 해당한다고 생각하는 리딩을 선택하게 했다. 퍼트가 할 수 있다고 주장한 일이 실제로 가능하다면 각 참가자는 여러 리딩 가운데 정확하고 구체적인 세부 사항이 많이 포함된 딱 맞는 리딩 하나를 골라낼 수 있을 것이다. 만약 참가자 중 다섯 명 이상이 본인에게 해당하는 리딩을 선택한다면 퍼트는 예비 시험을 통과한 것으로 보았다.

퍼트와 JREF 회원들은 리처드와 내게 연락하기 전부터 이미 초기 시험 계획서를 준비해 둔 상태였고, 우리는 나중에 그 계획서를 좀 더 수정했다. 이런 시험에서 초능력이 있다는 사람이 제안하는 합리적인 요청은 실험 통제를 훼손하지 않는다면 모두 허용한다. 예를 들어 퍼트는 자원자에게 미리 정해진 짧은 구절을 읽어 달라고 했다. '성령이 내담자의 목소리를 통해 내게 들어와 접촉한다'라고 믿었기 때문이다. 우리는 그 요청을 받아들였다. 언제나 그렇듯 초능력이 있다는 사람이 합의된 조건에 만족하는 것은 상당히 중요하다. 퍼트는 검사 전 이런 의미의 진술서에 서명했다. 이 검사의 기본 생각은 아주 단순했지만 그다지 명확하지 않은 방법론적 고려 사항도 검증해야 했다. 예를 들어 다른 곳에서 언급한 이런 사항이다.

> 퍼트 부인은 리딩할 때 리딩의 우위를 나타내는 어떤 사항도 포함하지 말아달라는 데 동의했다(예를 들어 '이쪽 리딩에 좀 더 확신이 든다'라고 말하면 이 리딩이 앞서 첫 번째 참가자를 읽은 것은 아니라는 암시를 줄 수도 있기 때문이다.) 시험구역 바깥에서 우연히 들린 사건은 언급하지 않는다는 점에도 동의했다(예를 들어 리딩 중 바깥에서 아이들 노는 소리가 들렸고 리딩에 '즐거운 아이들'을 언급하는 일). 퍼트 부인은 모든 참가자를 같은 인종(백인), 같은 성별(여성), 제한된 연령대(18~30세) 안에서 선택해야 한다는 데도 동의했다. 참가자의 목소리가 그런 요소와 관련된 정보를 줄 수 있기 때문이다.[14]

실제 시험은 2009년 5월에 실시했다(참가자 판카 주하즈Panka Juhasz, 제임스 먼로James Munroe, 수전 바비에리Suzanne Barbieri, 파비오 타르타리니Fabio Tartarini의 귀한 도움을 받았다). 각 참가자는 나를 따라 실험실에 들어와 벽을 보고 의자에 앉았다. 그다음 리처드가 퍼트를 안내해 방 반대쪽 끝에 있는 책상에 앉혔다. 퍼트는 조용히 리딩을 적었다. 그가 리딩을 마치면 리처드가 그를 데리고 나갔고 다음 시험을 시작했다. 리처드와 내가 참여하기 전에 퍼트와 JREF가 합의한 계획에는 약간 비현실적으로 보이는 조치가 한 가지 있었다. 퍼트가 참가자의 외모에서 어떤 단서도 알아낼 수 없도록 각 참가자에게 스키 마스크, 귀까지 완전히 감싸는 선글라스, 흰색 양말, 큰 사이즈의 졸업 가운을 착용하게 한 것이다.

리딩이 전부 끝나면 참가자 모두에게 10개의 리딩이 무작위 순서로 들어 있는 책을 주었다. 이들은 리딩을 주의 깊게 읽고 딱 자기 이야기라고 생각하는 것을 선택했다. 안타깝게도 퍼트는 5점 이상을 받지 못했다. 순전히 추측만으로도 10번 중 1번은 맞히리라 기대하겠지만 퍼트는 그 정도도 맞히지 못했다. 딱 자신을 읽은 리딩을 선택한 참가자는 아무도 없었다.

시험에서 떨어졌다는 사실을 안 퍼트는 처음에는 우리 예상과 전혀 다른 반응을 보였다. 그는 자신이 실패한 이유를 변명하거나 그 시험이 불공정하다고 하는 대신 '깜짝 놀랐다'라며 결과를 순순히 받아들였다. 하지만 안타깝게도 하루 이틀 만에 마음을 바꾸었다. 그는 JREF에 이메일을 보냈다. "그들(참가자)은 검은 미라처럼 머리부터 발끝까지 꽁꽁 싸맸다. 스스로 묶여 있다고 느껴 영혼과 진정으로 연결될 수 없었기 때문에 작업이 훨씬 어려웠다."[15] 사실 '꽁꽁 묶여' 있는 사람은 아무도 없었고 퍼트는 당시 참가자에게 말을 걸지도 않았다. 참가자가 시험 당시 어떻게 느꼈는지는 아마 초능력으로 알아냈을지도 모른다.

퍼트는 시험 조건 때문에 아무도 이 시험에서 정답을 맞힐 수 없다고 주장했을 뿐만 아니라 사실 본인은 다 맞혔다고도 주장했다. 그는 리처드의 블로그에 이런 댓글을 남겼다. "돌이켜 보니 모든 참가자가 내가 적은 리딩을 받았고, 아무도 그것을 버리지 않았고 전부 하나씩은 선택했다. 열이면 열 다 맞았다는 뜻이 아니겠느냐."[16] 물론 이는 계획서에 따라 각 참가자가 딱 자기 이야기라고 느끼는 리딩이 하나도 없더라도 어쨌든 하나는 선택해야 한다는 규정을 완전히 놓친 것이다!

나중에 퍼트는 이 시험이 공정하지 않다고 생각하면서도 2012년 다시 시험에 자원했다. 경력이 15년도 넘는 영매이자 치유자인 킴 휘튼Kim Whitton과 퍼트는 나와 과학 저술가 사이먼 싱, 머시사이드 회의주의 협회의 마이클 마셜이 내놓은 도전에 응했다. 우리는 그들이 기존 과학으로는 설명할 수 없는 힘을 지녔다는 점을 증명할 기회로 핼러윈 도전Halloween Challenge을 제안했다.[17] 결국 그들이 정말 그렇게 초능력을 발휘할 수 있다면 이 사건은 과학에 놀라운 돌파구가 될 것이다. 어쩌면 노벨상 한두 개는 받을 수 있지 않을까? 안타깝게도 우리가 초청한 영국의 유명 심령술사(샐리 모건, 콜린 프라이, 고든 스미스Gordon Smith, 데릭 애코라 포함)는 모두 이 도전을 단호히 거부했지만, 퍼트와 킴은 기꺼이 도전을 받아들였다.

이번 시험은 2012년 10월 21일 골드스미스대학교에서 실시했다. 2009년 퍼트가 실패했던 시험과 설계는 비슷했다. 이번에도 우리 심령술사들은 낯선 사람을 만나거나 어떤 식으로든 소통하지 않고도 그들을 리딩할 수 있다고 했다. 참가자에게는 각 리딩의 정확도를 1~10점 척도로 평가하고 자기 이야기라고 생각되는 리딩을 선택하게 했다. 같은 날 두 명의 심령술사를 시험했기 때문에 참가자는 5명으로 제한했다. 공식적으로 이 시험에 통과한 것으로 보려면 참가자 5명 모두 자기 리딩을 선택해야 했다.[18]

이번에는 2009년 시험에 사용한 계획에서 몇 가지를 바꾸었다. 전에는 참가자에게 이상한 복장을 입혔지만 이번에는 특수 제작한 스크린 뒤에 이들을 앉혔다. 그리고 심령술사가 리딩 중 말해주길 기대하는 주제를 생각해보도록 했다. 늘 그렇듯 심령술사는 시험에 앞서 자신이 주장하는 능력을 보는 공정한 시험이라는 진술서에 서명했다. 각 리딩이 끝나면 참가자가 자기 리딩을 알아보리라는 확신 수준도 표시했다. 7점 척도로(7점=완전히 확신함) 평가했을 때 킴은 모든 참가자에 대해 평균 5.2점을 주었고 퍼트는 5.8점을 주었다.

다음은 킴이 내놓은 리딩 중 하나다(참가자의 허가를 받아 실었다).

애정이 많고, 감성적인 사람입니다. 밤에 잘 자지 못하고 온갖 생각이 머릿속을 맴돕니다. 배드민턴이나 테니스를 칩니다. 아이를 원합니다. 하지만 아직은 너무 젊어요. 글래스고는 중요한 곳입니다. 노래하고 춤춰요. 발표력을 향상하고 싶어요. 내가 가본 곳을 찍은 오래된 사진을 모읍니다. 싫어하는 사람도 좋아하는 사람도 있네요. 법과 정부는 별로예요. 다른 사람들과 잘 지내는 법을 배우는 것이 좋은 출발점이 될 것 같네요. 그 사람을 머릿속에서 지울 수가 없어요. 나는 그 사람과 같이 있고 싶어요. 가끔 다리가 아파요.

설탕 말고 소금 친 음식을 좋아합니다. 네덜란드 혈통인가요? 낙관적이고 열린 사고방식을 지녔어요. 대학 학위를 취득하고 싶습니다. 런던에서 살 때 매우 즐거웠어요. 9월은 중요한 달입니다. 가끔 주방 일을 돕습니다. 네덜란드에 오빠가 살아요. 나는 물감과 크레용을 쓸 수 있습니다. 생일은 11월입니다. 나는 겨울을 좋아해요. 런던에 친구가 많습니다. 곧 가족을 만나러 집에 가고 싶습니다. 남미에 가고 싶어요.

심령술사들은 흔히 자신만의 독특한 스타일이 있는데, 이 리딩에서 보듯 킴은 실제로 그 사람의 마음속에 있는 것처럼 일인칭 관점을 취한다. 해당 참가자는 이 리딩에 10점 만점에 8점을 주었고, 다른 리딩 4개에는 3점 이하를 주었다. 그중 일부가 부정확하다는 점을 인정했고(예를 들어 네덜란드 혈통) 일부 진술은 상당히 비슷(예를 들어 런던에 산다는 것)하다고 했지만 들어맞은 점에 몹시 놀란 것 같았다.

안타깝게도 이 리딩은 킴이 맞힌 유일한 정답이었고, 아마 이 리딩에서 맞힌 것도 그저 운 좋게 감으로 맞춘 것에 불과했을 것이다. 전반적으로 킴이 내놓은 리딩 중 참가자가 자기 내용이라고 고른 리딩의 점수는 10점 만점에 평균 3.2점이었고, 자기 내용이 아니라는 리딩에 준 점수는 2.4점이었다. 통계적으로 유의하지 않은 차이다. 퍼트의 리딩에서는 딱 자기 리딩을 선택한 참가자가 아무도 없었다. 사실 퍼트의 리딩에서 참가자가 자기 내용이 아니라는 리딩에 준 평균 점수는 4.2점으로 자기 내용이라고 고른 리딩에 준 점수(3.2점)보다 오히려 높았다. 이번 시험에서도 초능력자들은 자신이 지녔다는 놀라운 능력을 실제로 입증하는 설득력 있는 증거를 내놓지 못했다.

회의주의자는 자신이 비판하는 사람에게 실제로 초능력이 있다는 놀라운 증거가 있어도 그것을 받아들이기 두려워하는 편협한 사람이라며 비난받는다. 하지만 그런 비판을 하는 사람들은 흔히 자신이 믿는 초자연적 주장을 직접 검증하는 데 거의 또는 전혀 시간을 할애하지 않는다. 나는 초자연적 주장을 직접 검증하는 데 많은 시간과 노력, 자원을 투자했다. 그런 점에서 누군가 그런 식으로 비판할 때 내가 왜 약간 껄끄러워하는지 독자 여러분께서 이해해주셨으면 한다.

11장.
미래를 보는 꿈

8장에서는 예지적인 꿈 보고를 설명할 수 있는 이론 중 하나로 '진짜 큰 수의 법칙'을 살펴보았다. 본질적으로 이 법칙은 극히 가능성 낮은 (하지만 불가능하지는 않은) 사건이 발생할 기회가 아주 많다면 그 사건은 분명 발생한다는 뜻이다. 매일 밤 우리가 기억하는 꿈이 그렇게 많다는 점을 볼 때, 때로 꿈이 순전히 우연하게도 미래의 사건과 놀랄 만큼 일치하는 일은 피할 수 없다. 이런 우연의 일치를 각각 보면 일어날 가능성이 극히 낮을 수 있지만 그렇게 따로 생각해서는 안 된다.

여기서 우연은 유일한 요인이 아니다. 가장 흔한 예지몽 사례는 꿈에 사랑하는 사람이 죽었는데 실제로 그날 밤 그 사람이 죽었다는 사실을 알게 될 때다. 하지만 대체로 예지몽을 꾼 사람은 그 꿈을 꾸기 전 실제로 그 사람이 중병에 걸렸다는 사실을 이미 알았을 가능성이 높다. 사랑하는 사람의 건강을 염려하느라 끔찍한 꿈을 꾸었지만, 사실 그런 상황에서는 실제로 죽음이 일어날 가능성이 높다.

8장에서는 '아슬아슬하게 맞으면 맞은 거나 마찬가지다'라는 원칙을 살펴보았다. 예지몽과도 관련 있는 원칙이다. 사랑하는 사람이 그날 밤이 아니라 일주일 뒤에 죽었다고 가정해보자. 그래도 당신은 여전히 그 꿈이 미래를 초자연적으로 엿보게 해주었다고 느낄 것이다. 그 사람이 실제로 꿈을 꾼 날 죽지는 않았지만 죽음의 문턱까지 갔다가 의학적 치료로 살아남아도 똑같이 생각한다. 게다가 많은 사람은 꿈에서는 미래의 사건이 직접적인 형태가 아니라 상징적인 형태로 나타난다고 믿는다. 성경에 기록된 여러 예언적 꿈이 그렇듯 제대로 이해하려면 해석해야 한다는 것이다.

이런 요인으로 예지몽의 많은 부분을 설명할 수 있어 보이지만, 그런 꿈을 자주 꾼다는 특별한 사람의 주장도 이렇게 설명할 수 있을까? 대답하기 상당히 어려운 질문이다. '진짜 큰 수의 법칙'을 고려하면 많은 사람이 살면서 한두 번은 그런 꿈을 꾸고, 그중 몇몇은 순전히 우연히 그런 꿈을 여러 번 꾸리라 예상할 수 있다. 하지만 그런 꿈을 아주 자주 꾼다면 우연의 일치라는 한계를 넘어 달리 설명할 수 있다고 주장하는 것도 무리는 아니다. 이 장의 다음 부분에서는 바로 이런 주장을 펼치는 두 사람을 조사한 결과를 살펴보자.

미래를 그리는 사람

2002년 나는 영국 채널5의 〈비범한 사람들〉 시리즈 중 하나로 런던 북서부 서드버리힐에 사는 69세의 화가 데이비드 맨델David Mandell에 관한 다큐멘터리를 제작하는 방송사의 연락을 받았다. 데이비드의 놀라운 점은 그가 종종 미래의 사건, 특히 재난이나 테러 공격을 예언하는 꿈을 꾼다고 주장한다는 점이었다. 화가인 그는 예지몽을 꿀 때마다 잠에서 깰 때 꿈 이미지를 기억해 두려고 애썼다. 그다음 일어나서 그 이미지를 그리고 때로 메모를 남겨 그림을 명확하게 설명하거나 추가 세부 사항을 기록했다. 그다음 꿈에 본 사건이 일어날까 싶어 며칠, 몇 주, 때로는 몇 년을 기다렸다. 언제 그런 일이 일어날지는 전혀 몰랐지만 종종 자신이 꿈에서 본 바로 그 사건이 뉴스에 나온다고 주장했다. 꿈과 그 사건이 너무 닮아서 그가 걱정한 대로 그저 우연이라고 볼 수는 없다고 했다.

데이비드는 자신의 주장을 명백하게 반박할 수 있다는 점을 알았다. 사건이 뉴스거리가 된 다음에 그림을 그려놓고 전에 그렸다고 주장하는 것이 아니라는 것을 어떻게 알 수 있을까? 데이비드는 그런 반박을 막기 위해 재미있지만 아마추어다운 시도를 했다. 금방 그린 그림을 갖고 동네 은행에 가서 시간과 날짜가 나오는 시계 앞에서 사진을 찍은 것이다. 물론 당시에도 데이비드가 잔꾀 많은 사기꾼이었다면 그런 사진도 되돌아가 조작할 수 있었을 것이다. 하지만 그렇다 쳐도 나는 그때나 지금이나 그가 자기 주장을 진심으로 믿는다고 생각한다(물론 영리한 사기꾼이라면 내가 바로 그렇게 느끼길 원하리라는 사실도 분명히 알지만 말이다!).

우리는 데이비드가 진짜로 꿈을 통해 미래를 초능력으로 예언할 수 있는지를 한정된 시간에 확정적으로 시험하기란 불가능하다는 사실을 일찌감치 알았다. 가장 큰 문제는 데이비드 자신도 꿈에 나온 사건이 현실에서 언제 일어날지 전혀 몰랐다는 점이다.

그의 꿈 그림을 가져다 정해진 시간 안에 그 사건이 일어나길 기다릴 수는 없는 노릇이었다. 그래서 대신 우리는 간접적인 접근법을 썼다.

데이비드의 꿈과 미래의 사건이 일치한 사례를 가장 확실하게 비초자연적으로 설명하려면 그저 우연의 일치였다고 보면 된다. 실제로 지진의 여파로 일어난 일은 과거 다른 여러 지진이나 꿈에서 일어난 지진의 여파와 비슷하지 않겠는가. 하지만 데이비드의 몇몇 꿈은 이보다 훨씬 구체적이었다. 아마 그가 내놓은 예측 중 가장 놀라운 꿈은 2001년 9월 11일 쌍둥이빌딩 붕괴 사건이었을 것이다. 데이비드는 이 끔찍한 역사적 사건에 관한 꿈을 두 번 꾸었다. 하나는 그 사건이 일어나기 정확히 5년 전에 꾼 꿈이었다.

회의주의자라면 데이비드가 이 꿈을 꾸고 그린 놀라운 그림의 내용이 잊을 수 없는 그날의 사건과 정확히 들어맞지는 않는다며 이의를 제기할 수도 있다. 데이비드의 그림에는 분명 뉴욕 스카이라인이 그려져 있지만, 왼쪽 빌딩이 오른쪽으로 넘어지며 무너진다. 하지만 실제로 두 빌딩은 각각 따로 수직으로 무너져내렸다. 게다가 데이비드는 원래 건물이 무너진 이유가 테러 공격이 아니라 지진 때문이라고 생각했다. 그렇기는 하지만 이 그림이 쌍둥이빌딩 붕괴를 그린 그림이라는 점은 부인할 수 없다.

쌍둥이빌딩 붕괴는 데이비드가 꿈으로 예측한 사건 중 가장 인상적이기는 하지만 다른 수백 점의 그림과 스케치에도 몇 가지 중요한 사건이 등장한다. 1989년 템스강에서 유람선 마르키오네스

호와 증기선 보벨호가 충돌해 51명이 사망한 사건, 1989년 샌프란시스코 지진, 1994년 IRA의 히스로공항 폭파 사건, 1993년 스코틀랜드 셔틀랜드에서 일어난 브레어 유조선 좌초 사건, 1995년 옴진리교 신도들이 자행해 13명이 사망한 도쿄 지하철 사린 가스 테러 사건, 1995년 연쇄 살인범 프레드 웨스트Fred West가 감옥에서 자살한 사건, 1994년 런던 옥스퍼드가 폭동도 있다. 1994년 영국 버밍엄의 래컴 백화점에서 일어난 집단 칼부림 사건으로 15명이 부상당한 사건, 1996년 영국 왓퍼드에서 일어난 열차 충돌 사고로 1명이 사망하고 69명이 부상당한 사건, 1997년 파리에서 일어난 다이애나 왕세자비 사망, 1996년 스코틀랜드 던블레인 총기 난사로 초등학생 16명과 교사 1명이 사망한 사건, 2000년 콩코드기가 이륙 직후 파리의 근처 한 호텔에 충돌해 탑승객 109명 전원과 호텔에 있던 4명이 사망한 사건도 있다.

우리 박사과정 학생이었던 루이 사바Louie Savva와 나는 데이비드가 직접 선택한 것보다는 덜하지만 그의 그림과 어느 정도 일치하는 다른 사건도 찾아보았다.[01] 데이비드가 그린 200여 점의 예지몽 그림 중에서 그가 뉴스에 보도된 실제 사건과 일치한다고 생각한 그림 40점을 선택했다. 그리고 실험 참가자 30명에게 그 그림을 주었다. 데이비드 스스로 예측했다고 생각하는 사건의 간략한 개요, 우리가 그 그림과 어느 정도 비슷하다고 생각하는 또다른 사건의 간략한 개요도 함께 주었다. 데이비드가 자신의 그림이 어떤 기사에 실린 일부 사진과 세부적으로 정확히 일치한다고 생각할 때는 실제 신문 기사 사진도 함께 주었다. 참가자들은 각 그림을 원하는 만큼 오랫동안 주의 깊게 살펴본 다음 그 그림이 데이비드가 선택한 사건 또는 우리가 선택한 다른 사건과 얼마나 일치하는지를 7점 척도로 평가했다(1점=전혀 일치하지 않음, 7점=완벽하게 일치함).

이 과제의 내용을 독자 여러분께 더 명확히 설명하기 위해 40가지 사례 중 하나를 특히 자세히 설명하겠다. 하지만 이 연구에서 사용한 모든 뉴스가 이 사례만큼 끔찍하지는 않다는 점은 말해 두어야겠다. 데이비드의 그림 자체는 그다지 끔찍하지 않았다. 그림에는 무언가에 끌을 박는 손이 그려져 있고 여기저기 붉은 물감이 잔뜩 칠해져 있었다. 데이비드가 그림에 남긴 메모는 훨씬 충격적이었다.

> 1989년 3월 11일 토요일 아침의 꿈. (연구에서는 날짜를 삭제함) 세 여성의 얼굴이 캔버스 천으로 덮여 있고 눈 부분은 동그랗게 패여 있다. 그때 한 남자가 크고 차가운 끌과 망치를 들고 나타나 피해자 얼굴 여기저기를 끌로 내리쳐 박살냈다. 너무 끔찍한 꿈이다!

데이비드는 이 꿈 그림이 몇 년 뒤 발생한 몹시 잔인한 범죄를 예견했다고 생각했다. 다음은 우리 연구에 사용된 해당 범죄의 설명이다.

1996년 7월 10일, 러셀 가족의 여성 세 명이 켄트 캔터베리 근처 칠렌든 시골길에서 망치로 맞았다. 아홉 살 난 조시만 살아남았다. 조시와 어머니는 눈을 가린 채 머리를 심하게 맞았다. 여섯 살인 메건은 7번 이상 맞았다. 기사에는 망치와 망치질이라는 단어가 등장한다.

이 사건을 실은 〈타임스Times〉 기사 사본을 그림과 함께 제공했다. 우리는 뉴스 아카이브에서 가져온 다른 사건도 제시했다. 다음을 보자.

1986년 9월 27일, 도나 제스터Donna Jester(37세)와 시각장애인인 그의 사촌 달파Dalpha(64세), 로라 오웬스Laura Lee Owens(20세)가 텍사스 랭커스터에서 사망한 채 발견되었다. 세 명 모두 도끼로 머리와 얼굴을 여러 번 찍혀 사망했다. 기사에는 여성 세 명이 언급되어 있다.

참가자들은 연구에서 사용한 그림 40장 중 7장이 우리가 선택한 뉴스보다 데이비드가 선택한 뉴스와 더 일치한다고 평가했다. 달리 말하면 데이비드가 선택한 뉴스와 우리가 제안한 다른 뉴스의 일치도를 평가했을 때 82.5퍼센트의 그림에서 큰 차이가 없었다는 뜻이다. 하지만 전체 그림 40장에서 각 참가자가 평가한 평균 일치도 점수를 비교해보면 데이비드가 선택한 뉴스가 더 일치한다는, 작지만 매우 중요한 차이(7점 척도에서 0.5점 이상)가 드러났다. 이런 결과를 어떻게 이해해야 할까? 데이비드의 판단에 따라이 그림들이 그의 꿈과 그 뒤에 일어난 사건이 가장 잘 일치하는 사례였다는 점에서, 예지몽을 믿는 사람은 적어도 대부분의 그림에서 우리가 선택한 다른 사건도 데이비드가 선택한 사건만큼 일치한다는 평가가 나왔다는 점에 실망할지도 모른다. 또한 데이비드는 운 좋게도 수년에 걸쳐 발생한 사건 중에서 일치하는 사건을 선택할 수 있었지만, 우리는 방송사의 촬영 일정에 맞추기 위해 2주 안에 사건 아카이브에서 비슷한 사건을 찾아내야 했다. 시간이 충분했다면 우리가 훨씬 더 일치하는 사건을 찾아냈을지도 모른다. 초자연적 현상을 믿는 사람이라면 어느 정도 합당한 이유를 들어 데이비드가 선택한 그림 40장 중 7장이 우리가 제안한 사건보다 그가 선택한 사건과 더 일치했고 전반적으로도 그랬다는 점에 놀랄 것이다. 개인적으로 나는 비슷비슷하다는 데 만족한다.

이 연구 관련 서류를 살펴보던 중 나는 짧은 메모와 함께 '아직 사건이 일어나지 않았다'라고 적힌 그림 여덟 장의 사본을 우연히 발견했다. 데이비드에게 이 그림 사본을 받은 뒤 지금까지 20년 사이에 그가 꿈으로 예측한 사건이 일어나지 않았을까 궁금해하지 않을 수 없었다. 다음은 이 여덟 장의 그림에 내가 붙인 메모다.

① **북부 그리스 내전**(2002년 5월 무렵의 꿈): 이 그림은 북부 그리스 내전을 묘사한다. 맨델 씨는 이 사건이 국경에서 일어난다고 생각했다. 그림에는 호텔이 불타고 있고 '군인'들도 있다. '히틀러를 닮은 장교가 언덕 위 호텔이 불타고 있다고 말한다.' 메모에는 '살로니카가 위험하다'라고

적혀 있다.

- **어린이 살인자**(2002년 6월 11일 꿈): 이 그림은 '파란색 물방울무늬 원피스를 입은 소녀' 뒤로 '대여섯 명의 어린이 살인자 갱단'을 묘사한다.
- **플라스틱 끈이 달린 비행기**(2002년 4월 28일 꿈): 맨델 씨는 이 사건이 '히스로공항이나 시내 공항'에서 일어났다고 보았다. 그는 '플라스틱 끈이 꼬리날개 부근에 얽혀 비행기 꼬리 부분이 양쪽으로 격렬하게 흔들리는 꿈'을 꾸었다고 말했다. 비행기는 '공항 근처 강 위에 비상착륙을 시도한다'.
- **로열 런던 병원과 헬리콥터**(1995년 2월 19일 꿈): 이 꿈에는 로열 런던 병원 옥상에 안전하게 착륙하지 못하는 헬리콥터가 나온다(자세한 내용은 맨델 씨가 병원에 보낸 동봉된 편지 참조). 그림에 달린 메모: '너무 빠르게 하강해 멈추거나 속도를 늦출 수 없다', '건물 위쪽이 착륙 지점을 가리고 있음'.
- **런던 지진**(1992년 4월 28일 꿈): 자세한 내용은 그림 사본의 메모를 참조하라. (이 그림 위에 적힌 메모와 첨부된 메모에 따르면 꿈은 두 부분으로 구성된다. 첫 부분에서는 창문 바깥으로 건물들이 '서로 교차하며 흔들리다' 다시 '원래 위치로 돌아가는' 모습이 보인다. 두 번째 부분에서는 맨델 씨가 있던 건물이 위아래로 몇 번 흔들린다. '마치 해변에서 롤러코스터를 타고 있는 것 같다.')
- **비틀스 총격**(2001년 11월 30일 꿈): 이 그림에서는 비틀스 멤버 한 명이 왼손잡이 총살범에게 총격을 당한다.
- **비행기가 어두운 색의 유리 건물에 충돌함**(2002년 5월 무렵의 꿈): 이 그림에는 비행기가 폭발하는 모습이 그려져 있다. 비행기는 (템스강 근처) '캐너리워프 신관 건물처럼 보이는' 어두운 판유리로 된 건물 측면으로 날아든다. 맨델 씨의 메모에는 '뉴욕 타워가 무너지듯 무너진다'라고

적혀 있다.

- **패딩턴 다리 충돌**(2002년 1월 11일 꿈): 이 그림은 '아마도 패딩턴'에서 '다리 철근 대들보 붕괴'로 일어난 '심각한 사고'를 묘사한다. 그림에는 '폭탄'이라는 단어도 적혀 있다. 맨델 씨는 '다리 주변이 파괴'되는 모습을 그렸다.

내가 확인한 바에 따르면 데이비드에게 그림 사본을 받은 다음 내가 이 글을 쓸 때까지 20여 년 사이에 그가 꿈에서 예견한 사건은 하나도 일어나지 않았다. 물론 이 꿈과 놀랄 만큼 비슷한 사건이 앞으로 일어날 수도 있지만 말이다(지진 관련 꿈은 그다지 그럴 것 같지 않아 보이지만 말이다). 만약 그런 일이 일어난다면 꿈이 때로 초자연적으로 미래를 엿보게 해준다는 주장을 뒷받침하는 증거가 될 것이다. 하지만 나는 데이비드의 꿈 적중률이 우리가 시험하기 전보다 그다음 20년 동안 크게 떨어진 것 같다는 데 놀랐다. 이렇게 적중률이 떨어진 이유는 그저 추측해볼 따름이다.

꿈으로 미래를 보는 남자

데이비드 맨델은 자기 꿈이 우연이나 다른 평범한 요인으로 설명할 수 있는 것보다 미래의 사건과 더 많이 일치한다고 주장했다. 하지만 그 주장을 직접 검증할 수 없었던 이유는 앞서 언급했듯 그가 자신의 꿈이 며칠, 몇 달 또는 수십 년 안에 이루어질지 전혀 몰랐기 때문이다. 만일 그가 자신의 예지몽이 실현될 날짜를 구체적으로, 적어도 상당히 좁은 범위로 제시할 수 있었다면 그의 주장을 직접 검증하기가 훨씬 쉬웠을 것이다. 운 좋게도 몇 년 뒤 바로 그렇게 할 수 있다고 주장하는 사람을 시험할 기회가 찾아왔다. 자칭 '꿈 탐정'이라는 크리스 로빈슨Chris Robinson이었다. 우리는 크리스의 예지 능력을 시험했고 이 내용은 2007년 영국 채널5 〈비범한 사람들〉 시리즈의 또 다른 회차에서 처음 방송되었다.

크리스는 꿈을 통해 미래를 수십 차례 예견했다고 한다. 그는 임사체험으로 이런 기술을 얻었다고 했다. 그도 데이비드 맨델처럼 테러 공격(2001년 9월 11일 쌍둥이빌딩 공격, 2005년 7월 7일 런던 폭탄 테러 등)이나 재난(1986년 체르노빌 원자력 발전소 폭발 사건 등)을 특히 잘 예측한다고 주장했다. 그는 꿈에서 얻은 정보로 범죄를 해결하고 실종자를 찾을 수 있다고도 한다. 때로 죽은 자의 영혼이 그런 정보를 준다고도 주장했다.

크리스는 잠들기 전 꿈꾸고 싶은 특정 주제를 생각해 예지몽을 만들 수 있다고 했다. 잠들기 전에 구체적인 질문을 적어 두거나, 실종자의 옷 같은 관련 물건을 침대 옆에 두기도 한다. 잠에서 깨면 꿈 일기에 꿈의 세부 사항을 기록한다. 크리스의 말에 따르면 그의 꿈은 마치 그 일을 직접 목격한 것처럼 미래에 일어날 사건을 그대로 표현하기도 하고 상징적으로 표현하기도 한다. 하지만 상징의 의미는 보통 일관적이다. 예를 들어 개 꿈은 항상 테러리스트를 나타내고, 흰 눈은 항상 임박한 위험을, 고기는 항상 학살을 나타내는 식이다.

크리스가 다른 심령술사보다 시험에서 유리한 점이 있다면 말하자면 '꿈을 주문'할 수 있다는 점이다. 크리스가 지정된 날에 모르는 어떤 장소에 가게 된다는 사실을 미리 알면, 그곳에 가기 전에 그 장소와 관련된 구체적인 정보를 보여주는 꿈을 꿀 수 있다고 한다.

초심리학자 게리 슈워츠Gary Schwartz는 열흘 동안 연구한 끝에 크리스를 그가 모르는 장소로 데려가기 전날 꾼 꿈과 실제로 데려간 장소가 놀랄 만큼 일치한다는 점을 발견하고 그의 재능이 진짜라고 확신했다. 꿈과 그 장소가 딱 들어맞아서 슈워츠는 순전히 우연의 일치로 볼 수 없다고 믿었다. 독자 여러분은 이미 분명히 눈치챘겠지만 문제는 이 접근법이 9장에서 살펴본 주관적 검증이 일어날 가능성을 전혀 고려하지 않았다는 점이다. 슈워츠의 방법을 사용하면 각 시험에서 크리스의 (아주 상세한) 꿈 묘사에서 드러난 요소가 다른 가능한 장소에서 발견할 만한 요소보다 해당 장소의 요소와 훨씬 잘 맞는지를 알 길이 없다. 다행히도 이 방법론적 문제는 비교적 쉽게 해결할 수 있었다.

우리는 크리스가 주장하는 능력을 시험하기 위해 슈워츠가 연구에서 취한 접근방식을 약간, 하지만 중요한 방향으로 수정했다.

슈워츠의 연구에서처럼 크리스에게 그를 특정 날짜에 그가 모르는 장소로 데려갈 테니 평소처럼 꿈 일기를 써달라고 했다. 하지만 그의 꿈과 실제 장소가 일치하는지 결정할 때는 그저 그 장소를 둘러보며 꿈과 들어맞아 보이는 세부 사항이 있는지 찾는 식으로 하지는 않았다. 우리는 다큐멘터리 제작자이자 감독인 레슬리 케이튼Lesley Katon에게 요청해 목표 장소 6곳을 미리 섭외했다. 레슬리는 나나 크리스에게는 전혀 알리지 않고 고심해서 상당히 다른 장소 6곳을 골랐다. 지정된 날에 크리스와 레슬리는 크리스가 기록한 꿈 이야기를 나누었고, 레슬리는 그 꿈의 내용이 6곳 중 어느 곳과 가장 일치하는지 결정했다. 그리고 그다음에야 실제 크리스를 데려갈 장소를 주사위를 굴려 결정했다. 그곳이 크리스의 꿈과 가장 일치하는 장소인지 아닌지는 상관없이 그를 그곳으로 데려갔다. 방법론적 논리에 따르면 그래야 했다.

공정성을 기하려면 크리스의 꿈과 가장 일치하는 장소가 6곳 중 어디인지 선택하는 독립된 심사자는 크리스가 신뢰하는 사람이자 크리스가 성공하길 바라는 사람이어야 했다. 이 점은 상당히 중요했다. 어쨌든 크리스가 시험에 실패하길 바라는 못된 회의주의자 심사자라면 크리스에게 실제로 그런 능력이 있다 해도 일부러 가장 일치하지 않는 조합을 선택할 수도 있으니 말이다. 그래서 크리스는 직접 독립 심사자를 선정했다. 프로그램 제작자가 당연히 최고의 선택지였다. 크리스가 실패하지 않고 회의적인 심리학자의 시험을 통과한다면 레슬리는 아주 흥미로운 다큐멘터리를 만들 수 있게 될 테니 말이다.

앞서 설명한 대로 세 번의 시험을 준비했다. 크리스가 각 시험에서 그저 우연히 성공할 확률은 6분의 1이다. 따라서 그가 세 번의 시험에서 모두 성공할 확률은 216(6×6×6)분의 1이다. 크리스가 해낸다면 정말 놀라운 성과일 것이다. 그렇다면 사실은 어땠을까?

다음은 크리스가 말한 첫날 꾼 꿈의 일부다. "페인트, 흰색, 시트는 모두 흰색으로 칠해져 있습니다. 꿈에서 그건 우리 집이 아니었어요. 학교 다닐 때 알던 화가의 집이네요. 그는 뭐든 그릴 수 있었죠. 그러니 말하자면 '물감칠'을 핵심 단어라 할 수 있겠네요. 장소 후보 중에서 가장 잘 맞는다고 생각하는 장소를 선택하세요."

레슬리는 후보 장소 가운데 4번 장소를 가장 일치하는 장소로 선택했다. 그곳은 크리스의 꿈과 완벽하게 일치하는 '하우스 오브 드림'이라는 이름의 한 화가의 집이었다. 하지만 안타깝게도 실제 장소를 결정하기 위해 주사위를 굴리자 2번 장소인 런던의 칵테일 바 아이스바ICEBAR가 나왔다. 실험 설계의 논리에 따라 크리스가 자신이 실제로 가게 될 장소에 관한 꿈을 꾼다는 근본 주장을 바탕으로 한다면, 우리는 이미 그때 시험이 실패했다는 사실을 알았다 해도 어쨌든 그를 아이스바로 데려가야 했다. 크리스는 상황을 더욱 초현실적으로 꾸미기 위해 자신을 어디로 데려가든 눈가리개를 해야 한다고 주장했다. 그는 이런 예방책을 쓰지 않으면 목표 장소가 아니라 그 장소로 가는 길에 관한 꿈을 꾸게 된다고 생각했다. 재미있게도 내가 택시에서 내려 술집까지 눈가리개를 한 남자를 끌고 가는데도 런던 사람들은 눈길도 주지 않았다.

눈가리개를 풀었을 때 크리스의 반응은 "흰색이 정말 많군."이었다. 분명 주관적 검증이 작동한 것이다. 크리스는 '흰색에 둘러싸여 있다'라고 주장했지만 자신이 '물감칠'이 핵심 단어라고 한 것은 까맣게 잊었다. 사실 아이스바 벽은 눈처럼 하얀색이 아니라 아주 투명한 얼음으로 되어 있었고 그 뒤에 있는 회색 벽이 선명하게 보였다. 크리스가 아무리 변명하고 싶었다 해도 이 시험은 분명 실패였다.

두 번째 시험에서 그가 꾼 꿈을 보자. "이건 내가 관찰자인 꿈이라서 다른 사람들을 지켜보고 있습니다. 내가 그들에게 속한 건 아닌 것 같아요. 전 뭔가를 말거나 펼치고 있습니다. 여기가 인쇄소라면 종이 롤일 수도 있겠네요. 누군가 파이를 만들고 있어요. 페이스트리일 수도 있겠네요. 그리고 우리는 이걸 오븐에 넣습니다. 오븐을 아주 오래 켜놓지만 않으면 타지 않을 거라는 농담을 던져요. 내 옆을 지나가는 사람들 얼굴이 보입니다."

이번에는 짝을 찾기가 더 까다로웠지만 레슬리는 결국 1번 장소를 선택했다. 오랫동안 인쇄 산업으로 유명한 플리트 가에 있는 성 브리드 교회였다. 안타깝게도 주사위를 굴리자 5번 도심 농장이 나왔다. 이번 시험도 실패했다는 사실을 잘 알았지만 어쩔 수 없이 이번에도 눈가리개를 한 그를 농장으로 데려가야 했다. 심지어 눈가리개를 한 채로 말까지 태워야 했다. 과학을 위해서라면 이런 일도 해야 한다! 눈가리개를 풀자 크리스는 '놀랍네요'라고

한 마디 던졌다. 이번에는 또 성공했다며 변명하려 하지 않았다.

세 번째이자 마지막 시험에서 크리스는 자신의 꿈을 이렇게 설명했다. "꿈속에서 저는 어떤 방에 있고 사람들이 있습니다." 그는 꿈 일기를 가리키며 말을 이었다. "큰 글씨로 '죽음'이라고 적혀 있어요. 그건 그 방에 있습니다. 실제로 유리컵과 잔이 있어요. 컵들은 다 똑같습니다. 컵을 보면 죽은 사람이 떠오릅니다. 죽은 자들이 있는 곳으로 가지 않으면, 음, 무슨 뜻인지는 모르겠네요!"

성 브리드 교회는 아직 후보 장소 중 하나였다. 레슬리가 이전 시험에서 이곳을 가장 일치하는 짝으로 선택한 적은 있지만 실제 크리스를 데려간 장소로 나온 적은 없기 때문이다. 레슬리는 이번에는 이곳이 더 잘 맞는 것 같다며 교회를 선택했다. 주사위를 굴리자 이번에는 진짜로 성 브리드 교회인 1번이 나왔다. 그러므로 크리스는 세 번의 시험에서 한 번은 목표 장소를 맞힌 셈이다. 통계적으로 의미 있는 결과라 하기는 어렵다. 크리스는 자기 실패를 변명하며 꿈에서 받은 정보가 '너무 제한적이어서' 미래 사건의 세부가 아니라 '대략적인 실루엣'만 보였다고 말했다. 왜 이런 제한이 크리스가 자유롭게 주관적 검증을 할 수 있을 때가 아니라 적절하게 통제된 조건에서 시험할 때만 일어나는지는 미지수다.

크리스처럼 미래를 본다는 다른 예지자들의 주장을 검증하려는 제대로 통제된 연구에서 경험적 증거가 나오는 일은 별로 없다. 그래도 그들의 서비스를 받으려는 사람은 줄을 잇는다. 43세였던 마시 랜돌프Marcy Randolph의 부모님처럼 사랑하는 실종자를 찾는 절박한 사람도 그런 수요자다. 마시는 2006년 9월 24일 애리조나주 피닉스에서 북쪽으로 24킬로미터 떨어진 디어밸리 공항에서 54세인 윌리엄 웨스토버William Westover가 조종하는 비행기를 타고 관광 비행을 떠났다. 두 사람은 세도나 공항까지 갔다가 같은 날 디어밸리 공항으로 돌아올 계획이었다. 하지만 안타깝게도 그 비행기로 추정되는 레이더 기록은 세도나에서 남서쪽으로 약 14킬로미터 떨어진 곳에서 끊어졌다.

마시의 부모는 크리스를 애리조나로 보내 그 지역 어딘가에 추락했다고 추정되는 실종된 비행기를 찾는 데 중요한 단서가 될 꿈을 꿔주길 기대했다. 지형이 험난하고 울퉁불퉁한 탓에 비행기 잔해를 찾으려던 예전 수색은 실패로 끝났기 때문이었다. 크리스의 꿈에 나온 정보를 토대로 스네이크계곡과 디아블로계곡 주변 지역을 집중적으로 수색했다. 안타깝게도 이번 수색에서도 추락한 비행기를 발견하지 못했지만, 그 모습을 찍은 방송을 본 시청자들은 비행기가 실제로 그 지역 어딘가에 있으리라는 강한 인상을 받았다.

하지만 다큐멘터리가 방영된 지 한참 뒤인 2009년 4월 비행기 잔해와 탑승객의 유해가 발견되었다. 비행기가 실종된 날 하이킹을 하던 두 사람이 세도나 북서쪽 외딴 로이협곡에서 작은 화재를 목격했다고 보고했다. 그들은 당국에 화재를 보고했지만 당국이나 화재를 보고한 사람이나 모두 당시 비행기가 실종되었다는 사실을 몰랐기 때문에 아무도 두 사건을 연관 짓지 못했다. 2년 넘게 지나서야 누군가가 우연히 보고서를 발견했고, 그 덕분에 실종된 비행기를 찾는 일을 절대 포기하지 않았던 마시의 아버지 필 랜돌프Phil Randolph를 포함한 자원봉사자들이 그 지역에서 추가 수색을 시작했다. 자원봉사자들은 항공 사진과 하이킹하던 사람들이 찍은 사진을 맞춰보며 수색 범위를 좁혀나갔지만, 결국 비행기 잔해를 발견한 것은 나중에 다시 그 지역을 찾은 바로 그 하이킹하던 사람들이었다. 비행기 잔해와 탑승자의 유해가 발견된 곳은 크리스가 내놓은 정보에 따라 수색하던 곳에서 수 킬로미터나 떨어진 지점이었다.

나는 크리스 로빈슨을 앞서 설명한 시험 대상으로 선정하기 몇 년 전부터 이미 알고 있었다. 우리는 생방송 텔레비전 프로그램 등 여러 곳에서 마주친 적이 있다. 1993년 4월에 있었던 한 가지 사건이 기억난다. 그날 밤 크리스와 나는 심야 생방송 토론 프로그램에 참여했다. 당시 영국의 지역 텔레비전 채널에서는 금요일 밤에 그런 프로그램을 방송하는 일이 흔했다. 아마 술집에서 몇 잔 걸치고 돌아오는 사람들을 겨냥했을 것이다. 그 프로그램의 세부 사항은 대체로 기억나지 않는다(나는 그런 일을 많이 했고 모두 기억 속에서 조금 희미해졌다). 하지만 프로그램이 끝날 즈음 진행자가 리버풀 근처 에인트리 경마장에서 해마다 열리는 그랜드내셔널 경주가 마침 다음 날인데 우승마 이름을 맞춰 달라고 크리스에게 요청했던 것은 분명히 기억난다. 크리스는 그런 질문을 받으리라고는 예상하지 못했지만 말 이름을 대기는 했다. 지금은 그 이름이 기억나지 않지만 말이다. 그는 프로그램이 끝나자마자 뭐라도 말해야겠다는 압박을 느꼈고 확신할 만한 대답은 아니었다고 내게 말했다. 크리스는 그런 질문을 받을 줄은 생각도 못 했고, 평소 꿈 일기 기법으로 그 정보를 얻으려 하지도 않았기 때문에 그럴 만하다고 생각했다.

방송사에서는 근처에 우리가 하루 묵을 호텔을 내주었다. 다음 날 아침 식사를 하러 내려온 크리스는 몹시 흥분한 상태였다. 그날 경주 우승마의 이름을 꿈에서 봤다는 것이었다. 크리스는 내게 전날 방송에서 말한 이름과는 다른 말 이름을 말해주었지만 그 이름이 뭐였는지 지금은 기억나지 않는다. 하지만 내가 흥미롭게 여긴 부분은 크리스가 내게 꿈 일기를 보여주며 일기를 사용해 미래를 어떻게 예측하는지 알려준 것이다. 크리스의 꿈은 대체로 길고 상세해서 미래의 사건과 일치할 수 있는 잠재적 요소가 많았다(앞서 설명한 다큐멘터리에서 설명한 짧은 묘사는 크리스가 설명한 꿈의 일부일 뿐이다). 꿈이 직접적으로 또는 상징적으로, 때로는 둘 다를 이용해 미래를 보여준다는 점에서 주관적 검증이 일어날 범위는 엄청나게 넓다.

어떤 독자들은 크리스가 1993년 4월 3일 그랜드내셔널 경주에서 우승하리라 예상한 경주마 이름을 내가 더 이상 기억하지 못하는 것을 안타깝게 여기실지도 모르겠다. 장담하지만 경기가 진행될 때 나는 그 말의 이름을 기억했고, 짐작하시겠지만 텔레비전에서 그 경주를 아주 관심 있게 지켜보았다. 일부 독자는 기억하실지 모르겠지만, 1993년은 이 유명한 경주가 무효로 선언된 첫 번째이자 지금까지 유일한 해였다. 출발 선언을 잘못했는데 주자 39명 중 30명이 출발해 버렸기 때문이다. 만약 크리스가 토스트와 마멀레이드를 먹으며 147회 경주에서 그런 일이 일어나리라 예상했다면 나는 깜짝 놀랐을 것이다! 하지만 그는 그렇게 말하지 않았다. 그는 그해에는 없는 우승마 이름을 말해주었다.

우리가 2007년 다큐멘터리에서 크리스의 주장을 검사하는 데 사용한 기법은 사실 크리스, 초심리학자 키스 헌Keith Hearne, 제임스 랜디, 리처드 와이즈먼 및 여러 사람이 협력해 몇 년 전 설계한 시험을 바탕으로 한 것이었다. 키스 헌은 예지몽이 진짜고 크리스가 그 시험을 통과할 것이라 확신했다. 그는 크리스를 잘 알았고 그의 꿈 해석 기법에도 정통했다. 크리스를 지지하는 사람 다수는 랜디(또는 나나 리처드)를 믿지 않았을뿐만 아니라 적극적으로 경멸했기 때문에 시험 계획을 최종적으로 완성하기 위해 이메일을 수없이 주고받으며 큰 노력을 기울여야 했다.

우리가 크리스의 주장을 시험하기 전에 그를 지지하는 극단적인 사람들은 흔히 '편협한' 회의주의자들이 실제로 그를 시험할 생각을 감히 하지 못하리라 단언했다. 그의 초능력으로 회의주의자가 얼마나 어리석은지 만방에 밝혀질 것이라는 이유에서였다. 우리가 그런 시험을 하기로 동의하자마자 이들은 크리스에게 시험에 참여하지 말라고 간청했다. 사악한 회의주의자들이 시험을 조작해 크리스가 실패하도록 만들려는 것이 틀림없다면서 말이다. 이런 편집증적 불신, 특히 랜디를 향한 불신은 거의 우스꽝스러울

지경이었다. 한 크리스 지지자는 우리가 시험에서 동전을 던져 무작위로 장소를 선택하리라는 사실을 알고, 마술사라면 온갖 기술을 써서 동전을 뒤집을 수 있다며 크리스에게 경고했다. 그럴 수도 있지만 그의 걱정은 틀렸다. 두 가지 이유에서다. 첫째, 실험 설계에 따르면 동전을 던지는 사람은 그 시점에서 앞면이 나오든 뒷면이 나오든 그 결과가 시험 성공이나 실패로 이어질지 알 수 없다. 둘째, 랜디는 실제로 시험이 진행될 때 영국 던스터블에 있는 크리스의 고향이 아니라 대서양 건너편에 있었다. 랜디가 위대한 마술사이기는 하지만 대서양 건너편에서 동전 낙하를 뒤집는 일은 그에게도 큰일이었을 것이다!

당시 기본적인 아이디어는 앞서 설명한 2007년 시험과 같았지만 한 가지 중요한 차이점이 있었다. 각 시험에서 후보 장소가 6개가 아니라 2개뿐이라는 점이었다(그래서 동전 던지기로 실제 장소를 정할 수 있었다). 각 시험에서 순전히 추측에 근거해 정확한 장소를 선택할 확률이 50퍼센트라는 의미였다. 우리는 그런 시험을 10번 할 계획을 세웠다. 만약 그가 10번 모두 정확한 장소를 선택했다면 이는 단순한 우연 이상의 그 무엇이 작용한다는 강력한 증거일 테다. 이런 결과는 1024번 중 한 번만 발생하기 때문이다. 크리스는 각 시험에서 자기 꿈과 잘 맞는 장소를 고를 사람으로 키스 헌을 지목했다. 시험 전 여러 해 동안 크리스를 연구했고 그에게 깊은 인상을 받은 사람이었다는 점에서 완벽한 선택이었다. 크리스는 어떤 시험에서 실패하더라도 10개 시험이 모두 끝날 때까지 연구를 계속하는 데도 합의했다. 그래야 계획을 개선해 추가 연구를 할 수 있기 때문이다.

방송사는 첫 시험을 촬영해 다큐멘터리에 넣기로 했다. 순전히 우연히 성공할 가능성도 50퍼센트나 된다는 점에서 첫 번째 시험만 다큐멘터리에 포함한다니 약간 어리석게 느껴졌다. 동전 던지기를 딱 한 번 해서 그 사람이 초능력으로 동전 낙하를 바꿀 수 있는지 평가하는 것이나 마찬가지이기 때문이다. 하지만 적어도 시청자에게 초능력을 어떻게 검증하는지 알려줄 수는 있겠다고 생각했다. 시간과 노력을 얼마나 들여야 하고 얼마나 신중하게 계획해야 하는지도 알 수 있다. 물론 방송사도 그 과정을 촬영하는 데 큰 비용과 노력을 들여야 했다. 감독과 촬영팀이 하루 종일 촬영해야 했기 때문이다.

단 한 번의 시험이 방송되어 크리스의 주장이 의미 있는 것처럼 보일지도 모른다는 생각은 쓸데없는 걱정이었다. 자세히 언급하지는 않겠지만 첫 번째 시험은 실패였다고만 말해 두겠다. 키스 헌은 이 결과에 몹시 놀라고 충격받았다. 그리고 그 영상은 다큐멘터리에 포함되지 않았다. 그 시험을 촬영하는 데 들어간 시간과 자원을 고려했을 때 크리스가 첫 번째 시험에서 성공했다면 분명 그 영상은 다큐멘터리에 들어갔을 것이다. 하지만 안타깝게도 키스 헌은 이 시점에서 연구에 흥미를 잃은 듯했고 더 이상 시험을 진행하지 않았다.

12장.
삶 또는 산 사람들을 위한 교훈

변칙심리학은 그 자체로 흥미로운 주제일 뿐만 아니라, 전혀 초자연적으로 보이지 않는 것을 포함해 삶의 모든 면에 적용할 수 있는 중요한 비판적 사고 기술을 비교적 힘들이지 않고 습득할 방법이기도 하다.

이런 기술을 더욱 명확히 적용하는 한 방법은 논란의 여지가 있는 과학적 주장을 평가하는 데 이용하는 것이다. 신문이나 여러 매체가 끊임없이 그런 주장을 쏟아내는 바람에 많은 사람은 무엇을 믿어야 할지 결정하기 힘들다고 느낀다. 오늘날 논란이 되는 가장 중요한 영역은 지구 온난화가 실제로 일어나는지, 그렇다면 그 중 어느 정도가 인간의 활동 때문에 발생하는지다. 지구상 생명의 미래는 이 문제를 제대로 다루는 데 달려 있을지도 모른다. 이 주제를 다루는 보도는 미디어가 때로 진정한 과학적 논란을 보도하지 않고 가짜 논쟁pseudo-controversies을 만드는 데 얼마나 큰 역할을 하는지 보여주는 완벽한 사례다. 특정 분야의 과학 전문가 대다수가 한목소리로 말하는데 목소리 큰 소수가 반대하는 상황이라면 다수의 말에 귀 기울이는 편이 현명하다. 이런 맥락에서 우리는 지구를 지키는 예방 원칙을 채택하는 편이 낫다.

좀 더 개인적인 차원에서 소비자가 현명한 선택을 하려면 분명 비판적 사고 능력이 필요하다. 특히 추론에서 나타나는 많은 인지 편향은 초자연적 현상을 볼 때 잘못된 결론에 이르게 하기도 하지만 구매, 판매, 투자, (특히) 도박에서도 판단을 흐린다. 고전 경제학 모형에서는 사람들이 비용과 이익을 합리적으로 분석해 결정을 내린다고 가정한다. 하지만 안타깝게도 독창적이고 설득력 있는 많은 연구에서 밝혀졌듯 이런 가정은 완전히 틀렸다.

의학적 의사 결정은 말 그대로 생사가 달린 문제이지만, 이때도 우리가 내리는 판단과 행동은 합리적이라 할 만한 것과 근본적으로 동떨어져 있다. 자신이나 사랑하는 사람의 건강 문제에는 많은 것이 걸려 있는데도 우리는 그런 상황에 불가피하게 내재한 불확실성을 잘 다루지 못한다. 감정에 휩쓸려 판단이 흐려지기도 한다. 코로나19 팬데믹 동안 상당히 자주 입증된 사실이다. 하지만 올바른 선택을 내리기 위해 최선을 다해야 하는 것은 바로 이런 의학적 치료와 건강한 생활방식 같은 분야다. 보조 의학이나 대체 의학이 인기를 끄는 상황은 인간이 건강 문제를 다룰 때 비합리적일 수 있다는 사실을 보여주는 부정할 수 없는 증거다. 여기에서도 미디어는 때로 기적의 치료법을 과장하거나 반대로 건강상의 위험을 부풀리거나 심지어 가짜 논쟁을 더 많이 유도하는 등의 잘못을 저지른다.

때로 변칙심리학이 주는 통찰은 이 책에서 다루는 주제와 전혀 관련 없는 분야에서 논란이 되는 주장을 평가하는 데도 적용할 수 있다. 예를 들어 5장과 6장에서는 외계인 납치나 전생에 관한 숨은 기억을 되돌리기 위해 최면 회귀를 사용하는 방법을 살펴보았다. 두 사례 모두 증거에 따르면 그렇게 '되살린 기억'은 사실 거짓이라는 점이 분명하다. 하지만 일부 치료사는 이런 방법을 사용해 악마적 학대 의식 같은 극단적 상황을 비롯해 어린 시절 성적 학대를 당했다는 이른바 억압된 기억까지 되살리여 시도한다. 대다수는 최면 회귀에서 나온 외계인 납치나 전생 기억에 회의적일 것이다(하지만 분명 소수지만 상당히 많은 사람은 그렇지 않다). 하지만 그런 보고를 무시하는 사람이라도 학대받았다는 개별적 증거가 전혀 없는데도 회귀로 되살린 어린 시절 성적 학대 기억을 곧이곧대로 받아들일 가능성이 있다.

어째서 많은 사람은 외계인이나 전생 기억은 거부하면서도 어린 시절 성적 학대를 받았다는 '되살린 기억'은 사실이라고 믿는 것이 합리적이라고 느낄까? 우선 합리적인 사람이라면 우리가 한때 생각했던 것보다 어린이 성적 학대가 사회에 더 널리 퍼져 있다는 사실을 잘 안다. 그리고 그런 일은 실제로 피해자에게 몹시 해로운 심리적 영향을 미친다. 외계인 납치나 환생이 실제로 일어난다는 증거가 미치는 영향은 완곡하게 말하면 이보다는 훨씬 미미하다.

두 번째 요인은 대다수의 기억 전문가가 억압 같은 개념을 상당히 미심쩍게 바라보는데도 대중이나 전문가 모두 그런 정신분석 개념을 널리 받아들인다는 점이다.[01] 흔히 트라우마 사건을 겪은 사람은 그 사건을 잊기보다 기억할 가능성이 훨씬 높다. 변칙심리학에서 얻을 수 있는 교훈은 개별 증거가 없는 한 되살린 기억을 다룬 모든 보고는 신중하게 다루어야 한다는 것이다.

다른 문헌에서 나는 변칙심리학을 공부하는 학생이라면 아주 잘 아는 관념운동 효과를 이해하는 것이 불필요한 비극을 예방하는 데 도움이 되는 두 가지 사례를 살펴보았다.02 독자 여러분은 기억하시겠지만 관념운동 효과는 믿음과 기대가 무의식적인 근육운동을 일으키는 현상이다. 앞서 살펴보았듯 탁자 흔들기, 점괘판, 탐지처럼 초자연적으로 보이는 몇 가지 현상도 이렇게 설명할 수 있다.

첫 번째 사례는 ADE-651이다. 폭발물과 무기뿐만 아니라 인체, 밀수 상아, 송로버섯, 마약, 심지어 지폐까지 감지한다는 장비다. 목표 대상이 수 킬로미터 떨어져 있거나 지하 또는 물속에 있어도 감지할 수 있다고 한다. 당연히 이 놀라운 장비는 하나에 최대 6만 달러나 될 정도로 비싸지만, 테러 공격으로 수백 명이 목숨을 잃는 일을 막을 효과적인 수단이라면 그 정도는 분명히 지불할 가치가 있다. 유일한 문제는 그런 효과가 진짜가 아니라는 점이다. 그 장비는 만드는 데는 고작 몇 달러밖에 들지 않으며 초콜릿으로 만든 주전자만큼이나 쓸모없는 쓰레기에 불과했다. 게다가 이 장비를 생산한 영국 회사인 어드밴스드 테크놀로지Advanced Technical Security & Communications, ATSC도 이 점을 잘 알았다.

이 쓸모없는 장비는 2000년부터 2010년 사이 아프가니스탄과 이라크를 비롯해 중동 20개국에 판매되었다. 이라크 정부만 해도 이 장비에 약 8000만 달러를 지출했다. 이 장비는 회전 안테나가 장착된 휴대용 장치로, 정전기만 있어도 구동되며 작업자가 사용 전 장비를 들고 잠깐 걷거나 발을 움직이기만 해도 충전된다고 한다. ADE-651 발명가이자 ATSC 설립자인 제임스 맥코믹James

McCormick은 이 장비가 탐지와 비슷한 원리로 작동한다고 주장했다. 앞서 살펴보았듯 적절히 통제된 조건에서 탐지를 시험했을 때 효과가 입증된 적이 한 번도 없다는 점에서 이런 주장은 아주 큰 경종을 울렸어야 한다. 제임스 랜디는 이 장비가 실제로 작동한다는 것을 입증하는 사람에게 100만 달러를 주겠다고 공개적으로 나섰다. 하지만 의미심장하게도 ATSC 관계자를 포함해 누구도 그 도전에 응하지 않았다. 맥코믹은 이 장비가 작동하지 않는다는 사실을 잘 알았음이 틀림없다. 한번은 누군가 그에게 이 장비의 효과에 관해 의문을 제기하자 그는 "정확히 말하면 … 돈을 벌어 주죠"라고 대답했다고 한다.

모든 가능성을 고려해도 이 부정적인 사기로 무고한 목숨을 잃은 사람이 수백 명은 될 것이다. 2010년 1월 BBC 〈뉴스나이트 Newsnight〉는 이 장비가 사기라고 폭로했고 맥코믹은 2013년 4월 사기죄로 유죄판결을 받고 징역 10년을 선고받았다.[03] 2018년 그에게 사기당한 조직에게 보상금 부족분 250만 달러를 지급하기를 거부하면서 그의 형량은 2년 연장되었다.

관념운동의 효과를 제대로 이해하지 못해 발생하는 비극적인 결과의 두 번째 사례는 의사소통 보조 facilitated communication, FC라는 믿을 수 없는 사이비 과학이다. 신체감각 보조 피드백 progressive kinesthetic feedback이나 보조 타이핑 support typing이라고도 불리는 이 기술은 심각한 의사소통 장애가 있는 사람이 소통 보조자의 도움을 받아 자기 생각과 감정을 표현할 수 있다는 기술이다. 소통 보조자는 장애가 있는 사람의 팔이나 손을 잡고 키보드나 다른 장치를 작동할 수 있도록 돕는다. 이 효과를 믿는 사람은 심각한 자폐증이나 뇌성마비 때문에 발생한 소통 문제가 대체로 지적 장애가 아니라 운동 장애 때문이라고 믿는다. 따라서 운동 장애의 영향을 줄이면 이런 사람도 내면의 목소리를 표현할 수 있다고 한다. 당연히 이런 긍정적인 메시지는 장애가 있는 사람을 주변에 둔 사람의 귀에는 감미롭게 들렸다. 심각한 장애를 안고 사는 아이를 둔 많은 부모는 사랑하는 자녀가 더 이상 침묵의 포로가 아니라고 확신했다. 하지만 안타깝게도 이 효과는 사실이라고 보기에는 너무 과장되었다.

의사소통 보조 기술을 처음 발명한 호주 교사 로즈메리 크로슬리Rosemary Crossley의 노력 덕에 이 기술은 1970년대 중반 대중화되었다. 그 뒤 사회학자 더글러스 비클런Douglas Biklen이 이 기술을 미국에 소개하면서 이 기술은 전 세계로 퍼져나갔다. 처음에는 미디어 보도가 압도적으로 긍정적이고 아무런 비판이 없었지만, 처음부터 회의적인 사람도 일부 있었다. 이 기술을 비판하는 사람은 장애가 있지만 아주 설득력 있게 자신을 표현할 수 있게 되었다는 사람 누구도 정식으로 읽기나 쓰기를 배운 적이 없다는 사실을 지적했다. 게다가 이들이 키보드를 보고 있지 않은데도 메시지가 생성되는 일도 많았다. 아마 지금쯤이면 독자 여러분은 그런 메시지를 생성하는 진짜 출처가 사실 장애인이 아니라는 사실을 짐작했을 것이다. 사실 그 메시지는 소통 보조자가 만든 것이었다. 그들이 이 사실을 의식적으로 깨닫지는 못했더라도 말이다. 사실 소통 보조자는 장애인을 일종의 인간 점괘판으로 이용하는 셈이었다.

이런 달갑지 않은 의심은 적절하게 통제된 이중맹검 시험을 수십 번 거치며 확인되었다.[04] 검사 결과 소통 보조자가 질문에 대한 답을 알 때만 정답이 나온다는 사실이 밝혀졌다. 예를 들어 장애인에게 공 사진을 보여주었지만, 소통 보조자는 장애인이 곰 인형 사진을 보았다고 믿는다면 생성된 답은 항상 소통 보조자가 생각하는 답이지 진짜 정답은 아니었다.

소통 보조자, 교사, 주변 사람이 이 기술로 중증 장애인과 소통할 수 있다고 오해하더라도 그 기술 자체는 가치 있다고 생각할지도 모른다. 보호자의 삶에 기쁨을 주고 실제로 해를 끼치지는 않기 때문이다. 하지만 안타깝게도 이조차 사실이 아니다. 의사소통 보조로 생성된 메시지를 바탕으로 성적·신체적 학대가 말 그대로 수십 건이나 일어났다. 다시 말해 장애인이 의사소통 보조 기술을 이용해 그런 행동에 동의했다며 소통 보조자가 장애인을 성적으로 학대하기도 한 것이다.

과학의 한계

앞선 사례에서 알 수 있듯 과학적 방법은 종종 우리가 진실한 주장과 거짓 주장을 구별하는 데 도움이 되는 강력한 도구를 준다. 하지만 내가 심리학과 초심리학 분야에서 오랫동안 연구하며 얻은 가장 심오한 교훈은 과학적 방법의 약점과 강점을 모두 알아야 한다는 사실이다. 특히 내가 과학적 방법의 약점을 의식하게 된 것은 몇 년 전 논란이 된 초심리학 연구를 반복 검증하려 시도했다가 실패한 경험을 발표하려고 했을 때를 되돌아보면서였다.

이 사건은 2011년 코넬대학교의 대릴 벰Daryl Bem 교수가 저명한 학술지인 〈성격 및 사회심리학 저널Journal of Personality and Social Psychology, JPSP〉에 9가지 실험을 발표하면서 시작되었다.[05] 벰 교수는 이 분야에서 여러 중요한 기여를 한 존경받는 사회심리학자다. 특이한 점은 그가 대다수 심리학자와 달리 초능력을 굳게 믿는다는 점이다. 처음 그의 연구를 읽었을 때, 그가 1000명이 넘는 참가자를 대상으로 한 일련의 연구 결과는 사람들이 앞으로 일어날 사건을 어떤 식으로든 예측할 수 있다는 강력한 증거를 제시하는 듯했다. 말하자면 예지력이 진짜 있다는 것이다. 게다가 벰 교수는 연구 결과를 주류 심리학 학술지에 발표했다. 만약 그 결과를 초심리학 학술지에 발표했다면 전 세계 과학 기자들이 무시하리라는 사실을 잘 알았기 때문이다. 그렇게 그 결과는 전 세계에 보도되어 논의되었고, 대다수 초심리학자는 상당히 기뻐했다.

9가지 실험을 관통하는 한 가지 주제가 있었는데, 그중 하나를 제외한 모든 실험이 초능력의 존재를 뒷받침하는 통계적으로 유의한 결과를 보고했다. 벰 교수는 몇 가지 표준 심리학 기법을 '시간을 역전해' 적용했다. 많은 실험심리학 연구에서 어떤 시점 1에서 실시한 조작은 시점 2에서 일어난 결과에 예측 가능한 영향을 미친다. 하지만 벰 교수는 조작하기 전에 결과를 측정해도 여전히 조작의 영향을 받는다고 주장했다. 여기서 그의 실험 9가지를 전부 설명하지는 않고, 가장 큰 효과를 보인 9번째 실험에서 사용한 기법을 통해 시간 역전이라는 개념을 설명해보겠다.

9번째 실험에서 벰 교수는 스스로 기억의 회고적 보조retroactive facilitation of recall라고 이름 붙인 현상을 조사했다. 만약 단어 목록을 한 번만 보고 그 단어 기억력을 검사한다면 단어 목록을 여러 번 보았을 때보다 당연히 성과가 떨어질 것이다. 연습하면 기억력이 좋아진다는 생각에는 논란의 여지가 없다. 논란의 여지가 있는 것은 기억을 검사한 다음에 연습을 하더라도 기억력이 좋아진다는 생각이다. 벰 교수는 이 실험에서 참가자에게 컴퓨터 화면을 통해 한 번에 하나씩 48개의 단어를 제시했다. 그다음 참가자에게 5분을 주고 기억나는 단어를 모두 적게 했다. 그러고 나서 컴퓨터로 원래 단어 중 절반을 무작위로 선택해 추가 처리(연습)하도록 다시 보여주었다. 그 결과 참가자가 더 잘 기억했던 단어는 무작위로 선택해 추가 처리한 단어였다고 한다. 기억력 시험 다음에 연습했는데도 말이다. 《이상한 나라의 앨리스》에나 나올 법한 주장이지만, 벰의 9번째 실험 결과가 뒷받침한다는 것은 바로 이런 주장이다.

독자 여러분도 예상했겠지만 회의주의자들은 그의 여러 연구에 사용된 실험 기법과 통계 분석을 거세게 비판했다. 하지만 대다수의 전반적인 생각은 그런 비판은 대체로 타당하지만 확인된 결함 자체는 중요한 문제가 아니라는 것이었다.[06] 벰이 보고한 효과가 실제로 일어났는지 확인하려면 결국 그 효과가 재현되는지 살펴야 했다. 어쨌거나 과학에서는 '재현은 과학의 초석이다'라는 명제가 흔하지 않은가. 칭찬할 만하게도 벰 교수는 다른 연구자가 자신의 연구 결과를 재현해주길 바랐고, 심지어 재현 연구를 하려는 연구자라면 누구에게나 자기 소프트웨어를 무료로 제공하겠다고도 제안했다. 마침내 그가 초심리학의 성배, 즉 견고하고 재현할 수 있는 초자연적 효과를 발견한 것일까?

나는 스튜어트 리치Stuart Ritchie 및 리처드 와이즈먼과 협력해 벰 교수의 친절한 제안을 받아들였다. 우리 셋 모두 그가 주장한 초능력 효과를 실제로 재현하는 데 회의적이었기 때문에 독자 여러분은 우리가 왜 이런 실험을 하기로 했는지 궁금할지도 모른다. 실은 우리에게는 감춰둔 동기가 있었다. 우리는 이 방법이 최고의 심리학 학술지인 〈성격 및 사회심리학 저널〉에 우리 논문을 발표하는 비교적 빠르고 쉬운 방법이라고 생각했다. 어쨌거나 전 세계 과학 매체는 논란이 되는 기존 연구를 널리 보도하지 않았는가.

벰 교수가 분명 다른 연구자들에게 재현해달라고 거들었다는 점에서, 만약 우리 예상대로 그 효과가 재현되지 않는다면 바로 같은 학술지에 결과가 발표될 가치가 충분할 것이다.

우리는 각자 벰의 9번째 실험을 재현했다. 그의 여러 실험 가운데 가장 효과가 큰 '기억의 회고적 보조' 실험이었다. 우리는 의식적으로 그의 방법론을 최대한 따르기로 했다. 그가 사용했던 것과 같은 소프트웨어를 사용했기 때문에 작업이 훨씬 수월했다. 여기에는 그럴 만한 이유가 있었다. 초심리학자는 초능력이 있다는 가설에 부합하는 결과를 낸 기존 연구 방법과 조금이라도 다른 방법을 사용했다면 재현에 실패했더라도 그 결과를 무시한다. 물론 이전 결과가 성공적으로 재현되었다면 그런 차이는 문제가 되지 않는다!

당연히 세 명이 진행한 실험 중 어느 것도 벰의 9번째 실험 결과를 재현하지 못했다. 우리는 연구 결과를 논문으로 써서 같은 학술지에 보냈다. 그다음 학술지 편집자로부터 우리 논문을 동료 검토도 하지 않고 그냥 거절했다는 정중한 답변을 받았다. 왜 그랬을까? 그 학술지는 그저 재현 실험은 게재하지 않는다고 밝혔다. 벰의 논문이 언론의 엄청난 관심을 받았다는 점에서, 우리는 이런 효과가 재현되지 않았다는 점을 발표하는 것이 중요하다고 주장했다. 하지만 편집자는 우리 논문을 동료 검토에 보내기를 계속 거부했다. 우리는 이어 〈사이언스 브리비아Science Brevia〉와 〈심리과학Psychological Science〉 같은 영향력 있는 학술지 두 곳에도 논문을 제출했지만 정확히 같은 대답을 받았다. 우리가 논문을 자동으로 게재해야 한다고 주장한 것이 아니라 그저 표준 절차에 따라 동료 검토에 보내야 한다고 주장한 것뿐이었는데도 말이다.

학술지에 보낸 동료 검토조차 거치지 못한 우리의 초기 실패는 언론에서 상당한 논쟁을 일으켰다. 학술지의 편향을 극명하게 드러냈기 때문이다.[07] 학술지가 그저 재현, 특히 재현 실패를 발표하길 꺼린다면 그들이 발표하는 연구는 결코 그 분야 전체를 대표하지 못할 것이기 때문이다. 그러기는커녕 때로 새롭지만 직관에 어긋나는 결과를 중요하고 긍정적이라며 과대평가하게 된다. 이런 효과는 언론의 관심을 끌기야 하겠지만 그 결과가 너무 새롭다는 점에서 실제로 재현될지는 미지수다.

그래서 우리는 마침내 〈영국 심리학 저널British Journal of Psychology〉에서 동료 검토를 거치게 되었다는 사실에 매우 기뻤다. 심사위원 중 한 명은 우리의 연구에 매우 긍정적이었고 논문을 거의 그대로 발표해야 한다고 생각했다. 덜 긍정적인 다른 심사위원은 논문을 그대로 발표해야 한다는 생각에 확실히 반대했다. 두 번째 심사위원의 의견으로 보아 그 사람이 누구인지 알 것 같았다. 분명 코넬대학교의 대릴 벰 교수였다. 바로 우리가 재현하지 못한 결과를 낸 그 사람 말이다. 우리가 그에게 당신이 정말 두 번째 심사위원이냐고 묻자 그는 그렇다고 인정했다. 우리는 편집자에게 이것이 상당히 중요한 이해 충돌이라고 지적하고 문제를 해결할 세 번째 심사위원을 요청했다. 하지만 우리의 요청은 거부되었다.

논문이 발표되리라는 희망을 거의 포기할 즈음, 우리는 오픈 액세스 저널인 〈플로스 원PLoS One〉에 논문을 제출하기로 했다. 다행히도 우리 논문은 동료 검토를 거쳤고 몇 가지 사소한 수정을 거친 끝에 마침내 발표되었다.[08] 내가 오픈 액세스 저널에 발표한 첫 논문이었고 논문을 발표할 수 있어서 정말 기뻤다. 오픈 액세스였기 때문에 누구나 무료로 논문을 다운로드할 수 있었고 많은 사람이 우리의 결과에 관심을 보였다. 한때 그 논문은 하루에 1000번 이상의 조회수를 기록하기도 했다. 지금까지 그 논문은 5만 번 이상의 조회수를 기록했다.

우리는 타이밍이 좋았다. 벰의 논문이 등장한 시점은 많은 연구자가 심리학에서 재현성 문제를 우려하기 시작했을 때였다. 오래 전부터 초심리학의 가장 큰 과제는 통제된 조건에서 초능력의 효과를 신뢰할 만하게 입증할 기술을 찾는 것이었다. 하지만 주류 심리학계에서는 이 문제의 규모를 막 인식하기 시작했을 뿐이었다. 수십 년 동안 표준 심리학 교과서에 실린 일부 효과조차 사실이 아닐 수 있다는 우려가 제기된다. 재현 위기는 이 분야에서 많은 논의와 토론의 주제가 되었다.[09]

연구자들은 재현 위기 이전에도 논문에 보고된 효과나 심지어 자신의 연구 결과에서도 일부 효과가 의심스러울 수 있다는 사실을 인정했다. 실험 결과를 평가할 때 p-값p-value에 의존하기 때문이다. 자세히 설명하지는 않겠지만, 오늘날 실험 수치 결과를 볼 때는 보통 그 값을 컴퓨터에 입력해 적절한 소프트웨어를 실행해 검정 통계와 관련 p-값을 계산한다. p-값은 검정 통계에서 특정 값을 얻을 확률, 또는 더 극단적으로 말하면 당신의 가설이 실제로 존재하지 않을 확률을 말한다. p-값이 낮다면 연구자는 귀무가설null hypothesis을 기각하고 그 결과가 실제라고 결론내린다. 심리학에서 일반적으로 통계적 유의성이 있는 결과라고 볼 때 적용하는 p-값은 0.05 미만이다. 이를 그대로 받아들이면 통계적 시험 20번 중 한 번은 순전히 우연하게도 가짜 유의미한 결과가 나오리라는 뜻이다.

하지만 사실 상황은 이보다 훨씬 나쁘다. 연구 논문에서 거짓 양성 결과는 실제로 5퍼센트 p-값보다 훨씬 높은 비율로 나타난다. 의심스러운 연구 관행questionable research practice, QRP 때문이다.[10] 데이터 조작이나 완전한 조작 같은 노골적인 사기를 말하는 것이 아니다. 사실 모든 과학 분야에서 이런 사기가 일어나지만 매우 드물다. 사기 혐의로 유죄판결을 받은 연구자는 직장도 명예도 잃을 뿐만 아니라 심각한 결과를 맞을 것이다. 이와 달리 QRP는 처음에는 그다지 사악한 범죄처럼 보이지는 않는다. 연구자가 데이터를 수집하고 선택하고 분석할 때 고를 수 있는 선택지에는 어느 정도 유연성이 있다. 하지만 발표된 최종 논문에는 그런 유연성이 전혀 드러나지 않을 수도 있다.

조셉 시몬스Joseph Simmons, 레이프 넬슨Leif Nelson, 유리 시몬손Uri Simonsohn은 연구자들이 이런 유연성을 이용해 마법의 숫자 p-값 0.05 미만 수준에서 통계적으로 유의미해 보이는 결과를 얻을 다양한 방법을 설명한다. 이 정도 수준이 되면 그 연구는 학술지에 제출할 가치가 있어 보일 뿐만 아니라 제출했을 때 발표될 가능성도 높아진다.[11]

QRP의 한 사례는 선택적 중단optional stopping이다. 연구자들이 데이터를 분석할 때 실시하는 무해해 보이는 관행이다. 연구자는 뭔가 잘못을 저지른다고 느끼지도 않은 채 거리낌 없이 이런 일을 저지른다. 놀라운 일은 아니다. 두 가지 조건 실험에서 데이터를 3분의 2 정도 수집했다면 결과 패턴이 어떻게 나올지 잠깐 살펴보고 싶은 것도 당연하지 않은가? 문제는 이미 원하는 방향으로 통계적으로 유의미한 결과가 나왔다는 것을 알게 되면, 더 이상 데이터를 수집하고 싶지 않아진다는 점이다. 이미 바라던 결과가 나왔는데 왜 시간과 자원을 낭비하겠는가? 하지만 결과가 원하는 방향으로 가는 것처럼 보이지만 통계적으로 유의미하지는 않다면 어떻게 해야 할까? 그러면 애초에 의도한 대로 더 많은 데이터를 수집해도 전혀 해가 없지 않을까? 놀랍게도 시몬스 연구진이 컴퓨터 시뮬레이션으로 보여주듯, 모범 관행에서 벗어난 이처럼 사소해 보이는 행위로도 거짓 양성이 최대 50퍼센트나 올라간다.

시몬스 연구진은 논문에서 여러 QRP를 설명한다. 각각 따로 보면 모범 관행에서 아주 약간 벗어나 보이는 행위다. 그들은 다음과 같이 지적한다.

| 데이터를 수집하고 분석하는 과정에서 연구자는 많은 결정을 내려야 한다.

데이터를 더 수집해야 할까? 일부 관찰 결과를 배제해야 할까? 어떤 조건을 결합하고 어떤 조건을 비교할까? 어떤 통제 변수를 고려할까? 특정 측정값을 결합하거나 변형하거나 둘 다 해야 할까?

연구자는 이런 다양한 자유를 이용해 원하는 방향으로 통계적 유의성이 있는 결과를 얻길 바라며 이리저리 데이터를 분석한다. 이런 관행을 때로 농담조로 '데이터가 자백할 때까지 고문하기'라고 하기도 한다. 공정하게 말하면 이런 관행이 가짜 양성 결과를 낼 위험을 높인다는 위험을 연구자들이 충분히 인식하게 된 지는 얼마 되지 않았다. 시몬스 연구진은 컴퓨터 시뮬레이션을 이용해 여러 QRP를 결합하면 가짜 유의미한 결과를 얻을 가능성이 빠르게 높아진다는 사실을 입증했다.

이들은 컴퓨터 시뮬레이션으로 QRP의 위험성을 입증하는 데 그치지 않았다. 이들은 실제 데이터를 이용해 두 가지 연구 결과를 실제로 보고해 메시지를 효과적으로 전달했다. 두 사례 모두 방법론, 결과, 분석법을 솔직히 밝혔다. 그렇다면 첫 번째 연구는 어떻게 매우 가능성 낮은 가설을 뒷받침하는 것 같은 결과를 냈을까? 이들이 제시한 가설은 '동요를 들은 사람은 나이 먹었다고 느끼게 된다'라는 것이었다. 두 번째 연구 결과는 한 걸음 더 나아가 불가능한 가설을 뒷받침했다. 특정 노래를 들으면 실제로 나이가 줄어든다는 가설이다!

여기에서 시몬스 연구진은 모든 것을 사실대로 보고했지만 그들의 설명은 전혀 진짜가 아니었다. 예를 들어 초기 설명에서는 데이터를 수집할 때 적용한 여러 추가 변수를 언급하지 않았다. 결과적으로 그들은 가짜 유의미한 결과를 얻을 때까지 여러 변수를 조합해 데이터를 이리저리 분석할 수 있었다. 물론 그들이 초기 설명에서 언급한 유일한 변수는 인위적인 분석에 관한 것뿐이었다.

다행히도 많은 연구자가 이 재현 위기에서 얻은 교훈을 마음에 새기고 문제의 규모를 평가하는 단계를 밟으며 이를 해결할 조치를 했다. 예를 들어 버지니아대학교 브라이언 노섹Brian Nosek은 문제의 규모를 평가하기 위해 2008년 저명한 학술지 세 곳에 발표된 연구 100건의 재현 가능성을 평가하는 야심찬 시도를 했다. 약 270명의 공동 연구자가 참여한 이 프로젝트의 결과는 2015년 발표되었다.[12] 원래 연구와 정확히 똑같은 방법론을 이용해 실시한 재현 연구 중 기존에 발표된 결과를 재현한 연구는 36.1퍼센트에 불과했다. 심지어 재현되었을 때도 그 효과는 원래 보고된 것보다 적었다.

지금은 실제로 이 문제를 해결하기 위해 많은 연구자가 사전 등록을 지지한다. 사전 등록을 하려면 연구자가 데이터 수집 및 분석에 앞서 그들이 사용할 구체적인 방법론과 분석법을 명시해야 한다. 따라서 공개하지 않고 유연성을 발휘하는 문제가 크게 줄어든다. 재현 시도를 발표하기를 권장하는 곳도 많아졌고, 〈성격 및 사회심리학 저널〉을 포함한 많은 학술지가 이제 이 문제에 관한 정책을 명확히 바꾸었다.[13] 실제로 〈성격 및 사회심리학 저널〉은 제프 갤럭Jeff Galak 연구진이 총 3000명이 넘는 참가자를 대상으로 온라인으로 진행한 기억의 회고적 보조 연구 7건의 결과를 발표했다. 이 실험에서도 벰의 효과는 재현되지 않았다.[14]

물론 벰이 애초에 어떻게 통계적으로 유의미한 결과를 연달아 얻었는지는 결코 알 수 없지만, 상황으로 보았을 때 QRP 때문이 아니었을까 하는 상당한 근거가 있다. 과거 벰이 경험적 논문 작성에 관해 쓴 조언은 이런 가능성을 뒷받침한다. 에릭얀 바겐마커스Eric-Jan Wagenmakers 연구진은 이런 사실을 알려주는 몇 가지 강력한 증거를 인용하며, 벰이 탐색 연구와 확증 연구의 중요한 차이를 흐리는 것 같다고 지적했다.[15]

벰의 말을 보자.

> 연구 과정을 보는 기존 관점은 먼저 이론에서 일련의 가설을 도출하고, 이 가설을 검증하기 위한 연구를 설계하고 실시한 다음, 데이터를 분석해 가설이 검증되거나 그렇지 않은지 확인하고, 학술지에 이 일련의 사건을 기고하는 것이다…. 하지만 이쪽 업계는 그렇게 진행되지 않는다. 심리학은 그보다 훨씬 재미있는 분야야.[16]

벰은 이어 선임 연구원에게 직접 데이터를 수집하지 말라고 조언했다. 데이터는 하급 연구원이 수집하게 하고 선임 연구원은 보고서를 작성해 제출하기만 하면 된다는 것이다.

연구 참가자와의 이런 거리감을 메우려면 적어도 그들의 행동을 기록한 데이터를 잘 숙지해야 한다. 모든 각도에서 데이터를 살펴라. 성별을 나눠서 분석해보라. 새로운 복합 지수를 만들라. 데이터가 새로운 가설을 시사한다면 데이터의 다른 부분에서 이 가설에 맞는 추가 증거를 찾아보라. 흥미로운 패턴이 희미한 흔적을 보인다면 데이터를 재구성해 더 선명하게 나타나도록 만들라. 마음에 들지 않는 참가자나 시험, 관찰자, 변칙적인 결과를 내는 면담자가 있다면 잠시 옆으로 밀어두고 일관된 패턴이 나타나는지 살펴보라. 흥미로운 것이 있거든 무엇이든 낚아라.

이런 식으로 데이터를 탐색하는 것이 본질적으로 잘못은 아니다. 하지만 이런 데이터 낚시를 대놓고 조언한다는 점은 아주 중요하다. 이렇게 보고서를 작성하면 실제로 이런 방법으로 발견한 유의미한 효과가 실은 데이터를 수집하기 전에 내놓은 가설과 일치한다고 주장하기 쉽다. 바겐마커스 연구진은 벰이 탐색 연구와 확증 연구의 중요한 차이를 흐린 책임이 있는 강력한 사례가 있다고 지적한다.

벰이 방법론적 오류를 범했다고 여길 만한 다른 증거도 있다. 예를 들어 벰의 연구에서 발견된 효과의 크기를 각 연구의 참가자 수와 비교하면 통계적으로 유의미한 음의 상관관계가 발견된다. 표본이 작을수록 효과가 크게 나타난다는 것이다. 주목할 점은 벰이 각 연구에서 참가자를 100명 이상으로 하겠다고 명시했지만, 가장 효과가 컸던 9번째 실험에서는 참가자가 50명에 불과했다.

벰이 앞서 살펴본 선택적 중단이라는 오류를 범했을지도 모른다는 생각에 들어맞는 일이다.

벰이 최종 보고서에 언급한 것보다 훨씬 많은 변수를 두고 데이터를 수집했다는 점은 분명하다. 우리는 그가 실험에 사용한 소프트웨어를 사용했기 때문에 잘 안다. 그는 보고한 변수 외에도 시험자가 참가자에게 얼마나 호의적인지, 참가자가 얼마나 불안해하는지, 참가자가 얼마나 열정을 보이는지, 그들이 바이오피드백 biofeedback(뇌파, 심박수, 체온, 호흡 횟수 등의 무의식적인 생리적 활동을 측정해 의식적으로 조절하며 정신 상태를 안정시키는 치료법-옮긴이)이나 명상을 했는지 등 여러 변수에 관한 데이터도 수집했다.

벰은 애초에 9번째 실험에서 사용한 단어를 흔한 단어와 흔치 않은 단어로 나눈 것으로 보인다. 아마 익숙함에 따라 결과 패턴이 다르게 나타나길 바랐을지도 모른다. 하지만 최종 보고서에는 이 변수가 전혀 언급되지 않는다. 시몬스 연구진의 설명처럼 여러 변수에서 데이터를 수집하면 연구자는 '의미있는' 효과가 발견될 때까지 여러 분석을 시도할 수 있다.

최근 심리학계에서는 수십 년 동안 교과서에 실린 많은 효과가 사실은 재현 불가능한 거짓 양성에 불과할지도 모른다는 사실을 일반적으로 받아들인다. 게다가 다른 과학 분야에서도 재현 문제를 강조한다.[17] 이런 점에서 특정 비판을 위해 초심리학을 꼭 집어 지목하는 것이 공평할까? 나는 그렇다고 본다. 우선 재현 문제는 다른 과학 분야보다 초심리학에서 더욱 심각하다. 예를 들어 심리학에는 기억 연습 효과, 스트룹 효과Stroop effect(과제에 대한 반응 시간이 주의에 따라 달라지는 효과-옮긴이), 수많은 시청각적 환상 등 말 그대로 수백 가지의 상당히 견고하고 믿을 만한 효과가 있다.[18] 하지만 학부 실험 수업에서 시연할 만큼 믿을 만한 초능력 효과는 단 하나도 없다.

초능력의 존재를 뒷받침하는 듯한 결과를 받아들이는 일은 초심리학 이외의 과학 분야가 다른 곳에서 보고한 결과의 사실 여부와 관계 없이 그 결과를 받아들일 때보다 훨씬 광범위한 영향을 미친다.[19] 따라서 이런 일은 논쟁의 여지 없이 훨씬 중요하다. 돌이켜보면 지금까지 주류 심리학 학술지에 발표한 내 논문 일부도 아마 의심스러웠으리라 확신한다. 무심코 앞서 설명한 QRP를 저질렀기 때문이다. 그 연구를 수행하고 결과를 분석하고 기록할 당시에는 모범 사례에서 벗어난 수많은 사소한 일탈이 누적되어 어떤 영향을 미치는지를 지금만큼 잘 알지는 못했다. 우리 세대 대부분의 실험 심리학자도 더 잘 알지는 못했으리라. 하지만 내가 보고한 거짓 양성 효과를 진짜라고 받아들인다고 해서 지금 우리가 우주에 관해 아는 과학적 지식을 거부할 필요는 없다.

주류 과학자 대부분은 초능력을 입증하는 것으로 보이는 주요 발견 결과를 받아들이려면 바로 지금의 과학적 세계관을 거부해야 한다고 믿는다. 초능력을 믿는 사람이 발견한 결과에 따라 지금의 과학적 모형을 거부해야 한다거나 적어도 크게 수정해야 한다는 초능력 가설 지지자의 견해가 옳을 리는 없다. 하지만 그런 극단적인 조치를 가볍게 여겨서는 안 된다. 칼 세이건의 말처럼 "비범한 주장에는 비범한 증거가 필요하다".[20] 지금까지 초심리학자들이 제시한 증거의 질은 이 높은 기준에 미치지 못했다.

모든 과학은 배경 잡음 대비 신호(진짜 효과)를 감지하는 것을 목표로 삼는다. 앞서 언급했듯 이때 두 가지 오류가 있을 수 있다. 1형 오류는 실제로는 효과가 없는데도 아마도 QRP 때문에 진짜 효과가 발견되었다고 잘못 결론 내릴 때다. 2형 오류는 어떤 효과가 실제로 발견되었는데도 그것이 잘못 설계되거나 제대로 실행되지 않은 연구에서 나온 것이라며 진짜 효과가 아니라고 결론 내릴 때다. 과학자들이 두 가지 오류를 피하도록 돕는 정교한 기술이 개발되고 개선되었다. 하지만 과학의 본질상 오류를 완전히 없앨 수는 없다. 여기서 질문이 생긴다. 수집된 데이터에 잡음만 있고 진짜 신호는 전혀 없다면 과학은 어떤 모습일까? 초심리학과 비슷하지 않을까?

눈썰미 있는 독자라면 앞서 논의한 내용이 또 다른 의문을 제기한다는 것을 잘 알 것이다. 이 책에서 제시한 효과 중 APRU 회원이 보고한 효과를 포함해 얼마나 많은 효과가 재현 불가능할까? 솔직히 나는 모르겠다. 나는 많은, 아마도 대다수 효과가 재현 가능하리라 확신한다. 우리가 직접 재현했거나 다른 독립적인 연구자들이 재현했기 때문이다. DRM 기술을 이용한 거짓 기억 유도, 확률 추정 능력 부족, 무주의 맹시와 집단 고정관념 시연, 시계판 로마 숫자 기억(다시 말하지만 몇 가지만 예를 들었다) 같은 일부 효과는 아주 견고해서 대중 강연에서 자주 사용된다. 청중에게도 확실히 작동하리라는 사실을 잘 알기 때문이다. 하지만 솔직히 말해 내가 논의한 모든 결과가 재현되리라고는 장담하지 못하겠다.

더 넓은 과학계는 말할 것도 없고, 재현 위기에서 얻은 교훈을 심리학자와 초심리학자 모두 마음에 새긴다면 앞으로 연구에서 거짓 양성률이 줄어들 것이라는 희망을 품을 수 있다. 하지만 완전히 없어지지는 않을 것이다. 그러므로 우리가 배워야 할 가장 중요한 교훈 중 하나는 단 하나의 연구에서 나온 결과를 그 효과가 실재한다는 절대적인 증거로 받아들여서는 안 된다는 점이다. 과학은 결코 확실함을 말하지 않는다. 과학은 언제나 당시 이용 가능한 최선의 증거를 바탕으로 의견을 제시하되, 나중에 그 주장과 상반되는 양질의 새로운 증거가 나오면 자신의 의견을 기꺼이 수정할 수 있어야 한다.

과학은 확립된 사실의 집합이 아니다. 과학은 진실에 다가가는 방법이다. 인간의 활동으로 기후에 엄청난 문제가 일어난다는 생각 같은 몇 가지 문제에서, 그 주장을 뒷받침하는 증거가 압도적으로 많다는 점을 보면 상당히 확신할 수 있다. 점성술, 동종요법, 기타 대체 의학 등에 바탕을 둔 주장을 볼 때는 이를 뒷받침하는 양질의 증거가 부족하다는 점에서 마찬가지로 그런 주장을 확실히 거부할 수 있다. 하지만 많은 주장을 뒷받침한다는 증거는 이런 양극단 사이 어디쯤 있을 것이다.

한때 광범위한 과학 공동체가 거부했던 과학적 가설이 나중에 새로운 증거가 나타나면서 받아들여지거나 그 반대인 사례도 드물지 않다. 과학적 접근법의 큰 장점 중 하나는 새로운 경험적 증거가 나타나면 기꺼이 수정하려는 자세다. 종교나 (일부) 정치적 믿음 체계에서는 비판 없이 권위를 받아들이고 믿는 것이 핵심이지만 과학은 정반대를 요구한다. 과학에서는 회의주의가 중요하며, 누구의 주장이든 모든 주장에 의문을 제기할 수 있다.

흔히 윈스턴 처칠 경Sir Winston Churchill이 한 말로 알려진, 민주주의에 관한 유명한 문구가 있다. "민주주의는 최악의 정부 형태다. 다른 모든 것을 제외하면 말이다." 나처럼 학자인 체하는 사람은 처칠 경도 인정했듯 이 말을 할 때 출처 불분명한 말을 인용했다는 점을 지적할 의무가 있다고 생각한다. 하지만 같은 맥락에서 과학은 우주의 작동 방식을 조사하는 데 최악의 방법이라고 말하는 것이 공평할 것으로 생각한다. 다른 모든 것을 제외하면 말이다. 과학자도 인간이다. 그래서 과학적 방법은 항상 제대로 적용되어야 하지만 그렇지 않을 수도 있다. 우리는 그 결과로 발생할 수 있는 문제를 알아야 한다. 하지만 내 생각에 과학적 접근법은 주변 세계와 인간 정신의 작동에 관한 많은 논쟁을 평가하는 까다로운 작업에서 다른 모든 접근법보다 뛰어나다.

합리성이 전부는 아니다

증거와 논리적 주장을 평가하는 능력은 논란이 되는 과학적 주장을 평가할 때, 소비자로서 결정을 내릴 때, 건강 문제를 고려할 때뿐만 아니라 정치적 판단, 직업 선택, 심지어 인간관계에 관한 결정을 내릴 때도 중요하다.[21] 실제로 우리 삶에서 이런 기술을 적용하지 말아야 할 중요한 영역은 없다. 하지만 그럼에도 이런 모든 상황에서 합리성만이 중요한 요소라고 생각하는 함정에 빠지지 않아야 한다.

우리는 로봇이 아니며, 감정 없는 삶은 살 만한 가치가 없다. 삶을 살아가게 만드는 것은 좋은 일이 일어날 때 느끼는 기쁨, 인간 조건에서 불가피한 고통을 최소화하기 위해 할 수 있는 일을 해야 한다는 요구다. 우리는 이런 기본적인 진실을 깨닫고 받아들일 수 있으며, 그에 따라 삶의 우선순위를 정할 수 있다. 과학과 합리성은 우리가 무엇에 가치를 두어야 하는지 직접 알려줄 수 없지만, 일단 그 가치를 알게 되면 증거와 논리는 그 가치에 따라 살아갈 가능성을 최대화해줄 수 있다.

이 책의 주제로 다시 돌아가보자. 초자연적 믿음이나 종교적 믿음을 합리적 규범에서 벗어난 것으로 보는 것은 잘못일 것이다. 이 책에서 보여주었듯 사실 인간의 규범은 합리적이지 않으며, 근본적으로 틀렸다 해도 심리적 이점을 주는 믿음도 많다.[22] 현실을 더 정확하게 지각하는 것이 항상 본질적으로 더 좋지는 않다. 심리적 건강은 심리학자가 비현실적 낙관주의unrealistic optimism(낙관적 편향optimism bias이라고도 함)라고 하는 것과 관련 있다는 증거도 아주 많다.[23] 심리적으로 건강한 사람에게 설문지를 주고 큰 상을 받는 것처럼 정말 좋은 일이 일어날 가능성과 불치병 같은 몹시 나쁜 일이 일어날 가능성에 관해 물어보면, 좋은 일이 일어날 가능성은 과대평가하고 나쁜 일이 일어날 가능성은 과소평가하는 경향이 있다. 임상적 우울증을 앓는 사람의 추정치가 오히려 훨씬 정확하다. 사실 삶은 괴롭다. 하지만 삶의 비결은 그런 현실을 머리로는 받아들여도 자신을 속이며 다 알고도 마치 현실은 그렇지 않은 듯 살아가기로 합의하는 것이다.

우리에게 단 한 번의 삶만 주어졌다는 사실을 받아들이면 필연적으로 인생을 살아가는 방식이 달라진다. 우리는 그런 기본적인 사실을 마주하길 거부하고 신이나 사후 세계가 있다는 희망을 품거나, 그런 세계관으로 우리를 안심시키는 듯한 믿음을 가질 수도 있다. 아니면 우리에게 주어진 단 한 번의 삶을 가치 있게 살기 위해 할 수 있는 일을 할 수도 있다. 그러기 위해서는 필요하다면 우리 손에 있는 모든 증거와 비판적 사고 기술을 활용해 어려운 결정을 내릴 수 있어야 한다. 하지만 우리가 근본적으로 지닌 비이성적이고 감정적인 면을 받아들이고 포용할 수도 있어야 한다.

나가며:
회의주의의 한계

나는 오랫동안 골드스미스대학교 학생들에게 변칙심리학을 강의했다. 강의 첫 시간에 나는 항상 학생들에게 내가 하려고만 한다면 20시간짜리 강의로 초능력이 진짜 있다고 확신하게 만들 수 있다고 장담한다. 나는 초자연적 주장을 뒷받침하는 가장 강력한 증거를 충분히 알고 있으므로 확실히 그렇게 할 수 있다. 비판적 분석을 하지 않고 그 증거를 제시하기만 해도 합리적인 사람이라면 적어도 일부 현상은 진짜 초자연적이라는 데 충분히 확신할 수 있을 것이다. 하지만 나는 그렇게 하지 않고 그런 증거에 설득되지 않을 이유를 제시하고, 강의 시간의 대부분을 할애해 그런 현상을 비초자연적으로 설명한다.

잘 알려진 논평가들이 초심리학에 관해 쓴 책 한 권 분량쯤 되는 방대한 검토서도 때로 정반대의 결론에 도달할 수 있다는 사실도 지적하고 싶다. 예를 들어 초자연적 주장을 열렬히 지지하는 딘 라딘Dean Radin의 말을 살펴보자.

> 수천 건의 초능력 실험에서 관찰한 효과는 우연, 선택적 보고, 실험의 질적 차이, 설계 결함에서 온 것이 아니다. 그런 효과는 100년 이상 전 세계 유명한 학계, 산업계, 정부 지원을 받는 연구소에서 전통적으로 교육받은 유능한 과학자들이 독립적으로 재현한 바 있다.[01]

이와 달리 역시 열렬한 초심리학 논평가인 심리학자 데이비드 마크스는 초심리학 연구의 일곱 가지 영역을 검토한 다음 이렇게 결론내렸다. "내 믿음은 그대로다. 전혀 믿을 수 없다. 내가 보기에 그런 증거는 어떤 것도 더 이상 보장하지 않기 때문이다."[02]

내 입장은 이 두 극단 사이 어딘가에 있었고 지금도 그렇다. 물론 좀 더 회의적인 편이기는 하다. 나는 초심리학자 하비 어윈과 캐롤라인 와트가 여러 문헌을 검토한 끝에 쓴 방대한 글의 결론에 동의한다.

저절로 일어나는 사례에 관해서는 자기기만, 망상, 심지어 사기 사례가 수없이 많을 가능성이 있다. 경험적 보고도 일부는 허술한 실험 절차와 사기에 가까운 데이터 조작에서 나올 수 있다. 하지만 초심리학 경험을 뒷받침하는 건전한 현상학적 증거와 변칙적 사건을 뒷받침하는 실험적 증거도 있다. 이런 점에서 행동과학자는 이런 현상을 단번에 무시하지 않고 조사를 권해야 할 윤리적 의무가 있다. 만약 모든 현상을 주류 심리학의 전통적인 원리로 설명할 수 있다고 입증된다면 그 역시 분명 알 가치가 있는 일이다⋯. 그리고 그 중 단 하나의 현상 때문에라도 현대 심리학 원리를 개정하거나 확장해야 한다는 사실이 발견된다면 행동과학은 얼마나 풍성해질 것인가.[03]

과학의 경계

1장에서 나는 '부정을 증명할 수 없다'라는 유명한 격언이 일반적으로는 틀렸지만 '초능력은 존재하지 않는다.' 같은 몇몇 진술에서는 참이라고 주장했다. 논리적으로 초능력의 존재를 설득력 있게 증명하는 일은 언제든 일어날 수 있다. 따라서 나는 초능력 가설을 뒷받침할 양질의 증거를 제시하려 노력하는 실험 초심리학자들을 항상 지지한다.

연구자들은 자신의 관심사와 전문성, 연구를 지원할 자원의 가용성, 선택한 주제에 관한 더 넓은 과학계 및 대중의 관심, 그들의 노력으로 발생할 수 있는 실질적 이점을 비롯한 여러 요인을 바탕으로 어떤 주제를 조사할지 결정한다. 나는 오랫동안 초자연적으로 보이는 사건을 가능한 한 비초자연적으로 설명하는 편이 초능력 가설을 직접 검증하는 것보다 유익하다고 생각했다. 그래서 나는 그런 생각에 따라 연구를 배정했다. 하지만 나는 올바른 회의주의에서 중요한 부분은 언제나 자신이 틀릴 수도 있다는 가능성을 열어두는 것이라고 생각한다. 그래서 나는 앞서 여러 장에서 설명했듯 언제나 초자연적 주장을 직접 검증하는 데 공을 들였다.

이 글을 쓰는 지금 나는 자각몽이 때로 미래를 예견할 수 있다는 가설을 시험하는 흥미로운 연구에 참여하고 있다. 자각몽은 꿈꾸는 사람이 꿈속에서 자신이 꿈꾸고 있다는 사실을 알게 되는 꿈이다. 꿈꾸는 사람이 꿈속에서 일어나는 일을 어느 정도 통제할 수도 있다. 자각몽을 한 번도 꾼 적이 없는 사람은 자각몽이 진짜 현상이라고 믿기 힘들어하지만, 수면 연구실에서 실시한 제대로 통제된 수많은 연구를 보면 그것이 진짜 현상이라는 데 의심의 여지가 없다.[04]

이 특별한 조사는 데이브 그린Dave Green이라는 화가의 연락을 받고 시작되었다. 데이브의 독특한 능력은 자각몽을 꾸는 동안 그림을 떠올리고 깨어난 다음 그 꿈을 실제로 그린다는 것이다. 데이브의 웹사이트에는 이 과정을 설명하는 짧은 영상이 실려 있다. 그의 말을 들어보자.

> 꿈은 내가 몸에서 분리되는 것으로 시작된다. 이제 이는 자각몽이므로 나는 내가 무엇을 해야 할지 잘 안다. 나는 책상으로 간다. 가상의 펜과 종이를 들고 그림을 그리려고 한다. 깨어 있을 때 그림 그리는 일과는 전혀 다르다. 이미지는 정말 이상하게 움직인다. 보통 한두 줄만 그리면 나머지는 꿈이 저절로 채워준다. 마치 내 의식과 무의식의 생생한 상호작용이 그대로 종이 위에 펼쳐지는 것 같다. 다 됐다고 느껴지면 그 이미지를 기억했다가 다시 몸으로 돌아와 잠에서 깨어 책상 앞으로 가 현실에서 그림을 재현한다.[05]

데이브는 흥미로운 일이 이게 전부가 아니라는 듯, 실험심리학자 줄리아 모스브리지Julia Mossbridge와 함께 연구하고 있다며 내가 함께 하고 싶은지 물었다. 나는 흔쾌히 동의했다. 줄리아는 그의 꿈이 예지몽이라고 확신하고 실험했고 예지력이 실재한다는 사실을 뒷받침하는 실험도 실시한 바 있다. 데이브는 아직 확신하지 못했지만 그런 가능성에 마음을 열고 있었다. 데이브와 줄리아는 이미 소규모 예비 연구를 수행했고 통계적으로 거의 유의미한 결과를 얻었다. 우리는 계획된 대규모 연구에 가장 적합한 방법론을 결정하는 것을 주된 목표로 삼아 두 번째 소규모 예비 연구를 수행하는 것이 좋겠다는 데 동의했다.

두 번째 소규모 예비 연구는 다음과 같이 진행되었다. 먼저 우리는 적어도 며칠 간격을 두고 데이브가 자각몽을 연속으로 꾼 5일간의 데이터를 수집했다. 그렇게 하면 데이브가 자각몽을 꾸는 동안 자신이 예지력 연구에 참여하고 있다는 사실을 기억해내고, 그가 원하는 대로 어떤 대상과 일치할 것으로 기대되는 그림을 그리려고 애쓸 것이다. 하지만 그 목표 대상은 실제로 다음 날이 돼서야 무작위로 선택한다. 꿈에서 깬 데이브는 꿈에 관한 간략한 설명과 자각몽 상태에서 떠올리고 깨어 있는 상태에서 따라 그린 그림 사본을 이메일로 보내주었다.

나는 암호로 잠긴 컴퓨터에 디지털 방식으로 꿈 기록을 저장한 다음, 대규모 대상 목록에서 무작위로 목표 대상을 선택했다. 이 대상 목록은 린 뷰캐넌Lyn Buchanan이 초심리학 연구에 사용하기 위해 제작한 무료 온라인 리소스인 '이번 주의 목표Target of the Week' 데이터베이스에서 가져왔다.[06] 여기에는 수백 건의 잠재 목표가 포함되어 있으며, 각각 목표는 누구나 사용할 수 있도록 공개된 출처에서 수집한 흥미로운 이야기와 뉴스 사건으로 구성되어 있다. 각 항목에는 목표를 설명하는 글과 사진, 짧은 영상이 붙어 있다. 그다음 내가 선택한 목표 대상의 링크를 데이브에게 보낸다. 그제야 데이브는 그 목표 대상을 알 수 있다. 마지막으로 꿈 기록과 목표 대상 링크를 줄리아에게 보내면 그는 암호로 잠긴 컴퓨터에 스프레드시트로 기록한다.

다음으로 각 꿈 기록과 무작위로 선택한 목표 대상 간의 일치도를 판단한다. 이 단계는 앞 단계에서 모든 데이터를 기록한 다음에야 시작된다. 일치도를 평가하는 데는 다양한 방법이 있지만 여기서 자세히 설명하지는 않겠다. 중요한 점은 이런 평가를 통계적으로 분석할 수 있다는 사실이다. 독립된 심사자의 평가를 바탕으로 각 꿈 기록과 그에 맞는 목표의 일치도를 살펴보자 이번에도 통계적으로 유의미하다고 나타났다. 다시 말해 두 번의 소규모 예비 연구 결과는 자각몽이 때로 미래를 예지할 수 있다는 생각을 실제로 뒷받침했다.

우리는 기본적으로 방법은 같지만 10번의 자각몽에서 데이터를 수집하는 더 큰 규모의 조사를 시작하려고 한다. 두 번의 소규모 예비 연구에서 작지만 유의미한 결과를 얻었기 때문에, 앞으로 무엇을 발견하게 될지 당연히 흥미롭다. 다음 조사 결과도 통계적으로 유의미할까? 그러면 나는 어떻게 반응해야 할까? 그런 결과에 놀라기는 하겠지만, 오랫동안 초능력 가설을 뒷받침하는 증거를 찾지 못한 상태에서 초자연적 현상에 관한 내 회의주의를 전반적으로 떨쳐버리기에 충분할까? 솔직히 나는 알 수 없다. 최소한 그 현상을 추가로 조사하고 싶어질 것이다. 만약 그 결과가 합리적으로 재현 가능하다고 입증된다면 나는 결국 초능력이 진짜이고 내 회의주의가 틀렸다고 결론 내릴 수밖에 없을 것이다.

만약 그렇지 않고 통계적으로 유의미한 결과를 얻지 못한다면 두 건의 소규모 예비 연구에서 나타난 간신히 유의미한 결과가 그저 통계적 오류였을 뿐이며 그저 우연이었다고 완벽하게 결론을 내릴 수 있을 것이다.

이 연구 결과나 다른 초심리학 조사 결과와 상관없이, 많은 사람은 자신의 초자연적 믿음을 초심리학 학술지에 발표된 연구 결과에 따라 평가하지는 않으리라는 점은 분명하다. 더 중요한 요소는 각자의 경험이다. 이런 사실은 내게 흥미로운 질문을 던진다. 자연에서 일어나는 어떤 현상을 보고 초능력을 믿는 사람이 초자연적으로 해석해도, 정보에 정통한 회의주의자인 나는 그 현상을 비초자연적으로 설명한 적이 분명히 있다. 하지만 내가 비초자연적으로 설명하기 힘들다고 느낀 적이 한 번 이상 있다고 가정해보자. 그렇다고 나도 초능력이 진짜 있다고 믿을까?

초능력이 저절로만 발생한다면?

초능력 가설을 지지하는 몇몇 사람은 초능력이란 예측할 수 없는 방식으로 저절로 일어나기 때문에 통제된 실험실 조건에서는 결코 확실히 포착할 수 없다고 주장한다. 나는 '유령 이야기는 아닙니다'라는 흥미로운 제목의 이메일을 갑작스럽게 받고 이런 가능성을 깊이 고민하게 되었다. 나는 이메일과 줌 통화로 이 흥미로운 '유령 이야기가 아닌 이야기'에 관해 더 자세히 알게 된 다음, 메일을 보낸 사람에게 그의 이름을 익명으로 하고 내 책에 넣어도 되는지 물었다. 그는 친절하게도 동의해주었다. 그의 허락을 받아 이메일에서 발췌한 내용을 여기에 고쳐 써서 그의 이야기를 전해 드리겠다.

처음 받은 이메일은 다음과 같이 시작한다. "선생님께 메일을 보내는 사람들은 언젠가는 대체로 본인이 제정신이라고 항변할 테니 먼저 저도 그 점을 분명히 밝혀 두겠습니다! 저는 사랑스러운 가족과 친구들을 둔 행복한 여성입니다. 개 두 마리도 키우고 집도 있어요. 좋은 쪽으로 구글 검색도 할 수 있습니다." 그의 이메일 주소에 성이 포함되어 있었기 때문에 나는 자연스럽게 곧바로 그의 이름을 구글에서 검색했고, 이 미스터리한 발신자의 정체를 알아낸 다음 해당 여성에게 확인했다. 그는 실제로 자기 분야에서 평판이 좋은 사람이었다. 진짜 이름은 아니지만 여기서 그를 벨이라고 하겠다.

첫 번째 이메일에서 벨은 자신이 항상 '내세와 관련된 모든 것'에 관해 '건강한 회의주의자'였지만 반려자인 사이먼이 사망한 다음 바뀌었다고 장담했다. 사이먼은 몇 달 전 벨과 자전거를 타던 중 사망했다. 벨의 말은 다음과 같다. "몇 시간 만에 흔히 '징조'라 할 만한 것이 시작되었습니다. 흔히 말하는 흰 깃털이나 참새가 아니라 사이먼을 나타내는 아주 구체적인 징조여서 지나칠 수가 없었어요." 벨은 이런 징조를 그저 우연의 일치로는 설명할 수 없었다고 믿었다. 호기심이 발동한 나는 더 자세한 내용을 물었다. 다음은 벨이 내게 보낸 이메일을 약간 편집한 내용이다.

> 간단히 쓰려고 노력하겠지만, 맥락이 중요하기 때문에 좀 길어질 것 같아요. 라디오에서 어떤 노래가 여섯 번쯤이나 나왔다든가 하는 둥, 그저 우연으로 치부할 수 있는 일은 언급하지 않겠습니다. 비록 그 사건들이 중요한 순간에 일어났다고 우연의 일치라 보기에도 눈길이 가는 것이라 해도 말입니다.
> 남자 친구 사이먼은 아기 때 입양되었지만 친부모를 찾는 데 전혀 관심이 없었습니다. 그의 양부모는 첫째 아들 케빈을 두 살 때 잃었습니다. 저는 그를 만난 초반에 이 사실을 알게 되었지만 그나 그의 가족은 그 이야기를 거의 꺼내지 않았어요. 그들은 사이먼을 입양한 다음 아들 하나 딸 하나를 더 낳았고, 이들은 사이먼을 큰오빠라고 여겼습니다.
> 사이먼과 저는 거의 14년을 함께했어요. 싱글이었을 때 전 언제나 아주 쾌

활했고, 처음엔 그가 약간 지나치게 열정적이라고 생각했어요. 하지만 정말 재미있고 친절하고 똑똑한 사람이라 완전히 그에게 빠졌죠. 그는 십 대 아들 벤과 함께 저와 20분 떨어진 거리에 살았습니다. 완벽했죠.

2012년 사이먼은 구강암에 걸려서 큰 수술과 화학 요법, 광범위한 방사선 치료를 여러 번 받았습니다. 그래서 말도 제대로 못 하고 잘 먹지도 못했어요. 수년간 치료받고 좌절하면서도 놀라운 용기와 유머로 극복했습니다. 회복하려고 다시 자전거를 타기로 했고 저도 같이 타기로 했어요. 우리는 주말마다 수 킬로미터를 달렸습니다.

우리는 함께 텔레비전을 보거나 극장에 가거나 스탠드업 코미디 쇼를 보러 갔습니다. 우리가 가장 좋아하는 텔레비전 프로그램은 스카이 채널의 〈올해의 초상화가 Portrait Artist of the Year〉였는데 꼭 그와 함께 봐야 했어요. 그 프로그램을 보는 동안 열정이 샘솟아서 그의 초상화를 그려 보기도 했죠. 하지만 너무 못 그려서 끝내지 못했고, 제가 본업에 충실해야 한다는 데 두 사람 모두 동의했습니다.

저는 경마를 좋아해요. 사이먼은 제가 매일 경마에 베팅을 하지만 이 말에 50펜스, 저 말에 1파운드밖에 안 쓴다고 항상 저를 놀렸어요.

우리는 일요일 밤마다 친구들과 포커를 했습니다. 포커 할 때 사이먼의 별명은 '스위티'였는데, 언젠가 제가 그를 그렇게 부른 것이 기억에 남아서 그랬던 것 같아요. 다른 남자들이 가끔 사이먼을 그렇게 부르면 그는 항상 웃음을 터트렸죠.

포커에서 이긴 돈으로 트롬본을 산 적이 있는데 너무 못 불어서 연주한 적은 거의 없어요. 사이먼은 항상 저를 격려해주었죠. 제 생일에 트롬본 스

벨이 그린 사이먼의 미완성 초상화.

탠드와 온라인 트롬본 강의를 사주었고, 나중에는 〈플레이 트롬본 투데이!Play Trombone Today!〉라는 DVD도 사주었어요. (틀어본 적은 없지만요.) 항상 제게 연습했냐고 물었어요. 하지만 연습한 적은 없죠.

저희는 절대 싸운 적이 없어요. 한 번도요. 서로를 귀하게 여겼습니다. 해마다 우리의 관계는 더욱 돈독해지고 더 부드러워지고 더 재미있어졌습니다. 우리가 의견 일치를 보지 못한 점은 딱 두 가지였어요. 헤비메탈과 초자연적 현상이었습니다. 사이먼은 헤비메탈과 과학에 관심이 많았습니다. 그의 취향은 제가 어찌할 수 없는 일이었죠. 저도 꽤 회의적이었기는 하지만 유령이나 환생, 텔레파시 같은 것에 마음을 열지 않는 것도 사실 비과학적인 거나 다름없다며 그를 짜증 나게 했습니다. 그는 이 주장에 반박하지 못했어요. 다행히 저희 둘 다 완전히 무신론자였기 때문에 언제든 공통 주제로 돌아갈 수 있었죠.

코로나19로 첫 번째 봉쇄가 시작되었을 때 저는 암 진단을 받았습니다. 수술, 방사선 치료, 항암 화학 요법을 받았지만 작년 1월에 암이 커튼처럼 퍼졌죠. 저는 유언장을 작성하고 자연 매장지에 묘지를 샀고, 가족들을 그곳에 데려가 제 죽음에 관해 자유롭게 이야기할 수 있게 하겠다고 고집을 부렸습니다. 묘지를 방문했을 때 사이먼은 자신도 제 옆에 묻힐 수 있는지 물었어요.

마지막이라 생각하고 면역 요법을 받았고 그 덕분에 저는 살 수 있었습니다. 점점 기분이 나아졌고, 작년 8월 무렵에는 다시 자전거를 타기 시작했습니다. 처음에는 매우 느렸지만요.

사이먼은 토요일 밤에 왔고 우리는 일요일 아침에 자전거를 타러 갔습니다. 그가 죽기 전날 밤, 우리는 〈제프는 집에서Jeff Who Lives at Home〉라는 영화를 보았습니다. '징조'에 집착하는 게으름뱅이가 나오는 작은 독립영화였어요. 영화 내내 제프는 '케빈'의 징조를 따라갑니다. 케빈을 따라가면서 그는 모험 가득한 하루를 보내고 결국 한 남자의 목숨을 구하죠. 스포일러를 말해 두자면, 그 남자 이름이 케빈이었습니다. 둘 다 그 영화가 마음에 들어서 그 날 밤과 다음 날 아침에 나갈 준비를 하면서도 그 영화 얘기를 했어요.

사이먼은 자전거 타는 내내 춥다고 했고 약간 기운이 없었습니다. 날씨는 진짜로 춥고 흐렸지만 자기 걱정 얘기를 한다니 그답지 않았어요. 그래서 10킬로미터쯤 간 다음 저는 자전거는 이쯤 타고 돌아가자고 했습니다. 그와 천천히 보조를 맞춰 집으로 돌아갈 때 갑자기 구름 사이로 햇빛이 쏟아졌습니다. 그는 '와, 햇살 봐!'라고 소리쳤어요.

30초쯤 뒤에 우리 뒤에서 차 소리가 들렸어요. 사이먼은 연석에서 2미터쯤 떨어져서 자전거를 타고 있었기 때문에 저는 '차 와!'라고 소리쳤습니다. 하지만 그는 도로 가장자리로 돌아오지 않았고, 저는 계속 '사이먼, 차 조심해!'라고 외쳤어요. 하지만 그는 도로 한가운데로 방향을 틀었고, 말 그대로 자전거를 탄 채로 도로 위에서 사망했습니다.

심장마비 때문이라고 하겠지만, 말로 표현하기는 좀 더 어려웠어요.

음, 여기서부터 상황이 조금 이상해져요….

경찰이 저를 집으로 데려다주었고 저는 경찰에게 그의 여동생 전화번호를 알려주며 몇 시간 거리에 사는 부모님과 통화해야 한다고 전해달라고 부탁했죠.

몇 시간 뒤 그의 여동생이 제게 전화했고 저는 사이먼 부모님은 어떠신지 물었어요. 여동생은 아버지는 괜찮지만 어머니 상태가 좋지 않다고 전했습니다. 그러고 나서 한참을 뜸 들이던 그는 이렇게 말했어요. "혹시 기억나요? 사이먼은 케빈 대신 입양된 거예요."

사이먼의 여동생이 그런 때 그 말을 하는 게 이상하다고 느꼈고, 전날 밤 우리가 본 영화가 우연의 일치 같았지만, 초자연적이라고 생각하지는 않았어요.

그런 다음 저는 사이먼 아들에게 정황을 설명해야 했죠. 사이먼이 고통받지 않았고 그에게 할 수 있는 일을 다 했다고 말하며 (종양외과 의사 한 명을 포함해 의사 세 명이 달려들어 30초 안에 심폐소생술을 했습니다) 아들을 안심시키려 애썼습니다. 저는 사이먼의 마지막 말을 전했고, 그러자 아들은 눈물을 터트렸어요. 그제야 전 사이먼이 항상 아들을 '햇살'이라고 불렀다는 사실을 기억해냈습니다. 여기서 잠깐 안심시켜 드리자면, 제가 이 이야기만 하려고 편지를 쓰는 건 아니에요.

며칠 뒤 사이먼의 아들 벤과 저는 사이먼의 부모님을 만나러 갔습니다. 전통적인 금욕주의자셨고 정신없으시긴 했지만 찾아온 사람들에게 열심히 차와 비스킷을 내주셨어요. 뜬금없이 사이먼의 아버지가 그가 죽은 날이 12월 5일이냐고 물었고, 제가 그렇다고 하자 그는 이렇게 말했습니다. "우리가 케빈을 잃은 날이네."

그 주말에 저는 어머니와 쇼핑하러 갔습니다. 주차장에서 어머니를 기다리는 동안 한 남자가 제 차로 걸어왔어요. 그 사람이 아주 어색한 자세로 팔 아래에 뭔가를 끼고 있어서 눈길이 갔습니다. 그가 절 지나칠 때 그것이 구명가방이라는 사실을 알았습니다. 한쪽만 보이도록 접혀 있었고, 남자는 가방을 가리지 않도록 팔을 어색한 자세로 하고 있었어요. 빨간색 가방에는 '헬로 스위티'라고 적혀 있더군요.

그 남자는 제 차를 지나쳐 간 다음 자세를 좀더 자연스럽게 고치며 가방을 가렸습니다.

그때부터 전 이런 일이 사이먼이 보낸 징조일지도 모른다는 생각이 들었어요. 며칠 뒤 저는 여동생 클로이와 함께 동생이 사는 마을 중심가를 가로지르는 거리 행진에 나간 꿈을 꾸었어요. 꿈에서 동생에게는 히피족 친구가 많아서 제게 저글러나 발레리나 같은 사람들을 많이 소개해줬어요. 말도 여기저기 있었고요. 그러다 커피숍 창문 바깥에서 사이먼을 보았습니다. 저는 거리로 뛰쳐나가 그를 껴안았지만 그는 매우 슬퍼했고 자신이 곧 죽을 것이라는 사실을 알았습니다. 그런 다음 꿈은 그가 제 팔에 안긴 채 죽어가는 장면으로 바뀌었습니다. 그래도 저는 그를 다시 안았다는 것이 너무 현실처럼 느껴져 기뻤습니다. 그래서 여동생에게 문자로 그 꿈 이야기를 했어요.

동생은 제게 전화해서 제가 그 꿈을 꾸던 순간 가족들과 함께 방금 이사 온 펜잔스의 몬돌퍼레이드에 가 있었다고 했습니다. 퍼레이드를 지나가는데 댄서와 저글러가 보였고 말 머리 모양 모자를 쓴 사람도 많았다고 해요. 전 그 축제를 들어본 적도 없지만 정말 그랬다네요!

저는 사이먼이 죽은 뒤 너무 슬픈 나머지 몇 주 동안 그냥 앉아서 아무것도 하지 않았습니다. 그러다 마침내 산책을 하기로 했어요. 집 근처에 5킬로미터 정도의 구불구불한 둘레길이 있어서 그쪽으로 출발했죠. 가는 내내 감정이 북받쳐 있었는데 집에서 약 1.5킬로미터 떨어진 길에서 사이먼의 초상을 봤습니다. 이 둘레길을 전에도, 그 뒤에도 걸은 적이 있지만 날씨가 어떻든 이곳에서 이런 광경을 본 적이 없어요. 하지만 전 곧바로 제가 그린 사이먼의 초상화를 떠올렸습니다. 저는 안경 주위를 대충 마무리했는데 길에 나타난 모습도 바로 그 부분이 미완성이었어요.

우리 집 벽난로 시계는 사이먼이 죽은 날 멈췄고, 저는 태엽을 돌릴 힘도 없어서 며칠 뒤 태엽을 감으려고 했지만 바늘이 움직이지 않았습니다. 이 시계는 제가 몇 년이나 갖고 있던 시계고 항상 시간이 정확히 맞었지만 지금은 10시 23분에 고정되어 있습니다. 사이먼의 사망 시간(구급차로 출동한 의사가 도로에서 선고함)은 사망 증명서에 11시 4분으로 기재되어 있습니다. 당시 의사들과 저는 구급차가 도착하기 전 10~15분 정도 심폐소생술과 인공 호흡을 했어요. 의사들은 30분 정도 사이먼을 도운 다음 최종적으로 사망 선고를 했습니다.

벨의 미완성 초상화와 비슷하게 길에 나타난 모습.

10시 23분은 아마 그가 죽은 거의 정확한 시간이었을 거예요. 저는 사이먼의 초상화를 그려야 한다는 생각에 사로잡혔습니다. 너무 초조해서 그전에는 아무것도 할 수 없을 것 같았어요. 그래서 제대로 된 물감과 캔버스, 이젤을 사러 갔습니다. 사이먼의 눈이 아름답게 반짝이는 사진이 있어서 저는 그 사진을 따라 그리기로 했어요. 끔찍하게 못 그린 그 초상화를 제외하고는 15년 동안 그림을 그린 적이 없고 잘 그리지도 못했죠! 다시 한번 말하지만 그 그림을 그리면서 저는 감정에 북받쳤고 특히 자기 의심에 빠졌습니다. 그림을 그리며 흐느끼기 시작했지만, 갑자기 무언가 저를 인도

눈이 반짝이는 사이먼의 사진.

하는 느낌이 들었어요. 붓질을 주저할 때마다 무언가가 제게 옳다고 말하는 듯 느껴졌고, 붓질을 하면 그게 옳았습니다. 정말 이상한 경험이었어요. 저는 그림을 그리며 흐느끼고, 울고, 다시 그리며 계속 이렇게 생각했습니다. '사이먼 눈의 반짝임을 그릴 수 있는 한, 괜찮을 거야.'

그리고 그건 정말입니다! 여기 사진과 그림을 보내 드려요. 전에 미완성 초상화를 그렸던 제가 기대하던 것보다 훨씬 잘 그린 그림이라는 데 선생님도 동의하실 거라고 확신합니다. 이 그림에서는 사이먼의 눈이 진짜로 반짝이거든요.

그림을 완성했을 때, 저는 그날 경마를 놓쳤다는 걸 깨달았습니다! 울버햄튼에서 열리는 저녁 경기만은 아직 남아 있어서 저는 베팅 앱을 열어 첫 번

벨이 완성한 사이먼의 초상화.

째 경주를 확인했습니다.

'그의 눈에 반짝임이 Sparkle in His Eye'라는 이름의 말이 있었습니다.

8대 1의 배당률로 이겼습니다.

1파운드였지만 제겐 큰 베팅이었죠!

며칠 뒤 저는 사이먼이 제복을 입은 젊은 시절의 엘비스 프레슬리처럼 보이는 꿈을 꾸었습니다. 그의 등에는 천사 날개가 달려 있었어요. 꿈속에서 저는 사이먼에게 '와, 당신 날개 생겼네!'라고 말해주었습니다. 그에게는 좋은 일이었지만 전 슬펐어요. 그건 사이먼이 이제 앞으로 나아갈 것이고 제게 더는 징조를 보여주지 않을 것이라 느꼈기 때문입니다.

그날 경마를 보니 '날개를 얻어 Win My Wings'라는 말이 있더군요. 20대 1로 이

겼어요.

3월에 어린 시절 장난감이 책장에서 떨어진 것을 발견했습니다. 제가 어렸을 때부터 갖고 있던 부드러운 펭귄 인형인데 오랫동안 책장 같은 자리에 있었죠.

저는 인형을 집어 선반에 다시 올려놓았습니다.

다음 날 아침, 인형이 또 떨어져 있더군요.

다시 올려놓았습니다.

세 번째 아침에도 마찬가지였습니다.

4일째 되던 날 아침, 펭귄 인형은 방을 가로질러 굴러갔습니다. 대체 어찌된 일일까요?

1번. 저는 혼자 삽니다.

2번. 펭귄은 날지 못합니다.

저는 멈춰서서 정말 이게 징조일지 곰곰이 생각했습니다. 왜 사이먼이 펭귄 인형을 방 한가운데로 던진 걸까요. 펭귄 인형을 제자리에 두려고 책장에 다가가자 인형 아래 숨겨져 있던 것이 보였습니다.. DVD였어요…. 〈플레이 트롬본 투데이!〉요!

저는 연주했고 지금도 그렇습니다. 펭귄 인형은 그때부터 그 자리에 그대로 있고요.

음 … 사이먼은 제 무덤에 묻혔고, 저는 그 옆에 못자리를 샀습니다. 한동안은 그에게서 징조를 받지 못했지만 솔직히 이제는 더 이상 필요하지 않은 것 같아요. 지금까지 받은 것에 매우 감사했고 그게 제 삶을 바꾸었습니다. 철저한 무신론자가 보낸 징조가 저를 믿음으로 이끌었어요. 처음에는 내세,

> 결국은 신을 향한 믿음입니다. 그런 이상한 일을 겪었는데도 영적 세계를 믿지 않는다는 건 말도 안 되죠. 신을 믿지 않는 건 무례한 일로 느껴졌습니다. 그 뒤로 몇 가지 재미있는 종교적 '징조'도 받았지만 그건 사이먼에 관한 게 아니라서 여기에서 마치겠습니다.
> 초자연적 현상이 있다고 다른 사람을 설득하기는 거의 불가능하다고 생각하지만, 일단 제게 그런 일이 일어난 다음에는 부정할 수 없었네요.

벨이 설명한 각 '징조'는 대부분 분명 우연의 일치로 설명할 수 있다. 그가 처음 그리려 시도한 사이먼의 초상화와 그가 길에서 발견한 (그리고 사진으로 찍었던) 모습이 닮았다는 것은 파레이돌리아의 좋은 사례에 불과할 수도 있다. 날아다니는 펭귄 인형은 설명하기 조금 어렵지만 당시에 제대로 조사했다면 그것에도 모호하지만 비초자연적인 설명을 들이밀 수 있었을 것이다. 하지만 벨의 이야기에서 부인할 수 없이 놀라운 점은 이런 여러 이상한 일이 사이먼이 세상을 떠난 다음 비교적 짧은 기간에 발생했다는 점이다.

독자 여러분께 바라건대, 사랑하는 사람의 죽음을 겪은 다음 이처럼 이상한 일을 연이어 겪는다고 상상해보라. 이 책을 읽은 많은 독자는 자신이 회의주의자라고 생각할 것이다. 하지만 벨과 비슷한 경험을 한다면 당신의 회의주의가 흔들릴까? 분명 벨의 편지를 읽었다고 내 회의주의가 흔들리지는 않았다. 하지만 그것은 그에게 일어난 일이었기 때문이다. 만약 내게 그런 일이 일어났어도 나는 여전히 회의적일 수 있을까? 솔직히 잘 모르겠다.

나는 벨이 이런 일을 겪기 전에는 정말 회의적이었다는 점을 의심하지 않지만, 그 점을 의심하는 독자도 있을 수 있다. 어쨌든 우리는 "이런 일을 겪기 전에는 저는 상상할 수 있는 한 가장 회의적인 사람이었는데요…"라고 시작하는 초자연적 일화를 잘 알지 않는가. 그다음 그들은 초자연적 현상이 진짜라고 인정하게 된 놀라운 사건을 설명한다.[07] "저는 당신이 상상할 수 있는 가장 잘 속는 사람입니다!"라는 말로 일화를 시작하는 사람은 아직 본 적이 없다. 놀라운 우연의 일치가 여럿 일어나면 '진정한 회의주의자'라도 초자연적 현상을 진짜라고 진지하게 받아들이게 될까? 답은 '그렇다'이다.

회의주의자에서 탐구주의자로

이 마지막 장을 시작하며 언급했듯 나는 학생들에게 딘 라딘과 데이비드 마크스의 말을 인용해 초자연적인 믿음의 양극단을 설명하곤 한다. 마크스가 초자연적 현상을 전적으로 부정하는 회의주의자였다는 사실은 그의 경력을 볼 때 부정할 수 없다. 그는 초자연 현상에 관해 아주 큰 영향을 준 비판을 썼을 뿐만 아니라 〈뉴질랜드 스켑틱New Zealand Skeptics〉의 공동 창립자이기도 하다.[08]

하지만 그는 최근 출간한 《심리학과 초자연 현상Psychology and the Paranorma》에서 자신의 견해를 상당히 내려놓았다. 그는 과거 자신이 '고집 센 회의주의'에 빠져 있었지만 지금은 탐구주의zetetic로 돌아섰다고 설명했다.[09] 그가 말하는 탐구주의자란 '판단을 유보하고 토론이나 대화로 주제를 조사해 과학적 질문을 탐구하는 사람'을 뜻한다.[10]

그는 《심리학과 초자연 현상》에서 텔레파시, 예지, 염력 등 여러 실험초심리학 영역의 증거를 검토한다. 그의 결론은 여느 때처럼 비판적이다. "옹호론자들이 계속 주장하지만, 사실 신뢰할 만하고 재현 가능하게 초능력을 증명하는 실험적 증거는 나오지 않았다." 마크스는 이어 자신의 새로운 입장을 간결하게 요약한다. "초능력이 존재한다면 그것은 놀라운 우연의 일치나 다른 변칙적인 경험처럼 예측할 수 없고 통제할 수 없는 방식으로 저절로 일어날 것이다."[11]

마크스는 자신이 경험한 우연의 일치 중 하나와 그것이 자신에게 미친 심오한 영향을 자세히 설명한다. 그는 그 우연을 '치스윅 우연'이라고 했다.[12] 2018년 8월 어느 날 마크스는 시간이 좀 남았다. 체스터턴 부동산 중개인이 그의 아파트를 세입자 될 사람에게 보여주고 있어서 집에 돌아갈 수 없었기 때문이다. 그는 템스강 근처 시티 바지City Barge라는 술집에서 점심을 먹기로 했다. 그 다음 킨들을 열고 며칠 전 읽기 시작한 소설을 마저 읽기로 했다. 소설은 G. K. 체스터턴G. K. Chesterton의 《목요일이었던 남자The Man

Who Was Thursday: A Nightmare》였다. 이 작가의 조상은 같은 이름의 부동산 중개업체를 설립했다. 소설을 읽기 시작한 마크스는 소설 바로 그 부분에 묘사된 술집이 그가 방금 방문하기로 결정했던 술집 이름이라는 사실을 깨달았다.

마크스는 이 우연의 일치를 '동시성의 7겹seven layers of synchronicity'으로 통틀어 설명한다. 여기에는 마크스가 쓴 고전《초능력의 심리학The Psychology of the Psychic》의 서문을 쓴 마틴 가드너Martin Gardner가 체스터턴의《목요일이었던 남자》특별판에 주석을 달았다는 사실도 포함된다. 마크스는 치스윅 우연을 추가로 조사하기 전에는 그 사실을 몰랐다고 한다.

마크스는 '동시성의 7겹'이 전체적으로 결합할 확률이 100경(백만 곱하기 백만 곱하기 백만)분의 1 정도라고 추정한다. 그러면서 이렇게 결론 내린다. "이런 확률은 천문학적일 정도로 낮아서 초자연적으로 설명할 수 있다는 가능성을 고려해야 한다. 그렇게 하지 않는 것은 비이성적이며 열린 탐구에 어긋난다."[13] 전작에서 우연의 일치에 관한 심리학을 광범위하게 다루며 지금까지 회의주의를 소리높여 외쳤던 인물의 말이다.

글을 맺으며

개인적으로 나는 제대로 통제된 과학 연구에서 초자연적 현상을 뒷받침하는 견고하고 재현 가능한 증거라며 내놓은 것은 항상 사람들이 보고한 수많은 일화보다 더 설득력 있다고 생각한다. 이야기를 보고한 당사자에게 그런 일화가 얼마나 설득력 있는지와는 상관없이 말이다. 따라서 만약 초능력이 실재하지만 초능력의 본질상 통제된 실험으로 증명할 수 없다면, 초능력의 진실은 언제나 내 손을 벗어나 있을지도 모른다. 아니면 벨과 데이비드 마크스처럼 언젠가는 나도 놀라운 사건을 하나 이상 경험해서 초능력의 존재를 과학적으로 증명할 수는 없더라도 실재한다고 결론 내리게 될지도 모르겠다. 고故 로버트 모리스는 현대 심리학의 창시자(이자 미국 심리연구협회를 창시한 사람)가 자신의 믿음을 결정하는 문제에 있어서 어디에 선을 그어야 할지 고민한 적이 있다고 지적했다. 그의 현명한 말로 글을 마무리하겠다.

윌리엄 제임스William James(1907~1968년)는 세상에 두 종류의 사람, 즉 유연한 마음을 지닌 사람과 단단한 마음을 지닌 사람(나는 이런 사람을 고집스러운 사람이라고 하고 싶다)이 있다고 구분한다. 단단한 마음을 지닌 사람은 진실을 너무 사랑한 나머지 자신이 아는 모든 것은 진실이라고 믿고 싶어한다. 그래서 자신이 아는 것이 진실이라는 점을 알려주는 아주 엄격한 기준에 부합하지 않는 정보와 절차는 모두 배제한다. 이와 달리 유연한 마음을 지닌 사람은 진실을 너무 사랑한 나머지 진실을 파악할 기회를 잡으려고 오류를 기꺼이 감수한다. 한 가지 방법은 보수적이고 다른 방법은 진보적이다. 한 가지 방법은 제한적이고 다른 방법은 포괄적이다. 제임스가 지적했듯 그 사람이 어떤 유형인지는 그 사람의 기질에서 나온다.[14]

감사의 말

애초에 나는 이 책에 '왜 기이한 것들이 중요한가Why Weird Stuff Matters'라는 제목을 붙이려고 했다. 지금도 꽤 좋은 제목이라고 생각한다. 특히 이 제목은 많은 사람이 기이한 현상을 상당히 재미있어하지만 그다지 중요하지는 않은 것으로 본다는 사실을 강조하기 때문이다. 미디어에서 이런 주제를 다룰 때는 보통 시사나 정치 문제를 다룰 때처럼 진지하게 다루지 않는다. 내가 주장했듯 그건 실수다.

내 주장은 본질적으로 이렇게 요약할 수 있겠다. 만일 초자연적으로 보이는 현상이 지금의 통상적인 과학적 세계관으로는 설명할 수 없다고 판명된다면 그것도 심오한 의미가 있다고 보아도 좋다. 지금의 과학적 세계관에 근본적인 결함이 있거나 적어도 대대적인 수정을 거쳐야 한다는 뜻이기 때문이다. 이와 반대로 초자연적 현상과 관련된 주장을 초심리학적 요인이 아닌 심리적 요인으로 설명할 수 있다면 그 결과를 진지하게 받아들여 인간의 마음에 관해 많은 것을 알 수 있다. 어느 쪽이든 가치 있는 일이다.

내 목표는 쉽게 읽을 수 있고 바라건대 변칙심리학이라는 분야를 재미있게 소개하는 책을 쓰는 것이었다. 나는 한때 초자연적 현상이나 이와 관련된 현상을 믿었던 사람으로서 이런 현상을 왜 회의적으로 보는 쪽으로 돌아섰는지 설명하기 위해 이 책을 썼다. 그래서 이 책은 같은 주제를 다룬 내 전작들보다 훨씬 개인적이다.

이 책이 무엇을 다루지 않는지도 몇 가지 말씀드려야겠다. 이 책에서는 여기서 다루는 어떤 주제도 포괄적으로 검토하려 시도

하지 않는다. 초자연적 주장에 더 공감하는 독자라면 짜증이 날 만도 하다. 그런 분들은 내가 제시하는 자료가 때로 그들이 초자연적 주장에 대한 강력한 증거라고 내미는 것을 설명하지 못한다고 여길 수도 있다. 앞서 설명했듯 그건 이 책의 목표가 아니다. 나는 그저 독자들에게 각 주제에 관한 내 믿음과 그 이유를 설명한다. 다른 책에서는 대부분 주제에 관해 좀 더 학문적이고 포괄적인 논의를 제시했으므로, 관심 있는 분이라면 참고문헌에서 이 책들을 찾아보시길 바란다.

오랫동안 많은 분들이 많든 적든 이 책에서 다루는 주제에 관한 내 생각을 정리하는 데 도움을 주셨다. 여기에 모두 적을 수는 없지만 (그리고 적어야 했지만 미처 적지 못한 분들께는 미리 사과드린다) 최소한 다음 분들에게는 감사의 말씀을 전한다. 제임스 앨콕, 벨, 배리 베이어스턴Barry Beyerstein, 수전 블랙모어, 제이슨 브레이스웨이트, 롭 브로서튼Rob Brotherton, 데이비드 클라크David Clarke, 앤드루 콜먼Andrew Colman, 던컨 콜빈Duncan Colvin, 수전 크롤리, 닐 대그널, 제프리 딘Geoffrey Dean, 댄 데니스, 에자드 에른스트Edzard Ernst, 힐러리 에번스Hilary Evans, 켄드릭 프레지어, 피오나 개버트, 데이비드 그림스David Robert Grimes, 웬디 그로스먼, 얼렌더 해럴드슨Erlendur Haraldsson, 캐런 해이튼Karen Hatton, 마이클 히프Michael Heap, 테런스 하인즈Terence Hines, 케이트 홀든, 앨 홉우드Al Hopwood, 제임스 후런, 데버러 하이드, 레이 하이먼, 하비 어윈, 스탠리 크리프너Stanley Krippner, 구스타프 컨Gustav Kuhn, 폴 커츠, 스티븐 로Stephen Law, 스캇 릴리언펠트Scott Lilienfeld, 엘리자베스 로프터스, 카를라 맥키넌, 데이비드 마크스, 마이클 마셜, 리처드 맥널리, 밥 모리스, 마리캐서린 무소Marie-Catherine Mousseau, 조 니켈, 제임스 오스트, 헨리 오트거, 로런스 파티히스Lawrence Patihis, 마시모 폴리도로Massimo Polidoro, 제임스 랜디, 스튜어트 리치, 폴 로저스, 바버라 롤런즈Barbara Rowlands, 줄리아 산토마우로Julia Santomauro, 루이 사바, 브라이언 샤프리스, 사이먼 싱, 애너 스톤, 빅 탠디, 마이클 탤번, 크리스토퍼 트레셔앤드루스Christopher Thresher-Andrews, 매슈 톰킨스, 스튜어트 바이스Stuart Vyse, 로지 워터하우스Rosie Waterhouse, 캐롤라인 와트, 마크 윌리엄스, 크리시 윌슨, 리처드 와이즈먼께 감사드린다.

특별히 캣 프렌치리처즈Kat French-Richards, 앨리스 그레고리, 데버러 하이드, 앤 리처즈, 루시 리처즈Lucy Richards에게 감사드린다. 몇몇 장의 초안을 읽고 귀중한 의견을 전해주신 분들이다. 책에 남은 오류는 전적으로 이분들 탓이다. 트리덴트 미디어 그룹Trident Media Group의 마크 고트라이브Mark Gottlieb가 주신 도움과 격려에도 감사드리고, MIT 출판사MIT Press의 매슈 브라운Matthew Browne께도 마찬가지로 도움과 격려를 주신 데 더해 무한한 인내심을 보여주신 데 감사드리고 싶다.

특별히 언급하지 않은 한 모든 그림은 메리 에번스 사진 도서관Mary Evans Picture Library에서 제공해주셨다.

마지막으로 책을 쓰는 내내 정서적으로 나를 지지해준 내 영원한 글쓰기 동반자 테드(강아지)와 톰(고양이)에게도 진심으로 감사한다.

크리스 프렌치,
런던 그리니치에서.

주석과 참고문헌

들어가며

01. 에리히 폰 데니켄의 책에는 다음과 같은 것이 있다. Chariots of the Gods (London: Souvenir Press, 1969), Return to the Stars (London: Souvenir Press, 1970). 다음도 있다. The Gold of the Gods (London: Souvenir Press, 1973).

02. Ronald Story, The Space-Gods Revealed: A Close Look at the Theories of Erich von Däniken (New York: Harper & Row, 1976).

03. 이 글을 쓸 때까지 내가 실제로 유리 겔러를 직접 만난 것은 딱 한 번이다. 몇 년 전 BBC 라디오 2의 〈제러미 바인 쇼Jeremy Vine Show〉에서 그와 함께 초자연적 현상에 관해 토론한 적이 있다. 이런 주제를 다루는 주간 라디오나 텔레비전 프로그램에서와 달리, 이때 우리는 몇 분을 훌쩍 넘어 30분이나 논쟁을 벌이며 상당히 많은 내용을 다뤘다. 토론 중 나는 내 가장 친한 친구이자 동료 회의론자인 리처드 와이즈먼 교수의 연구를 예로 들었다. 프로그램이 끝나고 계단을 내려가 건물 바깥으로 나갈 때 유리 겔러가 내게 이렇게 말했다. "그 리처드 와이즈먼이라는 작자에 대해 제가 참을 수 없는 점이 하나 있어요." 나는 궁금증을 참지 못하고 물었다. "그게 뭔데요?" 그는 적당한 단어를 찾기 위해 잠시 머뭇거리다 아이러니하다는 기색 하나 없이 이렇게 말했다. "그 사람 제대로 검증도 안 하고 자기주장만 내놓잖아요!"

04. John G. Taylor, Science and the Supernatural: An Investigation

of Paranormal Phenomena Including Psychic Healing, Clairvoyance, Telepathy, and Precognition by a Distinguished Physicist and Mathematician (New York: Dutton, 1980).

05. 유리 겔러의 주장에 관한 가장 포괄적인 비판을 살펴보려면 제임스 랜디의 다음 책을 보라. The Truth About Uri Geller (Buffalo, NY: Prometheus Books, 1982). 데이비드 마크스의 다음 책도 보라. The Psychology of the Psychic, 2nd ed. (Amherst, NY: Prometheus Books, 2000).

06. James E. Alcock, Parapsychology: Science or Magic? (Oxford: Pergamon Press, 1981).

07. 안타깝게도 제임스 랜디는 내가 이 책을 쓰는 동안 세상을 떠났다. 나는 다음 글에서 그가 개인적으로 내게 어떤 의미였는지 설명했다. Chris French, "What James Randi Meant to Me: Chris French Reflects on the Passing of the Amazing Randi," The Skeptic, October 22, 2020, https://www.skeptic.org.uk/2020/10/what-james-randi-meant-to-me-chris-french-reflects-on-the-passing-of-the-amazing-randi.

08. 이것을 보면 랜디의 공연 중 일어난 일을 다룬 앨콕의 책(《초심리학》, 59쪽)에 등장하는 다음 이야기가 떠오른다. "어메이징 랜디는 유명한 유리 겔러의 묘기를 모두 선보였다. 그는 관객들에게 그들이 본 건 모두 그저 속임수를 써서 한 것이지만 유리 겔러는 같은 묘기를 하면서도 초능력을 발휘했다고 말한다고 설명했다. 랜디가 아주 능숙하게 묘기를 선보이던 중 한 관객(알고 보니 대학교수였다)이 자리에서 벌떡 일어나 화를 내며 그에게 사기꾼이라고 소리쳤다. 공격을 받은 랜디는 자기

가 실제로 사기꾼이고, 여러 번 말했듯이 이 묘기는 전부 속임수라고 응수했다. 하지만 그를 고발한 관객은 쉽게 입을 다물지 않았다. 그는 랜디가 사실은 초능력을 쓰면서 그 사실을 관객들에게 숨기고 있기 때문에 사기꾼이라고 주장했다!"

09. 가끔 나는 변칙심리학 공개 강연에서 유리 겔러에 관해 내가 가장 좋아하는 농담을 던진다. "유리 겔러가 또 뉴스에 나왔더군요. 자기 목을 슬슬 문질러서 머리가 떨어져 나갔다고 해요." 그다음 이 말은 그저 농담이라고 말한다.

10. 수의 흥미진진한 자서전에서 이 경험에 관한 설명을 읽을 수 있다. 다음을 보라. In Search of the Light: The Adventures of a Parapsychologist (Amherst, NY: Prometheus Books, 1996).

11. 리처드 와이즈먼의 다음 책 뒷면 광고문구에서 따옴. Psychology: Why It Matters (Cambridge: Polity Press, 2022).

12. Kendrick Frazier, "It's CSI Now, Not CSICOP," Skeptical Inquirer, December 4, 2006, https://skepticalinquirer.org/exclusive/its_csi_now_not_csicop.

13. 심리측정psychometrics과 사이코메트리psychometry를 혼동하면 안 된다. 심리측정은 지능, 성격, 적성, 태도 같은 심리적 변수를 보는 측정법이다. 사이코메트리는 신통력의 일종으로 어떤 사물을 만지기만 해도 그 사물의 과거를 알 수 있다는 능력이다. 심리측정은 심리 조사에 유용한 도구지만 사이코메트리는 완전 헛소리다.

14. Christopher C. French, "Factors Underlying Belief in the Paranormal: Do Sheep and Goats Think Differently?" The Psychologist 5, no. 7 (July 1992): 295-299.

15. Christopher C. French, "Population Stereotypes and Belief in the Paranormal: Is There a Relationship?" Australian Psychologist 27, no. 1 (March 1992): 57-58.

16. 변칙심리학이 정확히 무엇인지 더 자세히 알아보려면 다음 장을 보라.

17. 예를 들면 다음과 같다. Christopher C. French, "Dying to Know the Truth: Visions of a Dying Brain, or Just False Memories?" Lancet 358, no. 9298 (December 15, 2001): 2010-2011; Michael A. Thalbourne and Christopher C. French, "Paranormal Belief, Manic-Depressiveness, and Magical Ideation: A Replication," Personality and Individual Differences 18, no. 2 (February 1995): 291-292; Michael A. Thalbourne and Christopher C. French, "The Sheep-Goat Variable and Belief in Non-Paranormal Anomalous Phenomena," Journal of the Society for Psychical Research 62, no. 1 (January 1997): 41-45.

18. 인지와 감정에 관해서는 다음을 보라. Anne Richards, Christopher C. French, and Fiona Randall, "Anxiety and the Use of Strategies in the Processing of an Emotional Sentence-Picture Verification Task," Journal of Abnormal Psychology 105, no. 1 (February 1996): 132-136. 대뇌반구의 기능에 관해 알아보려면 다음을 보라.

Anne Richards, Christopher C. French, and Rose Dowd, "Hemisphere Asymmetry and the Processing of Emotional Words in Anxiety," Neuropsychologia 33, no. 7 (July 1995): 835-841.

19. Kevin Dutton, Black and White Thinking: The Burden of a Binary Brain in a Complex World (London: Transworld, 2020).

20. Oscar Wilde, The Importance of Being Earnest, act 1 (New York: Methuen, 1909).《진지함의 중요성》, 부크크.

21. 관련 문헌을 보려면 다음을 참고하라. Christopher C. French and Anna Stone, Anomalistic Psychology: Exploring Paranormal Belief and Experience (Basingstoke: Palgrave Macmillan, 2014), 53-68.

22. Stuart Ritchie, Science Fictions: Exposing Fraud, Negligence and Hype in Science (London: The Bodley Head, 2020).《사이언스 픽션》, 더난출판.

23. 내가 속한 골드스미스대학교 APRU도 비슷한 방식으로 연구했다. 유일한 차이점은 강조점뿐이었다. KPU는 초심리학 연구가 주된 관심사였고 변칙심리학 연구는 부차적이었다. 하지만 APRU는 그 반대다.

24. 다른 글에서 나는 더 단순하고 흑백논리로 정확히 가를 수 있는 회의주의를 1형, 이보다 미묘한 회의주의를 2형이라고 표현한 바 있다. 다음을 보라. Christopher C. French, "Reflections on Pseudoscience and Parapsychology: From Here to There and (Slightly) Back Again," 다음에 실림. Pseudoscience: The Conspiracy Against

Science, ed. Allison B. Kaufman and James C. Kaufman (Cambridge, MA: MIT Press, 2018), 375-391.

25. 그 특집호에서 가장 마음에 들었던 것은 표지였다. 안개 자욱한 가을 아침, 골드스미스대학교 뒤편 운동장에 나와 우리 APRU의 유쾌한 작은 무리가 서 있는 사진이다. 사진을 찍은 기술자 스티브 예슨 Steve Yesson은 영감을 얻어 엘비스 프레슬리 유령을 배경에 포토샵으로 합성했다.

26. 시간순으로 케이트 홀든, 줄리아 넌Julia Nunn, 빅토리아 해밀튼 Victoria Hamilton, 린제이 캘리스Lindsay Kallis다.

27. 〈심슨 가족〉그림체와 비슷하다.

28. The Skeptic, https://www.skeptic.org.uk.

1장. 기이한 것들의 과학

01. Leonard Zusne and Warren H. Jones, Anomalistic Psychology: A Study of Extraordinary Phenomena of Behavior and Experience (Hillsdale, NJ: Lawrence Erlbaum Associates, 1982). 개정판은 7년 뒤 출간되었다. Leonard Zusne and Warren H. Jones, Anomalistic Psychology: A Study of Magical Thinking (Hillsdale, NJ: Lawrence Erlbaum Associates, 1989).

02. 위키피디아 'anomalistic psychology' 항목, 2022년 9월 23일 최신 개정, 1:56, 2023년 5월 27일 최종 접속, https://en.wikipedia.org/wiki/Anomalistic_psychology.

03. French and Stone, Anomalistic Psychology.

04. 《케임브리지 사전》 'paranormal' 항목, 2023년 5월 27일 최종 접속, https://dictionary.cambridge.org/dictionary/english/paranormal.

05. 엄밀히 말해 신통력(투시)이란 시각 정보를 포착하는 것을 말하며, 청각 정보를 포착하는 투청clairaudience과는 대조된다. 사실 신통력(투시)clairvoyance이라는 말은 모든 유형의 감각 정보를 원격으로 수신하는 능력을 포함하는 의미로 사용된다.

06. 처음 회의주의자가 되었을 때 나는 초심리학이 진짜 과학이 아니라

사이비 과학이라고 생각했다. 몇 년이 지나며 점차 생각이 바뀌었고, 지금은 초심리학이 (가장 좋은 경우) 심리학만큼 과학적이라고 믿게 되었다. 무엇보다 과학은 지식을 얻는 방법이지 확립된 '사실'의 집합은 아니다. 하지만 이런 내 견해도 회의주의자 사이에서는 소수 의견일 뿐이다.

07. 외계인이 실제로 지구를 찾아온다는 주장에 회의적인 과학자들도 은하계와 그 너머 어딘가에 지적 생명체가 진화했을 수 있다고 생각한다는 점에 주목하자.

08. 예를 들어 다음을 보라. Martin Kottmeyer, "Fairies," 다음에 실림. The Encyclopedia of the Paranormal, ed. Gordon Stein (Amherst, NY: Prometheus Books, 1996), 265-271; Robert Sheaffer, "Do Fairies Exist?" The Zetetic 2, no. 1 (Fall/Winter 1977): 45-52.

09. 세상에서 가장 이성적인 탐정이 등장하는 소설을 쓴 사람 본인은 아주 잘 속아 넘어가는 사람이었다는 점은 몹시 아이러니하다.

10. 미신의 심리학에 관해 더 알아보려면 다음을 보라. Stuart Vyse, Believing in Magic: The Psychology of Superstition, rev. ed. (Oxford: Oxford University Press; 2014); Stuart Vyse, Superstition: A Very Short Introduction (Oxford: Oxford University Press, 2019).

11. 독일에서는 검은 고양이가 왼쪽에서 오른쪽으로 길을 건너면 행운을 가져다주지만, 오른쪽에서 왼쪽으로 길을 건너면 불길하다고 믿는다. 유럽 연합이 유럽 전체를 표준화해야 할까?

12. 회의론자 동료들이 보기에 내 신뢰성이 완전히 바닥에 떨어질 위험이 있기는 하지만, 개인적인 일화를 소개해 마술적 사고의 힘을 설명하려 한다. 오래전 낮 시간대 텔레비전 프로그램에 회의론자로 처음 출연했을 때다. 당연히 약간 긴장한 상태였다. 유명한 영국 텔레비전 진행자인 제러미 팩스먼Jeremy Paxman은 항상 빨간 양말을 신는다고 잘 알려져 있다. '팩소'라는 별명으로 불리는 그는 집요한 인터뷰 스타일로 유명했다. 그는 아무도 겁내지 않았다. 비록 지금은 그렇게 유명한 사람과 인터뷰할 일은 없지만, 그때는 스스로 약간 자신감을 불어넣어야 했다. 나는 농담처럼 이렇게 생각했다. '팩소에게 빨간 양말이 효력 있다면 내게도 그렇겠지!' 첫 출연은 순조로웠다. 하지만 다음 출연을 준비하면서 나는 그날 신었던 것과 같은 빨간 양말을 찾아 헤매는 자신을 발견했다. 나는 텔레비전 출연을 잘 해내기 위해 꼭 빨간 양말을 신어야 하는 건 아니라며 의식적으로 결심하고 다른 양말을 선택해야 했다!

13. 노벨상 수상자인 물리학자 닐스 보어Niels Bohr에 관한 (진위는 알 수 없지만) 유명한 이야기가 떠오른다. 여러 버전이 있지만 요점은 모두 비슷하다. 한 동료가 보어의 사무실에 걸려 있는 말굽을 발견했다. 동료는 코웃음 치며 이렇게 말했다. "말굽이 행운을 가져다준다는 노부인들의 말을 믿는 건 아니겠지?" 그러자 보어는 이렇게 대답했다. "그렇다던데. 내가 믿거나 말거나."

14. 보완의학 치료사는 자신의 치료법을 전통적인 치료법과 함께 사용해야 한다고 믿는다. 대체의학 치료사는 전통적인 치료법 대신 자기들의 치료법을 사용해야 한다는 좀 더 위험한 태도를 보인다.

15. 여기서 '전부'가 아니라 '대다수'라고 표현한 이유는 의학계에서 진짜 음모를 퍼트린 기록이 몇 가지 있기 때문이다. 가장 악명높은 사례는 1932년부터 1972년까지 진행된 터스키기 매독 실험Tuskegee syphilis experiment이다. 완전히 비윤리적인 이 실험은 미국 공중보건국이 많은 흑인 남성 표본을 대상으로 매독을 치료하지 않은 채 그대로 두었을 때의 증상을 조사한 연구다. 1947년 효과적인 매독 치료제가 개발되었는데도 연구 참가자에게는 치료제를 주지 않았다. 조사가 종료될 무렵 이 사실이 언론에 유출되었을 때는 이미 많은 참가자가 매독으로 사망했고, 이들의 아내 40명이 매독에 걸렸으며, 자녀 19명은 선천성 매독을 안고 태어났다.

16. 예를 들어 다음을 보라. Robert Brotherton and Christopher C. French, "Conspiracy Theories," 다음에 실림. Parapsychology: The Science of Unusual Experience, 2nd ed., ed. David Groome and Ron Roberts (London: Psychology Press, 2017), 158-176.

17. 《케임브리지 사전》 'parapsychology' 항목, 2023년 5월 27일 최종 접속, https://dictionary.cambridge.org/dictionary/english/parapsychology.

18. Christopher C. French, "Why I Study Anomalistic Psychology," The Psychologist 14, no. 7 (July 2001): 356-357.

19. 들어가는 말에서 설명한 초능력의 정의를 잊으셨을까 봐 덧붙이자면, 초능력psi은 초심리학자들이 초자연적인 것을 모두 지칭할 때 사용하는 용어다.

20. Ciaran McGlone, "BMG Halloween Poll: A Third of Brits Believe in Ghosts, Spirits or Other Types of Paranormal Activity," BMG Research, October 30, 2017, https://www.bmgresearch.co.uk/bmg-halloween-poll-third-brits-believe-ghosts-spirits-types-paranormal-activity.

21. YouGov, "Halloween Paranormal," 2019, https://bit.ly/2OjGV-Jh.

22. Franz Höllinger and Timothy B. Smith, "Religion and Esotericism Among Students: A Cross-Cultural Comparative Study," Journal of Contemporary Religion 17, no. 2 (2002): 229-249.

23. 예를 들어 다음을 보라. Susan J. Blackmore, "A Postal Survey of OBEs and Other Experiences," Journal of the Society for Psychical Research 52 (1984): 225-244; David Clarke, "Experience and Other Reasons Given for Belief and Disbelief in Paranormal and Religious Phenomena," Journal of the Society for Psychical Research 60 (1995): 371-384; John Palmer, "A Community Mail Survey of Psychic Experiences," Journal of the American Society for Psychical Research 73 (1979): 221-251.

24. Geoffrey Dean, Arthur Mather, David Nias, and Rudolf Smit, Understanding Astrology: A Critical Review of a Thousand Empirical Studies 1900-2020 (Amsterdam: AinO Publications, 2022).

25. What's the Harm?, http://whatstheharm.net.

26. 팔리가 언급한 사망자 수에는 2000년부터 2005년까지 남아프리카 공화국 대통령이 에이즈 부정 정책을 펼치며 조기 사망한 것으로 추정된 36만 5000명이, 부상자 수에는 2001년부터 2007년까지 카이로프랙틱 치료를 받고 뇌졸중과 하반신 마비 등 심각한 피해를 본 환자 200명 이상이, 경제적 피해에는 나이지리아 이메일 사기로 수백만 달러를 잃은 사람들이 포함되었다.

27. "Psychic Services Industry in the US," IBISWorld, April 9, 2021, https://www.ibisworld.com/united-states/market-research-reports/psychic-services-industry/.

28. Richard L. Nahin, Patricia M. Barnes, and Barbara J. Stussman, "Expenditures on Complementary Health Approaches: United States, 2012," National Health Statistics Reports (Hyattsville, MD: National Center for Health Statistics, 2016).

29. "Wellness Industry Statistics & Facts," Global Wellness Institute, 2023년 5월 27일 최종 접속, https://globalwellnessinstitute.org/press-room/statistics-and-facts.

30. YouGov, "Halloween Paranormal," 2019, https://bit.ly/2OjGV-Jh.

31. 관련 문헌 검토를 살펴보려면 다음을 보라. French and Stone, Anomalistic Psychology.

32. 통계에 익숙하지 않은 독자를 위해 알려드리자면, 표준편차는 평균값

을 중심으로 값의 변동을 나타내는 수치로, 값이 평균을 중심으로 모여 있는 정도를 나타내는 지표다. 표준편차가 클수록 값이 덜 모여 있다는 뜻이다.

33. 예를 들어 다음을 보라. Steve E. Hartman, "Another View of the Paranormal Belief Scale," Journal of Parapsychology 63, no. 2 (June 1999): 131-141; Tony R. Lawrence, "How Many Factors of Paranormal Belief Are There? A Critique of the Paranormal Belief Scale," Journal of Parapsychology 59, no. 1 (March 1995): 3-25.

34. 이 장에서 다른 하위 분야보다 발달심리학을 조금 길게 설명한 이유는 발달심리학이 몇 가지 흥미로운 문제를 다루지만 그 뒤 장에서는 거의 나오지 않기 때문이다.

35. 예를 들어 다음을 보라. Jacqueline D. Woolley, "Thinking About Fantasy: Are Children Fundamentally Different Thinkers and Believers from Adults?" Child Development 68, no. 6 (December1997): 991-1011; Jacqueline D. Woolley and Maliki E. Ghossainy, "Revisiting the Fantasy-Reality Distinction: Children as Naïve Skeptics," Child Development 84, no. 5 (September/October 2013): 1496- 1510.

36. 상상 속 놀이 친구 이름은 왜 이상할까? 내 조카 크리산티의 놀이 친구 이름은 '미티 페티Mitty Petty', 다른 조카 카한의 놀이 친구 이름은 '비상emergency'이다.

37. Christine H. Legare, E. Margaret Evans, Karl S. Rosengren, and

Paul L. Harris, "The Coexistence of Natural and Supernatural Explanations Across Cultures and Development," Child Development 83, no. 3 (May/June 2012): 779-793.

2장. 뜬눈으로 꾸는 악몽

01. "Buffy the Vampire Slayer: The Gentlemen," YouTube video, 3:03, https://www.youtube.com/watch?v=KKfNuMWO128.

02. Chris French, "The Waking Nightmare of Sleep Paralysis," Guardian, October 2, 2009, https://www.theguardian.com/science/2009/oct/02/sleep-paralysis.

03. David J. Hufford, The Terror That Comes in the Night: An Experience- Centered Study of Supernatural Assault Traditions (Philadelphia: University of Pennsylvania Press, 1982). 《밤에 찾아오는 공포, 가위눌림》, 에코리브르.

04. Shelley R. Adler, Sleep Paralysis: Night-Mares, Nocebos, and the Mind-Body Connection (New Brunswick, NJ: Rutgers University Press, 2011); Brian A. Sharpless and Karl Doghramji, Sleep Paralysis: Historical, Psychological, and Medical Perspectives (Oxford: Oxford University Press, 2015).

05. J. Allan Cheyne, Steve D. Rueffer, and Ian R. Newby-Clark, "Hypnagogic and Hypnopompic Hallucinations during Sleep Paralysis: Neurological and Cultural Construction of the Night-Mare," Consciousness and Cognition 8, no. 3 (September 1999): 319-337.

06. 카를라의 수면마비 경험은 폴 브룩스Paul Broks의 훌륭한 다음 책에서 '임상 신경심리학자에서 작가로 변신'이라는 내용으로도 다룬다. 다음을 보라. The Darker the Night, the Brighter the Stars (New York: Crown, 2018).

07. 카를라의 단편 〈방 안의 악마〉는 다음 웹사이트에서 볼 수 있다. https://carla-mackinnon-d8hy.squarespace.com/sleepparalysis/. (2020년 개봉한 비슷한 제목의 미국 공포영화 〈The Devil in the Room〉과는 혼동하지 말 것.)

08. Alice Gregory, Nodding Off : The Science of Sleep (London: Bloomsbury, 2020).

09. Gregory, Nodding Off, 91.

10. Brian A. Sharpless, "Exploding Head Syndrome," Sleep Medicine Reviews 18, no. 6 (December 2014): 489-493; Brian A. Sharpless, Dan Denis, Rotem Perach, Christopher C. French, and Alice M. Gregory, "Exploding Head Syndrome: Clinical Features, Theories About Etiology, and Prevention Strategies in a Large International Sample," Sleep Medicine 75 (November 2020): 251-255.

11. Brian A. Sharpless, Kevin S. McCarthy, Dianne L. Chambless, Barbara L. Milrod, ShabadRatan Khalsa, and Jacques P. Barber, "Isolated Sleep Paralysis and Fearful Isolated Sleep Paralysis in Out-Patients with Panic Attacks," Journal of Clinical Psycholo-

gy 66, no. 12 (December 2010): 1292-1306; Sharpless and Doghramji, Sleep Paralysis.

12. American Academy of Sleep Medicine, International Classification of Sleep Disorders: Diagnostic and Coding Manual, 3rd ed. (Darien, IL: American Academy of Sleep Medicine, 2014).

13. American Psychiatric Association, Diagnostic and Statistical Manual of Mental Disorders: DSM-V, 5th ed. (Arlington, VA: American Psychiatric Association, 2013).

14. Christopher C. French and Julia Santomauro, "Something Wicked This Way Comes: Causes and Interpretations of Sleep Paralysis," 다음에 실림. Tall Tales About the Mind and Brain: Separating Fact from Fiction, ed. Sergio Della Sala (Oxford: Oxford University Press, 2007), 380-398.

15. G. B. Goode, "Sleep Paralysis," Archives of Neurology 6 (March 1962): 228-234.

16. Robert C. Ness, "The Old Hag Phenomenon as Sleep Paralysis: A Biocultural Interpretation," Culture, Medicine and Psychiatry 2, no. 1 (March 1978):15-39.

17. Brian A. Sharpless and Jacques P. Barber, "Lifetime Prevalence Rates of Sleep Paralysis: A Systematic Review," Sleep Medicine Review 15, no. 5 (October 2011): 311-315.

18. Kazuhiko Fukuda, "One Explanatory Basis for the Discrepancy of the Reported Prevalences of Sleep Paralysis among Healthy Respondents," Perceptual and Motor Skills 77, no. 3, pt. 1 (December 1993): 803-807.

19. 최근까지 교과서에서는 수면 단계를 4단계로 설명했지만, 현대 수면 연구자들은 아주 비슷한 3단계와 4단계를 하나로 통합했다.

20. 눈 근육은 몸속 대부분 근육들과 달리 렘수면 상태에서도 계속 움직인다.

21. Yasuo Hishikawa and Ziro Kaneko, "Electroencephalographic Study on Narcolepsy," Electroencephalography and Clinical Neurophysiology 18, no. 3 (February 1965): 249-259.

22. Michele Terzaghi, Pietro Luca Ratti, Francesco Manni, and Raffaele Manni, "Sleep Paralysis in Narcolepsy: More Then Just a Motor Dissociative Phenomenon?," Neurological Science 33, no. 1 (February 2012): 169-172.

23. Cheyne, Rueffer, and Newby-Clark, "Hypnagogic and Hypnopompic Hallucinations during Sleep Paralysis."

24. Pierre Maquette, Jean-Marie Péters, Joël Aerts, Guy Delfiore, Christian Degueldre, André Luxen, and Georges Franck, "Functional Neuroanatomy of Human Rapid-Eye-Movement Sleep and Dreaming," Nature 383, no. 6596 (September 1996): 163-166;

J. Allan Hobson, Robert Stickgold, and Edward F. Pace-Schott, "The Neurophysiology of REM Sleep Dreaming," NeuroReport 9, no. 3 (February 1998): R1-R14.

25. J. Allan Cheyne, "The Ominous Numinous: Sensed Presence and 'Other' Hallucinations," Journal of Consciousness Studies 8, no. 5-7 (May 2001): 133-150.

26. Cheyne, Rueffer, and Newby-Clark, "Hypnagogic and Hypnopompic Hallucinations during Sleep Paralysis," 331.

27. Dan Denis, Christopher C. French, and Alice M. Gregory, "A Systematic Review of Variables Associated with Sleep Paralysis," Sleep Medicine Reviews 38 (April 2018): 141-157.

28. Dan Denis, Christopher C. French, Melanie N. Schneider, and Alice M. Gregory, "Subjective Sleep-Related Variables in Those Who Have and Have Not Experienced Sleep Paralysis," Journal of Sleep Research 27, no. 5 (October 2018): 1-10.

29. Dan Denis, Christopher C. French, Richard Rowe, Helena M. S. Zavos, Patrick M. Nolan, Michael J. Parsons, and Alice M. Gregory, "A Twin and Molecular Genetics Study of Sleep Paralysis and Associated Factors," Journal of Sleep Research 24, no. 4 (August 2015): 438-446.

30. Samad E. J. Golzari, Kazem Khodadoust, Farid Alakbarli, Kam-

yar Ghabili, Ziba Islambulchilar, Mohammadali M. Shoja, Majid Khalili, Feridoon Abbasnejad, Niloufar Sheikholeslamzadeh, Nasrollah Moghaddam Shahabi, Seyed Fazel Hosseini, and Khalil Ansarin, "Sleep Paralysis in Medieval Persia-the Hidayat of Akhawayni (?-938 AD)," Neuropsychiatric Disease and Treatment 8 (June 2012): 231.

31. Sharpless and Doghramji, Sleep Paralysis, Appendix A, 217-228.

32. Devon E. Hinton, David J. Hufford, and Laurence J. Kirmayer, "Culture and Sleep Paralysis," Transcultural Psychiatry 42, no. 1 (March 2005): 9.

33. Owen Davies, "The Nightmare Experience, Sleep Paralysis, and Witchcraft Accusations," Folklore 114, no. 2 (August 2003): 181-203.

34. Hiroko Arikawa, Donald I. Templer, Ric Brown, W. Gary Cannon, and Shan ThomasDodson, "The Structure and Correlates of Kanashibari," Journal of Psychology 133, no. 4(1999): 369-375.

35. Anna Schegoleva, "Sleepless in Japan: The Kanashibari Phenomenon" (presentation, Postgraduate Research Seminar in Japanese Studies, Oxford Brookes University Research Centre, July 28, 2001).

36. Yun-Kwok Wing, Sharon Therese Lee, and Char-Nie Chen, "Sleep Paralysis in Chinese: Ghost Oppression Phenomenon in Hong Kong," Sleep 17, no. 7 (October 1994): 609-613.

37. Cheyne, Rueffer, and Newby-Clark, "Hypnagogic and Hypnopompic Hallucinations during Sleep Paralysis."

38. Alejandro Jiminez-Genchi, Victor M. Avila-Rodriguez, Frida Sanchez-Rojas, Blanca E. Terrez, and Alejandro Nenclares-Portocarrero, "Sleep Paralysis in Adolescents: The 'A Dead Body Climbed on Top of Me' Phenomenon in Mexico," Psychiatry and Clinical Neurosciences 63, no. 4 (August 2009): 546-549.

39. Ryan Hurd, Sleep Paralysis: A Guide to Hypnagogic Visions and Visitors of the Night (Los Altos, CA: Hyena Press, 2011).

40. Jack Lockwood, The Maverick Ghost Hunter (Capulin, CO: Xlibris, 2010).

41. Shelley R. Adler, "Sudden Unexpected Nocturnal Death Syndrome among Hmong Immigrants: Examining the Role of the 'Nightmare,'" Journal of American Folklore 104, no. 411 (Winter 1991): 54-71; Shelley R. Adler, "Ethnomedical Pathogenesis and Hmong Immigrants' Sudden Nocturnal Deaths," Culture, Medicine, and Psychiatry 18, no. 1 (March 1994): 23- 9.

42. Nicolas Bruno, https://nicolasbrunophotography.com.

43. Corinne Purtill, "Why Everyone Around the World Is Having the Same Nightmare," Quartz, 2023년 5월 28일 최종 접속, https://qz.com/quartzy/1444843/what-is-sleep-paralysis. 수면

마비를 다룬 유용한 단편 영화가 이 글에 수록되어 있다. 이 영상에는 수면마비 삽화에 등장하는 모자 쓴 남자가 프레디 K에서 왔을 수 있다는 인터뷰가 들어 있다. 하지만 내게 가장 인상깊었던 장면은 카메라맨의 요청으로 그 장면에 꼭 나오고 싶어 했던 내 든든한 래브라도 강아지 테드를 대동하고 내가 모자를 쓴 채 밤에 집 근처를 돌아다니는 장면이다.

44. Matthew Tompkins, "The Strange Case of the Phantom Pokemon," BBC Future, March 23, 2017, https://www.bbc.com/future/article/20170323-the-strange-case-of-the-phantom-pokemon.

45. 다음에서 인용함. Sharpless and Doghramji, Sleep Paralysis, 48.

46. Brian Andrew Sharpless and Jessica Lynn Grom, "Isolated Sleep Paralysis: Fear, Prevention, and Disruption," Behavioral Sleep Medicine 14, no. 2 (2016): 134-139.

47. Eric Suni, "Sleep Hygiene," SleepFoundation.org, 2023년 5월 28일 최종 접속, https://www.sleepfoundation.org/articles/sleep-hygiene.

48. Cheryl M. Paradis, Steven Friedman, and Marjorie Hatch, "Isolated Sleep Paralysis in African Americans with Panic Disorder," Cultural Diversity and Mental Health 3, no 1 (1997): 69-76.

49. 다음도 보라. Baland Jalal, "How to Make the Ghosts in My Bed-

room Disappear? Focused Attention Meditation Combined with Muscle relaxation (MR Therapy)-A Direct Treatment Intervention for Sleep Paralysis," Frontiers in Psychology 7 (January 2016): 28; Brian A. Sharpless and Karl Doghramji, "Commentary: How to Make the Ghosts in My Bedroom Disappear? Focused-Attention Meditation Combined with Muscle Relaxation (MR Therapy)-A Direct Treatment Intervention for Sleep Paralysis," Frontiers in Psychology 8 (April 2017): 506.

3장. 하늘 저편의 영혼들 1부: 유령과의 만남

01. 의식이라는 주제를 다룬 쉽고 훌륭한 개요를 보려면 다음을 보라. Susan Blackmore and Emily T. Troscianko, Consciousness: An Introduction, 3rd ed. (Abingdon: Routledge, 2018).

02. William Grey, "Philosophy and the Paranormal. Part 2: Skepticism, Miracles, and Knowledge," Skeptical Inquirer 18, no. 3 (Spring 1994): 288-294.

03. David Hume, Enquiries Concerning Human Understanding and Concerning the Principles of Morals, 3rd ed. (Oxford: Clarendon Press, 1777/1975), 115-116. 《인간의 이해력에 관한 탐구》, 부크크.

04. R. C. Finucane, Ghosts: Appearances of the Dead and Cultural Transformation (Amherst, NY: Prometheus Books, 1996), 4.

05. 물론 소수이기를 바라지만 일부 독자는 둥둥 떠다니는 시트 안쪽에 눈이 두 개 보이는 모습을 떠올렸을 수도 있다.

06. 더 자세한 예시를 보려면 다음을 보라. Robert A. Baker and Joe Nickell, Missing Pieces: How to Investigate Ghosts, UFOs, Psychics, & Other Mysteries (Buffalo, NY: Prometheus Books, 1992); Milbourne Christopher, Seers, Psychics and ESP (London: Cassell, 1970); Joe Nickell, Entities: Angels, Spirits, Demons, and Other Alien

Beings (Amherst, NY: Prometheus Books, 1995); Benjamin Radford, Investigating Ghosts: The Scientific Search for Spirits (Corrales, NM: Rhombus, 2017).

07. James Randi, "The Columbus Poltergeist Case: Part I. Flying Phones, Photos, and Fakery," Skeptical Inquirer 9, no. 3 (Spring 1985): 221-235.

08. 그는 2021년 3월 12일 감옥에서 사망했다.

09. Robert L. Morris, "Review of The Amityville Horror, by Jay Anson. Prentice-Hall, Englewood Cliffs, N.J., 1977. 201 pages, $7.95," Skeptical Inquirer 2, no. 2 (Spring/Summer 1978): 95-96.

10. 위키피디아 'The Amityville Horror' 항목, 2023년 5월 29일 최종 접속, https://en.wikipedia.org/wiki/The_Amityville_Horror.

11. 이런 요인에 관한 논쟁을 더 살피려면 다음을 보라. Neil Dagnall, Kenneth G. Drinkwater, Ciarán O'Keeffe, Annalisa Ventola, Brian Laythe, Michael A. Jawer, Brandon Massullo, Giovanni B. Caputo, and James Houran, "Things That Go Bump in the Literature: An Environmental Appraisal of 'Haunted Houses,'" Frontiers in Psychology 11 (June 2020): 1328; James Houran and Rense Lange, eds., Hauntings and Poltergeists: Multidisciplinary Perspectives (Jefferson, NC: McFarland, 2001); Brian Laythe, James Houran, Neil Dagnall, Kenneth G. Drinkwater, and Ciarán O'Keeffe, Ghosted! Exploring the Haunting Reality of

Paranormal Encounters (Jefferson, NC: McFarland, 2022); Peter A. McCue, "Theories of Haunting: A Critical Overview," Journal of the Society for Psychical Research 66, no. 866 (January 2002): 1-21; Radford, Investigating Ghosts.

12. Vic Tandy and Tony R. Lawrence, "The Ghost in the Machine," Journal of the Society for Psychical Research 62, no. 851 (April 1998): 360-364.

13. 예를 들어 다음을 보라. Kate Buck, "Vigilante Shed Cleaner Revealed to Be House Proud Mouse," Metro, March 18, 2019, https://metro.co.uk/2019/03/18/vigilante-shed-cleaner-revealed-to-be-house-proud-mouse-8926281. 온라인 버전 논문에는 집안의 자랑인 귀여운 쥐가 움직이는 영상 링크도 들어있다.

14. Rense Lange and James Houran, "Context-Induced Paranormal Experiences: Support for Houran and Lange's Model of Haunting Phenomena," Perceptual and Motor Skills 84, no. 3, Pt. 2 (June 1997): 1455-1458.

15. Richard Wiseman, Caroline Watt, Emma Greening, Paul Stevens, and Ciarán O'Keeffe, "An Investigation into the Alleged Haunting of Hampton Court Palace: Psychological Variables and Magnetic Fields," Journal of Parapsychology 66, no. 4 (December 2002): 388-408.

16. Louise C. Johns, "Hallucinations in the General Population,"

Current Psychiatry Reports 7, no. 3 (May 2005): 162-167.

17. Charles Heriot-Maitland, Matthew Knight, and Emmanuelle Peters, "A Qualitative Comparison of Psychotic-Like Phenomena in Clinical and Non- Clinical Populations," British Journal of Clinical Psychology 51, no. 1 (March 2012): 37-53.

18. Robert Todd Carroll, The Skeptic's Dictionary: A Collection of Strange Beliefs, Amusing Deceptions & Dangerous Delusions (Hoboken, NJ: Wiley, 2003), 275.

19. 다음에서 인용함. Peter Brugger, Marianne Regard, Theodor Landis, Norman Cook, Denise Krebs, and Joseph Niederberger, "'Meaningful' Patterns in Visual Noise: Effects of Lateral Stimulation and the Observer's Belief in ESP," Psychopathology 26, no. 5-6 (January 1993): 261-265.

20. 기능적 자기공명영상fMRI은 뇌 여러 부위로 흐르는 혈액량을 측정해 뇌 활동을 확인하는 방법이다. 이와 달리 자기뇌파검사는 뇌의 전기적 활동으로 자연스럽게 생성되는 자기장을 측정해 뇌 활동을 측정한다.

21. Susan G. Wardle, Jessica Taubert, Lina Teichmann, and Chris I. Baker, "Rapid and Dynamic Processing of Face Pareidolia in the Human Brain," Nature Communications 11, no. 4518 (September 2020): https://doi.org/10.1038/s41467-020-18325-8.

22. 유명한 몇몇 파레이돌리아 사례에 숨은 이야기를 알아보려면 다음을 보라. Buzz Poole, Madonna of the Toast (New York: Mark Batty, 2007).

23. 위키피디아 'Perceptions of Religious Imagery in Natural Phenomena' 항목, 2023년 5월 29일 최종 접속, https://en.wikipedia.org/wiki/Perceptions_of_religious_imagery_in_natural_phenomena.

24. Brugger et al., "'Meaningful' Patterns in Visual Noise."

25. Tapani Riekki, Marjaana Lindeman, Marja Aleneff, Anni Halme, and Antti Nuortimo, "Paranormal and Religious Believers Are More Prone to Illusory Face Perception Than Skeptics and Non-Believers," Applied Cognitive Psychology 27, no. 2 (October 2012): 150-155.

26. 이 연구 제목은 문헌에서 찾을 수 있는 논문 중 가장 훌륭하다. Daniel J. Simons and Christopher F. Chabris, "Gorillas in Our Midst: Sustained Inattentional Blindness for Dynamic Events," Perception 28, no. 9 (September 1999): 1059-1074.

27. Anne Richards, Moa Gunnarsson Hellgren, and Christopher C. French, "Inattentional Blindness, Absorption, Working Memory Capacity, and Paranormal Belief," Psychology of Consciousness: Theory, Research, and Practice 1, no. 1 (2014): 60-69.

28. 이 현상이 맨 처음 등장한 문헌은 다음과 같다. Arien Mack and

Irvin Rock, Inattentional Blindness (Cambridge, MA: MIT Press, 1998). Tony Cornell's work: A. D. Cornell, "An Experiment in Apparitional Observation and Findings," Journal of the Society for Psychical Research 40, no. 701 (1959): 120-124; A. D. Cornell, "Further Experiments in Apparitional Observation," Journal of the Society for Psychical Research 40, no. 706 (1960): 409-418.

29. Matthew Tompkins, "The Strange Tale of an X- rated Haunting," BBC Future, October 24, 2016, https://www.bbc.com/future/article/20161024-the-strange-tale-of-an-x-rated-haunting.

30. Elizabeth F. Loftus, Eyewitness Testimony (London: Harvard University Press, 1979); Mark L. Howe, Lauren M. Knott, and Martin A. Conway, Memory and Miscarriages of Justice (London: Routledge, 2018).

31. Christopher C. French, "Fantastic Memories: The Relevance of Research into Eyewitness Testimony and False Memories for Reports of Anomalous Experiences," Journal of Consciousness Studies 10, nos. 6-7 (2003): 153-174.

32. Christopher C. French and James Ost, "Beliefs about Memory, Childhood Abuse, and Hypnosis Amongst Clinicians, Legal Professionals and the General Public," 다음에 실림. Wrongful Allegations of Sexual and Child Abuse, ed. Ros Burnett (Oxford: Oxford University Press, 2016), 143-154; James Ost and Christopher C. French, "How Misconceptions About Memory May Undermine Witness Testimony," 다음에 실림. Witness Testimony in Sexual

Cases: Evidential, Investigative and Scientific Perspectives, eds. Pamela Radcliffe, Gisli H. Gudjonsson, Anthony Heaton Armstrong, and David Wolchover (Oxford: Oxford University Press, 2016), 361-373.

33. Daniel J. Simons and Christopher F. Chabris, "What People Believe About How Memory Works: A Representative Survey of the U.S. Population," PLoS ONE 6, no. 8: e22757; Daniel J. Simons and Christopher F. Chabris, "Common (Mis)Beliefs About Memory: A Replication and Comparison of Telephone and Mechanical Turk Survey Methods," PLOS ONE 7, no. 12: e51876.

34. 시계에서 로마 숫자로 4가 이렇게 뜻밖의 방식으로 표시된다는 사실을 처음 알았을 때, 나는 그 이유를 알아내기 위해 몹시 애썼다. 몇 가지 이론은 있지만 실상은 아무도 모르는 것 같다. 가장 그럴듯한 설명은 시계판 반대편의 'VIII'와 균형을 맞추도록 글자가 조금 좁은 'IV' 보다는 'IIII'를 택하는 편이 더 아름답게 보인다는 것이다. 이 일반적인 규칙에는 몇 가지 예외가 있다는 사실도 알게 되었다. 빅벤 시계는 이미 알고 있으니 내게 이메일 보내 알려주실 필요는 없다.

35. Christopher C. French and Anne Richards, "Clock* This! An Everyday Example of a Schema-Driven Error in Memory," British Journal of Psychology 84, no. 2 (May 1993): 249-253.

36. 분명히 말씀드리지만, 이 문장을 쓸 때는 진짜 농담이었다. 사실 루시와 그런 대화를 나눈 사람이 누군지, 실제로 그런 대화를 나눴는지 알 도리는 없다. 여기서 내가 하고 싶은 말은 기억이 믿을 만하지 않다는

사실을 잘 아는 전문 심리학자조차 일상에서는 다른 사람들처럼 자기 기억이 100퍼센트 정확하다고 주장하는 경향이 있다는 점이다.

37. Ruth Brandon, The Spiritualists: The Passion for the Occult in the Nineteenth and Twentieth Centuries (London: Weidenfeld and Nicolson, 1983); Ray Hyman, "A Critical Historical Overview of Parapsychology," 다음에 실림. A Skeptic's Handbook of Parapsychology, ed. Paul Kurtz (Buffalo, NY: Prometheus Books, 1985), 3-96.

38. S. J. Davey, "The Possibilities of Mal-Observation and Lapse of Memory from a Practical Point of View: Experimental Investigation," Proceedings of the Society for Psychical Research 4 (1887): 405-495.

39. Hyman, "A Critical Historical Overview of Parapsychology," 27.

40. Theodore Besterman, "The Psychology of Testimony in Relation to Paraphysical Phenomena: Report of an Experiment," Proceedings of the Society for Psychical Research 124 (1932): 363-387.

41. Richard Wiseman, Emma Greening, and Matthew Smith, "Belief in the Paranormal and Suggestion in the Seance Room," British Journal of Psychology 94, no. 3 (August 2003): 285-297.

42. Wiseman, Greening, and Smith, "Belief in the Paranormal and Suggestion in the Seance Room," 295.

43. Richard Wiseman and Robert L. Morris, "Recalling Pseudo-Psychic Demonstrations," British Journal of Psychology 86, no. 1 (February 1995): 113-125.

44. 마술사는 흔히 같은 효과를 내기 위해 여러 방법을 사용한다. 같은 청중 앞에서 같은 마술을 여러 번 공연할 때 유용한 기술이다. 관객이 같은 마술을 여러 번 보면 어떤 기술을 쓰는지 점차 추측할 수 있게 되기 때문이다. 관객이 추측해낸 기술을 배제하고 다른 기술을 쓰면 관객은 알아채지 못한다. 예를 들어 숙련된 마술사는 염력으로 금속을 구부리는 것처럼 보이기 위해 여러 기술을 사용할 수 있다.

45. 어디서 파는지만 안다면 요즘에는 저절로 구부러지는 숟가락을 구해 마술을 펼칠 수 있지만, 유리 겔러가 등장했을 당시에는 그런 것을 구할 수 없었다는 점을 알아두셨으면 한다.

46. Richard Wiseman and Emma Greening, "'It's Still Bending': Verbal Suggestion and Alleged Psychokinetic Ability," British Journal of Psychology 96, no. 1 (February 2005): 115-127

47. 기록해 두자면 열쇠는 절대 계속 구부러지지 않았다.

48. Elizabeth F. Loftus, David G. Miller, and Helen J. Burns, "Semantic Integration of Verbal Information into Visual Memory," Journal of Experimental Psychology: Human Learning and Memory 4, no. 1 (January 1978): 19-31.

49. 예를 들면 다음과 같다. Fiona Gabbert, Amina Memon, Kevin

Allan, and Daniel B. Wright, "Say It to My Face: Examining the Effects of Socially Encountered Misinformation," Legal and Criminological Psychology 9, no. 2 (September 2004): 215-227.

50. Fiona Gabbert, Amina Memon, and Kevin Allan, "Memory Conformity: Can Eyewitnesses Influence Each Other's Memories for an Event?," Applied Cognitive Psychology 17, no. 5 (April 2003): 533-543.

51. Krissy Wilson and Christopher C. French, "Magic and Memory: Using Conjuring to Explore the Effects of Suggestion, Social Influence and Paranormal Belief on Eyewitness Testimony for an Ostensibly Paranormal Event," Frontiers in Psychology 5 (November 2014): 1289.

52. Richard Wiseman, Caroline Watt, Paul Stevens, Emma Greening, and Ciarán O'Keeffe, "An Investigation into Alleged 'Hauntings,'" British Journal of Psychology 94, no. 2 (May 2003): 195-211.

53. 차폐되지 않은 지구상 어느 곳에서든 배경 전자기장의 세기는 끊임 없이 출렁이는 지구 자체의 전자기장, 전자기기 주변 전자기장, 그 지역의 기본 지질학적 특성 등 여러 요인에 따라 달라진다.

54. 예를 들어 다음을 보라. Michael A. Persinger, "Geophysical Variables and Behavior: LV. Predicting the Details of Visitor Experiences and the Personality of Experients: The Temporal Lobe

Factor," Perceptual and Motor Skills 68, no.1 (February 1989): 55-65.

55. Jason J. Braithwaite, "Neuromagnetic Effects on Anomalous Cognitive Experiences: A Critical Appraisal of the Evidence for Induced Sensed-Presence and Haunt-Type Experiences," NeuroQuantology 8, no. 1 (December 2010): 517-530; Jason J. Braithwaite, "Magnetic Fields, Hallucinations and Anomalous Experiences: A Skeptical Critique of the Current Evidence," The Skeptic 22, no. 4 (Summer 2011): 38-45.

56. Craig Aaen-Stockdale, "Neuroscience for the Soul," The Psychologist 25, no. 7 (July 2012): 520-523.

57. Katherine Makarec and Michael A. Persinger, "Electroencephalographic Validation of a Temporal Lobe Signs Inventory," Journal of Research in Personality 24, no. 3 (September 1990): 323-337.

58. Braithwaite, "Neuromagnetic Effects"; Braithwaite, "Magnetic Fields."

59. C. M. Cook and M. A. Persinger, "Experimental Induction of the 'Sensed Presence' in Normal Subjects and an Exceptional Subject," Perceptual and Motor Skills 85, no. 2 (November 1997): 683-693; C. M. Cook and M. A. Persinger, "Geophysical Variables and Behavior: XCII. Experimental Elicitation of the Experience of a Sentient Being by Right Hemispheric, Weak Magnetic Fields: Interaction with Temporal Lobe Sensitivity,"

Perceptual and Motor Skills 92, no. 2 (April 2001): 447-448; Michael A. Persinger, "The Sensed Presence Within Experimental Settings: Implications for Male and Female Concept of Self," Journal of Psychology 137, no. 1 (January 2003): 5-16.

60. M. A. Persinger, S. G. Tiller, and S. A. Koren, "Experimental Simulation of a Haunt Experience and Elicitation of Paroxysmal Electroencephalographic Activity by Transcerebral Complex Magnetic Fields: Induction of a Synthetic 'Ghost'?," Perceptual and Motor Skills 90 no. 2 (April 2000): 659-674.

61. Susan Blackmore, "Alien Abduction," New Scientist 144 (November 19, 1994): 19-21.

62. Aaen-Stockdale, "Neuroscience for the Soul," 522.

63. Pehr Granqvist, Mats Fredrikson, Patrik Unge, Andrea Hagenfeldt, Sven Valind, Dan Larhammar, and Marcus Larsson, "Sensed Presence and Mystical Experiences Are Predicted by Suggestibility, Not by the Application of Transcranial Weak Complex Magnetic Fields," Neuroscience Letters 379, no. 1 (April 2005): 1-6.

64. M. A. Persinger and S. A. Koren, "A Response to Granqvist et al. 'Sensed Presence and Mystical Experiences Are Predicted by Suggestibility, Not by the Application of Transcranial Weak Complex Magnetic Fields,'" Neuroscience Letters 380, no. 3

(June 2005): 346-347; 다음도 보라. Marcus Larsson, Dan Larhammar, Mats Fredrikson, and Pehr Granqvist, "Reply to M. A. Persinger and S. A. Koren's Response to Granqvist et al. 'Sensed Presence and Mystical Experiences Are Predicted by Suggestibility, Not by the Application of Transcranial Weak Complex Magnetic Fields,'" Neuroscience Letters 380, no. 3 (June 2005): 348-350.

65. Braithwaite, "Neuromagnetic Effects," 527.

66. 나는 1981년부터 1982년까지 코번트리 폴리테크닉(지금의 코번트리대학교)에서 임시 강사로 일할 때 처음 빅을 만났다. 당시 그는 같은 부서의 테크니션이었다. 우리는 사이가 좋았고 쉬는 시간에 종종 함께 수다를 떨었다. 몇 년 뒤 그가 새로운 귀신 들림 이론을 제안해 초자연 현상 세계에서 유명해질 줄은 전혀 몰랐다. Vic Tandy and Tony R. Lawrence, "The Ghost in the Machine," Journal of the Society for Psychical Research 62, no. 851 (April 1998): 360-364.

67. Vic Tandy "Something in the Cellar," Journal of the Society for Psychical Research 64 (2000): 129-140.

68. Jason J. Braithwaite and Maurice Townsend, "Good Vibrations: The Case for a Specific Effect of Infrasound in Instances of Anomalous Experience Has Yet to Be Empirically Demonstrated," Journal of the Society for Psychical Research 70 (October 2006): 211-224.

69. Christopher C. French, Usman Haque, Rosie Bunton-Stasyshyn, and Rob Davis, "The 'Haunt' Project: An Attempt to Build a 'Haunted' Room by Manipulating Complex Electromagnetic Fields and Infrasound," Cortex 45, no. 5 (May 2009): 619-629.

70. French et al., "The 'Haunt' Project," 624-625.

71. M. A. Persinger and C. F. De Sano, "Temporal Lobe Signs: Positive Correlations with Imaginings and Hypnosis Induction Profiles," Psychological Reports 58, no. 2 (April 1986): 347-350.

4장. 하늘 저편의 영혼들 2부: 죽은 자와 소통하다

01. Sybo A. Schouten, "An Overview of Quantitatively Evaluated Studies with Mediums and Psychics," Journal of the American Society for Psychical Research 88 (July 1994): 221-254.

02. Schouten, "An Overview," 221.

03. Marco Aurélio Vinhosa Bastos Jr., Paulo Roberto Haidamus de Oliveira Bastos, Lidia Maria Gonçalves, Igraíne Helena Scholz Osório, and Giancarlo Lucchetti, "Mediumship: Review of Quantitatives [sic] Studies Published in the 21st Century," Archives of Clinical Psychiatry 42, no. 5 (October 2015): 129-138.

04. 좀 더 정확도 높은 연구 두 가지는 다음과 같다. Julie Beischel and Gary E. Schwartz, "Anomalous Information Reception by Research Mediums Demonstrated Using a Novel Triple-Blind Protocol," Explore (NY) 3, no. 1 (January-February 2007): 23-27; Julie Beischel, Mark Boccuzzi, Michael Biuso, and Adam J. Rock, "Anomalous Information Reception by Research Mediums under Blinded Conditions. II: Replication and Extension," Explore (NY) 11, no. 2 (March-April 2015): 36-42. 정확도가 조금 떨어지는 나머지 세 연구는 다음과 같다. Emily Williams Kelly and Dianne Arcangel, "An Investigation of Mediums Who Claim to Give

Information About Deceased Persons," Journal of Nervous and Mental Disease 199, no. 1 (January 2011): 11-17; Ciarán O'Keeffe and Richard Wiseman, "Testing Alleged Mediumship: Methods and Results," British Journal of Psychology 96, no. 2 (May 2005): 165-179; Christian Jensen, Etzel Cardeña, and Devin Terhune, "A Controlled Long-Distance Test of a Professional Medium," European Journal of Parapsychology 24, no. 1 (2009): 53-67.

05. Ray Hyman, "'Cold Reading': How to Convince Strangers That You Know All About Them," The Zetetic 1 (Spring/Summer 1977): 18-37; 다음에 다시 수록됨. Ray Hyman, The Elusive Quarry: A Scientific Appraisal of Psychical Research (Buffalo, NY: Prometheus Books, 1989), 402-419.

06. Ian Rowland, The Full Facts Book of Cold Reading, 7th ed. (London: Ian Rowland., 2019). 이 책은 여러 온라인 서점에서 구할 수 있지만, 이언은 다음 웹사이트에서 직접 구매하시기를 바란다. https://www.coldreadingsuccess.com.

07. Bertram R. Forer, "The Fallacy of Personal Validation: A Classroom Demonstration of Gullibility," Journal of Abnormal and Social Psychology 44, no. 1 (January 1949): 118-123.

08. C. R. Snyder, Randee Jae Shenkel, and Carol R. Lowery, "Acceptance of Personality Interpretations: The "Barnum Effect" and Beyond," Journal of Consulting and Clinical Psychology 45, no. 1 (1977): 104-114; D. H. Dickson and I. W. Kelly, "The 'Barnum

Effect' in Personality Assessment: A Review of the Literature," Psychological Reports 57, no. 2 (October 1985): 367-382; Adrian Furnham and Sandra Schofield, "Accepting Personality Test Feedback: A Review of the Barnum Effect," Current Psychological Research & Reviews 6, no. 2 (Summer 1987): 162-178.

09. Susan J. Blackmore, "Probability Misjudgment and Belief in the Paranormal: A Newspaper Survey," British Journal of Psychology 88, no. 4 (November 1997): 683-689.

10. Krissy Wilson and Christopher C. French, "Misinformation Effects for Psychic Readings and Belief in the Paranormal," Imagination, Cognition and Personality 28, no. 2 (2008-2009): 155-171.

11. Francesca Cookney, "Top Five Brilliant Examples of Flawless Sherlock Holmes Logic," Mirror, January 2, 2014, https://www.mirror.co.uk/lifestyle/staying-in/top-five-brilliant-examples-flawless-2980770.

12. Adam J. Powell and Peter Moseley, "When Spirits Speak: Absorption, Attribution, and Identity among Spiritualists Who Report 'Clairaudient' Voice Experiences," Mental Health, Religion & Culture 23, no. 10 (July 2020): 841-856.

13. Matt Roper, "The Spooky Truth: Most Haunted Exposed As a Fake by Star That Claims Derek Acorah Show Features 'Showmanship and Dramatics,'" Mirror, May 15, 2012, https://

www.mirror.co.uk/tv/tv-news/most-haunted-exposed-fake-star-833433.

14. Roper, "The Spooky Truth."

15. 제대로 된 점괘판은 아주 훌륭하다. '예'와 '아니오'뿐만이 아니라 문자와 숫자가 반들반들한 나무판에 새겨져 있다. 참가자들이 플랑셰트 planchette라 부르는 하트 모양의 나뭇조각 위에 손가락을 올려놓고 질문을 던지면 플랑셰트가 점괘판 위를 움직이며 참가자의 질문에 대답하는 글자를 가리킨다.

16. 투명성을 기하기 위해 솔직히 답하자면, 나는 점괘 놀이를 할 때 겁먹은 적이 없다고 단언할 수 있다. 이 사례에 관한 설명은 다음 편집본에 내가 기고한 글을 참고하라. Karen Stollznow, Would You Believe It? Mysterious Tales from People You'd Least Expect (Denver, CO: Karen Stollznow, 2017): 77-81.

17. Carroll, The Skeptic's Dictionary, 172.

18. 〈내셔널 지오그래픽National Geographic〉 시리즈 시즌 5 〈브레인 게임Brain Games〉에 등장했다. https://www.youtube.com/watch?v=PRo8TytvIDw.

19. Konstantin Raudive, Breakthrough (New York: Taplinger, 1971).

20. Michael A. Nees and Charlotte Phillips, "Auditory Pareidolia: Effects of Contextual Priming on Perceptions of Purportedly Paranormal and Ambiguous Auditory Stimuli," Applied Cogni-

tive Psychology 29, no. 1 (January/February 2015): 129-134.

21. E. L. Smith, "The Raudive Voices-Objective or Subjective? A Discussion," Journal of the Society for Psychical Research 46 (1972): 192-200; D. J. Ellis, "Listening to the 'Raudive Voices,'" Journal of the Society for Psychical Research 48 (1975): 31-42; Joe Banks, "Rorschach Audio: Ghost Voices and Perceptual Creativity," Leonardo Music Journal 11, no. 2 (December 2001): 77-83; Christopher C. French, Paranormal Perception? A Critical Evaluation (London: Institute for Cultural Research, 2001).

5장. 외계인을 만난 놀라운 기억

01. 예를 들어 다음을 보라. David Basey, "The Size of Th ings," British Astronomical Association, November 16, 2018, https://britastro.org/node/13975.

02. Douglas Adams, The Hitchhiker's Guide to the Galaxy (London: Pan Books, 1979). 《은하수를 여행하는 히치하이커를 위한 안내서》, 책세상.

03. Jim Al-Khalili, ed., Aliens: Science Asks: Is There Anyone Out There? (London: Profile, 2016). 《지구 밖 생명을 묻는다》, 반니.

04. Lydia Saad, "Americans Skeptical of UFOs, But Say Government Knows More," Gallup, September 6, 2019, https://news.gallup.com/poll/266441/americans-skeptical-ufos-say-government-knows.aspx.

05. Chris Jackson, "A Quarter of Americans Believe That Crashed Ufo Spacecrafts Are Held at Area 51 in Southern Nevada," Ipsos, October 3, 2019, https://www.ipsos.com/en-us/news-polls/americans-believe-crashed-ufo-spacecrafts-held-at-area-51.

06. Will Dahlgreen, "You Are Not Alone: Most People Believe That

Aliens Exist," YouGov, September 24, 2015, https://yougov. co.uk/topics/lifestyle/articles-reports/2015/09/24/you-are-not-alone-most-people-believe-aliens-exist.

07. Charles Berlitz and William M. Moore, The Roswell Incident (New York: Grosset & Dunlap, 1980); Kevin D. Randle and Donald R. Schmitt, UFO Crash at Roswell (New York: Avon, 1991); Stanton T. Friedman and Don Berliner, Crash at Corona: The U.S. Military Retrieval and Cover-Up of a UFO (New York: Paragon House, 1992); Kevin Randle and Donald Schmitt, The Truth About the UFO Crash at Roswell (New York: M. Evans, 1994).

08. Philip J. Klass, The Real Roswell Crashed-Saucer Coverup (Amherst, NY: Prometheus Books, 1997); Kal K. Korff, The Roswell UFO Crash: What They Don't Want You to Know (Amherst, NY: Prometheus Books, 1997).

09. 오컴의 면도날은 회의주의자들이 사랑하는 원칙이다. 영국 수도사 오컴의 윌리엄William of Ockham(1287-1347년 무렵)이 주장한 이 원칙은 "실체는 필요 이상 과장되어서는 안 된다"라는 뜻으로, 간략히 말하면 어떤 현상에 관해 둘 이상의 설명을 내놓을 수 있다면 가장 단순한 것을 선호해야 한다는 뜻이다.

10. David Clarke, The UFO Files: The Inside Story of Real-Life Sightings, 2nd ed. (London: Bloomsbury, 2012), 107.

11. Ian Ridpath, "The Rendlesham Forest UFO Case", 2023년 5월

30일 최종 접속, http://www.ianridpath.com/ufo/rendlesham. html. 다음도 보라. Jenny Randles, Andy Roberts, and David Clarke, The UFOs That Never Were (London: London House, 2000), 164-222.

12. BBC News, "Meteor Captured on Doorbell Cameras in England," March 2, 2021, https://www.bbc.co.uk/news/uk-56241705.

13. Peter Brookesmith, UFO: The Complete Sightings catalogue (London: Blandford, 1995).

14. Robert Durant, "Public Opinion Polls and UFOs," 다음에 실림. UFO 1947-1997: Fifty Years of Flying Saucers, ed. Hilary Evans and Dennis Stacy (London: John Brown, 1997), 230-239.

15. 다음에 보고되었다. Robert Sheaffer, UFO Sightings: The Evidence (Amherst, NY: Prometheus Books, 1998), 139.

16. Sheaffer, UFO Sightings; Philip J. Klass, UFOs: The Public Deceived (Buffalo, NY: Prometheus Books, 1983).

17. Joe Nickell, Camera Clues: A Handbook for Photographic Investigation (Lexington: University Press of Kentucky, 1994).

18. 이 기술을 적용한 훌륭한 사례는 다음을 보라. Kal K. Korff, The Billy Meier Story: Spaceships of the Pleiades (Amherst, NY: Prometheus Books, 1995).

19. 이런 오해를 가장 잘 나타낸 사례는 영국에서 보고되었다. 다음 장에 설명하겠다. Michael Moran, "Google Maps User Spots 'Giant UFO Mothership'-Can You Guess What It Really Is," Daily Star, February 28, 2021, https://www.dailystar.co.uk/news/weird-news/google-maps-user-spots-giant-23580039.

20. 의학적 검사와 실험은 외계인 납치 이야기에서 상당히 많이 보고되는 주제다. 외계인이 훌륭한 해부학 교과서를 구한다면 인간의 생식기에 관한 호기심을 더 쉽게 충족할 수 있지 않느냐는 의견도 있다. 1858년 처음 출간되어 지금까지 40번째 개정판이 나온 《그레이 해부학Gray's Anatomy》이 가장 확실한 선택이 될 것이다.

21. John G. Fuller, The Interrupted Journey (New York: Dell, 1966).

22. Sheaffer, UFO Sightings; Philip J. Klass, UFO Abductions: A Dangerous Game, updated edition (Buffalo, NY: Prometheus Books, 1989).

23. Whitley Strieber, Communion: A True Story (New York: Morrow, 1987).

24. Klass, UFO Abductions.

25. Strieber, Communion, 172-173.

26. Budd Hopkins, Intruders: The Incredible Visitations at Copley Woods (New York: Random House, 1987); Budd Hopkins, Missing Time: A Documented Study of UFO Abductions (New York: Richard Marek, 1981).

27. 피터 휴와 폴 로저스의 연구에 따르면, 표본 중 여성 납치 피해자의 거의 절반이 외계인에게 임신당했다고 주장하지만, 이것이 체외수정이나 외계인과의 강제적인 성적 접촉 같은 인위적인 절차의 결과인지는 명확하지 않았다. 다음을 보라. Peter Hough and Paul Rogers, "Individuals Who Report Being Abducted by Aliens: Investigating the Differences in Fantasy Proneness, Emotional Intelligence and the Big Five Personality Factors," Imagination, Cognition, and Personality 27, no. 2 (October 2007), 139-161.

28. John E. Mack, Abduction: Human Encounters with Aliens (New York: Charles Scribner's Sons, 1994).

29. 사기라고 입증되었거나 아마도 사기일 UFO 연구의 사례에는 다음과 같은 것이 있다. 트래비스 월튼Travis Walton의 납치(다음을 보라. Klass, UFO Abductions, 25-37); 빌리 마이어Billy Meier가 내놓은 외계인을 만났다는 '증거' (Korff, The Billy Meier Story); 걸프 브리즈Gulf Breeze의 UFO 사진 (Sheaffer, UFO Sightings, 100-102); 로스웰 '외계인 부검' 사기[다음 기사를 보라. Joe Nickell, C. Eugene Emery, Trey Stokes, and Joseph A. Bauser reprinted in Kendrick Frazier, Barry Karr, and Joe Nickell, eds., The UFO Invasion: The Roswell Incident, Alien Abductions, and Government Coverups (Amherst, NY: Prometheus Books, 1997), 135-157].

30. Susan Blackmore, The Meme Machine (Oxford: Oxford University Press, 1999), 175. 《문화를 창조하는 새로운 복제자 밈》, 바다출판사.

31. Kevin D. Randle, Russ Estes, and William P. Cone, The Abduc-

tion Enigma: The Truth Behind the Mass Alien Abductions of the Late Twentieth Century (New York: Tom Doherty Associates, 1999), 322-327.

32. Richard J. McNally, Natasha B. Lasko, Susan A. Clancy, Michael L. Macklin, Roger K. Pitman, and Scott P. Orr, "Psychophysiological Responding during Script-Driven Imagery in People Reporting Abduction by Space Aliens," Psychological Science 15, no. 7 (July 2004): 493-497.

33. Robert E. Bartholomew, Keith Basterfield, and George S. Howard, "UFO Abductees and Contactees: Psychopathology or Fantasy Proneness?," Professional Psychology: Research and Practice 22, no. 3 (June 1991): 215-222; Ted Bloecher, Aphrodite Clamar, and Budd Hopkins, Summary Report on the Psychological Testing of Nine Individuals Reporting UFO Abduction Experiences (Mount Rainier, MD: Fund for UFO Research, 1985); Mack, Abduction; June O. Parnell and R. Leo Sprinkle, "Personality Characteristics of Persons Who Claim UFO Experiences," Journal of UFO Studies 2, no. 1 (1990): 45-58; M. Rodeghier, J. Goodpaster, and S. Blatterbauer, "Psychosocial Characteristics of Abductees: Results from the CUFOS Abduction Project," Journal of UFO Studies 3 (1991): 59-90; Nicholas P. Spanos, Patricia A. Cross, Kirby Dickson, and Susan C. DuBreuil, "Close Encounters: An Examination of UFO Experiences," Journal of Abnormal Psychology 102, no. 4 (November 1993): 624-632.

34. Jatinder Takhar and Sandra Fisman, "Alien Abduction in PTSD," Journal of the American Academy of Child and Adolescent Psychiatry 34, no. 8 (August 1995): 974-975; Susan Marie Powers, "Alien Abduction Narratives," 다음에 실림. Broken Images, Broken Selves: Dissociative Narratives in Clinical Practice, ed. Stanley Krippner and Susan Marie Powers (Washington, DC: Bruner/Mazel, 1997), 199-215; Rodeghier et al., "Psychosocial Characteristics."

35. J. Stone-Carmen, "A Descriptive Study of People Reporting Abduction by Unidentifi ed Flying Objects (UFOs)," 다음에 실림. Alien Discussions: Proceedings of the Abduction Study Conference Held at MIT, ed. Andrea Pritchard, David E. Pritchard, John E. Mack, Pam Kasey, and Claudia Yapp (Cambridge, MA: North Cambridge Press, 1994), 309-315.

36. Parnell and Sprinkle, "Personality Characteristics," 45.

37. Christopher C. French, Julia Santomauro, Victoria Hamilton, Rachel Fox, and Michael A. Thalbourne, "Psychological Aspects of the Alien Contact Experience," Cortex 44, no. 10 (November/December 2008): 1387-1395.

38. Joseph Glicksohn and Terry R. Barrett, "Absorption and Hallucinatory Experience," Applied Cognitive Psychology 17, no. 7 (November 2003): 833-849; French, "Fantastic Memories"; Christopher C. French and Krissy Wilson, "Incredible Memories: How

Accurate Are Reports of Anomalous Events?," European Journal of Parapsychology 21 (2006): 166-181.

39. Elizabeth Loftus and Katherine Ketcham, The Myth of Repressed Memory: False Memories and Allegations of Sexual Abuse (New York: St. Martin's Press, 1994) 《우리 기억은 진짜 기억일까?》, 도솔.; Paul R. McHugh, Try to Remember: Psychiatry's Clash over Meaning, Memory, and Mind (New York: Dana Press, 2008); Richard Ofshe and Ethan Watters, Making Monsters: False Memories, Psychotherapy, and Sexual Hysteria (London: Andre Deutsch, 1995); Mark Pendergrast, The Repressed Memory Epidemic: How It Happened and What We Need to Learn from It (Cham, Switzerland: Springer, 2017).

40. Richard J. McNally, Remembering Trauma (Cambridge, MA: Harvard University Press, 2003).

41. C. J. Brainerd and V. F. Reyna, The Science of False Memory (New York: Oxford University Press, 2005).

42. James Deese, "On the Prediction of Occurrence of Particular Verbal Intrusions in Immediate Recall," Journal of Experimental Psychology 58, no. 1 (July 1959): 17-22; Henry L. Roediger III and Kathleen B. McDermott, "Creating False Memories: Remembering Words Not Presented on Lists," Journal of Experimental Psychology: Learning, Memory, and Cognition 21, no. 4 (July 1995). 803-814.

43. Elizabeth F. Loftus and Jacqueline E. Pickrell, "The Formation of False Memories," Psychiatric Annals 25, no. 12 (December 1995): 720-725.

44. Elizabeth F. Loftus, "Imagining the Past," The Psychologist 14, no. 11 (November 2001): 584-587.

45. Kimberley A. Wade, Maryanne Garry, J. Don Read, and D. Stephen Lindsay, "A Picture Is Worth a Thousand Lies: Using False Photographs to Create False Childhood Memories," Psychonomic Bulletin & Review 9, no. 3 (September 2002): 597-603.

46. Hans F. M. Crombag, Willem A. Wagenaar, and Peter J. van Koppen, "Crashing Memories and the Problem of 'Source Monitoring,'" Applied Cognitive Psychology 10, no. 2 (April 1996): 95-104.

47. James Ost, Aldert Vrij, Alan Costall, and Ray Bull, "Crashing Memories and Reality Monitoring: Distinguishing between Perceptions, Imaginations and 'False Memories,'" Applied Cognitive Psychology 16, no. 2 (February 2002): 125-134; Pär A. Granhag, Leif A. Strömwall, and James F. Billings, "'I'll Never Forget the Sinking Ferry': How Social Influence Makes False Memories Surface," 다음에 실림. Much Ado About Crime: Chapters on Psychology and Law, ed. Miet Vanderhallen, Geert Vervaeke, Peter Jan Van Koppen, and Johan Goethals (Brussels: Uitgeverij Politeia, 2003), 129-140.

48. French, "Fantastic Memories"; French and Wilson, "Incredible Memories."

49. Auke Tellegen and Gilbert Atkinson, "Openness to Absorbing and Self-Altering Experiences ('Absorption'), a Trait Related to Hypnotic Susceptibility," Journal of Abnormal Psychology 83, no. 3 (June 1974): 268.

50. Glicksohn and Barrett, "Absorption and Hallucinatory Experience"; Robert Nadon and John F. Kihlstrom, "Hypnosis, Psi, and the Psychology of Paranormal Experience," Behavioral and Brain Sciences 10, no. 4 (December 1987): 597-599; Richards, Hellgren, and French, "Inattentional Blindness"; Glicksohn and Barrett, "Absorption and Hallucinatory Experience"; John Palmer and Ivo van der Velden, "ESP and 'Hypnotic Imagination': A Group Free- Response Study," European Journal of Parapsychology 4, no. 4 (May 1983): 413-434; Nicholas P. Spanos and Patricia Moretti, "Correlates of Mystical and Diabolical Experiences in a Sample of Female University Students," Journal for the Scientific Study of Religion 27, no. 1 (March 1988): 105-116; Susan A. Clancy, Richard J. McNally, Daniel L. Schacter, Mark F. Lenzenweger, and Roger K. Pitman, "Memory Distortion in People Reporting Abduction by Aliens," Journal of Abnormal Psychology 111, no. 3 (August 2002): 455-461; French et al., "Psychological Aspects."

51. 해리와 초자연적 믿음에 관해 살펴보려면 다음을 보라. Harvey J. Irwin, "Paranormal Beliefs and Proneness to Dissociation," Psychological Reports 75 (1994): 1344-1346; Toni Makasovski and Harvey J. Irwin, "Paranormal Belief, Dissociative Tendencies and Parental Encouragement of Imagination in Childhood," Journal of the American Society for Psychical Research 93, no. 3 (July 1999): 233-247; Ronald J. Pekala, V. K. Kumar, and Geddes Marcano, "Anomalous/Paranormal Experiences, Hypnotic Susceptibility, and Dissociation," Journal of the American Society for Psychical Research 89, no. 4 (1995): 313-332; Shelley L. Rattet and Krisanne Bursik, "Investigating the Personality Correlates of Paranormal Belief and Precognitive Experience," Personality and Individual Differences 31, no. 3 (August 2001): 433-444; Uwe Wolfradt, "Dissociative Experiences, Trait Anxiety and Paranormal Beliefs," Personality and Individual Differences 23, no. 1 (July 1997): 15-19. 초자연적 경험에 관해 살펴보려면 다음을 보라. Pekala et al., "Anomalous/Paranormal Experiences"; Douglas G. Richards, "A Study of the Correlations between Subjective Psychic Experiences and Dissociative Experiences," Dissociation 4, no. 2 (June 1991): 83-91; Colin A. Ross and Shaun Joshi, "Paranormal Experiences in the General Population," Journal of Nervous and Mental Disease 180, no. 6 (June 1992): 357-361; Colin A. Ross, Lynne Ryan, Harrison Voigt, and Lyle Eide, "High and Low Dissociators in a College Student Population," Dissociation 4, no. 3 (September 1991): 147-151. 외계인 만남에 관해서는 다음을

보라. Susan Marie Powers, "Dissociation in Alleged Extraterrestrial Abductees," Dissociation 7, no. 1 (March 1994): 44-50; French et al., "Psychological Aspects."

52. Stephen Jay Lynn, Judith Pintar, and Judith W. Rhue, "Fantasy Proneness, Dissociation, and Narrative Construction," 다음에 실림. Broken Images, Broken Selves: Dissociative Narratives in Clinical Practice, ed. Stanley Krippner and Susan Marie Powers (Washington, DC: Bruner/Mazel, 1997), 274-302.

53. Krissy Wilson and Christopher C. French, "The Relationship between Susceptibility to False Memories, Dissociativity, and Paranormal Belief and Experience," Personality and Individual Differences 41, no. 8 (December 2006): 1493-1502.

54. Neil Dagnall, Andrew Parker, and Gary Munley, "News Events, False Memory and Paranormal Belief," European Journal of Parapsychology 22 (September 2008): 173-188.

55. Sheryl C. Wilson and Theodore X. Barber, "The Fantasy-Prone Personality: Implications for Understanding Imagery, Hypnosis, and Parapsychological Phenomena," 다음에 실림. Imagery: Current Theory, Research and Application, ed. Anees A. Sheikh (New York: Wiley, 1983), 340-387.

56. Steven Jay Lynn and Judith W. Rhue, "Fantasy Proneness: Hypnosis, Developmental Antecedents, and Psychopathology,"

American Psychologist 43, no. 1 (January 1988): 35-44.

57. 초자연적 믿음에 관해서는 다음을 보라. Heather R. Auton, Jacqueline Pope, and Gus Seeger, "It Isn't That Strange: Paranormal Belief and Personality Traits," Social Behavior and Personality 31, no. 7 (November 2003): 711-720; Kathryn Gow, Adam Lane, and David Chant, "Personality Characteristics, Beliefs and the Near-Death Experience," Australian Journal of Clinical and Experimental Hypnosis 31, no. 2 (2003): 128-152; Kathryn Gow, Tracey Lang, and David Chant, "Fantasy Proneness, Paranormal Beliefs and Personality Features in Out-of-Body Experiences," Contemporary Hypnosis 21, no. 3 (September 2004): 107-125; Harvey J. Irwin, "Fantasy-Proneness and Paranormal Beliefs," Psychological Reports 66, no. 2 (April 1990): 655- 658; Harvey J. Irwin, "A Study of Paranormal Belief, Psychological Adjustment and Fantasy-Proneness," Journal of the American Society for Psychical Research 85 (1991): 317-331; Tony Lawrence, Claire Edwards, Nicholas Barraclough, Sarah Church, and Francesca Hetherington, "Belief and Experience: Childhood Trauma and Childhood Fantasy," Personality and Individual Differences 19, no. 2 (August 1995): 209-215; Paul Rogers, Pamela Qualter, and Gemma Phelps, "The Mediating and Moderating Effects of Loneliness and Attachment Style on Belief in the Paranormal," European Journal of Parapsychology 22, no. 2 (2007): 138-165. 초자연적 경험에 관한 취약성을 알아보려면 다음을 보라. Gow, Lane, and Chant, "Personality Characteristics"; Gow, Lang, and

Chant, "Fantasy Proneness"; S. A. Myers, H. R. Austrin, J. Grisso, and R. Nickeson, "Personality Characteristics as Related to Out-of-Body Experiences," Journal of Parapsychology 47 (1983): 131-144.

58. Bartholomew, Basterfield, and Howard, "UFO Abductees and Contactees." 다음도 보라. Robert E. Bartholomew and George S. Howard, UFOs and Alien Contact: Two Centuries of Mystery(Amherst, NY: Prometheus Books, 1998).

59. Joe Nickell, "A Study of Fantasy Proneness in the Thirteen Cases of Alleged Encounters in John Mack's Abduction," Skeptical Inquirer 20, no. 3 (May/June 1996): 18-20.

60. S. A. Myers, "The Wilson-Barber Inventory of Childhood Memories and Imaginings: Children's Form and Norms for 1337 Children and Adolescents," Journal of Mental Imagery 7, no. 1 (1983): 83-94; Rodeghier et al., "Psychosocial Characteristics"; Spanos et al., "Close Encounters."

61. French et al., "Psychological Aspects."

62. Hough and Rogers, "Individuals who Report Being Abducted by Aliens"; Harald Merckelbach, Robert Horselenberg, and Peter Muris, "The Creative Experiences Questionnaire: A Brief Self-Report Measure of Fantasy Proneness," Personality and Individual Differences 31, no. 6 (October 2001): 987-995.

63. Kenneth Ring and Christopher J. Rosing, "The Omega Project: A Psychological Survey of Persons Reporting Abductions and Other UFO Encounters," Journal of UFO Studies 2 (1990): 59-98.

64. Mack, Abduction; Ring and Rosing, "The Omega Project."

65. Keith Basterfield, "Paranormal Aspects of the UFO Phenomenon: 1975-1999," Australian Journal of Parapsychology 1 (2001): 30-55; Thomas E. Bullard, UFO Abductions: The Measure of a Mystery (Mount Rainier, MD: Fund for UFO Research, 1987); Ann Druffel and D. Scott Rogo, The Tujunga Canyon Contacts (Eaglewood Cliffs, NJ: Prentice Hall, 1980); Hilary Evans, The Evidence for UFOs (Wellingborough: Aquarian, 1983); Hilary Evans, From Other Worlds: The Truth About Aliens, Abductions, UFOs and the Paranormal (London: Carlton, 1998); Mack, Abduction; Jenny Randles, Abduction (London: Robert Hale, 1988); Berthold Eric Schwarz, UFO Dynamics: Psychiatric and Psychic Aspects of the UFO Syndrome (Moore Haven, FL: Rainbow Books, 1983); John Spencer, Gifts of the Gods? UFOs, Alien Visitors or Psychic Phenomena (London: Virgin, 1994); Jacques Vallee, UFOs: The Psychic Solution (St. Albans: Panther, 1977); Keith Basterfield and Michael A. Thalbourne, "Belief in, and Alleged Experience of, the Paranormal in Ostensible UFO Abductees," Australian Journal of Parapsychology 2 (2002): 2-18; French et al., "Psychological Aspects."

66. Clancy et al., "Memory Distortion."

67. Thomas E. Bullard, "Hypnosis and UFO Abductions: A Troubled Relationship," Journal of UFO Studies 1 (1989): 3-40.

68. Simons and Chabris, "What People Believe"; 다음도 보라. Simons and Chabris, "Common (Mis)beliefs."

69. Mark R. Kebbell and Graham F. Wagstaff, "Hypnotic Interviewing: The Best Way to Interview Eyewitnesses?," Behavioral Sciences and the Law 16, no. 1 (January 1998): 115-129; Graham F. Wagstaff, "Forensic Aspects of Hypnosis," 다음에 실림. Hypnosis: The Cognitive-Behavioral Perspective, ed. Nicholas P. Spanos and John F. Chaves (Buffalo, NY: Prometheus Books, 1989): 340-357.

70. Loftus and Ketcham, The Myth of Repressed Memory; McNally, Remembering Trauma. 《우리 기억은 진짜 기억일까?》, 도솔.

71. Andrew M. Colman, Facts, Fallacies and Frauds in Psychology (London: Hutchinson, 1987).

72. Michael D. Yapko, "Suggestibility and Repressed Memories of Abuse: A Survey of Psychotherapists' Beliefs," 36, no. 3 (January 1994): 163-171; 다음도 보라. Michael D. Yapko, Suggestions of Abuse: True and False Memories of Childhood Sexual Trauma (New York: Simon & Schuster, 1994).

73. Yapko, "Suggestibility and Repressed Memories of Abuse," 163.

74. James Ost, Simon Easton, Lorraine Hope, Christopher C. French, and Daniel B. Wright, "Latent Variables Underlying the Memory Beliefs of Chartered Clinical Psychologists, Hypnotherapists and Undergraduate Students," Memory 25, no. 1 (January 2017): 57-68.

75. 다음에 설명이 나와 있다. Peter Brookesmith, Alien Abductions (London: Barnes and Noble, 1998), 96-97.

76. Alvin H. Lawson, "Perinatal Imagery in UFO Abduction Reports," Journal of Psychohistory 12, no. 2 (Fall 1984): 211-239.

77. Henry Otgaar, Ingrid Candel, Harald Merckelbach, and Kimberley A. Wade, "Abducted by a UFO: Prevalence Information Affects Young Children's False Memories for an Implausible Event," Applied Cognitive Psychology 23, no. 1 (January 2009): 115-125.

78. Clancy et al., "Memory Distortion."

79. Budd Hopkins, David M. Jacobs, and Ron Westrum, Unusual Personal Experiences: An Analysis of the Data From Three National Surveys Conducted by the Roper Organization (Las Vegas: Bigelow Holding Company, 1992).

80. Budd Hopkins, David M. Jacobs, and Ron Westrum, Unusual Personal Experiences, 56-57.

81. Goodreads, "Arthur C. Clarke," 항목, 2023년 6월 3일 최종 접속, https://www.goodreads.com/quotes/157737-i-m-sure-the-universe-is-full-of-intelligent-life-it-s.

82. Goodreads, "Arthur C. Clarke," 항목, 2023년 6월 3일 최종 접속, https://www.goodreads.com/quotes/41383-two-possibilities-exist-either-we-are-alone-in-the-universe.

83. Goodreads, "Ellen DeGeneres," 항목, 2023년 6월 3일 최종 접속, https://www.goodreads.com/quotes/3086-the-only-thing-that-scares-me-more-than-space-aliens.

6장. 행복하게 되돌아온 사람이 많다고?

01. 더 자세한 설명을 보려면 다음을 보라. Christopher C. French, "Reincarnation Claims," 다음에 실림. Parapsychology: The Science of Unusual Experience, 2nd ed., ed. David Groome and Ron Roberts (London: Routledge, 2017), 82-95.

02. 환생 개념이 너무 매혹적이어서 나는 환생협회Reincarnation Society를 알아보았다. 회비가 1200달러가 넘었다! 잠시 망설이다 과감히 가입하기로 했다. 인생은 한 번뿐이니까! (참고로 과학 작가 사이먼 싱의 농담을 뻔뻔하게 도용한 진부한 아재 개그다. 사실이 아닙니다.)

03. Michael A. Thalbourne, A Glossary of Terms Used in Parapsychology (Charlottesville, VA: Puente Publications, 2003), 107.

04. Erlendur Haraldsson, "Popular Psychology, Belief in Life After Death and Reincarnation in the Nordic Countries, Western and Eastern Europe," Nordic Psychology 58, no. 2 (July 2006): 171-180.

05. 노르웨이(1990년 무렵)를 제외하고 1999~2000년의 자료.

06. 영국과 스위스(1990-1993년)를 제외하고 1999~2002년의 자료.

07. 1999~2002년의 자료.

08. 예를 들어 다음을 보라. Brian Butterworth, "What Makes a Prod-

igy?," Nature Neuroscience 4, no. 1 (January 2001): 11-12; Dean Keith Simonton, "Creative Geniuses, Polymaths, Child Prodigies, and Autistic Savants: The Ambivalent Function of Interests and Obsessions," 다음에 실림. The Science of Interest, ed. Paul A. O'Keefe and Judith M. Harackiewicz (Cham, Switzerland: Springer, 2017): 175-185; Alan S. Brown, The Déjà Vu Experience (New York: Psychology Press, 2004).

09. 예를 들어 다음을 보라. Brian L. Weiss, Many Lives, Many Masters: The True Story of a Prominent Psychiatrist, His Young Patient, and the Past-Life Therapy That Changed Both Their Lives (London: Piatkus Books, 1988); Brian L. Weiss, Through Time into Healing: How Past Life Regression Therapy Can Heal Mind, Body, and Soul (London: Piatkus Books, 1992).

10. John C. Norcross, Gerald P. Koocher, and Ariele Garofalo, "Discredited Psychological Treatments and Tests," Professional Psychology: Research and Practice 37, no. 5 (October 2006): 515-522.

11. Robert A. Baker, They Call It Hypnosis (Buffalo, NY: Prometheus Books, 1990); Robert A. Baker, Hidden Memories: Voices and Visions from Within (Buffalo, NY: Prometheus Books, 1992); French, "Fantastic Memories"; Nicholas P. Spanos, Multiple Identities and False Memories: A Sociocognitive Perspective (Washington, DC: American Psychological Association, 1996).

12. Morey Bernstein, The Search for Bridey Murphy (Garden City, NY: Doubleday, 1956).

13. Martin Gardner, Fads and Fallacies in the Name of Science (New York: Dover, 1957); Melvin Harris, Sorry, You've Been Duped! The Truth Behind Classic Mysteries of the Paranormal (London: Weidenfeld & Nicolson, 1986).

14. Jeffrey Iverson, More Lives Than One? (London: Pan Books, 1977).

15. Harris, Sorry, You've Been Duped!

16. Joan Evans, Life in Medieval France (London: Phaidon, 1957).

17. Spanos, Multiple Identities and False Memories; N. P. Spanos, C. A. Burgess, and M. F. Burgess, "Past-Life Identities, UFO Abductions, and Satanic Ritual Abuse: The Social Construction of Memories," International Journal of Clinical and Experimental Hypnosis 42, no. 4 (October 1994): 433-446; Nicholas P. Spanos, Evelyn Menary, Natalie J. Gabora, Susan C. DuBreuil, and Bridget Dewhirst, "Secondary Identity Enactments During Hypnotic Past-Life Regression: A Sociocognitive Perspective," Journal of Personality and Social Psychology 61, no. 2 (August 1991): 308-320.

18. Cynthia A. Meyersburg, Ryan Bogdan, David A. Gallo, and Richard J. McNally, "False Memory Propensity in People Reporting Recovered Memories of Past Lives," Journal of Abnor-

mal Psychology 118, no. 2 (May 2009): 399-404.

19. Cynthia A. Meyersburg and Richard J. McNally, "Reduced Death Distress and Greater Meaning in Life among Individuals Reporting Past Life Memory," Personality and Individual Differences 50, no. 8 (2011): 1218-1221.

20. Ian Stevenson, "A Case of the Psychotherapist's Fallacy: Hypnotic Regression to 'Previous Lives,'" American Journal of Clinical Hypnosis 36, no. 3 (January 1994): 188-193.

21. 환생이 실제로 일어난다는 점에 더 공감하는 다른 설명은 다음을 보라. Roy Stemmen, "Lebanese Research among the Druse," Reincarnation International (June 1998): 11-21.

22. 환생 개념에 관한 좀 더 비판적인 논쟁은 다음을 보라. Paul Edwards, Reincarnation: A Critical Examination (Amherst, NY: Prometheus Books, 1996).

23. 드루즈인의 역사와 문화를 더 살펴보려면 다음을 보라. Nejla M. Abu-Izzeddin, The Druzes: A New Study of Their History, Faith and Society (Leiden: Brill, 1984); Robert Brenton Betts, The Druze, rev. ed. (New Haven, CT: Yale University Press, 2009); Kais M. Firro, A History of the Druze (Leiden: Brill, 1992); Sami Nasib Makarem, The Druze Faith (Delmar, NY: Caravan Books, 1974).

24. 다음도 비교해보라. Marwan Dwairy, "The Psychosocial Function

of Reincarnation among Druze in Israel," Culture, Medicine and Psychiatry 30, no. 1 (May 2006): 29-53.

25. Anne Bennett, "Reincarnation, Sect Unity, and Identity among the Druze," Ethnology 45, no. 2 (Spring 2006): 87-104; Dwairy, "The Psychosocial Function"; Roland Littlewood, "Social Institutions and Psychological Explanations: Druze Reincarnation as a Therapeutic Resource," British Journal of Medical Psychology 74, no. 2 (June 2001): 213-222; Eli Somer, Carmit Klein-Sela, and Keren Or-Chen, "Beliefs in Reincarnation and the Power of Fate and Their Association with Emotional Outcomes among Bereaved Parents of Fallen Soldiers," Journal of Loss and Trauma 16, no. 5 (September 2011): 459-475; Ian Wilson, The After Death Experience (London: Corgi, 1987).

7장. 진실을 알기 위해 죽다

01. 다음에서 인용함. Harvey J. Irwin and Caroline A. Watt, An Introduction to Parapsychology, 5th ed. (Jefferson, NC: McFarland, 2007), 157-158.

02. French and Stone, Anomalistic Psychology, 277-278.

03. Raymond A. Moody, Life After Life (Covington, GA: Mockingbird, 1975). 《다시 산다는 것》, 행간.

04. 예를 들면 다음과 같다. Raymond A. Moody, Reflections on Life After Life (Covington, GA: Mockingbird, 1977).

05. 관심 있는 독자라면 더 자세한 논쟁이 담긴 다음 문헌을 참고하라. NDE의 진짜 본질에 관한 여러 관점을 볼 수 있다. Lee W. Bailey and Jenny Yates, eds., The Near-Death Experience: A Reader (New York: Routledge, 1996); Susan Blackmore, Dying to Live: Science and the Near-Death Experience (London: Grafton, 1993); Susan J. Blackmore, Seeing Myself: The New Science of Out-of-Body Experiences (London: Robinson, 2017); Ornella Corazza, Near-Death Experiences: Exploring the Mind-Body Connection (London: Routledge, 2008); Peter Fenwick and Elizabeth Fenwick, The Truth in the Light: An Investigation of Over 300 Near-Death Experiences (London: Headline, 1995); Mark Fox, Religion, Spirituality and

the Near-Death Experience (London: Routledge, 2003); Christopher C. French, "Near-Death Experiences in Cardiac Arrest Survivors," Progress in Brain Research 150 (January 2005): 351-367; Bruce Greyson, "Near-Death Experiences," 다음에 실림. Varieties of Anomalous Experience: Examining the Scientific Evidence, 2nd ed., ed. Etzel Cardeña, Steven Jay Lynn, and Stanley Krippner (Washington, DC: American Psychological Association: 2014), 333-367; Bruce Greyson, After: A Doctor Explores What Near-Death Experiences Reveal About Life and Beyond (London: Bantam, 2021); Harvey J. Irwin and Caroline A. Watt, An Introduction to Parapsychology; Craig D. Murray, ed., Psychological Scientific Perspectives on Out-of-Body and Near-Death Experiences (New York: Nova Science Inc., 2009); Melvyn Morse, Closer to the Light (London: Souvenir, 1990); Melvyn Morse, Transformed by the Light: The Powerful Effect of Near-Death Experiences on People's Lives (New York: Ballantine, 1992); Sam Parnia, What Happens When We Die: A Ground-Breaking Study into the Nature of Life and Death, 2nd ed. (London: Hay House, 2008); Michael B. Sabom, Recollections of Death: A Medical Investigation (London: Corgi, 1982); Michael B. Sabom, Light and Death: One Doctor's Fascinating Account of Near-Death Experiences (Grand Rapids, MI: Zondervan, 1998); G. M. Woerlee, Mortal Minds: A Biology of the Soul and the Dying Experience (Utrecht: de Tijdstroom, 2003).

06. 이런 요소는 형언할 수 없는 느낌, 자신이 죽었다는 말을 들음, 평화롭고 조용한 느낌, 이상한 소리가 들림, 어두운 터널이 보임, '몸 바

깥'에 나간 느낌, '영적 존재'를 만남, '빛의 존재'가 되어 밝은 빛을 느낌, 인생을 파노라마처럼 살피는 인생 리뷰, 모든 지식을 갖춘 영역을 경험함, 빛의 도시를 봄, 혼란스러운 영혼의 세계를 경험함, '초자연적으로 구조되는' 경험, 경계나 한계가 느껴짐, 다시 몸으로 돌아오는 느낌 등으로 구성된다.

07. Kenneth Ring, Life at Death: A Scientific Investigation of the Near-Death Experience (New York: Coward, McCann, and Geoghegan, 1980).

08. Bruce Greyson and Nancy Evans Bush, "Distressing Near-Death Experiences," Psychiatry: Interpersonal and Biological Processes 55, no. 1 (March 1992): 95-110.

09. Bruce Greyson, "The Near-Death Experience Scale: Construction, Reliability, and Validity," Journal of Nervous and Mental Disease 171, no. 6 (June 1983): 369-375.

10. George Gallup Jr., with William Proctor, Adventures in Immortality: A Look Beyond the Threshold of Death (New York: McGraw-Hill, 1982).

11. Pim van Lommel, Ruud van Wees, Vincent Meyers, and Ingrid Elfferich, "Near- Death Experience in Survivors of Cardiac Arrest: A Prospective Study in the Netherlands," The Lancet 358, no. 9298 (December 15, 2001): 2039-2045; Sam Parnia, D. G. Waller, R. Yeates, and Peter Fenwick, "A Qualitative and Quantitative Study of the Incidence, Features and Aetiology of Near Death

Experiences in Cardiac Arrest Survivors," Resuscitation 48, no. 2 (February 2001): 149-156; Janet Schwaninger, Paul R. Eisenberg, Kenneth B. Schectman, and Alan N. Weiss, "A Prospective Analysis of Near-Death Experiences in Cardiac Arrest Patients," Journal of Near-Death Studies 20, no. 4 (June 2002): 215-232; Bruce Greyson, "Incidence and Correlates of Near-Death Experiences in a Cardiac Care Unit," General Hospital Psychiatry 25, no. 4 (July-August 2003): 269-276.

12. Penny Sartori, "The Incidence and Phenomenology of Near-Death Experiences," Network Review (Scientific and Medical Network) 90 (2006): 23-25; Zalika Klemenc-Ketis, Janko Kersnik, and Stefek Grmec, "The Effect of Carbon Dioxide on Near-Death Experiences in Out-of-Hospital Cardiac Arrest Survivors: A Prospective Observational Study," Critical Care 14, no. 2 (April 8, 2010): R56; Sam Parnia, Ken Spearpoint, Gabriele de Vos, Peter Fenwick, Diana Goldberg, Jie Yang, et al. "AWARE—AWAreness during REsuscitation—A Prospective Study," Resuscitation 85, no. 12 (2014): 1799- 805.

13. Christopher C. French, "Dying to Know the Truth: Visions of a Dying Brain, or False Memories?," The Lancet 358, no. 9298 (December 15, 2001): 2010-2011.

14. Bruce Greyson, "Consistency of Near-Death Experience Accounts over Two Decades: Are Reports Embellished over

Time?," Resuscitation 73, no. 3 (June 2007): 407- 411; Charlotte Martial, Vanessa Charland-Verville, Héléna Cassol, Vincent Didone, Martial Van Der Linden, and Steven Laureys, "Intensity and Memory Characteristics of Near-Death Experiences," Consciousness and Cognition 56 (November 2017): 120-127; Lauren E. Moore and Bruce Greyson, "Characteristics of Memories for Near-Death Experiences," Consciousness and Cognition 51 (May 2017): 116-124; Marie Thonnard, Vanessa Charland-Verville, Serge Brédart, Hedwige Dehon, Didier Ledoux, Steven Laureys, and Audray Vanhaudenhuyse, "Characteristics of Near-Death Experiences Memories as Compared to Real and Imagined Events Memories," PLOS ONE 8, no. 3 (March 27, 2013): e57620.

15. Chris Roe, "Near-Death Experiences," 다음에 실림. Parapsychology: The Science of Unusual Experiences, 2nd ed., ed. David Groome and Ron Roberts (London: Routledge, 2017), 65-81.

16. Stanislav Grof and Joan Halifax, The Human Encounter with Death (New York: Dutton, 1977); Carl Sagan, Broca's Brain: Reflections on the Romance of Science (New York: Random House, 1979). 《브로카의 뇌》, 사이언스북스.

17. Susan J. Blackmore, "Birth and the OBE: An Unhelpful Analogy," Journal of the American Society for Psychical Research 77, no. 3 (1983): 229-238.

18. Russell Noyes Jr. and Roy Kletti, "Depersonalization in Re-

sponse to Life-Threatening Danger," Comprehensive Psychiatry 18, no. 4 (July-August 1977): 375-384.

19. I. R. Judson and E. Wiltshaw, "A Near-Death Experience," The Lancet 322, no. 8349 (1983): 561-562.

20. Blackmore, Seeing Myself, 250.

21. Judson and Wiltshaw, "A Near-Death Experience," 561.

22. Melvin L. Morse, David Venecia, and Jerrold Milstein, "Near-Death Experiences: A Neurophysiologic Explanatory Model," Journal of Near-Death Studies 8, no. 1 (January 1989): 45 53.

23. Karl L. R. Jansen, "Near-Death Experience and the NMDA Receptor," British Medical Journal 298 (1989): 1708-1709; Karl L. R. Jansen, "The Ketamine Model of the Near-Death Experience: A Central Role for the N-Methyl-D-Aspartate Receptor," Journal of Near-Death Studies 16, no. 1 (January 1997): 79-95; Karl L. R. Jansen, Ketamine: Dreams Realities (Sarasota, FL: Multidisciplinary Association for Psychedelic Studies, 2001).

24. R. Strassman, "Endogenous Ketamine- Like Compounds and the NDE: If So, So What?," Journal of Near-Death Studies 16, no. 1 (January 1997): 27-41; Peter Fenwick, "Is the NearDeath Experience Only N-Methyl-D-Aspartate Blocking?," Journal of Near-Death Studies6, no. 1 (January 1997): 43-53.

25. James E. Whinnery, "Psychophysiologic Correlates of Unconsciousness and Near-Death Experiences," Journal of Near-Death Studies 15, no. 4 (Summer 1997): 231-258.

26. Ladislas Joseph Meduna, Carbon Dioxide Therapy: A Neurophysiological Treatment of Nervous Disorders (Springfield, IL: Charles C. Thomas, 1950).

27. Blackmore, Dying to Live; Blackmore, Seeing Myself.

28. Keith Augustine, "Psychophysiological and Cultural Correlates Undermining a Survivalist Interpretation of Near-Death Experiences," Journal of Near-Death Studies 26, no. 2 (Winter 2007): 89-125.

29. Orrin Devinsky, Edward Feldmann, Kelly Burrowes, and Edward Bromfield, "Autoscopic Phenomena with Seizures," Archives of Neurology 46, no. 10 (October 1989): 1080-1088; P. Vuilleumier, P. A. Despland, G. Assal, and F. Regli, "Voyages astraux et hors du corps: héautoscopie, extase et hallucinations expérientelles d'origine épileptique [Astral and Out-of-Body Voyages: Heautoscopy, Ecstasis and Experimental Hallucinations of Epileptic Origin]," Revue Neurologique 153 no. 2 (March 1997): 115-119; Blackmore, Dying to Live, 206.

30. Aaen-Stockdale, "Neuroscience for the Soul."

31. 측두엽 간질과 신비한 체험 사이의 연관성에 의문이 든다면 다음을 보라. AaenStockdale, "Neuroscience for the Soul"; Bruce Greyson, Donna K. Broshek, Lori L. Derr, and Nathan B. Fountain, "Mystical Experiences Associated with Seizures," Religion, Brain & Behavior 5, no. 3 (2015): 182-196.

32. Susan J. Blackmore, "Out-of-Body Experiences," 다음에 실림. The Encyclopedia of the Paranormal, ed. Gordon Stein (Amherst, NY: Prometheus Books, 1996), 471-483.

33. 이런 사례를 비판적으로 평가한 내용을 더 자세히 살펴보려면 다음을 보라. Keith Augustine, "Does Paranormal Perception Occur in Near-Death Experiences?," Journal of Near-Death Studies 25 (2007): 203-236.

34. Kimberley Clark, "Clinical Interventions with Near-Death Experiencers," 다음에 실림. The Near-Death Experience: Problems, Prospects, Perspectives, ed. Bruce Greyson and Charles P. Flynn (Springfield, IL: Charles C. Thomas), 242-255.

35. Hayden Ebbern, Sean Mulligan, and Barry L. Beyerstein, "Maria's Near Death Experience: Waiting for the Other Shoe to Drop," Skeptical Inquirer 20, no. 4 (July-August 1996): 27-33.

36. Sabom, Light and Death.

37. G. M. Woerlee, "An Anaesthesiologist Examines the Pam Reyn-

olds Story. Part 1. Background Considerations," The Skeptic 18, no. 1 (Spring 2005): 14-17; G. M. Woerlee, "An Anaesthesiologist Examines the Pam Reynolds Story. Part 2. The Experience," The Skeptic 18, no. 2 (Summer 2005): 16-20.

38. G. M. Woerlee, "Could Pam Reynolds Hear? A New Investigation into the Possibility of Hearing during This Famous Near-Death Experience," Journal of Near-Death Studies 30, no. 1 (Fall 2011): 3-25. (귀마개에 장착된 스피커로 수술 중 딸깍이는 소리를 내어 전정유발전위를 통해 뇌줄기의 기능을 평가할 수 있다.)

39. Van Lommel et al., "Near-Death Experience in Survivors of Cardiac Arrest," 2001.

40. Blackmore, Seeing Myself.

41. Van Lommel et al., "Near-Death Experience in Survivors of Cardiac Arrest," 2001.

42. Rudolf H. Smit, "Corroboration of the Dentures Anecdote Involving Veridical Perception in a Near-Death Experience," Journal of Near-Death Studies 27, no. 1 (Fall 2008): 47-61.

43. Van Lommel et al., "Near-Death Experience in Survivors of Cardiac Arrest," 2001.

44. Larry Dossey, Recovering the Soul: A Scientific and Spiritual Search (New York: Bantam, 1989), 18.

45. NDE 사기는 드물지만 실제로 일어난다. 예를 들어 2015년에 알렉스 말라키Alex Malarkey는 2010년 출간된 베스트셀러《천국에서 돌아온 소년The Boy Who Came Back From Heaven》이야기가 사실이 아니라고 시인했다. 비극적이지만 알렉스는 어릴 때 교통사고를 당해 마비된 상태였다. 그의 아버지 케빈이 이 책을 썼고 알렉스는 공저자로 이름을 올렸다. 여기서 그는 천국을 여행해 천사와 예수님을 만났다고 한다. 그 뒤 16세가 된 알렉스는 자신의 블로그에 이렇게 고백했다. "천국에 다녀왔다고 하면 관심을 끌 것 같아서 그렇게 했습니다. 전 죽지 않았고 천국에 가보지도 않았습니다." 자세한 내용은 다음을 참고하라. Michelle Dean, "The Boy Who Didn't Come Back from Heaven: Inside a Bestseller's 'Deception,'" Guardian, January 21, 2015, https://www.theguardian.com/books/2015/jan/21/boy-who-came-back-from-heaven-alex-malarkey.

46. Keith Augustine, "Near-Death Experiences with Hallucinatory Features," Journal of Near-Death Studies 26, no. 1 (Fall 2007): 3-31.

47. Parnia et al., "AWARE-AWAreness during REsuscitation."

48. Greyson, "Incidence and Correlates of Near-Death Experiences," 275.

49. Van Lommel et al., "Near-Death Experience in Survivors of Cardiac Arrest," 2001.

50. Sam Parnia and Peter Fenwick, "Near Death Experiences in

Cardiac Arrest: Visions of a Dying Brain or Visions of a New Science of Consciousness," Resuscitation 52, no. 1 (January 2002): 5-11.

51. French, "Dying to Know the Truth"; French, "Near-Death Experiences in Cardiac Arrest Survivors"; Christopher C. French, "Near-Death Experiences and the Brain," 다음에 실림. Psychological Scientific Perspectives on Out-of-Body and Near-Death Experiences, ed. Craig D. Murray (New York: Nova Science, 2009), 187-203.

52. Lahmir S. Chawla, Seth Akst, Christopher Junker, Barbara Jacobs, and Michael G. Seneff, "Surges of Electroencephalogram Activity at the Time of Death: A Case Series," Journal of Palliative Medicine 12, no. 12 (October 2009): 1095-1100.

53. Jimo Borjigin, UnCheol Lee, Tiecheng Liu, Dinesh Pal, Sean Huff, Daniel Klarr et al., "Surge of Neurophysiological Coherence and Connectivity in the Dying Brain," Proceedings of the National Academy of Sciences 110, no. 35 (August 27, 2013): 14432-14437.

54. Jason J. Braithwaite, "Towards a Cognitive Neuroscience of the Dying Brain," The Skeptic 21, no. 2 (Summer 2008): 8-16.

55. Blackmore, Seeing Myself.

56. Olaf Blanke, Theodore Landis, Laurent Spinelli, and Margitta Seeck, "Out-of-Body Experience and Autoscopy of Neurological Origin," Brain 127, Part 2 (February 2004): 243-258; Silvio Ionta, Lukas Heydrich, Bigna Lenggenhager, Michael Mouthon, Eleonora Fornari, Dominique Chapuis et al., "Multisensory Mechanisms in Temporo-Parietal Cortex Support Self-Location and First-Person Perspective," Neuron 70, no. 2 (April 28, 2011): 363-374.

57. Wilder Penfield, "The Role of the Temporal Cortex in Certain Psychical Phenomena," Journal of Mental Science 101, no. 424 (July 1955): 451-465; F. Tong, "Out-of-Body Experiences: From Penfield to Present," Trends in Cognitive Sciences 7, no. 3 (March 2003): 104-106.

58. Olaf Blanke, Stéphanie Ortigue, Theodore Landis, and Margitta Seeck, "Stimulating Illusory Own-Body Perceptions," Nature 419, no. 6904 (September 19, 2002): 269-270.

59. Dirk De Ridder, Koen Van Laere, Patrick Dupont, Tomas Menovsky, and Paul Van de Heyning, "Visualizing Out-of-Body Experience in the Brain," New England Journal of Medicine 357, no. 18 (November 2007): 1829-1833.

60. Lukas Heydrich, Christophe Lopez, Margitta Seeck, and Olaf Blanke, "Partial and Full OwnBody Illusions of Epileptic Origin in a Child with Right Temporoparietal Epilepsy," Epilepsy &

Behavior 20, no. 3 (February 2011): 583-586.

61. Matthew Botvinick and Jonathan Cohen, "Rubber Hands 'Feel' Touch That Eyes See," Nature 391, no. 6669 (February 19, 1998): 756.

62. Bigna Lenggenhager, Tej Tadi, Thomas Metzinger, and Olaf Blanke, "Video Ergo Sum: Manipulating Bodily Self-Consciousness," Science 317, no. 5841 (August 24, 2007): 1096- 1099.

63. H. Henrik Ehrsson, "The Experimental Induction of Out-of-Body Experiences," Science 317, no. 5841 (August 24, 2007): 1048.

64. Bigna Lenggenhager, Michael Mouthon, and Olaf Blanke, "Spatial Aspects of Bodily Self-Consciousness," Consciousness and Cognition 18, no. 1 (March 2009): 110-117.

65. Valeria I. Petkova and H. Henrik Ehrsson, "If I Were You: Perceptual Illusion of Body Swapping," PLOS ONE 3, no. 12 (December 3, 2008): e3832.

8장. 우연은 없다?

01. Christopher C. French, "Factors Underlying Belief in the Paranormal: Do Sheep and Goats Think Differently?," The Psychologist 5, no. 7 (July 1992): 296, 298.

02. Christopher C. French and Krissy Wilson, "Cognitive Factors Underlying Paranormal Beliefs and Experiences," 다음에 실림. Tall Tales About the Mind and Brain: Separating Fact from Fiction, ed. Sergio Della Sala (Oxford: Oxford University Press, 2007), 3-22.

03. 이 분야에 관심이 있어 더 깊이 들어가고 싶은 독자 여러분께는 다음 문헌을 소개하고 싶다. James E. Alcock, Belief: What It Means to Believe and Why Our Convictions Are So Compelling (Amherst, NY: Prometheus Books, 2018); David Groome, Michael Eysenck, and Robin Law, The Psychology of the Paranormal (London: Routledge, 2019); Christopher C. French, "The Psychology of Belief and Disbelief in the Paranormal," 다음에 실림. Extrasensory Perception: Support, Skepticism, and Science, Vol. 1: History, Controversy, and Research, ed. Edwin C. May and Sonali Bhatt Marwaha (Santa Barbara, CA: Praeger, 2015), 129-151; French and Stone, Anomalistic Psychology; Terence Hines, Pseudoscience and the Paranormal, 2nd ed. (Amherst, NY: Prometheus Books, 2003); Bruce Hood, Supersense: Why We Believe in the Unbelievable (New

York: HarperCollins, 2009); Matthew Hutson, The 7 Laws of Magical Thinking: How Irrationality Makes Us Happy, Healthy, and Sane (Oxford: Oneworld Publications, 2012); Harvey J. Irwin, The Psychology of Paranormal Belief: A Researcher's Handbook (Hatfield: University of Hertfordshire Press, 2009); Marks, The Psychology of the Psychic; David F. Marks, Psychology and the Paranormal (Los Angeles: Sage, 2020); Michael Shermer, Why People Believe Weird Things: Pseudoscience, Superstition, and Other Confusions of Our Time, rev. ed. (New York: Owl Books, 2002), 《왜 사람들은 이상한 것을 믿는가》, 바다출판사; Michael Shermer, The Believing Brain: From Ghosts and Gods to Politics and Conspiracies-How We Construct Beliefs and Reinforce Them as Truths (New York: Times Books, 2011); Stuart Vyse, Believing in Magic: The Psychology of Superstition, updated ed. (Oxford: Oxford University Press, 2014); Richard Wiseman, Paranormality: Why We See What Isn't There (London: Macmillan, 2011), 《미스터리 심리학》, 웅진지식하우스.

04. 처제 이름은 예외지만 개인정보 보호를 위해 이름과 날짜는 바꿨다.

05. David Hand, The Improbability Principle: Why Coincidences, Miracles and Rare Events Happen Every Day (London: Bantam, 2014).

06. Simon Hoggart and Mike Hutchinson, Bizarre Beliefs (London: Richard Cohen Books, 1995).

07. Ruma Falk, "Judgment of Coincidences: Mine versus Yours," American Journal of Psychology 102, no. 4 (Winter 1989): 477-493.

08. Louis Pauwels and Jacques Bergier, Morning of the Magicians (Vermont: Destiny Books, 1960).

09. Martin Plimmer and Brian King, Beyond Coincidence: Stories of Amazing Coincidences and the Mystery and Mathematics That Lie Behind Them (Cambridge: Icon Books, 2004). 《우연의 일치 신의 비밀인가 인간의 확률인가》, 수희재.

10. David Mikkelson, "Laura Buxton Balloon Coincidence," Snopes, April 29, 2013, https://www.snopes.com/fact-check/whether-balloon.

11. Hand, The Improbability Principle.

12. Hand, The Improbability Principle.

13. 수학자가 내놓은 사례는 다음을 보라. Persi Diaconis and Frederick Mosteller, "Methods for Studying Coincidences," Journal of the American Statistical Association 84, no. 408 (December 1989): 853-861; Hand, The Improbability Principle; John Allen Paulos, Innumeracy: Mathematical Illiteracy and Its Consequences (London: Penguin, 1988). 심리학자가 내놓은 사례는 다음을 보라. Mark K. Johansen and Magda Osman, "Coincidences: A Fundamental Consequence of Rational Cognition," New Ideas in Psychology 39 (October 2015): 34-44; Mark K. Johansen and Magda Osman, "Coincidence Judgment in Causal Reasoning: How Coincidental Is This?," Cognitive Psychology 120 (August 2020):

101290; Michiel van Elk, Karl Friston, and Harold Bekkering, "The Experience of Coincidence: An Integrated Psychological and Neurocognitive Perspective," 다음에 실림. The Challenge of Chance: A Multidisciplinary Approach from Science and the Humanities, eds. Klaas Landsman and Ellen van Wolde (Cham, Switzerland: Springer, 2016): 171- 185; Caroline A. Watt, "Psychology and Coincidences," European Journal of Parapsychology 8 (1990-1991): 66-84.

14. Daniel Kahneman, Paul Slovic, and Amos Tversky, eds., Judgment Under Uncertainty: Heuristics and Biases (Cambridge: Cambridge University Press, 1982).

15. 실용적인 팁을 드리자면, 손님을 무작위로 선택하는 파티는 절대 주최하지 말라. 서로 아는 사람이 아무도 없고 공통점도 거의 없어서 난장판이 될 것이다. 게다가 손님들은 그런 일을 꾸민 당신을 이상하게 생각할지도 모른다.

16. 네, 23이에요, 딱 23명이요!

17. Hand, The Improbability Principle, 115-116.

18. Alcock, Parapsychology.

19. Norris McWhirter and Ross McWhirter, Dunlop Illustrated Encyclopedia of Facts (New York: Bantam, 1969), 492.

20. 6장에서 언급한 진부한 환생 농담처럼 이 농담도 사이먼 싱에게서 빌

린 것이다.

21. John Allen Paulos, Innumeracy: Mathematical Illiteracy and Its Consequences (London: Penguin, 1988).

22. French, "Population Stereotypes and Belief in the Paranormal"; Marks, The Psychology of the Psychic.

23. David Paradine Productions, Beyond Belief. 다음에서 유튜브 영상을 볼 수 있다. https://www.youtube.com/watch?v=EIfP4F-yIkx8 , https://www.youtube.com/watch?v=2bC_1wj9XgM, 다음도 보라. https://www.youtube.com/watch?v=OnhRkRWKluw, 모두 2023년 6월 4일 최종접속.

24. Frederick H. Lund, "Extra-Sensory-Perception Another Name for Free Association?," Journal of General Psychology 20, no. 1 (January 1939): 235-238.

25. Maya Bar-Hillel, "The Base-Rate Fallacy in Probability Judgments," Acta Psychologica 44, no. 3 (May 1980): 211-233; Daniel Kahneman and Amos Tversky, "On the Psychology of Prediction," Psychological Review 80, no. 4 (July 1973): 237-251.

26. Maya Bar-Hillel, "The Base-Rate Fallacy in Probability Judgments," 211.

27. 다음에서 가져왔다. Toby Prike, Michelle M. Arnold, and Paul Williamson, "The Relationship between Anomalistic Belief,

Misperception of Chance and the Base Rate Fallacy," Thinking and Reasoning 26, no. 3 (August 2020): 447-477.

28. David V. Budescu, "A Markov Model for Generation of Random Binary Sequences," Journal of Experimental Psychology: Human Perception and Performance 13, no. 1 (February 1987): 25-39; W. A. Wagenaar, "Generation of Random Sequences by Human Subjects: A Critical Survey of the Literature," Psychological Bulletin 77, no. 1 (January 1972): 65-72.

29. 관심 있는 독자라면 다음을 참고하라. Paul Rogers, "Paranormal Believers' Proneness to Probability Reasoning Biases: A Review of the Empirical Literature," 다음에 실림. Aberrant Beliefs and Thinking: Current Issues in Thinking and Reasoning, ed. Niall Galbraith (Hove, UK: Psychology Press): 114-131; 다음도 보라. Prike, Arnold, and Williamson, "The Relationship between Anomalistic Belief, Misperception of Chance and the Base Rate Fallacy."

30. 예를 들면 다음과 같다. Peter Brugger, Theodor Landis, and Marianne Regard, "A 'Sheep-Goat Effect' in Repetition Avoidance: Extra-Sensory Perception as an Effect of Subjective Probability?," British Journal of Psychology 81, no. 4 (November 1990): 455-468; Peter Brugger, Marianne Regard, and Theodor Landis, "Belief in Extrasensory Perception and Illusory Control: A Replication," Journal of Psychology 125, no. 4 (1991): 501-502; Neil Dagnall, Kenneth Drinkwater, Andrew Denovan, Andrew

Parker, and Kevin Rowley, "Misperception of Chance, Conjunction, Framing Effects and Belief in the Paranormal: A Further Evaluation," Applied Cognitive Psychology 30, no. 3 (March 2016): 409-419; Andrew Denovan, Neil Dagnall, Kenneth Drinkwater, and Andrew Parker, "Latent Profile Analysis of Schizotypy and Paranormal Belief: Associations with Probabilistic Reasoning Performance," Frontiers in Psychology 9, no. 35 (January 2018); Kenneth Drinkwater, Neil Dagnall, Andrew Denovan, Andrew Parker, and Peter Clough, "Predictors and Associates of Problem-Reaction-Solution: Statistical Bias, Emotion-Based Reasoning, and Belief in the Paranormal," SAGE Open 8, no. 1 (January-March 2018): 1-11; Carrie A. Leonard and Robert J. Williams, "Fallacious Beliefs: Gambling Specific and Belief in the Paranormal," Canadian Journal of Behavioural Science 51, no. 1 (January 2019): 1-11; Toby Prike, Michelle M. Arnold, and Paul Williamson, "Psychics, Aliens, or Experience? Using the Anomalistic Belief Scale to Examine the Relationship between Type of Belief and Probabilistic Reasoning," Consciousness and Cognition 53 (August 2017): 151-164; Prike, Arnold, and Williamson, "The Relationship between Anomalistic Belief, Misperception of Chance and the Base Rate Fallacy."

31. Susan Blackmore and Tom Troscianko, "Belief in the Paranormal: Probability Judgements, Illusory Control, and the 'Chance Baseline Shift,'" British Journal of Psychology 76, no. 4 (November 1985): 459-468; Mark Blagrove, Christopher C. French, and Ga-

reth Jones, "Probabilistic Reasoning, Affirmative Bias and Belief in Precognitive Dreams," Applied Cognitive Psychology 20, no. 1 (January 2006): 65-83; Paola Bressan, "The Connection between Random Sequences, Everyday Coincidences, and Belief in the Paranormal," Applied Cognitive Psychology 16, no. 1 (January 2002): 17-34; Neil Dagnall, Andrew Parker, and Gary Munley, "Paranormal Belief and Reasoning," Personality and Individual Differences 43, no. 6 (October 2007): 1406-1415; Neil Dagnall, Kenneth Drinkwater, Andrew Parker, and Kevin Rowley, "Misperception of Chance, Conjunction, Belief in the Paranormal and Reality Testing: A Reappraisal," Applied Cognitive Psychology 28, no. 5 (September 2014): 711-719; Jochen Musch and Katja Ehrenberg, "Probability Misjudgment, Cognitive Ability, and Belief in the Paranormal," British Journal of Psychology 93, no. 3 (May 2002): 169-177.

32. Maxwell J. Roberts and Paul B. Seager, "Predicting Belief in Paranormal Phenomena: A Comparison of Conditional and Probabilistic Reasoning," Applied Cognitive Psychology 13, no. 5 (October 1999): 443-450.

33. Amos Tversky and Daniel Kahneman, "Judgments of and by Representativeness," 다음에 실림. Judgment Under Uncertainty: Heuristics and Biases, ed. Daniel Kahneman, Paul Slovic, and Amos Tversky (Cambridge: Cambridge University Press, 1982), 84-98; Amos Tversky and Daniel Kahneman, "Extensional versus Intuitive

Reasoning: The Conjunction Fallacy in Probability Judgment," 다음에 실림. Heuristics and Biases: The Psychology of Intuitive Judgment, ed. Thomas Gilovich, Dale W. Griffin, and Daniel Kahneman (Cambridge: Cambridge University Press, 2002), 19-48.

34. Paul Rogers, Tiffany Davis, and John Fisk, "Paranormal Belief and Susceptibility to the Conjunction Fallacy," Applied Cognitive Psychology 23, no. 4 (May 2009): 524-542; Paul Rogers, John E. Fisk, and Dawn Wiltshire, "Paranormal Belief and the Conjunction Fallacy: Controlling for Temporal Relatedness and Potential Surprise Differentials in Component Events," Applied Cognitive Psychology 25, no. 5 (September/October 2011): 692-702; Paul Rogers, John E. Fisk, and Emma Lowrie, "Paranormal Believers' Susceptibility to Confirmatory versus Disconfi rmatory Conjunctions," Applied Cognitive Psychology 30, no. 4 (July/August 2016): 628-634; Paul Rogers, John E. Fisk, and Emma Lowrie, "Paranormal Belief, Thinking Style Preference and Susceptibility to Confirmatory Conjunction Errors," Consciousness and Cognition 65 (October 2018): 182-196. 다음도 보라. Robert Brotherton and Christopher C. French, "Belief in Conspiracy Theories and Susceptibility to the Conjunction Fallacy," Applied Cognitive Psychology 28 (2014): 238-248; Dagnall, Drinkwater, Andrew Parker, and Rowley, "Misperception of Chance, Conjunction, Belief in the Paranormal and Reality Testing"; Dagnall, Drinkwater, Denovan, Parker, and Rowley, "Misperception of Chance, Conjunction, Framing Effects and Belief in the

Paranormal"; Prike, Arnold, and Williamson, "Psychics, Aliens, or Experience?"

35. 예를 들면 다음과 같다. Dagnall, Parker, and Munley, "Paranormal Belief and Reasoning."

36. Johansen and Osman, "Coincidences"; Johansen and Osman, "Coincidence Judgment in Causal Reasoning."

37. Johansen and Osman, "Coincidences," 36.

9장. 마음의 잔꾀

01. Russell Targ and Harold E. Puthoff, "Information Transfer under Conditions of Sensory Shielding," Nature 251 (1974): 602-607.

02. 멀리서 보기 연구 중 일부는 발신자가 무작위로 선택한 곳에서 정보를 텔레파시로 전달하지 않고 그저 해당 위치의 지도상 좌표를 바탕으로 정신적으로 정보를 얻도록 해서 투시 능력을 검사한다.

03. David F. Marks and Richard Kammann, The Psychology of the Psychic (Buff alo, NY: Prometheus Books, 1980), 24.

04. 예를 들면 다음을 보라. Jonathan St. B. T. Evans, Bias in Human Reasoning: Causes and Consequences (Hove, UK: Psychology Press, 1989); Jonathan St. B. T. Evans, Ruth M. J. Byrne, and Stephen E. Newstead, Human Reasoning: The Psychology of Deduction (Hove, UK: Psychology Press, 1993).

05. Michael Wierzbicki, "Reasoning Errors and Belief in the Paranormal," Journal of Social Psychology 125, no. 4 (August 1985): 489-494; Harvey J. Irwin, "Reasoning Skills of Paranormal Believers," Journal of Parapsychology 55, no. 3 (September 1991): 281-300.

06. Roberts and Seager, "Predicting Belief in Paranormal Phenomena."

07. Caroline Watt and Richard Wiseman, "Experimenter Differences in Cognitive Correlates of Paranormal Belief and in Psi," Journal of Parapsychology 66, no. 4 (December 2002): 371-385.

08. Michael A. Thalbourne and Peter Delin, "A Common Thread Underlying Belief in the Paranormal, Mystical Experience and Psychopathology," Journal of Parapsychology 58, no. 1 (January 1994): 3-38. 다음도 보라. Michael A. Th albourne, "Transliminality: A Fundamental Mechanism in Psychology and Parapsychology," Australian Journal of Parapsychology 10, no. 1 (January 2010): 70-81.

09. Michael A. Thalbourne and John Maltby, "Transliminality, Thin Boundaries, Unusual Experiences, and Temporal Lobe Lability," Personality and Individual Differences 44, no. 7 (May 2008): 1618.

10. 예를 들면 다음과 같다. James Grier Miller, "The Role of Motivation in Learning without Awareness," American Journal of Psychology 53, no. 2 (April 1940); Alcock, Parapsychology; Stuart Wilson, "Psi, Perception without Awareness, and False Recognition," Journal of Parapsychology 66, no. 3 (September 2002): 271-289.

11. Alcock, Parapsychology.

12. Susan E. Crawley, Christopher C. French, and Steven A. Yesson, "Evidence for Transliminality from a Subliminal Card-Guessing Task," Perception 31, no. 7 (July 2002): 887-892.

13. Keith E. Stanovich and Richard F. West, "Individual Differences in Reasoning: Implications for the Rationality Debate," Behavioral and Brain Sciences 23, no. 5 (October 2000): 645-665.

14. Daniel Kahneman, Thinking, Fast and Slow (London: Penguin, 2011). 《생각에 관한 생각》, 김영사.

15. Shermer, The Believing Brain.

16. Klaus Conrad, Die Beginnende Schizophrenie: Versuch Einer Gestaltanalyse des Wahns (Stuttgart: Thieme, 1958).

17. Justin L. Barrett, Why Would Anyone Believe in God? (Plymouth, UK: AltaMira Press, 2004).

10장. 회의적 탐구

01. 필립 에스코피의 웹사이트는 다음과 같다. http://www.escoffey.com.

02. Ray Hyman, "Dowsing," 항목, 다음에 실림. The Encyclopedia of the Paranormal, ed. Gordon Stein (Amherst, NY: Prometheus Books, 1996), 222.

03. Ray Hyman and Evon Z. Vogt, "Water Witching: Magical Ritual in Contemporary United States," 다음에 실림. The Elusive Quarry: A Scientific Appraisal of Psychical Research, ed. Ray Hyman (Buffalo, NY: Prometheus Books), 323-338

04. Simon Hoggart and Mike Hutchinson, Bizarre Beliefs (London: Richard Cohen, 1995).

05. Herman H. Spitz, Nonconscious Movements: From Mystical Messages to Facilitated Communication (Mahwah, NJ: Lawrence Erlbaum, 1997).

06. 예를 들면 다음과 같다. William F. Barrett, "On a 'Magnetic Sense,'" Nature 29 (1884): 476-477; William F. Barrett, "On the Detection of Hidden Objects by Dowsers," Journal of the Society for Psychical Research 14 (1910): 183-193; William F. Barrett

and Theodore Besterman, The Divining Rod: An Experimental and Psychological Investigation (London: Methuen and Co., 1926).

07. 예를 들면 다음과 같다. James Randi, Flim-Flam! Psychics, ESP, Unicorns and Other Delusions (Buffalo, NY: Prometheus Books, 1982).

08. 우리 시험을 보여주는 다큐멘터리 영상은 유튜브에서 찾을 수 있다. https://www.youtube.com/watch?v=_VAasVXtCOI.

09. Sally Le Page, "In 2017, UK Water Companies Still Rely on 'Magic,'" Medium, November 20, 2017, https://sallylepage.medium.com/in-2017-uk-water-companies-still-rely-on-magic-6eb62e036b02.

10. Matthew Weaver, "UK Water Firms Admit Using Divining Rods to Find Leaks and Pipes," Guardian, November 21, 2017, https://www.theguardian.com/business/2017/nov/21/uk-water-fi rms-admit-using-divining-rods-to-find-leaks-and-pipes; "In Defence of Dowsing," Guardian, November 27, 2017, https://www.theguardian.com/environment/2017/nov/27/in-defence-of-dowsing-to-detect-water.

11. Yvonne Roberts, "Th e Man Who Can Read Babies' Minds," Guardian, June 19, 2006, https://www.theguardian.com/media/2006/jun/19/familyandrelationships.tvandradio.

12. Derek Ogilvie, The Baby Mind Reader: Amazing Psychic Sto-

ries from the Man Who Can Read Babies' Minds (London: Harper Element, 2006).

13. 제임스 랜디가 제안한 〈백만 달러 초능력 도전One Million Dollar Paranormal Challenge〉은 1996년부터 2015년까지 진행되었다. 제대로 통제된 조건에서 초자연적 능력을 입증하는 사람에게 상금을 지급하기로 했다. 보통 랜디는 이 도전에 참가하기 전에 자신이 알고 신뢰하는 사람들이 실시하는 예비 시험에 통과해 그들이 주장하는 능력을 입증해야 공식 도전에 참가할 수 있다고 주장했다. 무리한 요구는 아니었다. 이전 단락에서 설명한 탐지자 시험이나 다음 단락에서 설명할 퍼트리샤 퍼트의 시험이 바로 그런 예비 시험이었다. 데릭 오길비처럼 예외적인 경우는 예비 시험을 면제했다.

14. Chris French, "Scientists Put Psychic's Paranormal Claims to the Test," Guardian, May 12, 2009, https://www.theguardian.com/science/2009/may/12/psychic-claims-james-randi-paranormal.

15. Alison Smith, "Patricia Putt MDC Test: Protocol Failure?," James Randi Education Foundation (blog), May 9, 2009, http://archive.randi.org/site/index.php/swift-blog/549-patricia-putt-mdc-test-protocol-failure.html.

16. Richard Wiseman, "Testing a Medium: Results," 2023년 6월 5일 최종 접속, https://richardwiseman.wordpress.com/2009/05/06/testing-a-medium-results.

17. Chris French, "Halloween Challenge: Psychics Submit Their Powers to a Scientific Trial," Guardian, October 31, 2012, https://www.theguardian.com/science/2012/oct/31/halloween-challenge-psychics-scientific-trial.

18. 논리적으로 이 시험처럼 간단한 시험조차 실행하기는 상당히 복잡했다. 예를 들어 모든 자원 참가자가 적절한 시간에 들어왔다 나가는지, 참가자와 심령술사가 항상 떨어져 있는지, 시험의 모든 단계가 제대로 기록되는지도 살펴야 한다. 따라서 도움을 주신 다음 분들에게 감사를 전한다. 우르술라 블라츠코Ursula Blaszko, 데버러 보든Deborah Bowden, 롭 브라더튼Rob Brotherton, 던컨 콜빈Duncan Colvin, 댄 데니스Dan Denis, 모리스 더글러스Maurice Douglas, 데이브 휴즈Dave HugheS, 벤저민 쿠퍼스미스Benjamin Kuper-Smith, 몰리 맥클린Molly Maclean, 제임스 먼로께 감사한다.

11장. 미래를 보는 꿈

01. 이 연구의 전체 설명은 루이 사바의 박사 논문에 나와 있다. "Is Some of the Evidence for Ostensible Precognition Indicative of Darwinian Adaptation to Retrocausal Influences?," Goldsmiths, University of London.

12장. 삶 또는 산 사람들을 위한 교훈

01. Christopher C. French and James Ost, "Beliefs about Memory, Childhood Abuse, and Hypnosis Amongst Clinicians, Legal Professionals and the General Public," 다음에 실림. Wrongful Allegations of Sexual and Child Abuse, ed. Ros Burnett (Oxford: Oxford University Press, 2016), 143-154; James Ost and Christopher C. French, "How Misconceptions About Memory May Undermine Witness Testimony," 다음에 실림. Witness Testimony in Sexual Cases: Evidential, Investigative and Scientific Perspectives, ed. Pamela Radcliffe, Gisli H. Gudjonsson, Anthony Heaton-Armstrong, and David Wolchover (Oxford: Oxford University Press, 2016), 361-373; Lawrence Patihis, Lavina Y. Ho, Elizabeth Loftus, and Mario E. Herrera, "Memory Experts' Beliefs About Repressed Memory," Memory 29, no. 6 (July 2021): 823-828.

02. Chris French, "The Unseen Force That Drives Ouija Boards and Fake Bomb Detectors," Guardian, April 27, 2013, https://www.theguardian.com/science/2013/apr/27/ouija-boards-dowsing-rods-bomb-detectors; French and Stone, Anomalistic Psychology.

03. Caroline Hawley and Meirion Jones, "Export Ban for Useless 'Bomb Detector,'" BBC News, January 22, 2010, http://news.

bbc.co.uk/1/hi/programmes/newsnight/8471187.stm.

04. John W. Jacobson, James A. Mulick, and Allen A. Schwartz, "A History of Facilitated Communication: Science, Pseudoscience, and Antiscience. Science Working Group on Facilitated Communication," American Psychologist 50, no. 9 (September 1995): 750-765; Mark P. Mostert, "Facilitated Communication since 1995: A Review of Published Studies," Journal of Autism and Developmental Disorders 31, no. 3 (July 2001): 287-313; Mark P. Mostert, "Facilitated Communication and Its Legitimacy-Twenty-First Century Developments," Exceptionality 18, no. 1 (January 2010): 31-41; Ralf W. Schlosser, Susan Balandin, Bronwyn Hemsley, Teresa Iacono, Paul Probst, and Stephen Tetzchner, "Facilitated Communication and Authorship: A Systematic Review," Augmentative and Alternative Communication 30, no. 4 (November 2014): 359- 368; Richard L. Simpson and Brenda Smith Myles, "Facilitated Communication and Children with Disabilities: An Enigma in Search of a Perspective," Focus on Exceptional Children 27, no. 9 (May 1995): 1-16; Herman Spitz, Nonconscious Movements; Daniel M. Wegner, The Illusion of Conscious Will (Cambridge, MA: MIT Press, 2017).

05. Daryl J. Bem, "Feeling the Future: Experimental Evidence for Anomalous Retroactive Influences on Cognition and Affect," Journal of Personality and Social Psychology 100, no. 3 (February 2011): 407-425.

06. 예를 들면 다음을 보라. James Alcock, "Back from the Future: Parapsychology and the Bem Affair," Skeptical Inquirer, January 6, 2011, https://skepticalinquirer.org/exclusive/back-from-the-future; Eric-Jan Wagenmakers, Ruud Wetzels, Denny Borsboom, and Han L. J. van der Maas, "Why Psychologists Must Change the Way They Analyze Their Data: The Case of Psi: Comment on Bem (2011)," Journal of Personality and Social Psychology 100, no. 3 (February 2011): 426-432.

07. Ben Goldacre, "Backwards Step on Looking into the Future," Guardian, April 23, 2011, https://www.theguardian.com/commentisfree/2011/apr/23/ben-goldacre-bad-science.

08. Stuart J. Ritchie, Richard Wiseman, and Christopher C. French, "Failing the Future: Three Unsuccessful Attempts to Replicate Bem's 'Retroactive Facilitation of Recall' Effect," PLOS ONE 7, no. 3 (March 2012): e33423.

09. 예를 들어 다음을 보라. Chris French, "Precognition Studies and the Curse of the Failed Replications," Guardian, March 15, 2012, https://www.theguardian.com/science/2012/mar/15/precognition-studies-curse-failed-replications; Harold Pashler and Eric-Jan Wagenmakers, "Editors' Introduction to the Special Section on Replicability in Psychological Science: A Crisis of Confidence?," Perspectives on Psychological Science 7, no. 6 (November 2012): 528-530; Stuart J. Ritchie, Richard Wiseman, and

Christopher C. French, "Replication, Replication, Replication," The Psychologist 25, no. 5 (May 2012): 346-348.

10. 나쁜 과학에 영향을 미치는 QRP 및 다른 요소를 더 명확하고 포괄적으로 살펴보려면 다음을 보라. Stuart Ritchie, Science Fictions: Exposing Fraud, Bias, Negligence and Hype in Science (London: Bodley Head, 2020). 《사이언스 픽션》, 더난.

11. Joseph P. Simmons, Leif D. Nelson, and Uri Simonsohn, "False-Positive Psychology: Undisclosed Flexibility in Data Collection and Analysis Allows Presenting Anything as Significant," Psychological Science 22, no. 11 (October 2011): 1359-1366.

12. Open Science Collaboration, "Estimating the Reproducibility of Psychological Science," Science 349, no. 6251 (August 28, 2015): aac4716.

13. 예를 들면 다음을 보라. Sander L. Koole and Daniël Lakens, "Rewarding Replications: A Sure and Simple Way to Improve Psychological Science," Perspectives on Psychological Science 7, no. 6 (November 2012): 608-614; Daniel J. Simons, "Replication: Where Do We Go from Here?," The Psychologist 25, no. 5 (May 2012): 5.

14. Jeff Galak, Robyn A. LeBoeuf, Leif D. Nelson, and Joseph P. Simmons, "Correcting the Past: Failures to Replicate Psi," Journal of Personality and Social Psychology 103, no. 6 (December

2012): 933-948.

15. Wagenmakers et al., "Why Psychologists Must Change the Way They Analyze Their Data."

16. Daryl J. Bem, "Writing an Empirical Article," 다음에 실림. Guide to Publishing in Psychology Journals, ed. Robert J. Sternberg (Cambridge: Cambridge University Press), 3-16.

17. 예를 들어 의학에서는 다음과 같다. John P. A. Ioannidis, "Contradicted and Initially Stronger Effects in Highly Cited Clinical Research," JAMA 294, no. 2 (13 July 2005): 218-228; Tara Haelle, "Dozens of Major Cancer Studies Can't Be Replicated," Science News, December 7, 2021, https://www.sciencenews.org/article/cancer-biology-studies-research-replication-reproducibility; 경제학에서는 다음과 같다. Colin F. Camerer et al., "Evaluating Replicability of Laboratory Experiments in Economics," Science 351, no. 6280 (March 3, 2016): 1433-1436; 다른 분야에서는 다음과 같다. Monya Baker, "1,500 Scientists Lift the Lid on Reproducibility," Nature 533, no. 7604 (May 25, 2016): 542-454.

18. 스트룹 효과라는 이름은 거의 한 세기 전 이 현상을 처음 설명한 존 스트룹John Ridley Stroop의 이름을 따서 붙여졌다. 단어의 물리적 색깔과 단어의 의미가 일치하지 않으면(예를 들어 초록색 잉크로 빨간색이라고 썼을 때와 빨간색 잉크로 빨간색이라고 썼을 때를 비교) 단어의 물리적 색깔을 식별하기가 더 어려워지는 현상이다.

19. Christopher C. French, "Reflections of a (Relatively) Moderate Skeptic," 다음에 실림. Debating Psychic Experience: Human Potential or Human Illusion?, ed. Stanley Krippner and Harris L. Friedman (Santa Barbara, CA: Praeger, 2010), 53-64.

20. Carl Sagan, Broca's Brain: The Romance of Science (London: Hodder and Stoughton, 1979), 62.《브로카의 뇌》, 사이언스북스.

21. David Robert Grimes, The Irrational Ape: Why Flawed Logic Puts Us All at Risk, and How Critical Thinking Can Save the World (London: Simon & Schuster, 2019)《페이크와 팩트》, 디플롯.; Carol Tavris and Elliot Aronson, Mistakes Were Made (But Not by Me): Why We Justify Foolish Beliefs, Bad Decisions, and Hurtful Acts, rev. ed. (Boston: Mariner, 2015).

22. Stuart Vyse, The Uses of Delusion: Why It's Not Always Rational to Be Rational (New York: Oxford University Press, 2022).

23. Tali Sharot, The Optimism Bias: A Tour of the Irrationally Positive Brain (New York: Vintage, 2012).

나가며: 회의주의의 한계

01. Dean Radin, The Conscious Universe: The Scientific Truth of Psychic Phenomena (New York: HarperEdge, 1997), 275.

02. Marks, The Psychology of the Psychic, 308.

03. Harvey J. Irwin and Caroline A. Watt, An Introduction to Parapsychology, 5th ed. (Jefferson, NC: McFarland, 2007), p. 261.

04. 예를 들어 다음을 보라. Stephen LaBerge, "Lucid Dreaming: Paradoxes of Dreaming Consciousness," 다음에 실림. Varieties of Anomalous Experience: Examining the Scientific Evidence, 2nd ed., ed. Etzel Cardeña, Steven Jay Lynn, and Stanley Krippner (Washington, DC: American Psychological Association, 2014), 145- 173.

05. 다음을 보라. https://dave-green.co.uk.

06. 다음을 보라. https://crviewer.com/targets/targetindex.php.

07. Robin Wooffitt, Telling Tales of the Unexpected: The Organization of Factual Discourse (Hemel Hempstead, UK: Harvester Wheatsheaf, 1992); Peter Lamont, "Paranormal Belief and the Avowal of Prior Scepticism," Theory & Psychology 17, no. 5 (October 2007): 681-696; Anna Stone, "An Avowal of Prior Scepticism Enhances the

Credibility of an Account of a Paranormal Event," Journal of Language and Social Psychology 33, no. 3 (2014): 260-281.

08. Marks and Kammann, The Psychology of the Psychic; Marks, The Psychology of the Psychic.

09. David F. Marks, Psychology and the Paranormal (London: Sage, 2020), 333n4.

10. Marks, Psychology and the Paranormal, 336.

11. Marks, Psychology and the Paranormal, 311, 307.

12. Marks, Psychology and the Paranormal, 66-77.

13. Marks, Psychology and the Paranormal, 73.

14. William James, "The Present Dilemma in Philosophy," 다음에 실림. The Writings of William James: A Comprehensive Edition, ed. John J. McDermott (New York: Modern Library, 1968; original work published 1907). Quoted in Hoyt L. Edge, Robert L. Morris, John Palmer, and Joseph H. Rush, Foundations of Parapsychology: Exploring the Boundaries of Human Capability (Boston: Routledge & Kegan Paul, 1986), 320.

믿거나 말거나, 과학(X)입니다

초판 1쇄 인쇄 2025년 10월 29일
초판 1쇄 발행 2025년 11월 5일

지은이 크리스 프렌치
옮긴이 장혜인
펴낸이 고영성

책임편집 박유진 | **디자인** 이화연 | **저작권** 주민숙, 한연

펴낸곳 주식회사 상상스퀘어
출판등록 2021년 4월 29일 제2021-000079호
주소 경기 성남시 분당구 성남대로43번길 10, 하나EZ타워 5층 307호 상상스퀘어
팩스 02-6499-3031
이메일 publication@sangsangsquare.com
홈페이지 www.sangsangsquare-books.com

ISBN 979-11-94368-69-3 (03400)

- 상상스퀘어는 출간 도서를 한국작은도서관협회에 기부하고 있습니다.
- 이 책은 저작권법에 따라 보호를 받는 저작물이므로 무단 전재와 복제를 금지하며,
  이 책 내용의 전부 또는 일부를 사용하려면 반드시 저작권자와 상상스퀘어의 서면 동의를 받아야 합니다.
- 파손된 책은 구입하신 서점에서 교환해 드리며 책값은 뒤표지에 있습니다.